陕西师范大学一流学科建设基金资助

陕西师范大学西北历史环境与经济社会发展研究院学术文库

历史灾荒研究的义界与例证

The Definition and Illustration of Historical Disaster and Famine Research

卜风贤◎著

中国社会科学出版社

图书在版编目（CIP）数据

历史灾荒研究的义界与例证／卜风贤著．—北京：中国社会科学出版社，
2018.10

ISBN 978 - 7 - 5203 - 3155 - 5

Ⅰ.①历…　Ⅱ.①卜…　Ⅲ.①自然灾害—历史—研究—中国　Ⅳ.①X432 - 092

中国版本图书馆 CIP 数据核字（2018）第 214980 号

出 版 人　赵剑英
责任编辑　张　林
特约编辑　李树琦
责任校对　李　莉
责任印制　戴　宽

出　　版　中国社会科学出版社
社　　址　北京鼓楼西大街甲 158 号
邮　　编　100720
网　　址　http://www.csspw.cn
发 行 部　010 - 84083685
门 市 部　010 - 84029450
经　　销　新华书店及其他书店

印刷装订　北京君升印刷有限公司
版　　次　2018 年 10 月第 1 版
印　　次　2018 年 10 月第 1 次印刷

开　　本　710×1000　1/16
印　　张　26.5
字　　数　405 千字
定　　价　108.00 元

前　言

　　中国的灾害，或者灾荒之中国，都是一个亘古永恒的话题。有文献记录以来的中国史就充盈灾害饥荒的记忆叙述。禹治洪水、汤以旱祷自不待言，比及秦汉帝国以降的二千年间灾异事件连篇累牍，史不绝书，小灾小荒、大灾大荒、无灾不荒遍布于历史的天地经纬之间，以至当我们审视几千年灾荒的历史时，或多或少会对那一系列的盛世赞歌有所质疑，灾荒重压下的中国，如何才能实现长治久安？如何才能出现文景、贞观之治？这些都是我们面对灾害史时需要思考的问题。

　　但是，作为一个灾荒记录序列长、资料完整性好的国家，我们对于灾荒认识思考的知识水平其实极其有限，在很长的历史时期我们都囿于先秦或者秦汉时人构造的灾荒思想体系内解释灾异，甚至有些时候还有所倒退。当《荀子·天论》倡言"天行有常，不为尧存，不为桀亡，应之以治则吉，应之以乱则凶。强本而节用，则天不能贫；养备而动时，则天不能病；修道而不贰，则天不能祸。故水旱不能使之饥渴，寒暑不能使之疾，袄怪不能使之凶。本荒而用侈，则天不能使之富；养略而动罕，则天不能使之全；倍道而妄行，则天不能使之吉。故水旱未至而饥，寒暑未薄而疾，袄怪未至而凶。受时与治世同，而殃祸与治世异，不可以怨天，其道然也。故明于天人之分，则可谓至人矣"，后来两千年间屈从于灾异天谴学说之下的儒生们又有几人能够超越这种天人相分的灾荒思想高度？西汉贾谊《论积储疏》中将灾荒提升到国家安全的高度分析天下形势，"世之有饥穰，天之行也，禹、汤被之矣。即不幸有方二三千里之旱，国胡以相恤？卒然边境有急，数十百万之众，国胡以馈之？兵旱相乘，天下大屈，有勇力者聚徒而衡击，罢夫赢老易子而咬其骨。政治未毕通也，远方之能疑者，并举而争起矣，乃骇而图之，岂将有及乎?"这种视野开阔、宏旨博论的灾荒理念也达到了后人在很长时间都难以企及的高度，也与我们当前灾荒史领域所习见的灾荒与社会、灾荒与王朝兴衰的互动关系研究有一脉相通之处。

论及灾荒史不得不提《汉书·五行志》，毫无疑问这是一部划时代的历史灾荒文献，但也是灾荒史研究中需要注意的一道分水岭。《汉书·五行志》之前，灾荒思想认识虽然比较散乱，但其中闪烁着探索灾荒的智慧火花，甚至西汉史学家司马迁也延续了这种探索精神，在五行观念左右之下还能求得灾荒演替的历史规律。《史记·货殖列传》："故岁在金，穰；水，毁；木，饥；火，旱。旱则资舟，水则资车，物之理也。六岁穰，六岁旱，十二岁一大饥。"《汉书·五行志》之后则只有天谴灾异流行于世，灾害记录愈加详尽且灾荒体系愈益庞大，而灾害思想的进步却愈加困难。灾荒之于民生已经成为不可或缺的组成部分，灾难深重的中华民族祈求风调雨顺、弥灾除害已是遥不可及，灾害频发且日趋严重，朝代更迭之际似乎总有灾害的力量发生作用，在时局震荡之时推波助澜，所以后来研究灾害史者非常关注王朝兴衰与灾害的互动关系。这样的研究是否科学合理尚待进一步讨论，但是从历史灾害的本质特征看，自然灾害贯彻于中国历史发展的进程中并对社会发展产生了至关重要的影响作用却是不争之史实。

自上世纪八十年代以来的灾害史研究很好地回应了历史灾害的时代要求。灾害史研究需要做一些基础研究，论证灾害知识的积累、考察灾害事件的演变、分析灾害与社会的互动关系，这些都是正本清源的灾害问题研究。但随着灾害史研究的推进，困惑也越来越多，新的问题更是层出不穷。在历史灾荒资料整理的基础上如何进行文献信息识别利用、救荒书的整体研究以及灾害史研究中的文理学科关系都是基本理论问题，需要站在学科发展的角度去分析思考并予以回应。历史灾害的风险性大小、历史灾害与粮食安全的关系以及中西方灾荒史比较研究属于灾害史领域鲜有论述的话题。而灾害与社会发展虽然关注较多，但在典型个案分析和农业灾害史的层面还有很大拓展空间。根据这样判断，我在过去十余年时间中做了一些初步研究工作，发表了二十余篇论文，在此一并收录，裒为一集形成《历史灾荒研究的义界与例证》。其中有些问题论述和资料准备仅仅是个起步，后续要做进一步研究；有些地方可能存在这样那样的缺陷或者不足，在目前情形下限于本人学历却难有大的改进和补充，期望今后能够进一步完善；还有些问题的研究是我与别的老师或研究生合作完成的，也一并收录，但在文章后面均注明在学术期刊发表时的作者顺序；另有一篇文章是第三届灾害史会议综述，考虑再三也纳入其中，因为本次中国灾害史会议是我负责承办的，而这次会议在灾害史学会得到一致认可和较高评价，认为是灾害史研究中的一个里程碑式事件——人文学科与自然科学方面的灾害史研究实现了力量整合，开启了灾害史研究的新阶段。此外，在本书第二部分《历史灾害风险与粮食安全研究》收录的两篇文章，《中国的粮食安全及应急预案：粮食储备的意义》和《中国的干旱与饥荒：基于历史记录的灾害风险评估》，是我在以色列做博士后期间的一部分工作，合作导师是本·古里安大学 Hendrik J. Bruins 教授，这两篇文章都是与他一起讨论完成并以英文形式发表，这次出书就请我的博士生吴洋同学做了全文翻译。

《历史灾荒研究的义界与例证》既是对我过去十多年灾荒史研究工作的一个总结，也是在灾荒史研究无专门研究机构、无学科体系依托、无专业学术刊物之"三无"时势下的一分收获。因此，在灾害史研究中我为能够得到陕西师范大学萧正洪教授的指导谨致谢意，对陕西师范大学西北历史环境与经济社会发展研究院的学术氛围倍感欣慰，也对本单位同仁侯甬坚教授、王社教教授、李令福教授、刘景纯教授、张力仁副教授、史红帅副教授、高升荣博士等人的帮助支持表示感激。在出版社发来一校稿、二校稿后，我的博士生许亮同学主动承担了校对任务，在此一并致谢。

卜风贤

2018 年 9 月 27 日

目　录

一　灾害史研究的理论与方法

中国传统农业灾害观的早期形态 ……………………………………（3）

历史灾荒资料的信息识别和利用 ……………………………………（13）

我国历史农业灾害信息化资源开发与利用 …………………………（21）

先秦时期西北地区灾荒资料探研 ……………………………………（29）

中国古代救荒书中的减灾技术资料价值评估 ………………………（37）

中国古代救荒书研究综述 ……………………………………………（49）

中国灾害史研究中的自然与人文学科趋向

　　——第三届中国灾害史学术研讨会会议纪要 …………………（71）

科技史视野下的灾害与减灾问题

　　——陕西省科技史学会学术年会纪要 …………………………（79）

历史灾害研究中的若干前沿问题 ……………………………………（87）

二　历史灾害风险与粮食安全研究

传统农业时代乡村粮食安全水平估测 ………………………………（121）

《科学时报》问粮系列之六：传统中国的粮食安全

　　——一个"高水平的陷阱" …………………………………（159）

《诗经》中粮食安全问题研究 ………………………………………（164）

中国的粮食安全及应急预案：粮食储备的意义 ……………………（172）

中国的干旱与饥荒：基于历史记录的灾害风险评估 ………………（191）

三　中西方灾荒史比较研究

中西方历史灾荒成因比较研究 ……………………………………（203）

中西灾荒史:频度及影响之比较 …………………………………（216）

农业技术进步对中西方历史灾荒形成的影响 ……………………（232）

灾民生活史:基于中西社会的初步考察 …………………………（241）

四　历史灾害与社会发展研究

西汉时期的水患与人水关系 ………………………………………（257）

瓠子河决的历史记忆

　　——西汉洪水事件及其两千年灾害叙述 ………………………（272）

雾霾的历史观照与现实关注

　　——基于科学史的霾态问题思考 ………………………………（312）

政区调整与灾害应对:历史灾害地理的初步尝试 ………………（318）

古代灾后政区调整基本模式探究 …………………………………（327）

两汉时期关中地区的灾害变化与灾荒关系 ………………………（335）

西汉时期西北地区农业开发的自然灾害背景 ……………………（356）

历史时期西北地区的农业化及其自然与人文原因 ………………（362）

西北地区传统农业减灾技术史考察 ………………………………（372）

重评西汉时期代田区田的用地技术 ………………………………（404）

后记 …………………………………………………………………（415）

一

灾害史研究的理论
与方法

中国传统农业灾害观的
早期形态

周秦两汉时期，我国传统农业迅速发展，以农具改良、优良动植物品种培育、水利灌溉和精耕细作等为标志的传统农业技术水平有了大幅度提升，农业开发进入区域性整体开发阶段。农业发展中各种灾害问题日益突出，减灾防灾活动也成为一项重要的社会事业。在农业灾害的防治过程中，传统的农业灾害观和农业减灾思想基本形成。

传统农业灾害观是与传统农业生产水平相适应的、以对灾害的表现特征和发生演变规律进行初步概括归纳为特征的古代灾害思想。尽管限于科技水平，周秦两汉时期人们在灾害认识上存在诸多片面及谬误之处，但是这种认识已经脱离了原始农业灾害时期对灾害只能进行简单观察描述的模糊认识阶段，开始对灾害问题从灾害成因、灾害的性质和规律、农业减灾思想等方面进行综合考察研究，形成了传统农业灾害观的总体框架。

一 农业灾害的自然社会成因

农业灾害在表现形式上是自然因子对农业生产的破坏，但在发生过程中，水旱风雪蝗虫疫疠等灾害却受其孕育环境中各种自然和社会因素的影响制约。周秦两汉时期，人们对此已经有了明确认识并作了精辟的论述。

春秋战国时期，人们认为天、地、人三者之间存在密切关系，发生在人类社会中的灾害事件，其起因就在于"天"，《左传·宣公十五年》：

"天反时为灾。"因此，人们通过观察天象预测灾害的发生发展，通过祈祷祭天以求消除灾害的破坏。这种天降灾异的观念在灾害成因的认识上包含着一定的神秘成分，最终导致减灾活动中产生了消极的祈祷弭灾行为。《左传·桓公五年》载："凡祀，启蛰而郊，龙见而雩，始杀而尝，闭蛰而烝。"《左传·庄公二十五年》载："秋，大水。鼓，用牲于社、于门，亦非常也。凡天灾，有币无牲。非日月之眚，不鼓。"

在灾害社会成因的认识上，既存在唯心主义的天象附会人事的成分，也有唯物主义的灾害自然生成但与人为活动相关的思想。人事附会源自先秦时期的天人理念，其本意在于解释人与自然之间相互作用的关系，后发展产生了"天人感应"说并延伸到灾害领域，认为灾害的发生是人为作用的结果，人事失当（主要表现在统治者阶层的奢侈行为、社会道德败坏等方面）将导致灾害发生。《汉书·五行志》："治宫室，饰台榭，内淫乱，犯亲戚，侮父兄，则稼穑不成。"唯物主义的人为致灾观则认为，自然灾害的发生是不以人的意志为转移的，人的品行善恶并不是灾害发生的决定因素，甚至不会产生任何影响作用。

战国时唯物主义思想家荀况认为灾害的发生与国家统治者的个人操守无关，"天行有常，不为尧存，不为桀亡"，"天不为人之恶寒也，辍冬；地不为人之恶辽远也，辍广"。[1] 他还对祈祷弭灾的消极救灾行为进行了批评："夫日月之有蚀，风雨之不时，怪星之党见，是无世而不常有之。上明而政平，则虽是并世起，无伤也。""雩而雨，何也？曰：无何也，犹不雩而雨也。日月食而救之，天旱而雩，卜筮然后决大事，非以为得不离，以文之也。故君子以为文，而百姓以为神。以为文则吉，以为神则凶也。"[2] 但人为因素（主要表现在社会经济领域，如不适当的经济活动）也是导致灾害发生并使灾情加剧的一个重要原因，"应之以治则吉，应之以乱则凶。强本而节用，则天不能贫；养备而动时，则天不能病；修道而不贰，则天不能祸"，[3] 因此要与自然灾害进行坚决斗争，人定胜天。"大天而思之，孰与物畜而制之；从天而颂之，孰与制天命而用

---

① 《荀子·天论》。
② 同上。
③ 同上。

之"，"修堤梁，通沟浍，行水潦，安水藏，以时决塞，岁虽凶败水旱，使民有所耘艾"。这是中国古代积极抗灾救荒活动的思想基础。在同样的灾害侵袭下，积极防灾抗灾可以减轻灾害损失，反之则会加重灾情，"禹十年水，汤七年旱，而天下无菜色者"。春秋时鲁国僖公二十一年（前638年）夏大旱，鲁公想烧死巫师以求雨，臧文仲对此予以严厉批评："非旱备也。修城郭，贬食省用，务穑劝分，此其务也。巫兀何为？天欲杀之，则如勿生，若能为旱，焚之滋甚。"[1]

西汉的贾谊和东汉的王充继承并发展了唯物主义灾害观，贾谊认为："世之有饥穰，天之行也，禹汤被之矣。"[2] 王充在《论衡》中指出："仁惠盛者，莫过尧汤，尧遭洪水，汤遭大旱。"

二　农业灾害的性质和演变规律

1. 灾种相关性

农业灾害各灾种间并非彼此孤立，而是存在一定的相互作用关系。最为明显的是旱灾与蝗灾之间的灾链诱发关系。蝗虫性喜温暖干燥，在其虫卵越冬时期，温暖的气候条件使蝗卵免遭寒冻杀伤，有利于蝗虫滋生繁殖；在春夏季节，干旱的气候条件使越冬卵生存的河湖滩地水位降低，虫卵不受水流浸渍，有利于夏蝗发生。因此，旱灾特别是大旱的发生为蝗虫生育创造了适宜的环境条件，旱后常有蝗灾流行。两汉之时，人们对此已经有所认识。《后汉书·五行志》："主失礼烦苛则旱之，鱼螺变为蝗。"

2. 农业灾害的社会后果

农业灾害发生后，造成的直接后果是农业减产绝收，但是，农业灾害的危害还会进一步放大，波及社会系统的各个层面，引起社会系统的动荡混乱。对农业灾害的严重后果，西汉时期贾谊在《论积贮疏》中从国家兴亡安危的角度予以深刻论述分析："汉之为汉，几四十年矣，公私之积，犹可哀痛。失时不雨，民且狼顾，岁恶不入，请卖爵子。既闻耳矣，安有为天下阽危者若是而上不惊者？世之有饥穰，天之行也，禹汤

---

① 《左传·僖公二十一年》。
② 《汉书·食货志》。

被之矣。即不幸有方二三千里之旱，国胡以相恤？卒然边境有急，数十百万之众，国胡以馈之？……夫积贮者，天下之大命也。""古之人曰'一人不耕，或受之饥；一女不织，或受之寒。'……今背本而趋末，食之甚众，是天下之大残也。……大命将泛，莫之振救。"

3. 农业灾害的发生规律

农业灾害的发生是自然界物质运动的结果。各种灾害现象的出现都有其自身发生发展的内在机制。周秦两汉时期，人们就对灾害周期性等问题进行研究，提出了早期的灾害发生理论。

春秋战国时期范蠡和白圭提出了灾害周期性发生的观点，认识到灾害发生演变存在交替发生的特征。范蠡，字少伯，楚国宛（今河南南阳县）人，曾在越任大夫，帮助越王勾践灭亡吴国，称霸诸侯。功成后隐名埋姓，经商逐利，累资巨万，史称陶朱公。他在春秋时期"五行"学说基础上提出灾害三年、六年、十二年循环发生的理论："岁在金，穰；水，毁；木，饥；火，旱"。"三岁处金则穰，三岁处水则毁，三岁处木则康，三岁处火则旱"。"六岁穰，六岁旱，十二岁一大饥"①。他还把这种认识运用于经商活动中，以此预测丰歉变化及水、旱灾的规律，适时调整商业策略，终于大获成功并获取丰厚利润。战国时白圭（约前375—前290年）提出了农业灾害演变的十二年周期说：丰收—收成不好—过渡—旱—收成较好—过渡—丰收—收成不好—过渡—大旱—收成较好或丰收—过渡。②

三　传统农业减灾思想的发展

1. 仓储思想

周秦两汉时期农业抗灾能力较低，农业生产处于经常性的波动状态之中，时而丰收，时而荒歉，人们对此也无能为力。农民生产的粮食不

---

① 《史记·货殖列传》。

② 参见《史记·货殖列传》："当魏文侯时，李克务尽地力，而白圭乐观时变，故人弃我取，人取我与。夫岁孰取谷，予之丝漆；茧出取帛絮，予之食。太阴在卯，穰；明岁衰恶。至午，旱；明岁美。至酉，穰；明岁衰恶。至子，大旱；明岁美，有水。至卯，积著率岁倍。"

但是生活的基本资料，还是民众赖以生存、社会得以发展的基本保障物品。职是之故产生了储粮备荒抗救灾害的思想并在古代社会受到普遍重视，形成了一整套系统的理论。①"五谷者，万民之命，国之重宝"，"人得谷即不死，谷能生人，能杀人"。粮食作为一种非常特殊的商品，平时可以用等价的金银相互交换，但在国家战备、灾害侵扰的关键时刻，粮食的价值则是金银等重金属无法衡量的。"苟粟多而财有余，何为而不成；以攻则取，以守则固，以战则胜，怀敌附远，何招而不至"②。"尧、禹有九年之水，汤有七年之旱，而国无捐瘠者，以畜积多而备先具也。……人情一日不再食则饥，终岁不制衣则寒。夫腹饥不得食，肤寒不得衣，虽慈母不能保其子，君安能以有其民哉！明主知其然也，故务民于农桑，薄赋敛，广蓄积，以实仓廪，备水旱，故民可得而有也。夫珠玉金银，饥不可食，寒不可衣。……粟米布帛……一日弗得而饥寒至。是故明君贵五谷而贱金玉"③。

面对严酷的现实，最有效的对策是积存粮食，备荒抗灾，因此产生发展了古代仓储思想。仓储思想内容丰富，积谷备荒是其核心成分。国家在农业丰收时花费较少的钱收购大量粮食，灾荒年份向社会出售，既可以调节粮食供应余缺，也能稳定社会秩序，"丰年岁登，则储积以备乏绝"④。春秋管仲市籴政策的基础就是粮食仓储，他正确认识到粮食在不同农业收成情况下会出现价格涨跌现象⑤，并运用其轻重理论予以阐释："岁有凶穰，故谷有贵贱；令有缓急，故物有轻重。……故善者委施于民之所不足，操事于民之所有余。民有余则轻之，故人君敛之以轻；民不足则重之，故人君散之以重；敛积之以轻，散行之以重，故君必有仁倍之利，而财产扩可得而平也。"⑥ 积存既可由官府经办，也可储粮于民。

有了足够的粮食积存，国家可以从容应对灾害的破坏性影响，调拨

---

① 郑昌淦：《我国古代备荒的理论和措施》，《人民日报》1965 年 12 月 7 日。

② 贾谊：《论积贮疏》，引自《汉书·食货志》。

③ 晁错：《论贵粟疏》，引自《汉书·食货志》。

④ 《盐铁论·力耕》。

⑤ 胡寄窗：《中国经济思想史》（上），上海人民出版社 1978 年版，第 346 页。

⑥ 《管子·国蓄》。

取之于民的粟谷，救济嗷嗷待哺的黎民。《礼记·月令》："仲春振乏绝。"
《大学》曰："财聚则民散，财散则民聚。夫财一也，聚之则苍生转为白
骨；散之则沟壑起于春台。平天下者，曷其奈何弗散？"积谷不赈者会受
到严厉谴责和惩罚。邹国发生饥荒后，国君坐视不理，孟子批评道："凶
年饥岁，君之民老弱转乎沟壑，壮者散而之四方者，几千人矣；而君之
仓廪实，府库充，有司莫以告，是上慢而残下也。"① "狗彘食人食而不知
检，涂有饿莩而不知发；人死，则曰：非我也，岁也。是何异于刺人而
杀之，曰：非我也，兵也。"②

2. 灾害防治思想

灾害防治是取得理想减灾效果的有效措施。灾害的发生虽然不可避
免，但人们完全可以在灾害发生前采取各种措施防治灾害，尽可能地降
低灾害损失。战国时荀况的《天论》，西汉司马迁的《史记·河渠书》，
东汉班固的《汉书·沟洫志》中都体现出了防治灾害、造福社会的减灾
思想。时人常把各种社会问题与远古三代圣贤名君时代相比，以求从中
找出规律性的东西或问题的症结所在，结果发现灾害无时不有，也无处
不在，尧舜禹时灾害照样发生，禹时大水滔滔，汤时亢旱连年，但人民
并未困于灾荒。原因很简单，防治灾害能减轻损失，不事防治则后患无
穷。《尚书·太甲》提出："天作孽，犹可违；自作孽，不可活。"

荀况在中国减灾思想史上树立了一面辉煌的旗帜，他在灾害社会性
成因认识的基础上，强调人类社会在与灾害的抗争中要积极主动，根据
灾害的发生规律，在灾害发生前采取相应措施减轻灾害的破坏性危害。
"大天而思之，孰与物畜而制之；从天而颂之，孰与制天命而用之"。"应
之以治则吉，应之以乱则凶。强本而节用，则天不能贫；养备而动时，
则天不能病；修道而不贰，则天不能祸"。他坚决反对消极的祈祷弭灾思
想："雩而雨，何也？曰：无何也，犹不雩而雨也。日月食而救之，天旱
而雩，卜筮然后决大事，非以为得不离，以文之也。故君子以为文，而
百姓以为神。以为文则吉，以为神则凶也。"发展水利事业被认为是一项
有效的灾害防治措施。"修堤梁，通沟浍，行水潦，安水藏，以时决塞，

① 《孟子·梁惠王下》。
② 《孟子·梁惠王上》。

岁虽凶败水旱，使民有所耘艾。"

根据灾害发生规律适当安排农事活动也能取得减灾效果。《礼记·月令》指出违背农时会导致灾害发生，"孟夏行秋令，则苦雨数来，五谷不滋，四鄙入保。行冬令，则草木早枯，后乃大水。行春令，则蝗虫为灾，暴风来格，莠草不实。"因此，应根据农时安排农事活动以趋利避害。农业生产是在开放的系统环境中进行的社会性活动，在农业生产的全过程中，农作物和家畜都要与自然界进行物质和能量交流，因此，自然因素对农业的影响很大，影响作用也很复杂。在农业生产的不同阶段，自然条件的影响力也有不同，各种自然因素之间也存在影响力大小的差别。传统农业时代人们普遍认识到不违农时则不害农事。

发展水利事业是减轻灾害的有效途径。相对于洪水灾害发生后的抗灾救灾而言，治理江河湖泊能够防患于未然，在农业减灾工作中深受重视。周秦两汉时期，人们积累了一定的水文地质知识，掀起了中国水利史上两次大的水利建设高潮，出现时人争言水利的社会风尚。在此历史背景下，形成发展水利防治灾害的农业减灾思想。其中，西汉时期贾让的"治河三策"影响最大。针对危害严重的黄河水灾问题，贾让在绥和二年九月（前7年）应诏上书，提出治理黄河方策，认为可以通过黄河改道、河水分流、筑堤束水三种方法控制水势，消除灾害，后世称为"贾让三策"①。黄河改道是上策，从黎阳（今浚县一带）改道北流，"徙冀州之民当水冲者，决黎阳遮害亭，放河使北入海"。河水分流是中策，"多穿漕渠于冀州地，使民得以溉田，分杀水怒……为东方一堤，北行三百余里，入漳水中"，从淇口至漳水筑石堤、设水门分水北流，由漳下泄。它有三大优势：可以灌溉农田，可以改良土壤，能够通漕航运，"若有渠溉，则盐卤下湿，填淤加肥；故种禾麦，更为粳稻，高田五倍，下田十倍；转漕舟船之便"。下策是在黎阳一带"缮完故堤，增卑培薄"，但势将"劳费无已，数逢其害，后患无穷"。

3. 抗灾救灾思想

灾害发生后，唯有积极抗灾救灾才能取得减灾效果。周秦两汉时期形成了整肃吏治、节余度荒、发展生产、赈救灾民的灾害抗救思想。

---

① 《汉书·沟洫志》。

减灾贵在迅速，"救荒如救焚，惟速乃济。民迫饥馁，其命已在旦夕，官司乃退缓，而不速为之计，彼待哺之民，岂有及乎？此迟缓所当戒也。"① 灾情出现后，灾区民众处于水深火热之中，灾害的破坏力也有可能累积增大，抗灾救灾刻不容缓。当时统治者对此有深刻认识，并通过调粟、赈济、移民等手段缓解灾情，以求救荒济民尽快取得成效。《管子》中明确提出以民为本，权轻重缓急："岁有凶穰，故谷有贵贱；令有缓急，故物有轻重。……故善者委施于民之所不足，操事于民之所有余。夫民有余则轻之，故人君敛之以轻；民不足则重之，故人君散之以重；敛积之以轻，散行之以重，故君必有什倍之利，而财之扩可得而平也。"

政治状况的好坏直接关系到灾害抗救工作的开展和成效。贵族和统治者阶层聚敛了大量社会财富，生活奢侈，费用浩大，还承担抗灾救灾物资的发放、组织实施抗灾救灾工作等重任，加强对各级官员的管理约束能够有效保障农业减灾工作的开展。春秋战国时期已产生了整肃吏治的抗灾救灾思想。孔子与齐景公谈话时提出了国家统治者约束自律、节约度荒的减灾思想："凶年则乘驽马，力役不兴，驰道不修，祈以弊玉，祭祀不悬，祀以下牲，此贤君自贬以救民之礼。""夫人君遇灾，尚务抑损，况庶民乎？"②《礼记·月令》："命太史，衅龟荚、占兆，审卦吉凶，是察阿党，则罪无有掩蔽。"郑玄注："阿党，谓治狱吏以恩私曲挠相为也。"又曰："勉诸侯，聘名士，礼贤者"，要求灾荒时期施行德惠廉政，大小官员增强责任心，提高办事效率。《管子》中提出考察地方吏政五政之说："一政曰论幼孤，赦有罪；二政曰赋爵列，授禄位；三政曰冻解，修沟渎，复亡人；四曰端险阻，修封疆，正阡陌；五曰无杀麑夭，毋蹇华绝萼。五政徇时，春雨乃来。"③《春秋》中还提供了勤政救荒成功的范例，剔除其神秘色彩，仍昭示出节约度荒、减轻灾民负担、惩处渎职官员等积极抗灾救灾思想。鲁僖公时多次发生旱灾，"春夏不雨，于是僖公忧闵，玄服避舍，释更徭之逋，罢军寇之诛，去苛刻竣文惨毒之

---

① （明）林希元：《荒政丛言》。

② 《孔子家语》。

③ 《管子·四时》。

教，所蠲浮令四十五事。曰方今大旱，野无生稼，寡人当死，百姓何谤。不敢烦人请命，愿抚万人害，以身塞无状。祷已，舍斋南郊，雨大澍也。"①

灾害保险的思想在西周时期可能已经萌芽。据《逸周书·周书序》载，周文王"遭大荒，谋救患分灾，作《大匡》"。现代灾害保障学的专家研究认为，所谓的"分灾"，就是为了避免财物受损而有意识地分散灾害危险，实即现代保险的原理与基础，它最初运用于农业减灾中，后来又有了发展，应用在商品交换等领域。

灾害发生后既要抗御灾害的破坏，还要发展农业生产，救灾重建家园。战国时秦国商鞅倡导耕战，重农力农，在历史农业灾害的抗救过程中，重农思想也发挥了积极作用，形成开垦荒地、发展生产的抗灾救灾思想。"夫民之大事在农，上帝之粢盛，于是乎出；民之蕃庶，于是乎生；事之供给，于是乎在；和协辑睦，于是乎兴；财用蕃殖，于是乎始；敦庞纯固，于是乎成"。② 构成这一情况的背景却是十分复杂的，其中频繁的自然灾害可以算是重要因素之一。灾荒之年，抑末的主张也显得特别强烈。国家要用平籴等厚农济荒的方法来打击私人商业。

灾荒年份铸币以赈救灾民。《国语·鲁语》载，（前666年）鲁国五谷不收，臧文仲对庄公说道：铸造与爵秩相应的钟鼎之类的名器，储备玉器锦帛等财货宝物，原是为了抗御自然的灾患。今国家发生重灾，国君何不用钟鼎等名器请求齐国卖给我们粮食。并说："国有饥馑，卿出告籴，古之制也。"这是一种区域间的为济灾而进行的贸易行为。周景公二十一年（前524年），王室准备铸行足值重币，单穆公劝谏说："不可。古者，天灾降戾，于是乎量资币，权轻重，以振救民。民患轻，则为作重币以行之，于是乎有母权子而行，民皆得焉。若不堪重，则多作轻而行之，亦不废重，于是乎有子权母而行，大小利之。"③ 单穆公认为铸行新币要基于两个条件：一是天灾出现，政府铸币以赈救灾民；二是要根

---

① 《春秋考异邮》，（清）乔松年辑：《纬攈·春秋纬下》。

② 《国语·周语上》。

③ 《国语·周语下》。

据国家备灾的物资储备,即所谓"古者,天灾降戾,于是乎量资币,权轻重,以振救民"。由此推论,发行货币在灾荒时期也能起到一定的救助作用。

本文原刊于《天津社会科学》2006 年第 1 期

历史灾荒资料的信息识别和利用

　　历史灾荒资料数量庞大，分布广泛，如何有效利用灾荒资料是历史灾害研究中极为重要而且必须解决的问题。[①] 古代社会没有灾害科学，人们对灾害的认识也没有统一的标准，因此灾荒资料中蕴含的信息必须经过再次挖掘整理才能体现出其应有的价值。目前，许多学者已经做了大量的工作，收集整理各种灾荒资料并结集出版，为灾荒史研究提供了很大方便。但在利用这些资料的过程中依然存在不少问题，最主要的问题是如何在古代灾荒史料和现代灾荒理论成果之间建立对应关系，或者如何用现代灾害科学的理论去认识、判别、分析和利用古代的灾荒资料。

一　古代灾荒观念和现代灾荒理论

　　现代灾荒研究的一个重要特征是理论色彩浓厚，一系列的概念、复杂的数理计算方法奠定了灾荒研究的稳固基础，系统理论、经济学理论、地球科学理论、物理学理论、生物学理论等诸多学科相继渗透进入灾荒研究领域，构筑起了现代灾荒研究的基本框架。基于此，现代灾害科学研究认为灾荒是自然和社会系统综合作用的结果，形成灾害的要素主要是一些自然的破坏性力量，但其后果则是社会性的，而且影响深远。灾害和饥荒分别属于两个不同的范畴，灾害包括水、旱、风、雹、霜、雪、害虫、蝗灾、病害等各种异常现象；饥荒是灾害发生后造成的严重后果。

---

① 　卜风贤：《中国农业灾害史料灾度等级量化方法研究》，《中国农史》1996 年第 4 期。

饥荒的特征是大范围、突然的饥饿现象，其实质是粮食短缺，粮食短缺可能是生产不足，也可能导源于分配不均（或者可以称之为部分人群食物获取权的丧失）。

古代中国在两千年前就形成了独特的灾荒观念和灾荒理论，与现代灾害科学有很大差别。所谓的灾害主要是水、旱、雹、蝗、虫、疫病等威胁性比较大的自然灾害，灾害的范畴没有现代灾害科学那么清晰，有些非灾害的现象也被纳入其中，如天雨血、地生毛之类的异常自然现象和水害风雹虫等灾害事件统统划归灾异类。而灾害部类中所归纳列举的灾害，其范畴也没有现代灾害学那么宽广、全面，有些灾害在古代发生很少或者威胁不大，古代的著作中便忽视了这些问题。饥荒被认为是一种粮食生产不足的特殊现象，对于灾荒的发生和演变则采用阴阳五行理论来阐释。

二　灾荒史料的记录格式

中国古代的灾荒史料分布极为广泛，主要有正史资料、类书资料、政书资料等十大部类。其中正史资料和类书资料是灾荒史料的基本资料库，数量大，分布集中，便于利用。古代史料中对灾荒的记述文字极其简略，少者寥寥数字，多者百十字而已。根据灾荒史料来源的不同可以划分为两大类：一类是存在于历代正史《五行志》和《资治通鉴》《续资治通鉴》等史书有关篇章中的灾荒资料，主要记述灾害、饥荒和各种自然异常现象；另一类是历代正史《本纪》《食货志》《政书》《实录》《通典》《通志》等著作中的灾荒资料，偏重于记述荒政措施及其实施效果。二者互相参照对比，可以得到有关灾害发生、发展、灾情、抗灾救灾的比较全面的信息资料。

历史灾害记录的一般格式是按照灾害发生时间、灾害发生地点、灾害种类、灾情状况、抗灾救灾措施五个要素进行叙述。但在一条史料中，这五个要素往往是不全面的，有时候甚至只有两三个要素，在这种情况下就很难对一次灾害进行准确判定，信息的缺失为灾荒史研究增添了很多困难。而且，由于史料时间、收录文献的不同，即使对同一次灾荒、同一个要素的记录，在内容方面也有详略之分。

灾害发生时间的表述：灾荒资料对时间要素的表述虽然有多种方式，但最基本的时间单位是"年"。一般来讲，几乎所有的灾荒资料都标明了发生的年份，这也是今天研究者热衷于时间序列分析的前提性因素。在此基础上，很大一部分史料以月份、季节表述时间，甚至具体到某月某日。如《宋史》卷六六《五行志》："春，京师大旱。"卷七《真宗本纪》："（大中祥符二年四月）乙未，河北旱。"

灾害发生地点的表述：灾荒史料中地点信息的表述远没有时间要素那么全面，很大一部分资料中没有或很难查找到灾荒发生的地区信息。在标明灾区的资料中，明代及其以前的资料多是以州、府、郡等较高一级的行政区划为灾区的单位进行表示，而清代文献中除了使用州府等行政区划单位外还有相当一部分是以更小一级的行政单位县为单位表示的。《元史》卷一八《成宗本纪》：元贞元年（1295年）六月，"巩昌、环州、庆阳、延安、安西旱。"《清史稿》卷四三《灾异志》：乾隆五十年（1785年）"秋，太平、观城、沂水、寿光、安丘、诸城、博兴、昌乐、黄县旱。"

灾害种类的表示：古代文献中的灾害种类仅仅包括水灾、旱灾、风灾、雨灾、雹灾、霜灾、雪灾、蝗灾、虫灾、火灾、地震等类目，灾害的范畴也不明晰，一些非灾害的现象也被作为灾害事件对待，但参照现代灾害学的标准从灾害史料中判别灾害种类相对比较容易一些。灾害种类的表示有两种方式：一是直接标明为何种灾害，二是使用修饰性的程度副词和发生的灾害一起表示。如旱灾可能用"旱"表示，也可能用"大旱"表示。需要注意的是文献中的"旱"或者"大旱"与现代灾害学中的"一般旱灾""重大旱灾"等评估性术语并不具备直接的等同关系，有时候发生在很小区域的旱灾在史料中记载为"大旱"，发生在很大范围的旱灾在史料中也可能仅仅记载为"旱"。除此之外，文献中还用一些描述灾害自然表象特征的文字表示灾害，如文献中常用"不雨""冬无雪""井泉枯竭""河绝""祈雨"等字句表示旱灾。

灾情状况的表示：对于灾害造成的直接损失文献中往往语焉不详，只有很少一部分材料使用"禾稼损失过半""伤禾害稼""赤地千里""无麦""伤禾无算""田禾损失殆尽""三麦不登""二麦不收"等字词叙述灾情。一些破坏力强大的灾害造成的人员伤亡数目有比较精确的记载，如大水、风暴过后的死伤人员数量，地震发生后的死伤人员数量，等等。灾害发生后引起的饥荒是史料记录的重要部分，史料中对饥荒的记载形式也是多种多样，既有直接表示为"饥""荒""馑"等易于辨析的字词者，也有通过描述饥荒景象表示饥荒的材料，如"饿殍载道""道殣相望""民流移道路""赈救""人相食"等，后者的数量远远大于前者，这为饥荒问题的研究增添了些许困难。但是，考虑到古代社会并没有评价饥荒的统一标准，也没有规范性的描述术语，饥荒记载中出现这种纷乱情形就能够理解了。问题的关键是我们当代研究者如何在古代文献和现代理论之间建立桥梁，把二者有机地联系起来。

抗灾救灾措施的表述：历代正史中对灾荒抗救措施的记载往往偏重于赈济钱物、移民等项目，要了解古代劳动人民在抗灾救荒的生产实践中发展起来的减灾技术措施，还需要查阅古农书等资料。荒政赈救和减灾技术一起构成了中国古代抗灾救荒的基本内容，二者在形式上彼此不同，但在功能和目的上是一致的。荒政措施的记载以赈济钱物的形式、赈济钱物数量、移民数量和目的地等内容为侧重点，尽所能详，遗憾的是对荒政措施的救荒效果鲜有论述。减灾技术内容丰富，大体来讲，包含三个方面：农业减灾技术、工程减灾技术和生物减灾技术。减灾技术方面的资料与农业技术资料相混杂，虽然数量可观，但需要仔细辨识利用。

饥荒史料虽然涉及上述五个方面，但在灾荒资料中全面具备各方面信息的材料为数很少，绝大多数的灾荒史料仅仅记录了两三个方面的信息。从灾荒史料的记录内容和要素两方面可以划分为四种类型：具体全面型、具体缺省型、模糊全面型、模糊缺省型。

具体全面型：灾荒各项要素齐备，内容记载周详，灾荒发生过程脉络清晰，一目了然。这样的灾荒资料极其稀少，主要是历代文人对一些典型性灾荒的个案论述。

具体缺省型：灾荒内容记录周详，但有关灾荒要素存在残缺现象。这样的史料比较多，历代正史传、纪中就有不少。

模糊全面型：灾荒史料的文字记录比较简略，但有关灾荒发生的各项要素都有明确反映，这种资料也有一定数量。

模糊缺省型：灾荒史料文字记录简略，灾荒要素存在残缺现象。这种资料极其丰富，为灾荒史料的主体，历代正史中的灾荒资料基本属于这种类型。

三 灾荒史料的信息识别和利用

历史灾荒资料数量大、内容丰富、连续性好，在灾荒研究中有必要做进一步的挖掘整理和研究。总体来看，历史灾害的记录包含三方面的信息：（1）灾害信息：灾害的种类、发生时间、地区、强度等。如《辽史·天祚帝纪》：辽乾统三年（1102 年）"七月，南京蝗"，"赤地千里"等。（2）灾情信息：灾害发生后所造成的直接损失，包括人员伤亡、农作物毁损情况等，一般表述为"人畜伤亡无算"，"禾稼荡失殆尽"等。（3）灾害效应信息：灾害发生后对社会经济的冲击和影响，包括饥荒发生、粮价暴涨、人民饥饿、社会秩序混乱、政府救荒减灾活动等。《元史·五行志》记载，元至正十九年（1359 年），大都、山东、山西、河南、河北等数十州郡出现蝗灾，"食禾稼草木俱尽，所至蔽日，碍人马不能行，填坑堑皆盈。饥民捕蝗以为食，或曝干而积之。又罄，则人相食。"

如何识别判定历史灾荒资料中的信息内容？这个问题贯穿于中国灾荒史研究的各项工作之中。根据灾荒史料的内容特点，可以从以下几个方面予以解答。

（一）饥荒评价

1. 对饥荒的评判标准是一个地区的粮食短缺程度。它体现在三个方面：社会方面，政府采取赈济、移民等措施安抚灾民；经济方面，粮价大幅上升；民众方面，无以为食，艰难度日，甚至人食人。历史时期中国农民的生活水平处于基本维持温饱的状态，一旦发生灾害则必然出现食物不足，发生饥荒。这时期有可能省吃俭用，降低生活标准和食物用量；也有可能采集代食品；也有可能依靠政府的救济度日；更有可能垂死挣扎。

2. 凡史料记载为"饥""荒"者，皆为饥荒。"饥"对应为"一般性饥荒"。

3. 中国古代有比较完善的荒政制度，救荒减灾的措施内容丰富，中央政府通常施行"赈济""移民""调粟""蠲免""节约""养恤"等救荒政策，但真正能够与饥荒发生相联系的只有赈济和移民两项，因为这两项措施最为有效，非到万不得已政府也不会施行。中国古代虽然有荒政制度，但是荒政的施行往往需要经历灾荒勘验、奏报、复核、发赈等复杂程序，所以施赈时节往往就是灾荒严重的关键时期。因此，某一地区发生灾害后（或其他原因），如果中央政府采取赈济和移民措施也推断为发生了饥荒。

4. 粮价的涨幅有高有低，但如果粮价上涨到正常价格的几十倍乃至上百倍则是一种非常现象，只有在饥荒时期才会出现。

5. 虽未显示饥荒二字，但表示出饥荒特征者，如"赤地千里""饿殍载道""流移""人相食"等样式，也列为饥荒。

6. 某一地区发生灾害后（或其他原因），当地民众"群起而为盗贼"，或"流民反叛"等，也推断为发生了饥荒。但对于少数民族地区的反叛事件和地方官员、军队发生的叛乱事件，因其主要原因为民族矛盾和政治斗争，故不作饥荒处理。

7. 因为突然的变故而发生的人员伤亡事件均不作为饥荒看待，如"大水，人畜死亡""冻死人畜"等等。

8. 一次灾害过后，仅仅描述"伤禾无算""田禾损失殆尽"者不作为饥荒看待。粮食减产歉收也不能作为饥荒看待，如"三麦不登""二麦不收"之类。

9. 史料中出现的对灾害强度的描述，如"大水""大旱""赤地千里"等，不作为饥荒看待。

10. 灾害发生后政府采取"蠲免""给复""缓征"（地租赋税钱粮）等荒政措施，由于没有粮食输入灾区，可视为灾区粮食供应不至于极度短缺，不作为饥荒看待。但并不排除演变为饥荒的可能性，因此凡史料中出现"蠲免""给复""缓征"者，全部作为潜在性饥荒对待。如果在"蠲免""缓征"之外，另有文字说明饥荒发生，则按饥荒处理。

11. 凡史料中出现"备赈"者，作为潜在性饥荒处理，不计入灾荒统计结果中。

12. 历史灾害发生后，皇帝和地方官员也采取遣告措施，其实质体现了天人相通、由天及人的警示作用，与抗灾救荒无关，因此这些涉及灾异修省的资料不作为饥荒看待。

（二）饥荒原因判定

1. 某一地区先有灾害，后发生饥荒，该项灾害看作饥荒的直接原因。

2. 某一地区仅记载了饥荒，但在其他相关文献记载有灾害发生，而且发生时间在饥荒发生之前或同时，可推断该项灾害为饥荒发生的可能原因。

3. 某一地区发生饥荒后，文献中没有相关灾害、战乱等的记载，则为原因不明的饥荒。

（三）灾荒区域判定

1. 在同一史料来源的饥荒案例中，如果各个地区彼此相连，则作为同一个灾荒区域看待。

2. 在同一史料来源的饥荒案例中，如果各个地区彼此不相连，则作为不同的灾荒区域看待。

3. 在不同的记载条目中，如果灾荒地区彼此相连或相同，且时间一致，则作为同一个灾荒区域看待。

4. 在不同的记载条目中，如果灾荒地区彼此相连或相同，但时间不一致，则作为不同的灾荒区域看待。

5. 在不同的记载条目中，如果灾荒地区彼此不相连或不相同，则作为不同灾荒区域看待。

（四）灾荒发生频次评价

1. 在灾荒史料信息化处理的过程中，以史料来源为基本依据，一条史料为一次灾害，不同来源的史料互相参照补充。

2. 发生在同一灾荒区域、时间相同的灾荒作为一次灾荒。

3. 发生在同一灾荒区域、时间不同的灾荒分别计算。

4. 发生在不同灾荒区域的灾荒分别计算。

5. 发生在同一年的饥荒，如果都没有明确的时间和地区，则作为一次灾荒合并计算，如果发生时间和地区有差异则分别计算。

6. 尽管严格地讲，一次灾荒是发生在某一特定时间和空间范围内的事件，但在历史灾害的统计过程中，自元代以后灾荒记录剧增，往往一年之中发生许多次灾害，准确辨析灾害的发生频次极为困难，因此只能采取按月计次的办法，凡是发生在同一月的同一种灾害，合并作为一次计算。

7. 饥荒频次的判断以省区为基本依据，凡在一省之内发生的县域性灾荒，不论各县之间是否相连均作为同一灾区对待；凡在不同省区发生的灾荒，两省之间相连者作为同一灾区对待，否则分别按不同灾区处理。

（五）灾荒等级评价

1. 如果灾荒发生后仅仅造成农业歉收，或一般性的食物短缺，可作为一般性灾荒看待。但如果灾荒发生的范围多达数十州郡或天下过半，则作为重大灾荒；如果灾荒发生区域很小，仅为一县或数县范围，则作为轻微灾荒对待。

2. 灾荒发生后发生食人或者饿死人的现象，不论范围大小一律作为重大灾荒对待。

本文原刊于《中国减灾》2007 年第 1 期

我国历史农业灾害信息化
资源开发与利用

我国传统农业生产经常遭受到水灾、旱灾、风灾、雹灾、蝗灾、病虫害等多种自然灾害的侵害，损失惨重，饥荒流行。因此，国家不但强调"民以食为天"，大力推行重农政策，还积极开展救荒济民活动，维护社会稳定和经济发展局面。时至今日，农业生产中的灾害问题和减灾形势依然不容乐观，随着我国经济水平的日益提升，社会对粮食的需求量也在大幅度增长，减轻灾害损失已经成为 21 世纪国家实现农业可持续发展的必要前提和现实保障条件。

自然灾害的发生具有突发性、规律性、危害性等特征，研究历史灾害演变规律有助于建立降低灾害风险的应对机制，推进传统农业转型，总结我国古代数千年间积累的减灾救荒经验措施，对提高国家粮食安全的总体水平具有一定的参考价值。灾害史研究具备存史、教化、资政三大功能[1]，因此研究灾害史在理论上不仅是必要的，也有重要的学术和现实意义[2]。农业灾害历史资源可用于灾害历史、农业灾害风险评估、区域社会经济可持续发展等项目研究中，其开发和信息化利用是农业灾害研究和农业减灾实践领域极为重要的基础性工作。我国历史灾害资料具有数量多、分布广、连续性强、记录信息全面等特点，据此可以建立三种自然灾害历史资源数据库，面对灾害研究和减灾实践工作者开放，实现自然灾害资源共享，彻底解决我国历史灾害资源难以充分开发利用的问

---

① 高建国：《论灾害史的三大功能》，《中国减灾》2005 年第 1 期。

② 许厚德：《论我国灾害历史的研究》，《灾害学》1995 年第 1 期。

题。本文从历史灾害信息化研究进展、数据库建设的关键问题以及历史农业灾害数据库建设构想三个方面，阐述历史农业灾害资源的开发与信息化利用。

一 历史灾害信息化研究进展

自 20 世纪以来，国内外研究者开始整理挖掘我国的历史灾害文献并取得了显著成绩，这些成绩主要表现在以下四个方面。

第一，多角度开展历史灾害研究，撰著出版了一系列灾害与社会发展关系的研究著作。早在 20 世纪 30 年代，邓云特就开展了中国灾荒史研究，并撰著完成《中国救荒史》著作，论述了历史灾害的发生概貌和救荒工作。此后，有关灾害与社会结构、经济发展、农业生产技术进步之间相互作用关系的研究日渐增多[1][2][3][4]，综合性的灾害史研究著作相继出现[5][6]，灾害文化和灾害思想的研究也勃然兴起[7][8][9]。

第二，编纂出版了大量的灾害史料集，基本可归纳为全国性、区域性和专题性的灾害历史资料集三类。全国性灾害史料汇编有陈高傭《中国历代天灾人祸表》、李文海《近代灾荒纪年》（湖南教育出版社 1992 年版）及《纪年续编》（湖南教育出版社 1993 年版）、张波等《中国农业自然灾害史料集》（陕西科技出版社 1994 年版）、李文波《中国传染病史料》（化学工业出版社 2004 年版）等，举凡正史、政书、经书、类书、档案等文献之中的灾害资料搜罗殆尽；区域性灾害史料集有各地编纂的灾害史料汇编，如《陕西省自然灾害史料》（陕西省气象局气象台 1976

---

① 陈业新：《灾害与两汉社会研究》，上海人民出版社 2004 年版。
② 汪汉忠：《灾害、社会与现代化》，社会科学文献出版社 2005 年版。
③ 复旦大学历史地理研究中心：《自然灾害与中国社会历史结构》，复旦大学出版社 2001 年版。
④ 卜风贤：《周秦汉晋时期农业灾害和农业减灾方略研究》，中国社会科学出版社 2006 年版。
⑤ 高文学：《中国自然灾害史》，地震出版社 1997 年版。
⑥ 孟昭华：《中国灾荒史记》，中国社会出版社 1999 年版。
⑦ 卜风贤：《中国古代的灾荒理念》，《史学理论研究》2005 年第 3 期。
⑧ 安德明：《天人之际的非常对话——甘肃天水地区的农事禳灾研究》，中国社会科学出版社 2003 年版。
⑨ 董晓萍：《民俗灾害学》，《文史知识》1999 年第 1 期。

年版）、《贵州历代灾害年表》（贵州省图书馆 1963 年版）、《广西自然灾害史料》（广西壮族自治区第二图书馆 1978 年版）、《海河流域历代自然灾害史料》等，各大江河流域、各级省级政区基本都有专门的灾害资料集出版；专门性的灾害资料辑录工作主要指按照灾害事件性质分门别类地编辑灾害史料，如《中国历代风暴潮史料集》、《中国地震目录》（第一、二集）、《中国地震历史资料汇编》、《中国大洪水：灾害性洪水述要》、《三千年疫情》、《中国气象灾害大典》（温克刚主编，气象出版社 2005—2006 年版）、《中国荒政全书》，等等。

第三，对历史灾害进行量化分析，总结灾害历史演变的规律性。搜集汇编灾害史料的目的是研究灾害规律、探讨减灾防灾对策，只有对灾害史料进行严格的计量分析才能进行科学的灾害史研究。因此，灾害史研究中对史料量化的标准和方法极为重视，《中国近 500 年旱涝分布图集》（地图出版社 1981 年版）及《中国近 500 年旱涝分布图集续补（1980—1992）》（气象出版社 1993 年版）两部代表性的历史气候和灾害史著作中提出了评定历史旱涝灾害的标准和方法，该方法依据史料记载，采用 5 个等级表示各地的降水情况，即 1 级——涝、2 级——偏涝、3级——正常、4 级——偏旱、5 级——旱。此外，还有干湿指数、冷暖指数、寒冻频率、冰冻次数序列等多种灾害史料量化处理方法，这些方法存在的一个共同缺陷是应用对象仅局限于水旱灾害、冷冻灾害等灾害种类，而且灾害等级评价也缺乏灾害学理论支持。与之相反，灾害史料灾度等级量化方法可以对各种历史灾害事件进行等级评价，是一种适用性强的灾害史料量化方法[①]。

第四，编制灾害分布地图。利用灾害信息编制灾害分布地图，是当代减灾实践的一项重要内容。近年来，灾害史研究者编制了《广东省自然灾害地图集》（广东省地图出版社 1995 年版）、《中国自然灾害地图集》（科学出版社 1992 年版）、《中国气候灾害分布图集》（海洋出版社 1997年版）、《中国自然灾害系统地图集》（科学出版社 2003 年版）、《中国重大自然灾害与社会图集》（广东科技出版社 2004 年版）等多种灾害地图集。

---

① 张建民：《灾害历史学》，湖南人民出版社 1998 年版。

但是以往的研究工作仅仅局限于部分地利用灾害史料，因为历史灾害资料分散，迄今尚无人大规模搜集整理各类历史灾害文献资源，现有的灾害史研究成果还不能全面揭示历史灾害演变全貌。因此，如何有效地开发利用我国历史灾害文献还是一项亟待攻克的科研难题，充分挖掘历史灾害信息资源，进行长时间序列的灾害历史演变规律研究已经成为我国学术界亟待拓展的学科领域。近年来，国内外学者已经采用△^{14}C 资料、Sunspots 资料研究历史灾害问题并取得诸多成果[1]，特别是最近11000年来 Sunspots Number 序列的重建和近 10000 年来高精度△^{14}C 数据测算[2][3]，为开发利用祖国灾害文化资源提供了有益启迪，也促使我们通过建立历史灾害数据库以揭示古代灾害资源和现代科学研究成果之间的紧密关系。

二　历史灾荒数据库建设的关键问题

目前，历史灾害研究工作中面临的最大困难有两个，即长时间序列历史灾害数据库的构建和历史灾害文献的信息化处理。历史灾害数据库构建的关键在于全面收集整理历史灾害文献，我国经、史、子、集四部类文献计有 23688 部，32 万多卷[4]，我国历史灾害资料普遍存在于历代正史《五行志》、各地方志（省志、县志）及各类政书、类书、经书、子书和文集之中，据估计我国历史文献中存留的灾害资源信息大约在 1000万字，记载了近 3000 年来的各类灾害事件和减灾防灾举措，文献存量大，利用价值高，是灾害研究中必不可少的宝贵资源。[5]

做好这项工作不但费时费工，而且需要便利的文献资源利用条件。

---

① Hodell D A, Brenner M, Curtis J H. Solar forcing of drought frequency of Maya lowlands, Science, 2001, 292（18）: 1367 – 1370.

② Solanki S K, Usoskin I G, Kromer B, et al. Unusualactivity of the sun during recent decades compared to the previous 11000 years. Nature, 2004, 431（7012）: 1084 – 1087.

③ Stuiver M, Braziunas T F, Reimer P J. High-precision radiocarbon age calibration for terrestrial and marinesamples. Radiocarbon, 1998, 40（3）: 1127 – 1151.

④ 张衍田:《经史子集四部概说》,《文献》1990 年第 2、3 期。

⑤ 宋正海、孙关龙、艾素珍等:《历史自然学的理论与实践》, 见《天地生人综合研究论文集》, 学苑出版社 1994 年版。

因为对灾害规律性的把握是一项建立在长序列、连续性强的信息资源基础上的特殊研究工作，这些问题直接阻碍了历史灾害文献整理利用和灾害历史研究的进一步开展。

历史灾害文献信息化处理的关键在于建立科学合理的信息量化的标准和方法。面对数以千万计的灾害文献资源，信息量化标准必须具有灾害学理论基础，信息量化方法必须简便可行。我们在历史灾害研究中提出的灾害资料灾度等级量化方法经过多年实践证明符合上述两个条件。[1]

历史灾害数据库建设完成后，其功能和性质应该体现以下特征：

（1）资料的全面性。灾害史的研究必须依据灾害史料，灾害史料的完整性直接决定着灾害史研究工作的可靠程度。本项研究主要依靠存留至今可资利用的全部历史文献资源，同时参照考古资料和实地考察资料。在时间上上下三千年，在区域上纵横全国，时空涵盖面周全。

（2）灾害史料量化处理的科学性。对灾害史料的量化处理有多种方法，我们所提出的灾害史料灾度等级量化分析方法经过多年研究实践证明是可行性较强的方法之一。

（3）历史灾害数据库的开放性。建立历史灾害数据库，利用网络技术面对灾害史研究者和减灾防灾工作者开放信息资源，实现资源共享。即使灾害数据库中出现万一缺漏，也便于补充修正。

三　历史农业灾害数据库建设构想

在历史灾害资料的收集整理和信息量化基础上建设历史农业灾害数据库，它由 3 个数据库和 1 个工作平台等 4 个子系统构成。首先，建立 3 种历史灾害资源数据库，即农业灾害历史文献数据库、农业灾害历史信息数据库和历史农业灾害量化数据库，面向灾害研究和减灾实践工作者开放，实现灾害资源信息共享，彻底解决我国历史灾害信息资源难以充分利用的问题。

1. 数据库建设程序

3 个数据库的建库原则和程序（图 1）分别为：

---

[1] 卜风贤：《中国农业灾害史料灾度等级量化方法研究》，《中国农史》1996 年第 4 期。

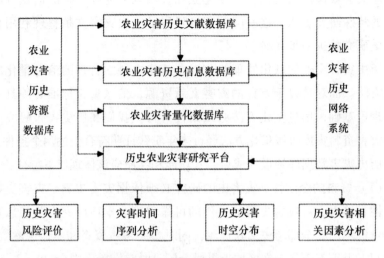

图1 历史农业灾害资源数据库结构

（1）通过对历史灾害资料的全面普查和评估，从中筛选出历史灾害信息条文，按照农业气象灾害、农业生物灾害、农业环境灾害和农业减灾防灾四项内容确立农业灾害历史文献数据库。

（2）以此为基础对所能利用的历史灾害文献进行信息化处理，依据灾期、灾区、灾种、灾情四大要素分类编排，建立农业灾害历史信息数据库。

（3）借鉴历史灾害资料灾度等级量化方法，开展历史灾害评估工作，对历史灾害数据库中的全部灾害案例分等定级，建立历史农业灾害量化数据库。

2. 历史农业灾害研究平台

在历史农业灾害资源数据库建设的基础上，重点开展历史灾害风险评估、历史灾害时间序列分析、历史灾害时空分布、历史灾害形成中的相关因素分析等项目研究。上述三种历史灾害数据库还可通过网络等介质对国内外灾害问题研究者实现资源共享，促进灾害研究工作的深化并为世界减灾事业的发展做出新的贡献。

3. 历史农业灾害数据库建设目标

建立历史灾害资源数据库后，可以通过网络形式发布，实现资源共享，利用灾害历史数据库开展相关的研究工作。

目标一：建立农业灾害历史文献数据库，即通过检索搜集中国古代历史文献，从经史子集各类文献资源中汇集灾害资料，按照现代灾害学理论体系编制成一部 1000 万字的巨量灾害资料集。

目标二：建立农业灾害历史信息数据库，按照灾害发生的时间、地点、灾害种类和灾情状况四大要素对农业灾害历史资源数据库中的历史灾害文献进行整理，建立简明可靠的表格式数据库，以网络形式发布。

目标三：依照灾害史料灾度等级量化方法，对农业灾害历史信息数据库中的信息资源进行量化处理，建立纯数码形式的历史农业灾害量化数据库，便于灾害历史问题研究。

目标四：利用历史农业灾害量化数据库中的信息资源，开展历史灾害计量分析，包括历史灾害风险评价、历史灾害时空分布、历史灾害演变规律等，以论文和著作形式发布该项成果。为深化灾害史研究做出新的探索，为我国减灾事业的进一步发展提供参考资料。

4. 数据库建设与利用的关键问题

灾害文献数量大、分布广，全面搜集灾害资料很困难，因此既要与各地图书馆建立联系，也要充分利用电子文献资源；从历史文献资源中挖掘可利用的灾害信息，建立历史灾害信息资源库，每一条资料必须仔细订正，避免传抄讹误，特别是对史料所涉及的灾害时间、地点和灾害事件本身的考证方面需要做扎实的基础性工作，建立的数据库才具有可靠性；灾害史料灾度等级量化的标准和方法还需要进一步修订，量化过程中可能出现的新问题也要逐一讨论解决。

四　结束语

我国丰富的历史灾害资源对深化灾害科学认识具有重要作用和意义，随着自然科学领域相关研究方法和技术手段的进步，为开发利用历史文献资源提供了必要的技术支持和新的思路。应该肯定历史灾害资源在现代灾害研究中的利用价值，并建立多种类型的历史灾害资源数据库。经过科学的考订编排，编制历史灾害年表或历史灾害事件的信息化序列，在此基础上才能进行初步的时空分布规律研究。因为历史灾害文献计量分析面临着灾害记录不全面、不精确的问题，如果单纯地依靠历史资料进行计量分析，其结果很可能与历史灾害事实之间存在较大误差。因此，加强历史灾害资源的科学利用和多学科开发将促进灾害史研究的进一步发展，并有望突破目前灾害史研究中面临的诸多问题。

本文原刊于《气象与减灾研究》2011 年第 4 期

先秦时期西北地区灾荒资料探研

我国古典文献汗牛充栋。先秦时期关于水、旱、蝗等灾害记录散存于经史典籍之中，先秦诸子等文献里也有零星记载。《尚书·皋陶谟》记述了洪水泛滥，人民沉溺，陷入灭顶之灾的情形："洪水滔天，浩浩怀山襄陵，下民昏垫。"《诗经》《春秋》《左传》《竹书纪年》等书中也有大水、大雨、大雨雪、螽（即蝗虫）等灾害记录，且年代可考。这些资料记录灾荒的发生区域横跨东西两大农区，尤以东部农区为多，但从当时农业生产所总体水平考量，它们均属北方气候区域，基本农作物以黍稷桑麻为主，春旱秋雨是农业生产的面临的主要灾害，因此，东西农区内部农业承灾体和农业孕灾环境大体相似。在西北地区灾荒资料不足的情况下，本文试图利用先秦典籍中各地相关灾荒资料以佐证西北地区自然灾害发生危害的概貌轮廓，西周春秋时期传统农业萌芽阶段的自然灾害状况及其相关问题并进行初步研究。

一 《诗经》中的灾荒资料

《诗经》记载可信，被顾颉刚誉为"信得过的最古的书"[①]，梁启超在《要籍解题及其读法》中也说《诗经》乃"精金美玉、字字可信可宝"。其中有关西周至春秋的灾荒记述零散分布在各篇章中，使用时还需参考考古资料和经籍篇章仔细辨识。其中风诗多为黄河流域民歌，涉及西北地区的诗句存在于《周南》《召南》《王风》《秦风》《豳风》等篇

---

① 顾颉刚：《中国上古史研究讲义》，中华书局 2002 年版。

章中，其他篇章之中也有零散信息。

《诗经》中的灾荒资料既有灾害信息，也有灾害防治信息，可谓最早的"防灾减灾手册"，其灾害信息大致包括旱灾、虫灾、兽鼠鸟害、饥馑、水灾、霜灾等，灾种齐全。其中旱灾有 5 次相关记录，属于频次较高的灾种，如《大雅·云汉》："旱既大甚，则不可沮，赫赫炎炎，云无我所"，当时旱灾"赫赫炎炎"，程度已经十分严重。在《诗经》中提到 5 次虫灾，与旱灾频次相当，《大雅·桑柔》说："天降丧乱，灭我立王。降此蟊贼，稼穑卒痒"，记载的是西周末年的一次大规模蝗灾，不仅严重危害农作物，而且还导致西周灭亡。仅仅从几条文献信息不足以认定虫灾与旱灾的关联性，但现代科学研究认为，虫灾与旱灾是具有很大关系，基本上是二者相伴而生，所以可以推测这一时期的虫灾与旱灾有极大相关性。水灾的记录虽然只有一次，但却是很大的雨水型水灾，损害农作物，"雨我无极，伤我稼穑"①。兽鼠鸟害有 3 次记录，其中老鼠、黄鸟为害农田比较典型，在《小雅·黄鸟》中记载人们抱怨、祈求黄鸟不要偷食粮食："黄鸟黄鸟，无集于榖，无啄我粟。"饥馑有两次记录，基本上都与国家大乱、灾害降临、农业生产受到不同程度破坏有关。如《大雅·召旻》中的"旻天疾威，天笃降丧。瘨我饥馑，民卒流亡。我居圉卒荒"，就是描写因战乱而导致饥馑，人民流亡的场面。霜灾的记录也只有一次，《小雅·正月》中描述："正月繁霜，我心忧伤"。按毛亨的注释，正月是夏季四月，正是农作物成长期，此时发生霜灾，农作物肯定受到伤害，农夫怎能不伤心？周幽王即位的第二年，王都镐京发生了一场大地震，据《小雅·十月之交》记载，这次地震的情况是："百川沸腾，山冢崒崩。高岸为谷，深谷为陵"，地震之后，紧接着就发生大旱，"三川皆竭"。这是地震引发大旱的灾害连锁事件。

在灾害信息之外，《诗经》中还反映出当时人们的早期防灾减灾意识，以及为防灾减灾所采取的应对措施。这样的措施很多，从春种秋收到粮食储藏、日常生活，到处都有防灾减灾的实践活动，但这种防灾减灾活动在当时尚未形成一定的体系。

在农田作物生长过程方面，人们很早就讲究选种并且有了"嘉种"

---

① 《诗经·小雅·雨无正》。

的概念，《大雅·生民》中就有"诞降嘉种，维秬维秠，维穈维芑"的诗句，而且这种选种活动甚至可以追溯到传说中的后稷教稼时代，"实方实苞，实种实褎"，后稷在播种时选择光润美好、籽粒硕大饱满的作为种子进行播种，才能生产出"实发实秀，实坚实好，实颖实粟"的粮食。《诗经》中还有许多篇讲到中耕除草、培土间苗，使农田"莠厥丰草"①、"不稂不莠"②，还进行田间害虫的防治来对付虫灾。《小雅·大田》载："去其螟螣，及其蟊贼，无害我田稚。田祖有神，秉畀炎火"，人们采取人工捕捉和利用害虫的趋光性点火诱杀害虫两种办法，在当时都能收到良好的效果。当时人们采用整地耕地与开挖沟洫的一整套方法，在农业生产中亦积累了防旱保墒的经验。而且文献显示西周时人们已知利用泉水、池水灌溉，《大雅·公刘》载：西周建国前公刘选择耕地时要"相其阴阳，观其流泉"。前者指要选择向阳的耕地，后者是要看有无泉水可资灌溉。《小雅·白华》亦云："滮池北流，浸彼稻田"，说明人们已知利用池水灌溉稻田。③

在粮食储藏和日常防灾方面，先秦时期人们已经认识到黍稷等粮食作物能够"增气充虚，强体适腹"④，并且十分重视粮食储藏。《礼记·王制》说："三年耕必有一年之食，九年耕必有三年之食。以三十年之通，虽有凶旱水溢，民无菜色。"透过《诗经》中"不能艺黍稷，父母何食"，"不稼不穑，胡取禾三百囷兮"，"曾孙之稼，如茨如梁。曾孙之庾，如坻如京。乃求千斯仓，乃求万斯箱。黍稷稻粱，农夫之庆"，"我仓既盈，我庾维亿"等诗句，我们可以明显地看出《诗经》时代人们已经比较重视粮食生产和储藏，当时粮食仓储除窖储外还有仓、廪、囷、庾等规模较大的粮食仓储。考古工作者也在陕西关中等地发现了规模较大的粮仓，这些粮仓在一定程度上可以发挥防御灾害的功能。日常生活中，每逢秋季，人们"穹室熏鼠，塞向瑾户"，收拾房屋，填补漏洞，防止老鼠进入室内，偷食粮食。

---

① 《诗经·大雅·生民》。
② 《诗经·小雅·大田》。
③ 朱磊、卜风贤：《诗经中粮食安全问题研究》，《气象与减灾研究》2006 年第 3 期。
④ 《墨子·辞过》。

二 《春秋》中的灾荒资料

《春秋》记事以鲁国为主，兼及周王室及其他诸侯国，其中仍然保留许多与农业有关的自然灾害信息，如水、旱、雨、风、雹、雪、霜、蝗虫、鼠、兽害等，内容十分丰富。尽管这一时期的历史记载非常简略，无法知道当时西北地区旱灾、水灾等具体灾情，但对西北地区发生的全国性的严重灾情也有一定的流传。另外由于孔子修《春秋》是"因鲁史策书成文"①，所以我们从现存的《春秋》中还是可以窥测出春秋列国灾害发生情况的大致面目，从中寻出发生在西北地区的灾害线索。以《春秋》为底本的《左传》《公羊传》《穀梁传》，可与《春秋》互相补充，也是研究先秦时期灾荒问题必不可少的文献资源，因而《春秋》及"三传"是研究这一时期历史灾害的宝贵资料。

春秋时期，由于铁器和牛耕等新生产力因素投入到农业生产之中，各国纷纷进行土地私有制改革。地处西北的秦国也多次进行土地改革，在公元前408年，秦简公实行"初租禾"，到了秦国商鞅变法时废除土地国有制，实行土地私有制，允许土地买卖——"废井田，开阡陌"，"田得买卖"。这些措施极大地提高了人民开垦土地的积极性，促使人们大量开垦荒地。而这一行为直接导致秦统治的黄河山陕峡谷、泾渭河流域、甘陇一带以及西北其他地区大面积的森林、草地等遭到破坏，西北局部生态平衡遭到破坏，生态迅速失衡，改变了局部地区小气候，从而诱使各种自然灾害频繁发生。

《春秋》虽然简短，却记载了准确的灾害发生时间、地点和人物，按照现代灾害学的观点，《春秋》所记灾害条文中灾情、灾期和灾区三大要素一应俱全。其所记农业灾害有水灾、旱灾、风灾、雹灾、雪灾、霜灾、虫灾、兽鼠害等灾种。这一时期的灾害记录仍然以旱灾为最多，其中灾害发生范围较大、受灾面积广大，可能与西北地区有关的旱灾累计达28次，如《春秋·庄公三十一年》记载："冬不雨。"《穀梁传》注曰："冬

---

① 杜预：《春秋左氏传序》。

不雨,何以书,记异也。"单独一次不雨,还不足以判断旱灾信息要素,在看到《公羊传》注释曰"何以书,记异也",则可以推断此次旱灾的受灾区域有可能包括西北地区,因为黄河流域大农区业已形成,西北地区与山东地区纬度大致相同,在大的气候背景下极有可能出现北方大面积冬旱情形。再比如《春秋·僖公二年》记载:"冬十月,不雨。"《榖梁传》注曰:"不雨者,勤雨也。"《春秋·僖公三年》也有"王正月不雨。夏四月不雨"的记载。这些冬旱、春旱事件,均发生在农业生产的关键时节,其中虽然直接关系到鲁国灾情,《春秋》记录灾异也有"外灾不入"的规则要求,但也可能与大范围灾害事件的发生有一定关系,由此推论西北地区出现类似旱灾也是同样的判断。其次是《春秋》所记灾害种类齐全,灾害结构已然显现,这不是一个独立区域的灾害特征,而是大范围农耕区的灾害情况,由《春秋》灾害记录的系统性特点也可以作为西北地区灾害情况的研读依据。《春秋》累计虫灾达 16 次,如《春秋·文公三年》记载:"(秋)雨螽于宋。"《春秋》水灾累计达 10 次,如《春秋·隐公九年》中的"三月癸酉,大雨,震电"。《春秋》兽鼠害共 4 次,如《春秋·哀公元年》中记载:"鼷鼠食郊牛,改卜牛。"《春秋》雹灾 3 次,如《春秋·昭公四年》中的"正月,大雨雹"。《春秋》雪灾 3 次。如《春秋·隐公九年》中的"(三月)庚辰,大雨雪"。《春秋》饥荒 2 次,如《春秋·襄公二十九年》中的"冬,大饥"。《春秋》霜灾共 2 次,如《春秋·定公元年》中的"冬十月,陨霜杀菽"。《春秋》风灾只有一次,即《春秋·僖公十六年》中的"(正月)六鹢退飞,过宋都"。《春秋》中还记录了西北地区人们已经关注土地盐碱化问题,在《左传·襄公二十五年》就已经注意到陕西泾渭河流域已是"泽卤"之地。

在记录灾害发生情况之外,《春秋》也相应记载了防灾抗灾措施,除了当时传统的巫术救荒之外,还记载了早期的"工赈",逢灾害发生之时,"修城郭、贬食、省用、务穑、劝分"。[1] "修理城郭"可谓以工代赈最早的记录,一旦发生饥荒就可补救饥民。

---

[1] 《左传·僖公二十一年》。

三 《周礼》中的灾荒资料

《周礼》分6篇，天、地、春、夏、秋、冬六官中均涉及灾荒问题，因其记述周朝制度，而周的统治中心在今陕西地区，故而《周礼》也是研究西北地区灾荒的重要文献资料。其中"荒政十二"贯穿于全书之中，并且作为"聚万民"的手段，提高到"政令"之首的重要地位，涉及政治、经济、法律、祭祀等诸多方面的内容。书中列举的12种救荒措施和6种济贫措施，是先秦时期防灾、救灾经验的总结，也基本上包括了后世救灾赈济的主要措施，其影响十分深远，值得认真研究。

荒政制度作为一种防灾救灾的理论与制度，始见于《周礼·地官·大司徒》中，大司徒职云："以荒政十有二聚万民：一曰散利，二曰薄征，三曰缓刑，四曰弛力，五曰舍禁，六曰去几，七曰眚礼，八曰杀哀，九曰蕃乐，十曰多昏，十有一曰索鬼神，十有二曰除盗贼。以保息六养万民：一曰慈幼，二曰养老，三曰振穷，四曰恤贫，五曰宽疾，六曰安富。"

《周礼》将荒政列于政首，可见其在周代政治生活中占据十分重要的地位，是周代治国安邦理论的重要组成部分，而且在救灾程序和救灾措施等方面"奠定了后世救灾的基本格局"[①]。

除了荒政是《周礼》一书中的主要闪光点外，该书还记载了许多防灾抗灾措施，其一是最早的种子包衣技术。用不同兽骨之汁浸泡各种种子，这样可以提高种子的抗病能力，能使作物生长得更好。其二是早期的农田水利灌溉。据《周礼·地官·遂人》记载："凡治野，夫间有遂，十夫有沟，百夫有洫，千夫有浍。"这就说明在农业灌区有称之为遂、沟、洫、浍的大大小小的渠道构成的灌溉网络浇灌着农田。与遂、沟、洫、浍相应，渠上则有叫径、畛、涂、道的交通道路。一般认为《周礼》一书成书于战国时期，反映了春秋末与战国时期的情况。《周礼》上述记载反映了春秋至战国时期农田灌区已出现了由大小渠道构成的系统灌溉工程。由于水利灌溉系统出现并对农业生产有重大作用，所以设立了专

———————

① 李向军：《清代救灾的制度建设与社会效果》，《历史研究》1995年第5期。

门负责水利工程的官员管理其事。《荀子·王制》记载："修堤梁，通沟浍，行水潦，安水臧（不使水漏溢），以时决塞，岁虽凶败水旱，使民有所耘艾，司空之事也。"表明当时已经有了专门管理水利事业的官员。春秋末到战国时农田灌区出现的由大、小渠道构成的灌溉系统工程，是中国农田水利事业的巨大进步，大大促进了农业的发展。其三是积谷备荒。《周礼》中提出全国从上到下均应委积谷类等财物以备灾荒，防患于未然。其中明确指出："遗人掌邦之委积，以待施惠。乡里之委积，以恤民之艰卮。门关之委积，以养老孤。郊里之委积，以待宾客。野鄙之委积，以待羁旅。县都之委积，以待凶荒。"① 在《逸周书·文传解》中还有更加明确的表述："天有四殃，水旱饥荒。甚至无时，非务积聚，何以备之?"从此时起中国历代都十分重视建立国家粮食后备仓储制度，用以对付不时出现的灾害饥荒，朝廷还设置了专门的官职对仓储进行管理，如汉朝的常平仓、义仓、广惠仓等。对于受灾之年的救济措施，西周设立司稼之官，"巡野观稼，以年之上下出敛法，掌均万民之食，而赒其急，而平其兴"②，即根据农田作物生长及灾歉情况，上报中央，按规定采取救济或减免措施。

另外，在农业经济形式下，人们不能不重视天时对于耕作收成的决定性作用。因为当时北方经常发生旱灾，在《周礼》中记载了农耕之时或是大旱来临之时，巫师进行诸如求雨等农耕祭祀活动，每逢天旱时，巫师就行使其求雨的职责。在《周礼》中专门设置"司巫"，"掌群巫之政令。若国有大旱，则帅巫而舞雩；国有大灾，则帅巫而造巫恒"。③ 所谓舞雩，即指大旱时节，祭天而舞以求雨的旱祭仪式。司巫掌管群巫的政令，如果国内发生大旱灾，则率领群巫在雩祭中起舞求雨。宋人郭知达编《九家集注杜诗》引《神农祈雨书》曰："祈而不雨则曝巫，曝巫不雨则积薪击鼓而焚神山。"④ 在严重旱灾发生之时则曝巫，将巫师置于烈日之下曝晒，称之为"曝巫"，或用火烧死，叫"焚巫"。此种以巫为

---

① 《周礼·地官·司徒》。
② 同上。
③ 《周礼·春官·宗伯·司巫》。
④ （宋）郭知达：《九家集注杜诗》卷十二。

牺牲品的人祭或许是对老天还以颜色的报复，或利用巫师与天神沟通，希望能够降下甘霖。

四 先秦时期其他灾荒文献

除《诗经》《春秋》《周礼》外，先秦典籍中还有许多文献曾记载或者提及自然灾害及相关问题，这些典籍主要有《竹书纪年》《论语》《孟子》《尚书》《管子》以及后来出土的甲骨文、金文等宝贵文献资源。《竹书纪年》是我国最早记录灾害时间的史书，所载灾害事件有明确的时间、灾区、灾情等灾害要素。如"（周孝王）七年冬，大雨雹，江汉水"，记录的是公元前878年江汉流域发生的一次大水灾。中国是一个文明古国，历史资料浩如烟海，其中许多资料保存有灾荒的记载，除上述文献外，历代正史的本纪、五行志、列传等也可以作为研究先秦时期灾荒问题的重要文献资源。《论语》还通过鲁哀公与有若的对话，表明在国家遇到灾荒之年，孔子提出了减轻赋税的办法。

纵观先秦时期的各种典籍，直接与西北地区灾荒问题相关的史料很少。这些史料广泛分布于经部、史部、子部文献中，使用颇为不便。而且这些史料记录形式比较简单，很难对灾害进行准确的计量和评估。近年来，有许多学者在灾荒文献整理方面费心用力，出版了多种历史灾荒资料集，使用价值很高。

本文与朱磊合作，原刊于《北方论丛》2007年第4期

中国古代救荒书中的减灾技术
资料价值评估

中国古代救荒书涉及古农书、政书、集部文献、类书等各类典籍，涵盖面较广，内容涉及防灾、赈灾、救灾、论灾等多个方面，其中所蕴含的减灾科学技术资料也较为完整，是我们研究古代减灾科学技术和社会经济史的重要资源，对今天的防灾救灾工作也有借鉴指导意义。本文就救荒减灾制度建设、农业减灾技术、水利工程减灾技术、生物减灾技术、灾害预防技术、野生救荒植物的栽培利用等方面的资料分布情况及其利用价值予以简要分析。

一 救荒减灾制度资料

我国是世界上最早开展减灾活动的国家之一，中央与各级地方政府历来注重减灾管理，形成了较系统的荒政制度。古代官方荒政措施主要有以下两个方面：一是积极的防灾备荒措施，诸如发展农业、兴修水利及重视仓储等；二是消极的临灾治标和灾后补救措施，包括赈济抚恤、平粜与借贷、移民就粟等。这些措施不仅在当时收到了良好的效果，而且对当前的减灾、救灾决策工作也具有重要的参考价值。中国古代减灾制度建设的资料记载主要体现在总论类、荒政类救荒书中，同时在治水类、野菜类、除虫类等救荒专书中也偶有提及。

（一）荒政制度概论资料

历代以来关于救荒减灾制度建设的资料多见于我国古代荒政类救荒

书中，记载全面、具体。宋代董煟的《救荒活民书》是其中最有代表性的作品，作者认为救荒之法当因事因时制宜："救荒之法不一，而大致有五，常平以赈耀，义仓以赈济，不足则劝分，于有力之家又遏籴有禁、抑价有禁，能行五者，庶乎其可矣。……饥荒不同救亦异，临政者辨别而行之。"① 书中还对常平仓、义仓、禁遏籴、简旱、减租等各项减灾制度分别进行阐述。清代俞森《荒政丛书》则是集荒政之大成之作，其中收录了《救荒全书》、屠隆《荒政考》、魏禧《救荒策》等书，采董煟、林希元、屠隆等数家之言，又自作《三仓考》，溯其源流。②

（二）古代仓储制度资料

以丰年之有余补歉年之不足，通过各种仓储形式展开的积储制度是实现"丰年不奢，凶年不俭"的主要途径。③ 通过对我国古代荒政类救荒书配合以正史、实录等其他文献中的相关资料的分析研究，不仅可以大致把握我国古代仓储制度的演替变化以及政策制定执行机构的办事效益，而且对我国古代粮价调控等社会经济问题的探讨也有借鉴作用。

我国古代仓储制度以常平仓、义仓、社仓的建设为主体。常平仓发轫于战国时魏国李悝的平籴说："籴，甚贵伤民；甚贱伤农。……小饥，则发小熟之所敛；大饥，则发大熟之所敛而粜之。故虽遇饥馑水旱，籴不贵而民不散，取有余以补不足也。"④ 其中反映出的"平价"思想不仅是常平仓建立的主导思想，对古代农产品价格管理政策的制定也有很大影响。常平仓的记载始于西汉，最初的功能是调节粮食价格；唐宋以后，常平仓性质逐渐向义仓靠近，常用于荒年赈粜或赈贷。义仓源于北齐、创于隋朝、完善发展于唐朝，历宋元明清而不衰，初创时性质与后来朱熹所创社仓无异，但是隋朝义仓设立不久便移置城市，功能发生变化。"仓储之善，莫如社仓。以本里之蓄，济本里之饥；权丰岁之赢，救歉秋

① （宋）董煟：《救荒活民书》，影印文渊阁《四库全书》第六六二册，上海古籍出版社1987年版，第233页。

② （清）俞森：《荒政丛书》，影印文渊阁《四库全书》第六六三册，上海古籍出版社1987年版，第13页。

③ 张建民、宋俭：《灾害历史学》，湖南人民出版社1998年版，第313—314页。

④ （汉）班固：《汉书·食货志》，中华书局1962年版，第1125页。

之乏。"① 社仓多设在村镇，完全由百姓自己经营，自借自还，程序简便。因此社仓一经创立就在全国各地建立起来，在赈灾救荒中发挥了积极的功效。

二 农业减灾技术资料

我国古代劳动人民创造性地把农业生产和减灾结合起来，从农业生产各个环节入手，采取了抗旱保墒、调整作物种植结构、病虫害防治、中耕除草等农业技术措施减灾防灾，收到良好的减灾效益。关于农业减灾技术的记载多见于我国古代救荒书中，特别是一些农艺类救荒书、总论类救荒书以及除虫类救荒书中。

（一）具有传承性的技术资料

我国传统农业生产技术多是经创设后在某一地区长期发挥着重要的作用，并且在生产实践中不断发展完善。故一些长期发挥防灾减灾功效的农业生产技术在历代救荒书中反复呈现，既有对前书的资料保存，也有对该技术发展完善后的重新认识。确保了资料记载的可靠性与科学性，提供了更为完整、可靠的研究依据，对于系统认识该项技术在农业减灾中的作用也大有帮助。救荒书中关于区田法的记述即为有代表性的一例。

关于区田法的记载最初见于《氾胜之书》："汤有旱灾，伊尹作为区田。"② 在历代主要农书如《齐民要术》《农政全书》《授时通考》等书中都有相关记载，其中多是转述前人的记述，氾书的佚文主要就是靠《齐民要术》保存下来的。自王祯《农书》中对氾氏区田法有所改动后，明清两代试验者又多依王祯之法。③ 此外，推行试验和讨论区田法的专类资料也是相当多的，19 世纪赵梦龄曾编有《区种五种》，王毓瑚教授还曾加以整理扩充为《区种十种》，以及一些散见的史料，这些专类资料中关于

① （清）贺长龄：《皇朝经世文编》，文海出版社影印本 1963 年版。

② （汉）氾胜之撰，石声汉今释：《氾胜之书今释》，科学出版社 1956 年版。

③ （元）王祯：《农书》，中华书局 1956 年版，第 130—131 页。

区田法的记述更为全面。如清代赵梦龄辑《区种五种五卷附录一卷》，包括《汉氾胜之遗书》《教稼书》《区田编》《加庶编》《丰豫庄本书》，其中均是关于区田的记述，认为其是"避旱济时之良法，分地少而用功多，其获利不啻倍蓰""当荒歉之余，苟能躬耕数亩，即可为一家数口之养。"①

（二）专类技术资料

有些农业减灾技术仅适用于特定地区或特定时期，不具备历史沿革性，故相关记载仅限于几部甚至一部救荒书。这部分资料虽然数量不多，但因多是由当地有志于农业发展的人士总结实际生产经验，或者亲身参与了某项技术的研究引入、推广传播的人所撰，其可靠性也毋庸置疑。鉴于其资料覆盖面较小，把握这类减灾技术时，可结合当时的一些方志资料、正史资料以及考古资料参考分析。

如清代祁寯藻所撰的《马首农言》②，记述的是 19 世纪上半叶山西寿阳一带的农业生产情况，是作者通过调查访问并加以验证写成，为我们研究高寒地区农业生产和农业减灾提供了宝贵资料。书中所提到特定气候条件下的"晚种早收"、把握灾象特征做出灾害预防以及蓄积之法等防灾、减灾技术措施，时至今日仍具参考价值。

再如优良减灾作物的引进与推广。明清时期农业技术的进步主要表现在新作物的引进上，相应地也出现了一些救荒专书，其中以关于甘薯的著作为最多。陆燿《甘薯录》、陈世元《金薯传习录》、徐光启《甘薯疏》、李遵义《种薯经证》等著作接连出现，显示了甘薯种植在备荒救济中所发挥的重要作用，也为我们研究该减灾作物提供了翔实的资料。如《甘薯疏》中认为甘薯有广泛的适应性："其中宜高地，遇旱灾可导河汲井灌溉之，在低下水乡亦有宅地园圃高仰之处，平时作场种蔬者，悉将种薯，亦可救水灾也。"除此之外，甘薯还有种植时间适宜，产量大，抗虫害等特点，所以称为利于抗灾减灾的优良品种。③

---

① （清）赵梦龄：《区种五种》，清光绪四年（1878 年）莲花池木刻本。
② （清）祁寯藻：《马首农言》，高恩广、胡辅华注释，农业出版社 1991 年版，第 6 页。
③ （明）徐光启：《甘薯疏》，见顾延龙编《徐光启著译集》，上海古籍出版社 1983 年版。

三 水利工程减灾技术资料

除五害之说，水为始。① 兴修水利工程，防治水害是减灾防灾工作的重中之重。水利工程减灾技术自古有之，但对此进行专门记载的多见于宋元以后一些治水类救荒书中。河防书是对我国历史上治河工程技术系统的记载，主要论述了古人在黄河治理中的治河理论、河防制度和水工技术，完整地反映了历史时期的黄河治理技术水平，并且对现代黄河的治理有重要的参考作用。治水类救荒书是通过对某一具体减灾工程形式设计的记载及当地灾害案例的分析，研究古代水利工程建设在减灾防灾中的重要作用。

（一）地区性水利资料

古代一些治水类救荒书是针对特定地区水患治理而著。如北宋时期，太湖地区水患空前，单锷据其三十余年于苏州、常州、湖州的调查研究写成《吴中水利书》。在"观地之势，明水之性"的基础上，分析了太湖水患的成因在于"纳而不吐"，在找出症结所在的同时提出治理方法，"欲修五堰开夹苧干渎，以截西来之水，使不入太湖"②。通过对此类地区性水利资料的分析研究不仅有助于了解当时的水利情况、工程效果，对于今日的防洪抗旱也有一定的参考作用。

（二）河防资料

河防书多是集多代治河成就之大成编撰而成，如《河防通议》就经过宋金元三代修订。河防书著者及修订者多亲自参加过黄河治理工作，其资料可信度、科学性较高。通过对河防书的研究，可以清楚地了解我国历史上特定时期黄河水患的成因及其危害性，其中具体记载的河防管理制度以及工程技术，对于今天的黄河治理也有一定指导作用。

---

① 黎翔凤：《管子校注》，中华书局2004年版，第453页。

② （宋）单锷：《吴中水利书》，影印文渊阁《四库全书》第五七六册，上海古籍出版社1987年版，第1—14页。

在河防书中除了记载一些河防、治水工程外，还涵盖了水利工程建设的各个方面，包括修筑工程材料的性价、选择、运输、工程算法等。例如元代沙克什最终编订的《河防通议》①，"制度第二"中介绍了开河、闭河、定平、修砌石岸、卷埽、筑城等应遵守的一些常规方法制度。"输运第五"中介绍了材料运输的价位以及运输材料的重量、尺寸；"算法第六"中介绍了一些有关工程的计算方法。

（三）其他科学资料

水利工程的科学性和技术水准是建立在定量的基础上，离不开数学的发展。故治水类救荒书中还记载了一些有科学价值的数学资料。如《河防通议算法》一章全面总结了古代土方工程中的各种体积算法，共分十类问题，此外还涉及役夫劳动量的规定和计算，水陆运输重量和路程的规定和计算等数学问题，为数学史研究提供了一定的借鉴参考。

此外还有一些水利工具的设计使用方面的内容。明代熊三拔《泰西水法》的突出贡献就在于其记载了多种"挈水之器"的用法、构造等。如关于龙尾车的记载："龙尾车者，河滨挈水之器也。……东汉以来盛资龙骨，龙骨之制曰灌水二十亩，以四三人之力，旱岁倍焉，高地倍焉，用牛马则功倍，费亦倍。"②

四　生物减灾技术资料

根据灾害载体或承灾体的生活习性、运动规律等对农业生产过程中的某些环节进行适当的调整以防治病虫害，或者利用生物间的抑制关系，以各种有害生物的天敌对付它们都属于生物减灾的范畴。中国古代救荒书中关于生物减灾技术的记载主要集中在一些农艺类和除虫类救荒书中，这部分资料数量不多但可用性较强，很多技术方法在今天的农业生产中

---

① （元）沙克什：《河防通议》，影印文渊阁《四库全书》第五七六册，上海古籍出版社1987年版，第43—69页。

② （明）熊三拔：《泰西水法》，影印文渊阁《四库全书》第七三一册，上海古籍出版社1987年版，第931页。

仍在使用，有些对当代的生物减灾技术研究有启迪性作用，是中国减灾史上的宝贵财富。

（一）农艺类救荒书中的生物减灾技术资料

根据作物习性安排农业生产活动以防减灾害是我国古代生物减灾技术的重要组成部分，但并未在救荒书中成体系提出，而是零散见载于一些大型综合性农书和农艺类救荒书中。《四民月令》中记载了通过调整竹木砍伐时间防治害虫的方法，"自是月（正月）以终季夏，不可以伐竹木，必生蠹虫"①。《齐民要术》中也提到了利用昆虫的生活规律和环境因素防虫，如种芜菁必须七月初种，六月种则多虫；枣树行间必须除尽杂草，杂草是害虫窝，所谓"荒秽则虫生，所以须净"②，防患于未然。农作物播种时人们也采取了相应的措施防治害虫，适时播种的麻和水稻可以免受虫灾，适时播种的小麦可以免遭蚼蛆的危害。汉代《氾胜之书》中指出小麦"早种则虫而有节"③。播种时对农作物种子进行适当处理也能达到减轻虫害的目的。汉代人们采用溲种法防治害虫，《氾胜之书》："以原蚕矢杂禾种种之，则禾不虫"④，溲种法所用原料还有马骨、附子等，提高了害虫防治水平。

（二）蝗害治理中的生物减灾技术资料

生物技术方法是蝗灾防治的重要措施之一。首先在一些农艺类救荒书有所体现。如《吕氏春秋》中就指出适时播种的麻可以免遭蝗灾的侵害；《氾胜之书》中也说用溲种法处理种子"令稼不蝗虫"⑤。同时人们早就认识到蝗虫对不同作物的喜食程度不同，因而可以通过种植蝗虫不食的作物来防灾。如《晋书·石勒载记》载："弥亘百草，惟不食三豆及麻。"⑥ 王祯《农书》和《农政全书》中列举的蝗虫不食作物有芋、桑、

---

① （汉）崔寔撰，石声汉校注：《四民月令校注》，中华书局 1965 年版，第 17 页。

② （北魏）贾思勰撰，缪启愉校释：《齐民要术校释》，中国农业出版社 1998 年版。

③ （汉）氾胜之撰，石声汉今释：《氾胜之书今释》，科学出版社 1956 年版。

④ 同上。

⑤ 同上。

⑥ （唐）房玄龄：《晋书·石勒载记》，中华书局 1974 年版，第 2707 页。

菱、绿豆、豌豆、豇豆、大麻、苘麻、芝麻、薯蓣等。

根据蝗灾的成灾机理，最有效的减灾措施还是捕杀。因此，在除虫书中记载最多的是人工捕蝗的技术，关于生物技术的记载仅是零星可见。早期的蝗虫生物防治还仅限于认识和保护蝗虫的天敌。在唐代《酉阳杂俎》中就记载有许多益鸟捕食蝗虫的事例；五代时后汉政权于乾祐元年曾下诏"禁捕鸜鹆"①，利用它捕食蝗虫；宋代曾因为青蛙能食蝗而禁捕之；元代也因"鹙"能食蝗而"禁捕鹙"②；至清代时人们已经提倡用鸭子来治飞蝗，如《治蝗全法》中记载："又蝻未能飞时，鸭能食之，如置鸭数百于田中，顷刻可尽，亦江南捕蝻之一法也。"并举出实例来证明它的功效："咸丰七年四月，无锡军山、章山山上之蝻，亦以鸭七八百捕，顷刻即尽。"③ 保护利用天敌防治害虫是一种防治目标害虫的永久性措施，具有良好的生态和经济效益，在当今农业生产的虫害防治上仍发挥着重要的作用。

五　灾害预防技术资料

农业气象灾害预防是古代灾害预防体系最主要的构成部分之一，我国劳动人民在长期的生产实践中积累了丰富的天象测天、物象测天经验，拥有丰富的农业气象知识，尤其擅长把握一些灾象特征并由此做出灾害预防。在历象杂占类救荒书中有大量的关于依靠天象、物象、节气等预测自然灾害及丰歉的记载，具有一定的科学性和准确性。限于古代科技水平，在灾荒预防知识方面带有一定的神秘色彩，因而我们以往忽视了这部分救荒书的科学价值。实际上，通过对中国古代一些时令占候类救荒书的研究，我们可以了解中国古代劳动人民丰富的农业气象知识，并应用于灾害预防和备荒减灾。

（一）客观评价历象杂占类资料

历象杂占类救荒书丰富的内容反映了我国古代气象科学的辉煌成就，

---

① （宋）薛居正：《旧五代史·汉书三·隐帝纪上》，中华书局1976年版，第830页。

② （清）陈世元：《治蝗传习录》，影印文渊阁《四库全书》，上海古籍出版社1987年版。

③ （清）顾彦：《治蝗全法》，清光绪十四年（1888年）顾氏犹白雪斋刻本。

是劳动人民智慧的结晶,对今天的农业气象预报工作也颇有贡献。例如《〈田家五行〉选释》中提到:书中运用天象、物象和关键日来预测天气、展望气候的方法,20世纪70年代我国许多气象台站都在研究和试用,并获得了良好的效果。① 此类救荒书中许多根据经验所作的天气预报,以现在科学的眼光审视,不仅方法巧妙,理论上也是十分正确的。如《田家五行》中提到的"上风虽开,下风不散,主雨",反映了我国古代劳动人民在没有高空探测设备的情况下,用云的移动来说明高空气流的辐合情况,预测晴雨,非常合理;又如"月晕主风,何方有阙,即此方风来",是指出现在卷层云上的月晕,某个方向有缺口,即表示这个方向卷层云为不能产生晕的高层云所代替,预示锋面将从此方移过本地,伴有大风发生。这些结论都和近代气象学锋面云系的演变、风场转变的规律是一致的。由此可见,此书虽然撰写于六百多年前,但至今仍有一定的参考价值。

由于受历史条件的限制和当时社会的影响,我国古代历象杂占类救荒书中确实也掺杂了一些迷信落后的东西。如《田家五行》的涓吉类、祥瑞类中就有一些不符合科学精神的内容记载。对于这一部分资料我们应以当代科学发展的眼光辩证地审视和利用。

(二)生产生活中的灾害预防技术资料

历象杂占类救荒书中所蕴含的农业气象预报方面的资料多是劳动人民在实际的生产生活中积累所得,与农业减灾息息相关。其中一些农谚除了具有较高的准确度之外,还有鲜明地方特色,语言平实,贴近农民生活,更有助于指导日常生产安排以减灾防灾。如《探春历记》一书中据立春日的干支断定一年四季的雨水风雪以及年成的丰歉,详细记述了六十甲子中立春的六十种不同的气候,其中也包括用农谚形式表述的,如:"立春日占,先天与后天,何须问神仙,但看立春日,甲乙是丰年,丙丁多主旱,戊己损田园,庚辛人马动,壬癸水连天。"② 《田家五行》

---

① 江苏省建湖县《田家五行》选释小组:《田家五行选释》,中华书局1976年版,第17—18页。

② (汉)东方朔:《探春历记及乙巳占》,见《丛书集成初编》,商务印书馆1939年版。

中记载天象、物象预测天气的农谚有140多条，关于中长期天气预报的农谚一百多条，农业气象方面的农谚近四十条。这些农谚从不同侧面揭示了天气、气候变化的一些规律，大都具有一定的科学性与准确性，如"东风急，备蓑笠""行得春风有夏雨"等。[①]

这类由天气、物候预测未来灾情的记载并不鲜见。如清代梁章钜《农候杂占》："五月朔日当热而风雨者，米贵，人食草木。"[②] 在唐代黄子发《相雨书》中，也有许多关于查看天象预测灾情的记载，包括候气、观云、察日月星宿等，如："雨注着树，不下地。邑有灾也，或曰大水没郭。"[③] 明代周履靖《天文占验》："八月占：秋分天气白云多，处处欢歌好晚禾，只怕此时雷电闪，冬来米价道如何？"[④]

除了预测灾情外，在许多《田家历》中还安排好了每月的农事活动，依此行事可以防灾。例如吴郡程羽文《田家历》中记载有："四月，收蔓菁、芥萝卜等子，收干椹子，锄葱，收干笋、藏笋。四月，伐木不蛀，修防开水窦，正屋漏以备暴雨。"[⑤]

六　野菜谱录资料

我国历代综合性农书间有涉及救荒植物的内容，如《齐民要术》卷十中就用大量篇幅介绍了149种"五谷果蓏菜茹"，多为野生植物，有些在以后一些野菜专书中也有提及，如莪蒿、械等。但对此加以系统记述并出现有关专书则是从明代开始，如朱橚《救荒本草》、王磐《野菜谱》、鲍山《野菜博录》等。这类野菜谱中大都以图文并茂的表现手法保存了许多采食野生植物的知识和经验，生动形象、表述准确，不仅为当时灾民生活提供了一定的保障，为现代灾害史、社会史研究也提供了一定的资料来源。书中所收植物展示了我国某些经济植物的分布概况，对后世

---

① 江苏省建湖县《田家五行》选释小组：《田家五行选释》，中华书局1976年版，第17—18页。

② （清）梁章钜：《农候杂占》，中华书局1976年版。

③ （唐）黄子发：《相雨书》，见《丛书集成初编》，商务印书馆1939年版。

④ （明）周履靖：《天文占验》，见《丛书集成初编》，商务印书馆1939年版。

⑤ （明）程羽文：《田家历》。

农学、植物学以及医药学的发展亦产生了重要的影响。

（一）为灾民生活的历史考察提供资料

灾荒发生时由于粮食作物大量歉收导致物价高涨，百姓只得靠不易受灾害影响的一些自然植物维持生命，这时野菜谱录的价值便显现出来。如朱橚所著的《救荒本草》，"疏其花、实、根、干、皮、叶之可食者"①，可供荒年充饥。作者将采得的野生植物种于园圃，令画师描绘，配以简短解说，释文简述产地、形态，又介绍性味、有毒无毒的部位、食用的方法等。书中共介绍了救饥草木野菜414种，并且文图对照，以利于灾民的辨识利用。同样，我们也可以根据历代救荒植物的变化，对不同时期灾民生活水平进行评价。野菜谱录为我国传统社会灾民生活的历史考察提供了最直接的资料来源和最鲜明的资料记载。

（二）提供野生救荒植物研究资料

此类救荒书中除了记载植物的名称、形态特征外，还包括其生长环境、食用方法。如《救荒本草》中关于苍耳的记载："苍耳，本草名莫耳，俗名道人头……救饥：采嫩苗叶煠熟，换水浸去苦味，淘净，油盐调食，其子炒微黄，捣去皮，磨为面，作烧饼，蒸食亦可，或用子熬油点灯。治病：文具《本草·草部》莫耳条下。"② 文前还附有苍耳的图式。此后的野菜专书从内容和体例上讲都是对《救荒本草》的继承和发展。相比于之前的综合性农书而言，这些野菜专书中对救荒植物鲜明的记载更利于我们从减灾抗灾的技术角度去使用这些资料。

野菜谱录中一般根据可食部位的不同为其分类，书中所载的收获加工方法有直接生食法、干藏法、制粉食用法、传统烹饪加工法、腌制发酵法、除毒法等。于今日而言，可以从野生救荒植物的栽培、加工历史中得到启示，以增加蔬菜品种和提高蔬菜营养，服务于我们的生活。

---

① （明）朱橚：《救荒本草》，影印文渊阁《四库全书》第七三〇册，上海古籍出版社1987年版，第609页。

② 同上

（三） 现代植物学研究的资料来源

《救荒本草》对植物特性的描述具有较高的科学水平，对于所述 414 种植物都作了简单明了的介绍，而且这些内容从植物学的角度来看都是相当细致和准确的。书中植物学用语丰富，如对于植物生长习性所用术语有 "就地丛生"（铁扫帚）、"就地科叉生"（荞麦）等；对于植物叶的描述不仅论述互生叶，而且有了 "对生" 叶（尖刀儿苗、苏子苗）和 "轮生" 叶的记述，如桔梗 "四叶相对而生"。这些对于我们今日的植物学研究而言都是非常宝贵的资料。

本文与邵侃合作，原刊于《科学技术哲学研究》2010 年第 3 期

中国古代救荒书研究综述

中国古代救荒书是研究古代灾民生活和抗灾救荒工作的宝贵资源，其流传和存世的资料分布广泛，为数众多。我国一些农业历史专家、历史学家着重研究了部分重要的代表性救荒书且颇多创获，但是，由于我们对救荒书的理解和研究长期呈现分散零乱态势，今后迫切需要加强对古代救荒书总体性的系统研究。

一 救荒书概念界定

要对古代的救荒书进行系统研究，首先应该对救荒书的概念和范畴进行严格的界定。高建国在《灾害学概说》（《农业考古》1986 年第 1—2 期）一文中把救荒书定义为"以救荒为目的的专书"，并列出了由宋代至民国的救荒书目约 41 种（其中不含捕蝗书，作者认为捕蝗书可算作救荒书的一种，然而比较专业，与直接救荒有一定距离，故未列入救荒书目）。这可以说是关于救荒书的较早的研究和界定。此后，研究救荒书的虽多有人在，但对其概念却鲜有界定。

卜风贤在《中国古代救荒书的传承和发展》（《古今农业》2004 年第 2 期）一文中对救荒书给予了明确的解释：后人用文字或图画的形式记录下来的在灾年荒岁人们采取的各种各样的救灾措施，便成为救荒书。卜文还对中国古代救荒书严格分类，依据救荒书内容主题将其划分为救荒总论类、荒政类、农艺类、治水类、漕运类、除虫类、野菜类、历象杂占类八大类目。中国古代救荒书约 280 部，其中包括总论类 70 部、荒政类 71 部、农艺类 18 部、治水类 47 部、漕运类 15 部、除虫类 24 部、野菜类 9 部、历象杂占类 26 部。

二 救荒书整理

收集整理历史文献是研究历史的必由之路，在救荒书的研究上也不例外，多年来学术界在救荒书的研究整理上用力颇多，也很有成果。

（1）救荒古籍的出版情况

近几十年来，救荒书的整理出版工作一直在有关方面的支持下开展进行。在救荒书古籍出版上的成果主要有：（清）梁章钜撰《农候杂占》（中华书局 1956 年版）；（明）徐光启撰，中国农业遗产研究室校勘《农政全书》（全二册）中的《救荒》部分（中华书局 1956 年版）；石声汉校释《齐民要术今释》（西北农学院古农学研究室丛书）中有关减灾防灾的内容（科学出版社 1957—1958 年版）；（明）徐光启撰、石声汉校注、西北农学院古农学研究室整理《农政全书校注（全三册）》中的《救荒》部分（上海古籍出版社 1979 年版）；（明）耿橘、（清）孙峻撰，家伦整理《筑圩图说及筑圩法》（中国农书丛刊·农田水利之部）（农业出版社 1980 年版）；农业出版社编辑部编《金薯传习录·种薯谱合刊》（中国农学珍本丛刊）（农业出版社 1982 年版）；（后魏）贾思勰撰，缪启愉校释、缪桂龙参校《齐民要术校释》（中国农书丛刊·综合之部）（农业出版社 1982 年版）；（清）杨锡绂撰《漕运则例纂（二函十二册）》（江苏广陵古籍刻印社影印 1990 年版）；（清）祁寯藻撰，高恩广、胡辅华注释《马首农言注释》（农业出版社 1991 年版）。最近几年，中国人民大学李文海、夏明方主持编纂了《中国荒政丛书》并交付北京古籍出版社出版，现已出版完成第二辑。该书收录了我国不同历史时期救荒书 60 余种，第一辑出版于 2002 年，收入宋、元、明各朝救荒书 16 种，第二辑收入清代救荒书 45 种，分为四卷出版，内容涉及灾荒总论、专论、救荒记述等，比较重要且有影响的清代救荒书大都收录其中，如《荒政汇编》《荒政考》《荒政要览》《荒政辑要》《赈豫纪略》《郧襄赈济事宜》《钦定辛酉工赈记事》《抚豫恤灾录》《常平仓考》《义仓考》《社仓考》《备荒通论》《劝民除水患以收水利歌》《亥子饥疫纪略》《捕蝗集要》《捕蝗考》等。

（2）书目收录情况

在早期的一些目录书中虽然对中国古代救荒书有收录，但并未成体系，如王毓瑚的《中国农学书录》（农业出版社 1964 年版）、〔日〕天野元之助的《中国古农书考》（农业出版社 1992 年版）等。以王毓瑚的《中国农学书录》为例，此书按成书年代先后排列，内容只收和农业技术及农业生产直接有关的著作，属于农业经济和农业政策（包括荒政在内）的著作则一律不收。《中国农学书录》把中国古代农书分成农业通论、农业气象占候、耕作和农田水利、农具、大田作物、竹木和茶、害虫防治、园艺通论、蔬菜和野菜、果树、花卉、蚕桑、畜牧兽医、水产十四个部类。没有把救荒书作为一个单独部类收录，但其中有一部分救荒书包含于其他部类中被收录。《中国农学书录》的农业通论类中收录的救荒书有：（清）郭云升《救荒简易书》、（汉）汜胜之《汜胜之书》、（明）徐光启《农政全书》、（清）《授时通考》等。农业气象、占候类中收录的救荒书有：（明）娄元礼《田家五行》、（宋）邢昺《耒耜岁占》《种莳占书》、（明）《岁时杂占》、（清）吴鹄的《卜岁恒言》、（汉）东方朔《探春历记》、（明）胡文焕《占候成书》《师旷杂占》、（清）梁章钜《农候杂占》、（唐）李淳风《演齐人要术》、（清）杨德涯《农圃晴雨记》《农用政书历占》（清）邹存淦《田家占候集览》等。耕作、农田水利类收录的救荒书有：（清）王心敬《区田法》《区田图说》、（清）陈瑚《筑围说》、（清）孙峻《筑圩图说》等。大田作物类收录的救荒书有：（清）陆燿《甘薯录》、（清）陈世元《金薯传习录》等。害虫防治类收录的救荒书有：（清）陈芳生《捕蝗考》、（清）陈崇砥《治蝗书》、（清）胡芳秋《遇蝗便览》、（清）王劼《扑蝻凡例》、（清）陈仅《捕蝗汇编》、（清）钱炘和《捕蝗要诀》、（清）顾彦《治蝗全法》《捕蝗箕篸法》、（清）彭寿山《留云阁捕蝗记》、（清）李惺甫《捕除蝗蝻要法三种》。蔬菜及野菜类收录的救荒书有：（明）周履靖《茹草编》、（清）顾景星《野菜赞》、（明）王磐《野菜谱》、（明）屠本畯《野菜笺》、（明）姚可成《救荒野谱》、（明）鲍山《野菜博录》、（明）朱橚《救荒本草》等。

后来的一些农学书录，如张芳、王思明主编的《中国农业古籍目录》（北京图书馆出版社 2003 年版）、犁播的《中国农学遗产文献综录》（农业出版社 1985 年版）、王达的《中国明清时期农书总目》（《中国农史》

2000 年第 1—4 期）等则对中国古代救荒书有一个分类整理。

《中国农业古籍目录》收录的内容范围包括救荒赈灾类，按救荒、赈灾、救荒野菜排列。书中列出的救荒书包括（宋）董煟的《救荒活民书》、（明）鲍山的《野菜博录》、（清）俞森的《荒政丛书》等在内约130 部。虽然此书在划分类目时，将治水类的救荒书划归"农田水利类"，其中收录 13 部：（元）欧阳玄《河防记》、（清）陈瑚《筑围说》、（清）孙峻《筑圩图说》、（元）王喜《治河图略》、（明）潘季驯《河防一览》、（清）张蔼生《河防述言》、（清）陆燿《河防要览》、（元）沙克什《河防通议》、（宋）单锷《吴中水利书》、（明）姚文灏《浙西水利书》、（明）伍余福《三吴水利论》、（明）张国维《吴中水利书》、（元）陈晏如《上虞五乡水利本末》。将历象杂占类救荒书划归"时令占候类"，其中收录 15 部：（明）徐光启《占候》《田家历》、（唐）黄子发《相雨书》、（唐）鹿门老人《纪历撮要》《天机秘录》《防旱要言》、（明）娄元礼《田家五行》、（明）《岁时杂占》、（清）吴鹄《卜岁恒言》、（明）胡文焕《占候成书》《师旷杂占》、（明）周履靖《天文占验》、（清）梁章钜《农候杂占》《农用政书历占》《田家占候集览》。将捕蝗类救荒书划归"植物保护（防虫治虫）类"，其中收录 19 部：（清）陈芳生《捕蝗考》、（清）陈崇砥《治蝗书》、清《蝗蝻例案》、（清）俞森《捕蝗集要》、（清）胡芳秋《遇蝗便览》、（清）中镜淳《捕蝗章程》、（清）王勋《扑蝻凡例》、袁青绶《除蝗备考》、（清）沈兆瀛《捕蝗备要》、（清）陈仅《捕蝗汇编》、（清）钱炘和《捕蝗要诀》、（清）顾彦《治蝗全法》、（清）芷舲《除蝻八要》、（清）万保《捕蝗成法》、（清）顾彦《简明捕蝗法》、（清）王庆云《捕蝗除种告谕》、（清）彭寿山《留云阁捕蝗记》、（清）李惺甫《捕除蝗蝻要法三种》、（清）杨子通《捕除蝗蝻拙子章程》）。

《中国明清时期农书总目》在所分的十一大类中，也专门列出灾荒虫害一类。下分荒政、虫害两类。其中荒政类收书 49 部，虫害类收书 37 部。对明清时期荒政、除虫类救荒书收录比较完整。治水类、历象杂占类、野菜类的救荒书等也划归到其他相关部类。

正是这种归类法致使其中列出的救荒赈灾类中救荒书目不够完整，但相对于之前的农学书录对救荒书的整理而言，已经向前迈进了一大步。

三 救荒书的研究

除了古籍的出版整理之外，近年来，学术界关于救荒书研究的论文著作显著增加，其研究主题直关救荒书的内容探讨、版本鉴定、史料价值评估等多个方面，基本涵盖了救荒书的全部类型。

（1）荒政类

荒政为凶年饥荒时国家针对灾荒对于国家、社会造成的不良影响而采取的各种救济灾荒的措施。荒，凶年也。郑司农云："救饥之政十有二品。"《广雅·释诂》："品，式也，谓救饥所行之政，有此十二事，豫设为品式也。"贾公彦疏："以荒政十有二聚万民"者，谓救荒之政也。（《周礼·地官·大司徒》）所以荒政即凶年救饥之政（郑司农）或救荒之政（贾公彦）。在中国这样一个自古以来以农业立国而又灾荒频繁的国度，荒政就成为封建国家的基本社会职能之一，有利于稳定社会秩序和维持再生产。据卜风贤《中国古代救荒书的传承和发展》中统计，荒政类救荒书约有 71 部，约占救荒书总量的四分之一，由此可见其分量之重。近年来，在救荒书中的荒政研究上的代表性著作有：

王世颖《中国荒政要籍解题》（《社会建设》1948 年第 4 期）；李向军《宋代的荒政与〈救荒活民书〉》（《沈阳师范学院学报》1993 年第 4 期）；陈采勤《试论〈周礼〉的荒政制度》（《学术月刊》1998 年第 2 期），文章先是介绍了《周礼》中礼仪、祭祀、经济、政治行为方面的荒政制度，继而又论述了《周礼》与先秦及后代荒政制度的关系，认为《周礼》荒政制度大都可以和先秦别的典籍相互印证，说明《周礼》的荒政制度不是无根据的臆造，而是对实际存在的救荒措施的系统归纳和总结，并为后世所承袭；郭文佳《董煟〈救荒活民书〉的价值与历史地位评议》（《商丘师范学院学报》2005 年第 8 期），介绍了《救荒活民书》的主要内容以及其中体现的董煟的救荒思想，在《救荒活民书》中记载了从先秦到南宋的救荒概况，董煟提出了一系列救荒策略，列举了宋朝士大夫的救荒实例，在其归纳的救荒措施中，他论述最多的是常平仓、义仓、劝分、禁遏籴、不抑价这五条，作者认为《救荒活民书》是中国古代荒政的滥觞之作。

除此之外，关于不同朝代荒政研究的论著也颇多：李亚光《战国时期荒政的特征》［《渤海大学学报》（哲学社会科学版）2004 年第 5 期］，文章先是对荒政含义予以界定，然后介绍了战国时期荒政的特征，包括以防灾为主要内容，救助没有春秋时期明显，荒政法制化和荒政理论巨大发展几个方面。陈业新《地震与汉代荒政》［《中南民族学院学报》（哲学社会科学）1997 年第 3 期］，文中叙述了两汉震灾的状况，分析了灾异说对两汉政府实行救灾政策的影响，阐明了两汉的救灾具体措施及其社会效果。刘春香《魏晋南北朝时期荒政述论》（《许昌学院学报》2004 年第 4 期），文中对魏晋南北朝时期，各政权实施的重农政策、仓储政策、水利政策以及诸如除害灭灾、蠲免、赈济、调粟、养恤、节约等具体的救荒措施进行了介绍。王先进《唐代太宗朝荒政述论》（《安徽教育学院学报》2001 年第 3 期），文中论述了唐太宗统治期间，唐朝政府实施的一系列积极有效的防灾、救灾、恢复措施。康宏《宋代灾害与荒政论述》（《中州学刊》1991 年第 5 期），文中对宋代的自然灾害及其救济情况作了简略论述。叶依能《明代荒政述论》（《中国农史》1996 年第 4 期），文中对明代荒政特点、救荒措施、荒政评价等方面作了论述。李向军《清代荒政研究》（中国农业出版社 1995 年版），该书从清代的灾况入手，把清代的荒政概括为救荒的基本程序、救荒措施、备荒措施三个方面，同时论述了荒政与财政的关系，对清代荒政作了整体评价，可谓荒政研究中的拓荒之作。李向军的《试论中国古代荒政的产生与发展历程》（《中国社会经济史研究》1994 年第 2 期）则按照时间序列对中国古代荒政的发展作了一个宏观把握。

（2）农艺类

农艺指农业生产的原理和技术，主要内容为大田作物的栽培、育种、土壤管理等。中国的传统农艺是以经验和手工劳动为基础，以精耕细作为主要特点。据卜风贤《中国古代救荒书的传承和发展》（《古今农业》2004 年第 2 期）中统计，农艺类救荒书约有 18 部。

明清时期农业技术的进步主要表现在新种作物的引进上，因而陆燿《甘薯录》、李遵义《种薯经证》、陈世元《金薯传习录》等讲述甘薯种植和救荒的著作接连出现，显示了甘薯种植在农业减灾技术中所发挥的重要作用。前些年，这方面研究也比较多：吴德铎《关于甘薯和〈金薯传习录〉》（《文物》1961 年第 8 期），文章主要是介绍这一有关甘薯的重要古籍。吴德铎《对〈金薯传习录〉的再认识》（《金薯传习录》影印本前言），作者认为《金薯传习录》的史料价值世罕其匹。《金薯传习录》内容广泛、丰富，其中有关于甘薯传来的最明确、具体的记载，意识到甘薯在解决世界性粮食供应不足这一问题上所能起的作用，像《金薯传习录》这样的有关甘薯的史籍，在目前还没有第二部。

其他还有：张亮《读〈马首农言〉琐记》（《中国农史》1983 年第 4 期）。董恺忱《〈马首农言注释〉的评价》（《农业考古》2001 年第 3 期），文中作者从选题、出版方面对《马首农言注释》作了客观的评价，认为本书注释详尽，并且是集体研究的成果，体现了严谨的学风。李根蟠《〈马首农言注释〉评价》（《农业考古》2001 年第 3 期），作者认为《马首农言注释》的撰写和出版，对《马首农言》的传播和研究是一大贡献，是研究清代农学史、社会史、地方史的一本相当有用的参考书，该书如果有什么不足的话，就是作者毕竟不是专业的文史考据家，书中某些地方的注释和语译尚有可商榷的地方。

（3）治水类

许多西方学者将中华文明称为"治水文明"或"水利文化"，"治国必先治水""治水即治国"更是千古流传的古训。治水在中国占有如此重要的地位，是由中国独特的国情决定的，水资源年际变化之大、年内分配之集中，以及丰、枯水年变异之无常，使中国水资源自然条件之复杂，为世界罕有，决定了中国水旱灾害的频繁发生。据史书记载，公元前206—1949 年的 2155 年间，中国发生较大洪水灾害 1092 次，较大的旱灾 1056 次，水旱灾害几乎每年都有发生。

行龙《从"治水社会"到"水利社会"》（《读书》2005 年第 8 期）中谈道：中国的水利史研究犹如中国的长江、黄河一样源远流长，中国古代水利史著作也颇多，如杨文磊《古代水利名著》（《水利天地》2002 年第 7 期）中提到的《史记·河渠书》《汉书·沟洫志》等。且不说大量一统志、省志、府志、县志及各种地理书中的水利记载，在汗牛充栋的二十四史中，自太史公《史记》立《河渠书》以降，《河渠志》《沟洫志》《食货志》乃至《五行志》成为记载有关水及水利事业的固定话语文本。郦道元的《水经注》以及后来的《行水金鉴》《续行水金鉴》则

是专门记录水利、治水、水利工程和水利事业的专书。在张骅《古代
典籍与古代水利》（《海河水利》2001 年第 6 期）一文中，把我国古代
水利史著作划分为历史著作中的水利记述、地理著作中的水利记述、农
学著作中的水利记述、水利著作中的河流专著四个方面分别阐述。治水
类救荒书仅仅是水利史文献中一小部分，包括明代熊三拔的《泰西水
法》、元代沙克什的《河防通议》、宋代单锷的《吴中水利书》等。水
利类救荒书与水利史文献的主要差别在于这部分文献直接记载有救荒减
灾的材料，其他水利史文献则主要侧重于水利技术。

　　近人对中国水利史的研究取得了相当的成就，但主要成果或主流话
语仍限于少数水利史专家，水利史研究依然没有脱出以水利工程和技术
为主的"治水"框架。郑肇经的《中国水利史》（商务印书馆 1939 年
版），全书分黄河、扬子江、淮河、永定河、运河、灌溉、海塘、水利职
官八章，叙述自古以迄民国时代的水利事业，并附简图及统计表，是第
一本中国水利史论著。几乎与此同时，乡贤冀朝鼎在美国用英文写成了
《中国历史上的基本经济区与水利事业的发展》（中国社会科学出版社中
译本 1981 年版），"试图通过对隐藏于地方志、中文'水利'专著以及正
史中大量未被接触过的原始资料的分析研究，去探索中国历史上灌溉与
防洪的发展"，提出了中国历史上"基本经济区"这一重要概念。姚汉源
的《中国水利史纲要》（水利电力出版社 1987 年版），该书提纲挈领地论
述自三代以迄民国历代兴修水利的史实，并对水利史研究的意义、某些
发展规律及分期提出看法。与姚汉源先生为代表的水利史研究相呼应的
另一端是中国水利史资料的进一步发掘整理。继康熙《行水金鉴》、道光
《续行水金鉴》后，《再续行水金鉴》最近问世，水利专家周魁一介绍说，
该书汇集了黄河、淮河、长江、永定河等流域及运河的水道变迁、水利
工程与水政管理的情况，第一次将上古到嘉庆末年上述水系的源流、分合、
沿革、水情、治理等情况系统地予以记录，并胪陈利害得失，轻重缓急，
填补了治河档案和文献的空白（《光明日报》2004 年 12 月 16 日）。

　　学术界关于古代治水技术的论述颇多，但关于治水类救荒书研究的
成果却不多见：汪家伦《北宋单锷〈吴中水利书〉初探》（《中国农史》
1985 年第 2 期），《吴中水利书》主要论述了太湖洪涝的原因及治理主
张，作者认为单锷在探究太湖水患原因时立足全局，从当时水利状况入

手，周览其源流，考究其形势，探讨水道变迁的影响，分析水量吐纳关系及其矛盾，认为"纳而不吐"是当时太湖水患的症结，因此在治水时，主张上、中、下游并举采取措施，实现来水和去水的平衡，降低汛期河湖水位，解除洪涝祸害，文章最后还介绍了后人对单锷治水方策的评价。贺润坤《从云梦秦简〈日书〉看秦国的农业水利等有关状况》（《江汉考古》1992 年第 4 期）。王秀珠等《〈管子〉的水害论与农田水利建设》（《管子学刊》1993 年第 4 期）。董力三《〈河渠书〉中司马迁的水利思想》[《长沙电力学院学报》（社科版）2001 年第 2 期]，在《河渠书》中，司马迁把兴修水利与国家的富强、经济的发展联系在一起，赋予了"水利"的社会意义和经济意义，使"水利"的含义更深刻、更广泛。作者认为：司马迁所言的"水利"至少包含有防治洪水、灌溉、漕运、改良土壤等几个方面的经济活动，兴修水利是促进国运昌盛、政通人和的国家大事，具有灾害防范意识。桑亚戈《从〈宫中档乾隆朝奏折〉看清代中叶陕西省河渠水利的时空特征》（《中国历史地理论丛》2001 年第 2 期），文章利用宫中档案奏折中有关陕西河渠水利的具体统计资料，初步探讨了其在区域分布及发展状况上的时空特征，并通过历史纵横两方面的比较，明确了其应有的社会功效以及在本省水利发展史上所处的历史地位。

（4）野菜类

我国古代自然灾害频繁，灾害之年劳动人民常以采摘野生植物来弥补五谷之不足，充饥活命，甚至正常年景也吃糠咽菜。历代综合性农书间有涉及救荒植物的内容，但对此加以系统记述并出现有关专书则自明代始。如朱橚《救荒本草》、王磐《野菜谱》、鲍山《野菜博录》等，这类野菜专书除描述野生可食植物的形态、功效、食用方法之外还配以图画，便于辨识利用。关于野菜类救荒书的研究成果有：

罗桂环《朱橚和他的〈救荒本草〉》（《自然科学史研究》1985 年第 2 期），作者先是介绍了朱橚的生平和《救荒本草》的成书背景，然后主要论述了该书在植物学上的成就。周肇基《〈救荒本草〉的通俗性实用性和科学性》（《中国农史》1988 年第 1 期），作者首先介绍了《救荒本草》的作者、内容、版本情况，接着用丰富的实例论证其通俗性、实用性和科学性，作者主要从其内容体例、写作方法入手，说明其通俗性，在实用性和科学性上，作者认为《救荒本草》反映出了我国植物资源丰富的面貌和当时开发利用的实际水平，堪称 15 世纪初期中国的植物志略，还指出了某些救荒植物食之对人颇有裨益，时至今日，仍有许多值得珍视和利用的科学资料。闵宗殿《读〈救荒本草〉（〈农政全书〉本）札记》（《中国农史》1994 年第 1 期），作者发现这个版本和《救荒本草》单行本之间在作者的名字、编排次序、书中的内容方面存在差异并进行归纳整理。牛建强《〈救荒本草〉三题》［《南都学坛》（哲学社会科学版）1995 年第 5 期］，文章从《救荒本草》的作者、成书的社会背景、编纂和价值三个方面进行探讨，对该书进行客观的评价和准确的定位。

不难看出，学术界关于野菜书的研究大都集中于其中的代表性著作——《救荒本草》，关于其他野菜书的研究则比较少见，这也是这方面研究的不足之处。

（5）除虫类

古代对农业生产危害最大的虫害是蝗灾。中国自古就是一个蝗灾频发的国家，受灾范围、受灾程度堪称世界之最。因而中国历代蝗灾与治蝗问题的研究成为古今学者关注的主题之一。早在明清时期，就出现了不少影响深远的治蝗类农书，在蝗虫习性、蝗灾发生规律、除蝗技术等方面有了初步的科学认识和总结。治蝗类救荒书积累了古人治蝗的丰富经验，是宝贵的历史遗产。现代学者通过研究分析，可以得到有益的借鉴，故也有不少的研究成果面世。

邹树文《论徐光启〈除蝗疏〉》（《科学史集刊》1963 年第 6 期），文中对明代徐光启的《除蝗疏》的来历与内容、独创之处、卓越贡献及缺陷，提出不少有意义的见解，并对由此疏派生出的清代各种捕蝗手册作了系统介绍。王永厚《徐光启的〈除蝗疏〉》（《古今农业》1990 年第 1 期）也谈及《除蝗疏》的实用价值。闵宗殿《养鸭治虫与〈治蝗传习录〉》（《农业考古》1981 年第 1 期）一文特别介绍了养鸭治蝗的经验和实际运用情况。刘如仲《我国现存最早的李源〈捕蝗图册〉》（《中国农史》1986 年第 3 期），介绍了我国现存最早的捕蝗图册，并将李源的著作与清代杨米人、钱炘和、陈崇砥所著的三种捕蝗图册作了对比论述。彭世奖《治蝗类古农书的评介》（《广东图书学刊》1982 年第 3 期），作者对宋以后的捕蝗专书或古农书中的治蝗部分进行了系统的分析评论，重点对清代的治蝗专书进行分类介绍与评介，并在文末绘制的《治蝗类农书一览表》中介绍了 29 本治蝗著作，有很重要的参考价值。曹建强《漫谈治蝗文献》（《中国典籍与文化》1997 年第 2 期）及肖克之《治蝗古籍版本说》（《中国农史》2003 年第 1 期）两篇文章，对治蝗古籍，尤其是明清时期的各种版本作了介绍与评介。

（6）其他

关于古代救荒书研究的其他成果还有：王永厚《梁章钜〈农候杂占〉》（《中国农史》1990 年第 4 期），作者认为《农候杂占》一书内容广博，为我们保存、提供了大量农业气象方面的资料，"此书于古今占验之说，凡有涉农候者，无不采录"（梁恭辰·跋），反映了我国古代在农业气象学方面所取得的光辉成就，但由于受时代、历史条件的限制，书中也掺杂了不少封建迷信的东西。孟繁颖、李砚同《从一部〈救荒活民书〉说起——关于市场调节、效率与公平、经济道德的思考札记》（《农场经济管理》1998 年第 6 期），文章从分析《救荒活民书》的救荒措施入手，认为作者董煟的经济观点是政府在经济活动中应当尽可能地少干预或者不干预市场，由此而引发关于公平与效率的探讨，这无疑是极具时代性的。卜风贤《中国古代救荒书的传承和发展》（《古今农业》2004 年第 2 期）除了对救荒书进行严格的界定之外，还按时间序列对中国古代救荒书的发展情况进行介绍，对中国古代救荒书有一个全面系统的把握。

四　救荒书著者研究

从撰修者的角度看，中国古代救荒书多属于私修农书，多由私人收集或辑录有关农业生产的材料撰著而成。私修农书的作者有朝廷官员、经营地主、文人学者、村夫野老，几乎包括了社会各个阶层、各种身份的人。虽然写作动机各有不同，或为农业生产，或为图名谋利，但客观上都记载了古代大量珍贵的救荒材料。由于作者的学术渊源、身家背景，往往对作品有决定性的影响，因此对救荒书著者的研究也不鲜见，但主要集中在几个有代表性的人物。

罗桂环《中国古代科学家传记》（科学出版社 1993 年版）中提到：朱橚是明朝开国皇帝明太祖朱元璋的第五个儿子，他组织和参与编写的科技著作共 4 种，分别是《保生余录》《袖珍方》《普济方》和《救荒本草》。在所有著作中，《救荒本草》成就最为突出。《救荒本草》作为一种记载食用野生植物的专书，是从传统本草学中分化出来的产物，同时也是我国本草学从药物学向应用植物学发展的一个标志。马万明《试论朱橚的科学成就》（《史学月刊》1995 年第 3 期），文中通过对《救荒本草》《普济方》等专著的研究，论述了朱橚在科学方面的成就，包括：朱橚是我国利用本草救荒的开拓者，是人类研究植物花器官的第一人，也是最早探讨地理环境对植物品质的影响的人，等等。王星光、彭勇《朱橚生平及科学道路》［《郑州大学学报》（哲学社会科学版）1996 年第 2 期］，文中简要探讨了朱橚的生年、生母、葬地及其跌宕坎坷而又平淡无奇的政治生涯，着力分析了他走向治学道路的因由，其中包括明初灾荒频繁的社会背景，文中还指出，朱橚充分利用前人研究成果、重视实验及实地考察的研究方法也是他取得惊人科学成就的重要条件。倪根金《明代植物与方剂学者朱橚生年考》（《学术研究》2002 年第 12 期），文中提到朱橚利用藩王府的政治优势和经济条件，亲自率领一批学有专长的学者先后编纂了《保生余录》《袖珍方》《普剂方》《救荒本草》等科学著作，其中记述植物 414 种的《救荒本草》是古代救荒植物的拓荒之作，开启了我国野生食用植物研究的先河，并对国内外本草学发展产生了深远的影响。

对其他一些救荒书著者，学术界也结合他们的救荒思想进行研究。李志坚《试论徐光启的荒政思想》（《农业考古》2004 年第 1 期），作者认为《农政全书》比较完整地保存了徐光启的荒政思想，《农政全书》从始至终都贯穿着防灾、救灾精神，他的荒政思想的根本精神是"预弭为上，有备为中，赈济为下"，但事实上，"预弭"和"有备"都很难实现，徐光启清楚这一点，因此他的重心落在了灾后的救助上。徐光启是研究者比较关注的一个对象，他的荒政思想已有一些研究，但多是附于其他内容而有所论及，缺少专篇的论述，如谢仲华《论徐光启及其〈农政全书〉》（《农史研究》1982 年第 3 期），李长年《徐光启的农政思想》（《中国农史》1983 年第 3 期），郭文韬《试论徐光启在农学上的贡献》（《中国农史》1983 年第 3 期）。刘明《论徐光启的重农思想及其实践——兼论〈农政全书〉的科学地位》［《苏州大学学报》（哲学社会科学版）2005 年第 1 期］，作者认为徐光启的重农思想，一是"富国必以本业"，二是"水利者，农之本也"，三是备荒救荒应"预弭为上，有备为中，赈济为下"。

五　救荒思想及救荒减灾文化研究

我国几千年来各种灾害绵延不断，因而对灾害进行预防和救济就不可避免地成为人们的一项思考内容，在长期的抗灾救荒过程中，人们积累了丰富的经验，形成了一套独特的救荒思想，其中包括消极的救荒思想和积极的救荒思想。灾荒史研究者对古代的救荒思想进行了全方位的审视评价。

（1）消极的救荒思想

消极的救荒思想主要是天降灾异不抗不救的思想、临灾祈弭的思想等，邓拓先生早已对此进行了分析批评。近年来，有人从文化角度对中国古代消极救荒思想做了评判，形成了独特的救荒减灾文化。如：董晓萍《民俗灾害学》（《文史知识》1999 年第 1 期）中提出了"民俗灾害观"的观点，认为在中国的传统社会里，还没有"生态平衡""日照""温度"等科学概念，人们一般都运用"神""异""气""候""阴""阳"等说法，通过履行一系列仪式和启动民间组织的活动祈福禳灾，成为民俗文化的一种反映，而且认为古人采取的"禳灾"仪式有助于团结村民参加抗灾活动。王晖的《商代卜辞中祈雨巫术的文化意蕴》（《文史知识》1999 年第 8 期）也从文化角度对消极救荒给予分析评价。另外，体现文化概念的文章还有：刘少虎《论两汉荒政的文化效应》（《益阳师专学报》2002 年第 1 期），文中认为两汉荒政不但缓和了社会矛盾，恢复和发展了生产，稳定了封建统治；而且对整个汉代的社会文化乃至中国古代文化产生了深刻的影响，其主要表现是丰富和完备了汉代的礼乐文化，促进了汉代思想文化的发达，并且对科技文化方面也有积极的影响。王振忠《历史自然灾害与民间信仰——以近 600 年来福州瘟神"五帝"信仰为例》（《复旦学报》1996 年第 2 期），作者认为，从"五帝"信仰的仪式来看，福州民众相信天地万物皆有神灵，因而可以通过各种巫术和祭祷的方式使这种神秘的信仰意识在心理上得到一种慰藉和超脱。在"五帝"信仰中，人们就希望通过一些驱瘟放洋的固定程式，将人类的本质力量异化到虚幻的神灵上去，从而达到解灾救厄的目的。

另外，周黎的《略论我国历史上的救灾思想》（《文史杂志》2000 年第 6 期），段华明《中国古代减灾思想和政策》（《南方经济》2000 年第 7 期）等文中，将灾后救济思想，灾后补救思想都划归为消极的救荒思想，认为灾后救治只能治标不能治本，是被灾情逼出来的，包括赈济论、调粟说、养恤思想、除害论、安辑论、放贷说等，都属于消极的救灾思想，这种说法也不无道理。

（2）积极的救荒思想

对于积极的救荒思想，人们更是作了全方面的、深入的研究。其中关于荒政思想的研究可谓收获颇丰，主要有：钟祥材《中国古代的荒政管理思想》（《国内外经济管理》1990 年第 10 期）；吴十洲《先秦荒政思想研究》（《农业考古》1999 年第 1 期），文章就"天人合一"的观念与荒政的主导思想、"圣王"标准和救荒中的"仁政"与"廉政"、荒政中的古代农业科学技术思想的发轫以及传统荒政思想的深远意义四个论题进行探讨。周艺、高中华《沈葆桢荒政思想述评》（《柳州师专学报》2001 年第 3 期），作者认为沈葆桢的荒政思想不仅丰富了晚清荒政理论体系，而且为今后的备荒救灾活动提供了极强的社会借鉴价值，其救荒措施涉及诸多方面，从灾前防范到灾后救济，从储粮备荒到以工代赈及发展生产等方面的措施无不体现出沈葆桢的备荒救灾思想与现实社会的统一。王卫平、顾国梅《林则徐的荒政思想与实践》（《中国农史》2002 年第 1 期），作者认为成功的荒政实践是林则徐一生中继抗击资本主义列强侵略之后的又一个闪光点，在实践中，他提出"与其过荒补苴，何如未荒筹备"的积极主张，创立丰备义仓；灾后注意安定社会秩序、恢复发展农业生产、剪除荒政中存在的弊端，同时号召地方社会协助政府救灾，收到了明显的效果，积累了丰富的经验。钟霞《论郑观应的荒政思想》（《广西教育学院学报》2002 年第 6 期），文中提到，早期维新思想家郑观应，对晚清严重的灾荒给予了极大的关注，他揭露晚清灾荒产生的社会根源、抗灾能力降低的现实状况，阐发了卓有远见的防灾抗灾的主张，认为郑观应的荒政思想对今天防治灾荒与发展农业有重要的启迪和借鉴作用。

其他还有：张建民《中国传统社会后期的减灾救荒思想述论》（《江

汉论坛》1994 年第 8 期），作为中国传统社会的后半期，宋元明清近千年间可谓传统减灾救荒思想的集成时期。其间涌现出一批著名思想家和专门著述，如宋之董煟、范仲淹、曾巩、朱熹，元之王祯、欧阳元，明之林希元、屠隆、周孔教、徐光启，清之魏禧、俞森、陆曾禹、杨景仁、汪志伊；《救荒活民书》《荒政丛言》《荒政考》《荒政丛书》《康济录》《荒政辑要》《筹济编》等。在继承前代基本精神的基础上，经过不断充实、丰富，形成了系统的传统减灾救荒思想。文章分减灾防灾、备荒、救荒善后三个层次进行论述。潘孝伟《唐代减灾思想和对策》（《中国农史》1995 年第 1 期），唐代减灾思想涉及对于减灾的重大战略意义，灾荒的自然成因和社会成因，以及减灾对策的选择等一系列重要问题的认识，唐代减灾对策主要有十四项，构成四种类型，即灾荒预防对策、灾荒抗御对策、灾荒救济对策和灾后恢复对策。唐代减灾思想和对策，具有系统性、科学性与实用性三个基本特征。赵金鹏、袁德《宋代的商人救荒思想》［《河南师范大学学报》（社）1996 年第 3 期］，文章认为在宋代，尽管在主导思想上，人们仍然主张政府通过预先储积，建立健全常平仓制度进行救荒，但与此同时，主张商人参与救荒的思想也蔚然兴起，以至于一旦发生灾荒，"今之守令为救荒之策者，不过曰劝分，曰通商而已"。文章先是介绍了商人与救荒的关系，进而对商人救荒进行论述，认为商人救荒思想在宋代的涌现绝非偶然，它是区域性社会分工，商品经济发展的结果。康沛竹《晚清时期对灾因中社会因素的认识》（《社会科学辑刊》1997 年第 4 期）。马玉臣《论王安石的救荒思想》（《抚州师专学报》1999 年第 4 期），作为宋代著名的政治家、思想家，救荒恤灾是王安石政治活动的一部分，文章着重论述了他对天灾的认识及其处理对策，分析了其自然观与社会观的关系，并结合实际效果进行简要评价。段华明《中国古代减灾思想和政策》（《南方经济》2000 年第 7 期），文章介绍了古代减灾思想的演变及中国古代的减灾政策，认为其具有集权性、被迫性、治标性的特点，认为中国古代减灾思想和政策是当代减灾不可或缺的借鉴，其重视相互联系的减灾观，对于减灾与社会稳定、发展关系的认识尤具启示价值。

（3）古籍中的救荒思想分析

学术界对古代救荒思想已做了比较全面的审视，既对其积极方面予以充分的肯定，也对其消极方面进行批评。这方面代表作品有：陈业新《两〈汉书〉"五行志"关于自然灾害的记载与认识》（《史学史研究》2002 年第 3 期），文章从灾害历史文献学的角度，对两《汉书》之《五行志》的价值进行了探析，认为《五行志》的出现，是时代发展的必然产物，因此，其在两汉灾害状况研究、两汉历史气候研究、两汉灾异思想研究，以及反映政府在灾害中的职能与民众灾后的恐惧心理等方面具有不可低估的意义，学界对其文献价值应予以相当的重视。李文海《〈康济录〉的思想价值与社会作用》（《清史研究》2003 年第 2 期），本文对乾隆帝"钦定"陆曾禹编著的救荒专著《康济录》进行了全面的介绍和具体的分析。既充分肯定该书倡导的灾荒观的积极意义，论述了该书对历史上救荒实务总结、推广的社会价值，又实事求是地指出该书存在的历史局限。《康济录》中有关灾荒观的一个重要理论基石，是儒家学说中"天人合一""天人感应"的思想，难以最终同封建迷信划清界限，反映出作者在认识问题上的某些谬误和片面。甄尽忠《〈周礼〉备荒救灾思想浅论》（《河南社会科学》2004 年第 7 期），文中指出《周礼》中已形成了较为完备的备荒、抗灾、救灾思想，其主要措施有储粮备荒、禳天弭灾、节财省用、减赋免役、调粟赈民等。救荒赈灾的费用主要来源于国家财政，同时，积极鼓励邻里互助，共度灾荒。祁磊《〈周礼〉所见灾荒思想》（《湖北职业技术学院学报》2004 年第 12 期），此文的突出贡献在于将《周礼》中的灾荒思想区分为减灾思想和救荒思想两个方面，二者的区分对中国早期灾荒思想水平的认识有着重要的意义。刘云军《救荒活民书中救荒思想浅析》（《古今农业》2005 年第 1 期），文章对书中提出的较完整的救荒思想，如：预先救济思想；以常平、义仓、劝分、禁遏籴、不抑价五种救荒方法为主，辅以一系列配套方法的综合救荒措施；救荒过程中的各级行政管理的程序思想等作出分析。阎应福《〈管子〉中的减灾思想探讨》（《中国减灾》1995 年第 4 期），《管子》中所体现的救灾思想，是中国早期救灾思想的重要组成部分。它的内容丰富并富有特色，其基本思想主要有以下几点：关于对待凶灾的态度、关于防灾减灾的措施、救灾措施上的基本思想、重大灾情下的救灾措施、救灾措施上的特殊主张。王文涛《〈周礼〉荒政思想试论》（《齐鲁学刊》2005 年第 3 期），文章认为先秦时期我国已经有了较为系统的荒政思想，《周礼》

中列举的 12 种救荒措施和 6 种济贫措施，是先秦时期防灾、救灾经验的总结，也基本上包括了后世救灾赈济的主要措施，其影响十分深远，值得认真研究。

朱熹，中国南宋思想家。其一生专研考证注释经、史、文及讲学，建立唯心论，是理学的集大成者，中国封建时代儒家的主要代表人物之一。朱熹一生著作甚多，代表性的有《朱文公文集》《四书集注》《朱子家礼》等，此外还有《朱子语类》，是他与弟子们的问答录。其中收入《四库全书》的就有四十部。朱熹没有专门的救荒著作，但作为中国历史上伟大的思想家，其荒政思想是中国古代荒政思想的重要组成部分。朱熹就曾对他的弟子说过这样的话："而今救荒甚可笑。自古救荒只有两说：第一是感召和气，以致丰穰；其次只有储蓄之计。若待他饥时理会，更有何策？"（《朱子语类》第七册，中华书局 1994 年版）。

现在一些学者从灾害学角度对朱熹的救荒思想进行研究并与其荒政思想相结合。邹杭《朱熹的救荒论与经界论》［《建国月刊》（南京）第 10 卷 1934.1］；张全明《试论朱熹的社仓制》（《华中师大研究生学报》1987 年第 1 期）；贾玉英、赵文东《略论朱熹的荒政思想与实践》［《河南大学学报》（社会科学版）2001 年第 9 期］，文章试图对朱熹安民、恤民、为民的荒政思想及首创社仓制度、利用赈灾钱粮兴修水利、不辞劳苦救灾活民、敢于弹劾救灾中的不法行为、为救灾献计献策等实践活动作些初步探讨。可见对朱熹荒政思想的研究已在两个方面取得相当的进展：一是有关朱熹竭力推行的社仓思想；二是有关朱熹以安民、恤民为主旨的救荒思想。但这两方面还不是朱熹荒政思想的全部。李华瑞、王海鹏《朱熹禳弭救荒思想述论》（《中国农史》2004 年第 3 期）中提到：以往的研究只注意到朱熹荒政思想中以预防为主（即储蓄之计）的部分，而忽略了感召和气以致穰丰的思想。朱熹有关这方面的禳弭思想，主要见于他的四个奏札《辛丑延和奏札一》《论灾异札子》《奏推户御笔指挥二事状》《乞修德政以俄天灾变状》以及《辞免直秘阁状》等。感召和气，以致丰穰，是朱熹荒政思想的重要组成部分。他的禳弭救荒思想主要包括三方面的内容：对风击石雨等自然现象的认识；祭祀鬼神与祈祷救荒；畏天敬诚弭灾与正君心、改革弊政；另外文章亦对被学界忽略的朱熹未雨绸缪、贫富相恤的救荒思想和因势利导的治河思想作了补充论述。周茶仙《简论朱熹赈济救荒的社会福利思想与活动》（《江西社会科学》2004 年第 8 期），文中提到朱熹开场济粜、立社仓、委官置场循环收籴斛出粜、体恤灾民等福利思想与活动，对改善当时社会成员的福利和稳定社会起到了至关重要的作用。

此外，朱熹对发展农业以救饥荒的减灾措施也颇有研究，《朱子大全》中收有他写的《劝农文》。王祥堆《读朱熹〈劝农文〉》（福建省尤溪县文物管理委员会）中提到：南宋时期，加上灾害频仍，饥馑连年，饿殍遍野。朱熹五任地方官，对社会存在问题有较多的接触。针对时弊，他一方面对朝廷提出"天下国家之大务，莫大于恤民。而恤民之本，在人君正心术，以立纲纪"。另一方面提出"足食之本在农"的主张，倡导兴办农业，发展农业生产。朱熹在《劝农文》中说："契勘生民之本，足食为先，是以国家务农重谷，使凡州县守卒皆以劝农为职，每岁二月载酒出郊，延见父老，喻以课督子弟，竭力耕田之义。"朱熹又说："窃惟民生之本在食，足食之本在农，此自然之理也。"这不仅反映了朱熹继承了古代思想家的"民以食为天"的思想，而且认为民的生存，根本问题在于食，而使食富足的根本途径又在于发展生产，兴办农业，因而国家必须务农重谷。为此，他还提出抓紧季节、不误农时，精耕细作、重视技术，因地制宜、多种经营，兴修水利、奖励开垦，保护耕牛、发展蚕桑等有效措施。程利田《从〈劝农文〉看朱熹的农业思想》一文中，也对朱熹在文中提出的农业措施进行了分析，作者认为，朱熹的农业思想，尤其是重视经济作物种植，时至今日仍有可借鉴之处。

六 救荒书的流传和影响

综观众多救荒书，其流传范围和影响程度差异很大。以《救荒本草》为例，其刊行版本较多，国内现存就有十五六种，国内外影响也比较大，学术界对其研究比较深入透彻。但其他有些古籍版本较少，流传至今的甚至不甚完整，相应地在这方面的研究成果就比较少。

具体深入考证或研究救荒书流传和影响的论文著作有：彭世奖《蒲松龄〈捕蝗虫要法〉真伪考》《蒲松龄〈捕蝗虫要法〉真伪考》续补（《中国农史》1985 年第 2 期、1987 年第 4 期），两篇文章通过史料分析并对比了中国历史博物馆馆藏的文献，得出蒲氏一书系后人以钱炘和《捕蝗要诀》为主体改撰而成的伪书，并考证出该书的原型是清代道光十六年杨米人的《捕蝗要诀》。王永厚《〈救荒本草〉的版本源流》（《中国农史》1994年第3期），《救荒本草》是明代重要的救荒植物专著，对后世产生了深远的影响，该书问世至今580余年中，曾先后出版了多种版本，文中简要介绍了《救荒本草》在国内的早期版本，也概述了该书流传到国外，在日本、欧美等国家进行研究与翻译出版的情况，从中可以看出《救荒本草》的科学价值。肖克之《金薯传习录版本说》（《古今农业》2000年第3期），对《金薯传习录》的版本源流进行了考证。

惠富平《中国农书概说》（西安地图出版社1999年版）也讨论了一些与救荒书相关的内容，详细论述了《救荒本草》的版本和传承关系。《救荒本草》原书两卷，永乐四年（1406年）由作者刊行于开封，该版本已亡佚。嘉靖四年（1525年）山西太原第二次刊刻，即今流行最古刻本，传刻时分为四卷。嘉靖三十四年（公元1555年）开封人陆东又根据第二次刻本重刻，然误认为此书为周宪王即朱橚之子朱有燉所著。徐光启曾把本书全文收入他的《农政全书》荒政部分。在本书影响下，明清两代先后有十部救荒著作问世，如王西楼《野菜谱》、周履靖《茹草编》、鲍山《野菜博录》等，《救荒本草》的内容被大量摘引。本书对今天野生植物的开发利用也有一定参考价值。1959年中华书局据嘉靖四年刻本影印出版。日本享保三年（1776年）和宽正十一年（1799年）两次重刻。美国植物学家李德（A. S. Lead）在《植物学简史》（1942年）中赞誉《救荒本草》绘图精细，超过当时欧洲的水平。英国药物学家伊博恩（Bernard E. Read）将本书译成英文。20世纪40年代日本出版的食用植物书籍，《灾荒本草》仍在引用之列。惠著对《田家五行》的版本也作了分析，本书行世的有《居家必备》《居家要览》《田园经济》《百名家书》《格致丛书》《广百川学海》《说郛续》《屑玉丛谈》等版本，北京图书馆藏明刻大本《田家五行》是现有版本中最好的，其他版本多有割裂窜改之处，文中还附有《田家五行拾遗》，也是作者手笔。

七 救荒减灾技术研究

中国古代救荒减灾技术主要有农业减灾技术、工程减灾技术和生物减灾技术，反映了中国人民与灾害抗争的决心和毅力，取得了显著的减灾成效。

农业减灾方面：农业技术措施主要是引入优良的抗逆性强的动植物品种、改进农作技术等。西汉武帝时，就帮助鼓励灾区人民种植冬小麦（《汉书·武帝纪》）。东汉桓帝时，要求灾区种芜菁以救饥度荒（《后汉书·桓帝纪》）。氾胜之所创区田法也是一种抗旱作业方式，它重在小块土地上投入多量劳动，通过作区深耕、集中施肥、等距点播、及时灌溉、中耕除草等耕作栽培措施以求获得高产（梁家勉《中国农业科学技术史稿》，农业出版社 1989 年版）。在这方面的研究成果有：叶依能《明清时期农业生产技术备荒救灾简述》（《中国农史》1997 年第 4 期），文章以多部农书和地方志作为基本资料，其中包括《农政全书》《救荒简易书》《植物名实图考》《救荒本草》《榆林府志》《苏州府志》《海丰乡土志》《马首农言》，并以此为根据提出明清时期农业生产技术上备荒救灾的措施主要有：选择种植抗逆性强的作物品种，实行精耕细作和灾后补种等。卜风贤《周秦两汉时期农业防灾抗灾技术措施》（《古今农业》2001 年第 2 期），该文全面展现了周秦两汉时期全方位的农业减灾技术，作者把农业减灾细化为农业技术减灾、工程技术减灾、物理化学生物方法减灾等，并分类进行阐述。

工程减灾方面：潘孝伟《唐代蜀中农业发展原因补议》（《中国农史》1990 年第 2 期），文章认为，积极建设水利工程并妥善管理是促进蜀地农业发展、经济发达的主要原因之一。唐光沛《宋代太湖水患及其治理》（《四川大学学报丛刊：中国历史论丛》1984 年第 20 期），陈启生《武都州治的迁移及其防洪抗灾述略》（《长江志通讯》1985 年第 1 期），汪家伦《古代太湖地区的洪涝特征及治理方略的探讨》（《农业考古》1985 年第 1 期），曹隆恭《商丘地区的水灾规律及其治水的历史经验》（《中国农史》1990 年第 3 期），洪廷彦《魏晋南北朝时期淮河流域的水利和旱涝灾害》（《文史知识》1993 年第 4 期）等对各种防灾抗灾工程的功效进行了研究。

生物减灾方面：黄世瑞《〈鸡肋编〉的科技史价值》(《中国科技史料》1996 年第 2 期)，《鸡肋编》卷下记载有岭南人利用"养柑蚁"防治柑橘虫害的方法，是宋代岭南的生物防治方法。文章中还提到，最早记载岭南这种生物防治方法的文献是（晋）稽含的《南方草木状》，而后（唐）段成式《酉阳杂俎》、刘恂《岭表录异》记载了唐代岭南用蚁类防治柑橘害虫的方法。《鸡肋编》记载的是宋代岭南的生物防治情况，明清时期，用蚁类防治柑橘害虫的方法依然在岭南地区流行，《粤东闻见录》《粤中见闻》《广东新语》等都有记载。

其他还有：梁家勉、彭世奖《我国古代防治农业害虫的知识》(《中国古代农业科技》，农业出版社 1980 年版)，将古籍中所记载的古代治虫方法分为五大类：人工防除、农业防治、生物防治、药物防除、物理防治，并对这些方法的技术操作进行了详尽的描述。彭世奖《中国历史上的治蝗斗争》(《农史研究》1983 年第 3 期)，肯定了历代政府为治蝗而颁布的政令和采取的措施。文末所附的《历代治蝗纪要》一表对史籍上所载的古代官民在蝗虫认识与治蝗问题上的重要活动作了记述，具有重要的参考价值。周致元《洪武时期的农业自然灾害和救灾措施》(《中国农史》2000 年第 2 期)，文中通过对《明太祖实录》中有关的自然灾害和救灾方式全面统计分析，指出危害农业的自然灾害以水、旱、蝗三种为主；明初最常用的救灾措施是蠲免田租和赈济饥民，这一时期的蠲免特点表现为将灾区税粮全部免除；而赈济数额在洪武二十年后有大幅度增加，赈济对象由以户为单位转为以口为依据。杨鹏程《古代湖南减灾防灾措施简论》(《湖南城市学院学报》2004 年第 1 期)，湖南素为自然灾害频发区，古代政府和民间采取过储粮备荒、兴修水利、植树造林、改进农耕等减灾防灾措施，文章以大量史料为基础，对这些减灾措施进行了梳理。

这些救荒减灾技术在中国古代救荒书中多有记载和体现，但由于不是明确提出和成体系论述，学术界在这方面的研究甚少，本文就从此点切入，以期有所突破。

综上所述，近年来学者们在对救荒书的认识、救荒书整理研究、救荒思想研究等方面作了具有学术价值和现实意义的探索，为把中国灾害科学推向新阶段准备了条件。但是，中国古代救荒书作为一项专门性的研究工作却没有得到全面、深入、系统的研究，这不能不让人感到遗憾。救荒书的专题研究尚处起步阶段。主要原因在于学科分化不完全，灾害学还是边缘学科，有待进一步发展。因此，把中国古代救荒书作为一个整体进行系统研究，应该是救荒书研究者今后共同努力的一个目标。

本文与邵侃合作，原刊于《古今农业》2009 年第 1 期

人大复印资料《经济史》2009 年第 4 期转载

中国灾害史研究中的自然与
人文学科趋向

——第三届中国灾害史学术研讨会会议纪要

2006 年 8 月 16—19 日，第三届全国灾害史学术会议在陕西杨凌西北农林科技大学召开。本次会议由西北农林科技大学人文学院、中国灾害防御协会灾害史专业委员会、中国可持续发展研究会减灾专业委员会、陕西师范大学西北环发中心、陕西师范大学历史文化学院、《灾害学》杂志社、西北大学文博学院、中国西部防灾研究联络会共同发起和承办。

这次会议以"西北地区灾荒史与区域社会经济发展"为主要议题，2006 年 4 月会议通知发出后，得到了各地专家学者的积极响应，先后有来自中国地震局、中国水利水电研究院、人民出版社、北京大学、复旦大学、陕西师范大学、西北大学、郑州大学、黄河水利科学研究院、湖南科技大学、山西大学、山西师范大学、兰州地震研究所、山东省水文水资源勘测局、宝鸡国际减灾委员会以及西北农林科技大学的 50 余位专家学者莅临会议；还有很多的学者，如中国社会科学院的李根蟠教授、中国地震局地质研究所的姚清林教授、水利水电科学院的徐海亮先生等则惠寄佳作，积极参与本次会议。

2006 年 8 月 17 日上午 8 点 30 分，会议在西北农林科技大学国际会议中心隆重开幕。开幕式由中国灾害防御协会副秘书长、灾害史专业委员会主任高建国教授主持，西北农林科技大学副校长赵忠教授致欢迎辞。

中国灾害防御协会副秘书长、灾害史专业委员会主任高建国教授在开幕致辞中既对灾害史学会的工作进行了简要介绍，也对本次会议议题、选址的重要意义进行了说明，并强调坚持区域灾害史与区域社会发展的研究是灾害史学会今后工作的主攻方向。

西北农林科技大学副校长赵忠教授介绍了西北农林科技大学近几年发展的基本情况以及学校对农业历史学科的扶持，并代表学校向与会代表表示欢迎，预祝大会圆满成功。陕西省人大常委会农工委主任、中国毒物史学会副秘书长史志诚教授在致辞中指出：灾害史研究具有重要的历史价值与现实意义，大有潜力可挖，尤其是在当前经济高速发展的背景下，非传统灾害问题研究领域的开拓具有积极意义；在灾害史研究中，既要重视自然灾害，也不可忽视对人文灾害的研究；灾害史研究还要有积极的参与意识和现实意义，要积极参与人大立法和政府决策，进一步彰显灾害史研究的学术魅力。西北农林科技大学人文学院付少平副院长介绍了人文学院的历史沿革和学科发展状况，对大会在学校召开表示衷心的感谢，并表示人文学院全力支持会议的召开。中国农业历史学会副理事长、西北农林科技大学中国农业历史与文化研究所所长樊志民教授代表农史学会和西北农林科技大学农史所向会议表示祝贺，并介绍了农史所的基本情况和近几年在农业灾害史研究领域的主要成果。在开幕式上，高建国副秘书长还代表灾害史学会宣读了《关于表彰中国灾害史专业委员会顾问周魁一的决定》，对周魁一先生的突出贡献进行了表彰。

本次学术研讨会分六个专题进行了交流，这六个专题分别是：（1）第一议题：自然灾害概论；（2）第二议题：自然灾害与区域社会发展；（3）第三议题：生态环境与历史自然灾害变迁；（4）第四议题：历史自然灾害案例分析；（5）第五议题：自然灾害与减灾防灾；（6）第六议题：灾荒史文献研究。

第一议题由樊志民、杨鹏程教授主持、点评，高建国、王若柏、安介生、张伟兵分别介绍了自己的学术观点。高建国、贾燕的《中国西北地区灾害链史研究》将西北地区灾害链史划分为汉前、汉唐、明清和民国时期。西北地区灾害链分垂向灾害链、地貌灾害链、边坡灾害链、城镇灾害链、旱震链、震洪链、震泥（泥石流）链、堰塞湖灾害链、矿山城市灾害链和生态链，共计10种。西北地区灾害链的特点是灾害链发育广泛；干旱区复杂的地质环境和严酷的自然条件导致灾害发育形成灾害链；灾害按空间划分是区划，按时间划分类似灾害链；各种人为的不合理生产活动，使生态环境灾害日益突出。王若柏教授的《史前的灾链：从共工触山、女娲补天到大禹治水》结合历史地理研究对冀中平原、白洋淀流域的分析成果认为，夏禹宇宙期中原地区曾经发生过一场规模巨大的陨石雨撞击事件，进而引发了降温、洪灾等一系列重大的环境灾害。史前的神话"共工触山、女娲补天和大禹治水"应当就是这次重大自然灾链的真实写照。这一现象的发生，也可以为解释这一时期中国文明发展的断层和文化空缺区域的形成提供答案。安介生教授的《自然灾害、制度缺失与传统农业社会中的"田地陷阱"》指出，"田地陷阱"是明清时期迫使广大农民背井离乡，甚至弃农经商的重要原因，而"田地陷阱"现象的形成与频繁的自然灾害、定额田赋制度的缺陷以及灾害应对制度的缺失有着直接的关系。自然灾害意味着传统农业生产所面临的巨大风险，而定额的田赋征收制度并没有风险因素的考虑。在灾害发生之时，封建官府非但没有有效的灾害应对措施，而且试图全面转嫁灾害风险与损失的举措迫使广大灾民逃离故乡，不愿继续承种土地，"田地陷阱"问题也由此愈演愈烈，其影响与后果均不可低估。张伟兵博士的《区域场次特大旱灾划分标准与界定》基于方志、清宫档案、民国报刊以及当代的水利、农业和气象资料，借鉴水灾研究成果，以明清以来的山西省为研究对象，对区域场次特大旱灾的概念、划分标准、划分方法进行了基本的界定。

第二议题由安介生、郝平博士主持，卜风贤、吴媛媛、陈丽萍、侯琴分别介绍自己的论文。卜风贤教授的《西汉时期西北地区农业开发的自然灾害背景》独辟蹊径，从灾害史的视角解读西汉王朝的西北农业开发决策，认为灾害风险、粮食安全也是西汉政权以战争手段解决匈奴问题、扩大耕地面积的动因之一；也因为如此，经过苦心经营之后，奠定了西北农业生产的基本格局，也使得中国传统农业阶段第一个人口高峰出现并延续一千余年。吴媛媛博士的《明清徽州的水旱灾害与粮食种植》分析了水旱灾害对农业环境变迁的影响，探讨了地理环境、种植时令与种植结构的关系，总结了当地针对水旱灾害在种植结构与耕作制度上的调适措施。这一探讨，对明清以来徽州地区灾害与社会关系的探索具有积极意义。陈丽萍的《近代两湖地区灾荒流民的流向研究》从空间、职业两个方向对近代两湖地区大量灾荒流民流向问题进行了分析，认为他们为了生存，不得不背井离乡，或流向城市觅食求职，或在乡村横向流动，或漂洋过海流落他国。流民的谋生手段也呈现出多样性：不改面朝黄土背朝天，东奔西走去乞讨，街头巷尾寻出路，落草为寇，当兵吃粮等。侯琴教授的《1819 年黄河大水与震洪灾害链研究》依据历史档案文献记载，讨论了 1819 年夏秋时节黄河中游北干流、泾洛渭河、沁河、伊洛河等地区相继发生的暴雨洪水灾害问题，就雨情、水情、灾情等加以初步分析，并核查国内外地震记录，对震洪灾害链物理机制进行了初步探讨。

　　会议第三议题由侯甬坚、郭风平教授主持、点评，周可兴、阁祥鹏、王颖、王英华等先生分别对各自的论文进行了介绍。《宁夏地区大地震问题的讨论》的作者郭增建、周可兴教授认为：宁夏地区历史上的 7 级以上大震有 30 年和倍 30 年的时间间隔，30 年和其倍数年的时间间隔可能是地球自转速率变化中 29.783 年的周期成分触发地震的结果；从 1920 年海原大震年份算起再加 3 个 30 年即为 2010 年，因之建议宜早作准备，以防万一。阁祥鹏博士的《隋唐五代时期海洋灾害概况及其自然因素探析》提出，海洋灾害在隋唐五代时期已经成为较为严重的自然灾害之一，主要灾害类型为风暴潮、海冰、海水内侵。其发生因素主要受到这一时期海洋气候、沿海地形、海岸线的变迁、海水侵蚀及泥沙堆积等自然环境变迁的影响。王颖硕士生的《1928—1930 年陕北自然灾害概况的初步研究》表明，1928—1930 年以陕甘为中心的西北大旱灾是中国近代十大灾荒之一。由于自然和人文的因素，此次灾荒在陕北地区具有时间长、范围广、受灾程度不一、地域不平衡、受灾种类多、多灾并发等特点。而这种情况不仅与陕北的地理环境及灾害自身有关，而且社会经济也起了极为重要的作用。王英华博士的《历史时期石羊河水系的变迁及其原因》，对河西走廊三大内陆河水系之一的石羊河历史变迁进行了探究，认为汉唐时期石羊河水系造就了戈壁沙海中的片片绿洲，也创造了汉唐以来数代的辉煌。但是，随着河西地区人口的不断增长、土地的日渐开垦和植被的日益破坏，三大水系不断萎缩，甚至干涸，尤其是石羊河水系的状况日趋恶化，几乎成为第二个罗布泊。因此，现代石羊河流域水资源的规划必须以史为鉴。

　　会议第四议题由王若柏、高建国教授主持，王涌泉、吴宾、郝平、欧阳铁光等先生介绍了自己的论文。王涌泉教授的《黄河 1841—1843 年连年大水与地震》对 1841—1843 年连年大水与治黄的关系、1841—1843 年和 1849—1851 年黄河洪水估算、1830—1840 年中国北方持续干旱和部分西南河流洪水、1860—1870 年长江上游特大洪水、1844—1858 年密西西比河连年大水、1839—1878 年多瑙河、尼罗河以及东亚和南亚等河流大洪水、1819—1879 年全球大地震、地震与洪水关系、震洪关系物理机制、2006 年 5 月全球和东亚大地震、太阳活动双重衰减期黄河枯水段结束后，新周期增强期水情展望等十一个问题进行了分析，提出要从灾害链物理和灾害史角度探讨黄河问题，要立足西部面向全国全球防灾减灾。吴宾博士的《中国古代的粮食安全观》认为，中国古代既是粮食大国，又是"饥荒之国"，重视粮食生产和粮食储备是古代粮食安全的最基本的内涵，有"食为政首"之论，经过长期的思想、文化、制度方面的积累，形成了中国古代独特的粮食安全观念和特征，其对于解决当前粮食问题也有着重要的借鉴作用。郝平博士的《再探丁戊年景》，以光绪《永济县志》为中心，结合其他史料，分析县志对"丁戊奇荒"的记忆，从州县层面解读县域灾荒的实况、应对举措、灾后各方的关切。修志者对介入赈济的各方流露出不同的情感色彩，其所极力宣扬的"丰功伟绩"与灾后统计所暴露出来的现实问题存在很大的反差。志书也反映出基层民众对灾害中人与事的不同看法。同时由于外国列强的侵略和清政府统治的困境，加上民间社保组织的涣散等客观因素，加重了灾情的影响。

　　会议第五议题由周可兴、黄正林教授主持，胡其伟、胡勇、王志莲就各自的论文进行了介绍。胡其伟博士的《灾变、冲突、协调》一文指出，地处苏北鲁南的沂沭泗流域是我国灾害频仍的地区之一，在清代和民国时期尤其是洪涝灾害的多发地带，既有黄河泛滥又有沂蒙山洪冲激。为了减灾防涝，各地人民多会采取各种措施以自保，难免会引起相邻地区的水利争端，在微山湖西岸地区表现为对湖田的争夺，在其他地区表现为洪水蓄泄矛盾。争端出现之后的政府干预和协调以及民众的参与程度在晚清和民国各有不同，文章从两起争端的解决过程入手，剖析两代干预机制的优劣，以为今日借鉴。胡勇博士的《城市灾害的形成：民国时期上海霍乱频发的原因探略》认为，民国时期上海霍乱流行具有明显特点：其一，频繁，数十年几乎无年不发生；其二，死亡人数多，并涉及各色人等，尤以移民、苦力等下层社会群体受害最深；其三，成因极为复杂。既有如水、气候等自然因素，又有贸易、人口、移民、城市管理、习惯文化、生活方式、社会分层、战争等人为因素的作用。多种因素叠加交互，使上海成为当时中国三大霍乱中心之一。因此，上海这一近代大城市的防疫决不同于传统社会，既是应对灾害，又是治理社会问题。王志莲的《以史为鉴，面向未来》介绍了宝鸡市筹建综合减灾科普园和岐山历史地震文博苑的技术思路与规划设想，并从这一实践活动中引出思考：促进安全和谐是出发点和落脚点，弘扬生态意识是重中之重，落实当今防震减灾对策是任重道远的工作。

会议第六议题由王涌泉、朱宏斌先生主持，邵永忠、杨罗、庄小霞、朱磊分别介绍自己论文的观点。邵永忠博士的《历代荒政史籍论述》对中国古代荒政史籍进行了专题性的研究，界定了荒政史籍的定义，分析考察了荒政史籍产生发展演变的时代背景、历史进程及其在发展态势、编撰特色、记载对象、流传演进、指导现实等方面的时代特色。杨罗研究员的《〈山东省自然灾害史〉简介及编写经验探讨》，对《山东省自然灾害史》的编写过程、主要内容以及编写经验进行了介绍。庄小霞博士的《〈永始三年诏书〉简册与西汉赈灾制度初探》从灾害史的角度重新探讨了居延汉简《永始三年诏书》的研究意义，并以《永始三年诏书》简册为研究文本，对西汉赈灾制度的某些方面进行了进一步的探析。朱磊的《〈诗经〉中粮食安全问题研究》以《诗经》中的农史资料为依据，认为在《诗经》时代，由于生产力水平的制约，粮食安全问题明显存在，这在《诗经》篇章中有所反映；与之同时，解决粮食安全问题的诸种举措也散见于《诗经》篇章之中，涉及重视农业生产，增加粮食产量；改进耕作技术，提高粮食产量；防治自然灾害，减轻粮食损失，等等。在本议题的自由讨论过程中，学者围绕着自然科学研究与人文社会科学研究的差异、融合问题展开了深入的讨论，并进一步明确提出，在灾害史研究中要进一步促进二者的沟通和有机结合。

8月18日下午17：30会议进入闭幕式阶段，大会闭幕式由西北农林科技大学卜风贤教授主持。闭幕式开始后各议题主持人对本小组工作情况进行了汇报总结，西北农林科技大学人文学院副院长、中国灾害史学会理事代表卜风贤教授作大会工作报告。卜风贤教授指出，会议经过西北农林科技大学人文学院、中国灾害防御协会灾害史专业委员会的精心筹备，特别是中国灾害防御协会副秘书长、灾害史专业委员会主任高建国教授、委员卜风贤教授以及会务组其他同志的认真工作，在有关领导的支持及代表们的共同努力下，取得了圆满的结果。会议讨论过程中，各位代表各抒己见，精彩纷呈；各位专家点评深入得体，画龙点睛；讨论畅所欲言，气氛热烈。体现了"沟通、互动、交流"的会议宗旨，既交流了思想，又加深了友谊，促进了沟通，达到了本次会议的预期目标。卜教授特别指出，本次大会主要有三个方面的特色：其一，人文色彩增强，达到了多学科交叉的目的。与上两届会议相比，本次会议人文学科的专家和论文显著增加。人文学科专家的积极参与和投入，使得灾害史研究更加完整、更加可信、更加充实。在本次会议上，自然科学和人文科学的专家坐在一起，共同切磋感兴趣的灾害史问题，发扬长处，弥补短处，相互碰撞出学科生长的火花，提出灾害史的创新点。其二，突出灾害史研究的区域特性，今后几年将在西北地区灾荒史研究的理论与实践基础上，继续推进东北地区灾荒史研究、华中地区灾荒史研究、华南地区灾荒史研究。其三，灾害史研究队伍中，加入了一批硕士生、博士生，他们是这次会议的最大收益者，会议为他们提供了与全国同行专家交流的机会，使他们增长了见识，开阔了视野，他们的参与也有利于灾害史学科的可持续发展。

最后，秘书长高建国教授致闭幕词。高秘书长对本次大会给予了高度评价，认为这次会议是学会成立以来开得最为成功的一次学术会议，会议的成功得益于西北农林科技大学的大力支持，得益于卜风贤教授的精心筹划、组织，得益于杨凌以及关中地区深厚的历史文化积淀，也得益于各位专家学者以及各位朋友的热心捧场。高秘书长还对学会的今后的工作安排情况作了介绍，2006年10月，学会将在北京召开"全国灾害链史研究学术会议"；2007年8月左右，全国第四届灾害史学术会议将在黑龙江大学召开，会议的主题为"东北及区域灾害史和社会发展"，力争在本次会议成就的基础上再接再厉，邀请日、韩等国学者与会，形成一次国际性的学术会议；第五届全国灾害史学术会议也基本形成意向，将在湖南科技大学召开。高建国教授、王涌泉教授还建议西北农林科技大学充分发挥现有学术资源优势，申请设立中国灾害史研究中心，集聚人才，多出成果。最后，高建国教授介绍了学会的换届选举工作，并转达了秘书长张辉教授对本次大会圆满结束的祝贺，以及对为本次会议做出积极贡献的西北农林科技大学的领导和同志的衷心感谢。最后会议在全体代表的掌声中圆满结束。

会议期间组织部分代表参观、考察了乾陵文化遗产景观和环境保护情况，在杨凌农业示范区参观了克隆羊基地、降雨大厅、农业博览园等科技景点。

本文与朱宏斌合作，原刊于《中国农史》2006 年第 3 期

科技史视野下的灾害与减灾问题

——陕西省科技史学会学术年会纪要

2010 年 5 月 22 日，陕西省科技史学会学术年会在西安石油大学顺利召开。本次会议以"历史自然灾害及其社会应对"为讨论主题，旨在通过考察我国历史灾害的发生成灾过程和社会应对机制，从科技与社会发展相关联、历史与现实相结合的角度总结概括中国减灾史上的基本成就。

本次会议的组织召开得到陕西省科学技术学会、西安石油大学等单位的有力支持，会议通知发出后也得到省科技史学会各会员单位和广大会员踊跃参与。会议收到参会论文 30 余篇，根据研究内容大体划分为四个方面：地震灾害研究、水旱灾害研究、疫病灾害研究和赈灾减灾研究。参加会议的代表有 45 人，分别来自西安石油大学、陕西师范大学、西北农林科技大学、陕西省中医学院、西北工业大学、西北大学、长安大学、《兵工科技》杂志社、第二炮兵工程学院、陕西省中医药研究院等单位，会议由陕西省科技史学会秘书长程骏教授主持，陕西省科技史学会会长、西安石油大学副校长屈展教授为会议的召开热情致辞，会议特邀嘉宾、中国毒理学会名誉会长史志诚教授做了专题讲话。本次科技史会议的召开还得到中国灾害防御协会灾害史研究会的支持，学会高建国会长为此专门发来贺信并委托卜风贤教授在大会代为宣读。

一 科技史与灾害史的学科关联

科技史以科学技术的历史发展为研究对象，而灾害史则研究历史时期的灾害与减灾问题，二者分属于不同学科领域。在我国目前学科分类体系中，灾害史或是历史学科下一个分支，或从属于环境科学下的自然灾害与减灾防灾；科学技术史是一个独立学科部类。如此学科分野并不能掩盖学科交流融合的主流趋势，当前我国历史灾害的研究日渐昌盛，多学科参与格局愈益显著，故有灾害史研究中人文化与非人文化之争，其实质是自然科学与人文社会科学两大学科领域对灾害史研究的介入关注。在这样的大背景下，科技史学会举办灾害史研究也就有了很好的社会基础。

灾害史研究中涉及灾害的自然发生演变史研究，从历史维度探索灾害的自然属性，也就是灾害的自然史研究。诸如灾害史中极为重要的山川风雨异常变动成灾的过程研究，与地质史、地理史、气象史等科技史学科的研究殊途同归。而灾害史研究中的减灾史研究又有工程减灾、生物减灾、物理化学减灾等多种技术形式，也与工程技术史、生物史、物理学史、化学史等科技史学科分支耦合。所以，科技史与灾害史学科之间存在密切的关联关系。

科技史学科视野下的灾害史研究有其特殊表现。首先，透过对历史自然灾异现象的认识，加强历史灾害演变规律的研究。灾害史研究中需要探讨的自然灾害周期性发生特征也是一种科技史的认识结论，基于历史灾害发生规律所做的各种不同时间尺度灾害预测工作中也需要运用科技史的理念和方法。其次，科技史研究已经呈现出综合化发展态势，科技与社会关系的研究备受关注。历史灾害所具有的自然社会复合属性与科技史研究中的内外史结合动向相得益彰，通过灾害史的研究可以进一步拓展我国科技史学科领域。早在 1999 年，中国科技史著作出版基金委员会就资助高建国教授出版《中国减灾史话》，[①] 后来高建国又有《中国近现代减灾事业和灾害科技史》等灾害史研究著作出版问世。近年来科技史界在灾害史其他领域也多有作为，中国科学技术大学张秉伦教授在《淮河和长江中下游旱涝灾害与旱涝规律研究》中考察了历史时期淮河流域的水旱灾害，提出了预防灾害的对策。[②] 中国科学院宋正海研究员在

---

① 高建国：《中国减灾史话》，大象出版社 1999 年版。

② 张秉伦：《淮河和长江中下游旱涝灾害与旱涝规律研究》，安徽教育出版社 1998 年版。

《中国古代自然灾异相关性年表总汇》中分析讨论了各种灾害要素之间的动态联系。① 第三，灾害思想与灾荒文化研究中涉及丰富的自然科学和科技哲学知识，需要利用科技史方法去分析认识才能有所创获。

会议交流过程中，与会代表强烈建议今后应加强科技史的教化和资政功能建设。2010 年上半年，我国境内先是发生了西南地区大范围长时间的干旱灾害，对农业生产和人民生活造成重大影响；继之又有青海玉树地区地震灾害，这是我国自 2008 年 "5·12" 汶川大地震以来发生的又一次伤亡惨重的地震灾害。面对自然灾害我们需要有抗灾救灾的大无畏精神，但痛定思痛我们更需要科学地认识灾害现象，制定行之有效的减灾方案。陕西省科技史学会通过 "自然灾害与社会应对" 的学术交流，进一步增强了对历史灾害问题研究的学科认同。我们不但要鼓励支持灾害史研究，还要将相关研究成果以简报、建议、提案等方式递交上级有关部门，积极发挥科技史学科 "立足社会实践、贯通中外古今" 的史鉴功能。

二 历史灾害研究主题：从自然史、 科技史到社会史

本次学术会议因时间所限，遴选确定八篇文章参加大会交流。这些文章是：第二炮兵工程学院王勤明教授《弘扬抗震救灾精神提高大规模联合行动指挥协调能力》、陕西师范大学延军平教授《陕西地区重大自然灾害发生趋势》、陕西师范大学硕士生刘英《唐代关中地区水旱灾害分布特征及其影响》、陕西中医学院康兴军教授《中国古代对毒气危害的认识和防治》、陕西中医研究院郑怀林教授《唐代疫病史初探》、陕西师范大学史红帅博士《"万里驰赈"：1901 年西方人在陕赈灾活动研究》、陕西师范大学卜风贤教授《西北地区传统农业减灾技术史考察》、西北农林科技大学硕士生王娟《中国古代政府灾害救助体系探讨》等。这些文章讨论的主题从自然史方面涉及历史灾害的发生、演变和分布特征；从科技史方面既有自然灾害的历史认识和趋势性预测，也有历史减灾技术的发

① 宋正海：《中国古代自然灾异相关性年表总汇》，安徽教育出版社 2002 年版。

展与改进；从社会史方面涵盖历史灾害的救助、赈济。

（一） 自然史方面的灾害研究

从历史灾害的自然属性方面开展专题研究是灾害史研究的主要方式，其特点是较多关注于自然灾害的发生频次、原因、过程、灾情以及灾害要素的相互关系。本次会议延续了灾害史研究的传统方法，两篇文章分别讨论了唐代的疫病和水旱灾害问题。郑怀林教授根据新旧《唐书》中记录的疫病资料，对唐代发生的各种疫病灾害做了专门研究，指出鼠疫、天花、疟疾、痢疾和牛大疫是危害性大、流行广泛的主要疫病类型，认为唐代疫病流行的原因在于疾控与防疫不力。而在唐代水旱灾害研究方面，陕西师范大学刘英同学论述了关中地区水旱灾害的阶段性特征，唐前、中期旱灾发生频繁，后期相对较少，而水灾在唐代前后期较少、唐中期发生较多。

（二） 科技史方面的灾害研究

科技史的研究不仅关注人类对自然界改造利用的技术手段，也包括对各种自然现象的认识判断。科技史学科涵盖了灾害观及自然灾害发生演变规律的研究，延军平教授基于可公度方法对部分重大自然灾害进行了趋势研究，认为2010年、2012年、2013年及2019年陕西及邻近地区有发生重大灾害的可能性，引发与会代表关注热议。康兴军教授把灾害史、科技史和毒理学史结合起来研究历史上的毒性灾害问题，在《中国古代对毒气危害的认识和防治》一文中指出中国古代已经对毒气污染造成的危害有所认识，汉代王充《论衡》中"臭闻于天"就是一种毒气认识，隋代巢元方《诸病源候论》中记载有枯井毒气致人死亡的内容，南宋时期宋慈在《洗冤集录》中已明确记载"中煤炭毒"的临床表现，并在防治实践中摸索出一些检测、试验毒气的方法，以及避免、减轻毒气伤害的具体防治措施。卜风贤对西北地区农业减灾技术的历史演变做了讨论，认为西北旱作农业的减灾性能通过两种减灾方式获得良好减灾效果，一是针对干旱风沙等主要灾害采取针对性的减灾技术，诸如创制减灾农具、改进抗旱耕作技术等；二是在促进农业生产技术提升的同时增加减灾要素成分，从而达到农业增产丰收与农业减灾稳产相一致的目标要求。后者自传统农业奠基以来即成为西北旱作农业技术改造的主要形式。

（三）社会史方面的灾害研究

"5·12" 大地震后人民解放军抢险救灾是我军又一次大规模、多兵种、高强度的非战争联合军事行动，王勤明《弘扬抗震救灾精神提高大规模联合行动指挥协调能力》一文对此予以总结回顾。王娟《中国古代政府灾害救助体系探讨》研究古代政府救助体系，认为我国古代政府救助体系虽然有一定的历史局限性，但对社会稳定、民族和文化的传承起着重要的作用，对当今我国政府救助制度建立、理论创新和体系完善有着一定的借鉴意义。史红帅博士研究了 1898—1901 年陕西大饥荒期间外国传教士来华参与关中等地灾民赈济事迹，对此次赈济活动的缘起、赈灾机构的组建、《美国基督教先驱报》记者的灾情调查、灾情向西方媒体的传播途径、赈款的散放方式和过程，以及这次赈济活动的深远影响等进行了深入分析和考述，以期推进陕西近代对外交流史和近代西人在陕赈济的研究。

三　科技史领域的灾害焦点

（一）地震灾害

关中地区特殊的地理环境和地质构造与地震灾害存在密切关系，马正林教授《关中地区的地质构造与地震灾害》建议西安地区各种工业设施、民用建筑应按地震烈度 9—10 度设防。张青瑶《公元 19 世纪前晋北地震活动研究》结果表明，公元前—公元 399 年、700—999 年、1100—1299 年晋北地区地震活动记录较少，400—699 年、1000—1099 年、1300—1499 年地震活动记录较多，1500 年之后地震活动表现活跃，受地震影响的区域较广，地震活动与其前后干旱灾害有一定相关性。李静同学对 1169—1976 年四川省北川地区发生的十次强震的震中位置和地震特点进行分析，指出历史时期北川并没有发生过毁灭性的大地震，也许正是因为这个原因使地球内部的能量得以积聚，最后在 2008 年 5 月 12 日释放在龙门山地震带上，酿成弥天大祸。

（二）水旱灾害

于国珍同学《清代陇东地区干旱灾害时空特征分析》指出清代该区共发生干旱灾害 118 次，平均 2.27 年发生一次。其中中度灾害最多，达 45 次，占其总次数的 38.14%；轻度灾害 35 次，占其总次数的 29.66%；特大灾害 6 次，占其总次数的 5.08%。1700—1720 年、1730—1770 年、1790—1860 年为干旱灾害的集发期，该区的静宁县、正宁县为干旱灾害的频发区。潘威、刘传飞《隋至金"河清"现象研究》对隋代至金代历史文献中的"河清"记载进行汇总和来源辨析，建立了隋至金 600 余年内的"河清"发生年表，认为"河清"的直接原因是河道水量在一定程度上的减少，唐代"河清"多发的主要原因在于当时华北地区夏季偏旱，而宋代则与黄河下游"安流期"结束，河流决口、改道加剧有关。赵锐同学《清代河南水旱蝗灾害的时空分布及社会应对》一文依据《清史稿》《清实录》《东华录》、河南各地方志及今人所著《河南省历代旱涝等水文气候资料》《中国气象灾害大典》（河南卷）、《清代黄河流域洪涝档案史料》等资料，运用简单的统计方法，探讨河南水、旱、蝗灾的时空分布特征及社会应对措施。王向辉同学《西北灾荒、战乱与环境变迁研究——以近代陕西为例》以灾荒和战乱为切入点，进一步探讨灾荒、战乱和环境变迁之间的关系，认为灾荒和战乱是环境恶化的主要因素，而环境恶化又是灾荒频发和战乱不断的诱因。李晨同学研究了光绪年间"丁戊奇荒"时期关中地区的受灾情况，其《关中地区的"丁戊奇荒"及应对措施》一文认为灾荒发生后，在地方政府的多方筹措、当地及江南士绅的慷慨帮助下，陕西灾民才得以渡过难关。姚娜同学《"瓠子河决"新论》对瓠子河决的发生以及政府的救灾过程进行梳理，分析了西汉政府的减灾技术水平以及影响政府救灾的社会因素。

（三）疫病灾害

陕西省中医药研究院高少才教授《世界传染病史纵览与中医防治探讨》主要阐述了传染病发生的世界纪录，同时探讨了中医在防治传染病历程中的世界级贡献。最后从传染病的社会影响方面论述了传染病对国家发展进程的影响，以此来启示世界各国转变关于传染病防治的态度，不仅要从维护国民的健康角度出发，而且还要从维护国家的发展高度来认识和应对。陕西省中医药研究院郑怀林教授《"牛痘术"与人痘术是中国人对人类预防天花的创举》一文认为人类完全有能力有效地控制并消灭一切疫病。人类有效地预防天花的艰辛实践和科学理论最先肇始于中国的"牛痘术"和人痘接种术，然后传至世界各地，由贞纳加以改进而成为后来的牛痘接种术。牛痘术在全世界推行后消灭了曾长期危害人类生命的天花，这是人类有史以来首次消灭的一种危害严重的疾病。郑怀林教授还提交了《明清时期的瘟疫病学史略》一文参会交流。陕西师范大学葛淼教授《中年男性全血黏度（230s^{-1}）参考值的地理分布》研究发现中年男性全血黏度（230s^{-1}）参考值与中国地理因素之间有很显著的相关关系（$F = 62.125$，$P = 0.000$），为制定中国中年男性全血黏度（230s^{-1}）参考值的统一标准提供了科学依据。

（四）赈灾减灾

晚清义赈是我国传统赈灾模式向现代模式转换的过渡形式，陕西师范大学常全旺同学《对晚清义赈的再思考》认为义赈出现的原因、运作特点以及作用影响在晚清赈灾体系中极其重要。灾后救助的关键是迅速有效，因此货币赈济便成为封建统治者进行赈济的主要方式之一。高巍《古代农村货币赈济刍议》研究古代货币赈济，了解其资金来源、发放运行规律，对后世灾后救助工作具有借鉴意义。虎患是古代社会灾异的一种，程森同学《惟人为贵——清代山西地区的虎患与社会控制》研究指出，清代山西地区南北皆有虎的分布，康熙、乾隆时期山西虎患严重。杨嘉利同学《春天如此寂静——读〈寂静的春天〉有感》介绍了环境科学领域极为重要的著作——美国学者蕾切尔·卡逊（Rachel Carson）的《寂静的春天》一书，还结合实际对美国和中国的环境问题进行了论述。

四　科技史年会小结及学术展望

陕西省科技史学会组织召开的本次学术年会，进一步加强了我省科技史研究者关注现实、古为今用的学术意识。当前，我国和世界各地的灾害问题日趋严重，并对社会经济发展造成重大影响，充分挖掘利用我国丰富的历史灾害资源，开展长时间序列的灾害史和减灾科技史研究，具有重要的现实和学术意义。本次学术会议的召开得到我省科技史学会全体会员的高度关注和热情参与，也对今后科技史工作者开展更多的多学科研究项目奠定了基础。根据我省科技史研究的学科分布，结合灾害史的学术动态，以下三方面的问题应该予以特别关注。

第一，历史灾害文化的研究。灾害是一种自然社会复合现象，在应对灾害的过程中，我国形成发展了内容丰富的灾害文化，诸如灾害民俗、灾害文学、灾害歌谣、灾害崇拜等，都可以从灾害与社会互动关系角度予以认识解读。

第二，灾害技术史研究。在应对灾害的过程中，我国历史上发展产生了一系列针对性强的减灾技术，其中相当一部分技术措施具备高效增产与减灾防灾的双重效能，我们可以从工程技术史、工农业生产史等方面去分析认识其科技史价值。

第三，灾害文献学研究。我国历史灾害的文献记载遍布于经史子集四部之中，尽管我们在过去几十年的灾害史研究中整理了一批灾害文献，但从历史文献学角度研究灾害书的源流、版本、著录、内容等重要问题的工作依然不多，我省科技史专业人员多分布于高等院校，可以与综合性院校史学专业人员互相合作，研究历史灾害文献学问题。

本文原刊于《中国科技史杂志》2011 年第 1 期

历史灾害研究中的若干前沿问题

所谓的前沿问题，应当是对学科发展动态及可能趋势、方向的一种总体把握，所以前沿问题的论述必须建立在清理家底、对现有工作总结概括的基础上。中国灾害史方面的学术研究已然走过百年历程①，在学科

①有关灾害史研究的综述性文章已有很多，从中可见灾害史学科发展态势及学界同仁关注的问题倾向。可参见韦祖辉等《八十年代"明末京师奇灾"研究综述》，《中国史研究动态》1991年第1期；吴滔《建国以来明清农业自然灾害研究综述》，《中国农史》1992年第4期；余新忠《1980年以来国内明清社会救济史研究综述》，《中国史研究动态》1996年第9期；龚启圣《近年来之1958—1961年中国大灾荒起因研究的综述》，《二十一世纪》1998年第48期；韩茂莉《历史时期黄土高原人类活动与环境关系研究的总体回顾》，《中国史研究动态》2000年第10期；阎永增、池子华《近十年来中国近代灾荒史研究综述》，《唐山师范学院学报》2001年第1期；卜风贤《中国农业灾害史研究综论》，《中国史研究动态》2001年第2期；余新忠《关注生命——海峡两岸兴起疾病医疗社会史研究》，《中国社会经济史研究》2001年第3期；黄新华《1985年以来国内唐代社会救济史研究综述》，《淮阴师范学院学报》（哲学社会科学版）2001年第4期；吴海丽、黎小龙《近二十年来明清西南社会经济史研究综述》，《重庆师院学报》（哲学社会科学版）2002年第1期；吴海丽《近二十年来明清西南社会经济史研究综述》，《黔东南民族师专学报》2002年第2期；赖文、李永宸《近50年的中国古代疫情研究》，《中华医史杂志》2002年第2期；汪汉忠《灾难深重年代的灾害研究——民国时期的灾害研究评述》，《学海》2002年第5期；余新忠《20世纪明清疾病史研究述评》，《中国史研究动态》2002年第10期；朱浒《二十世纪清代灾荒史研究述评》，《清史研究》2003年第2期；郭文佳《宋代官办救助机构述论》，《信阳师范学院学报》（哲学社会科学版）2003年第2期；曾桂林《20世纪国内外中国慈善事业史研究综述》，《中国史研究动态》2003年第3期；包庆德《清代内蒙古地区灾荒研究状况之述评》，《中央民族大学学报》（哲学社会科学版）2003年第5期；邵永忠《二十世纪以来荒政史研究综述》，《中国史研究动态》2004年第3期；么振华《唐代自然灾害及救灾史研究综述》，《中国史研究动态》2004年第4期；佳宏伟《近十年来生态环境变迁史研究综述》，

界定和理论探索、研究方法创新突破、资料积累、多学科交融的综合研究等领域都取得了长足进步,有值得肯定的成绩,也有需要反思的一系列问题。[①] 初步梳理,这四个问题或许与当前灾害史研究动态相关:(1) 过去做了哪些工作并取得了一些共性认识? (2) 哪些问题需要做进一步深入的研究? (3) 哪些方面属于填漏补缺、学术空白? (4) 我们需要关注的热点问题是什么?

（接上页）《史学月刊》2004 年第 6 期；于运全《20 世纪以来中国海洋灾害史研究评述》,《中国史研究动态》2004 年第 12 期；苏全有、李风华《民国时期河南灾荒史研究述评》,《南华大学学报》（社会科学版）2005 年第 1 期；苏全有、闫喜琴《20 年来近代华北灾荒史研究述评》,《南通航运职业技术学院学报》2005 年第 2 期；苏全有、闫喜琴《改革开放以来近代华北灾荒史研究述评》,《防灾技术高等专科学校学报》2005 年第 2 期；范子英、孟令杰《有关中国 1959—1961 年饥荒的研究综述》,《江苏社会科学》2005 年第 2 期；赵艳萍《中国历代蝗灾与治蝗研究述评》,《中国史研究动态》2005 年第 2 期；彭展《20 世纪唐代蝗灾研究综述》,《防灾技术高等专科学校学报》2005 年第 3 期；董强《新世纪以来中国近代灾荒史研究述评》,《苏州科技学院学报》2011 年第 3 期；文姚丽《民国灾荒史研究述评》,《社会保障研究》2012 年第 1 期。

① 学科界定和基本概念诠释方面虽有研究,但关注较少,但在灾害史研究的学理、学科发展及研究内容等宏观问题的论述方面,自 20 世纪 80 年代以来屡有讨论,且不乏颇具指导意义的研究成果。具体问题的论述有:卜风贤《农业灾害史研究中的几个问题》,《农业考古》1999 年第 3 期；卜风贤《中国农业灾害史料灾度等级量化方法研究》,《中国农史》1996 年第 4 期。综合性研究灾害史学科及相关问题的文章有:高建国《灾害学概说》,《农业考古》1986 年第 1 期；高建国《灾害学概说（续）》,《农业考古》1986 年第 2 期；李文海《论近代中国灾荒史研究》,《中国人民大学学报》1988 年第 6 期；戴逸《重视近代灾荒史的研究》,《光明日报》1988 年 11 月 23 日；姜观吾《中国自然灾害史初探》,《盐城师专学报》1990 年第 1 期；许厚德《论我国灾害历史的研究》,《灾害学》1995 年第 1 期；刘仰东《灾荒:考察近代中国社会的另一个视角》,《清史研究》1995 年第 2 期；桂慕文《中国古代自然灾害史概说》,《农业考古》1997 年第 3 期；许靖华《太阳、气候、饥荒与民族大迁移》,《中国科学 D 辑》1998 年第 4 期；杨鹏程《灾荒史研究的若干问题》,《湘潭大学社会科学学报》2000 年第 5 期；张建民《深化中国传统社会减灾救荒思想研究》,《新华文摘》2003 年第 4 期；夏明方《中国灾害史研究的非人文化倾向》,《史学月刊》2004 年第 3 期；夏明方《人无远虑必有近忧——从灾荒史研究得来的启示》,《学习时报》2004 年 11 月 8 日；高建国《论灾害史的三大功能》,《中国减灾》2005 年第 1 期；卜风贤《中国古代的灾荒理念》,《史学理论研究》2005 年第 3 期；李文海《进一步加深和拓展清代灾荒史研究》,《安徽大学学报》2005 年第 6 期；余新忠《文化史视野下的中国灾荒研究刍议》,《史学月刊》2014 年第 4 期。

一 灾害史研究的共识性问题

目前，在地理科学的学科背景下，历史灾害研究与气候变迁、环境变化等课题研究相比既有相似之处，也有其显著的独特性。我国大部分地区处于气候复杂多变的中纬度地带，自然地理条件异常复杂，自古以来灾害频发，给正常的农业生产和社会经济活动不断带来冲击。过去2000 年内，见诸正史《五行志》以及方志、政书、编年、杂史、载记、地理、诸子等文献之《灾异》《荒政》《食货》《邦计》《恤民》《岁时》《丰荒》《治水》《除虫》《仓储》类篇章的灾害事件记录愈来愈多，且呈现出明显的时间和空间簇集记录特征。据此不但可以对我国自然灾害发生演变的历史进程进行分析判断，也可以在当前的灾害研究和减灾工作中发挥借鉴和指导作用。因此，基于过去 2000 年灾害事件记录的自然灾害及其作用关系是我们目前迫切需要研究的重大科学问题。

如果不是从研究内容而是学术问题的角度分析，目前中国灾害史研究在以下几个方面取得的进步尤为显著，不但关注的学者和发表的研究成果较多，而且在研究方法、学术理念、认识水平等层面渐趋一致。也许因为这个原因，使得当前的灾害史研究出现一种范式化的趋向。这就体现出了一个两面性的问题，一方面我们满足于欣然发展并多有所得的灾害史研究局面，另一方面因为学术研究的模式化和趋同性使得灾害史研究日渐缺乏新意，亟待创新突破。因此也就有了颇具责任感的学者接二连三地奔走呼吁，期待新的理念、新的方法、新的观点能够在我们的灾害史研究中有所表现。范式一词几乎是灾害史研究理论探索中不可避免的常用术语，在试图摆脱灾害史研究模式化的动力驱使下，新生代灾害史研究者企图通过研究方法和理论介入建立新的研究范式，以此增强灾害史研究的学术生命力和学科影响力，其中呼声最高的莫过于灾害史研究中的自然科学技术手段与人文社会科学理念之间的交叉融合。

1. 灾荒个案与灾害通史研究

过去很长一段时间我们的灾害史研究更多关注于多种灾害的综合研究，或者长时段、大空间的灾害事件集合研究，以求表现历史灾害的规律性特征。早在 20 世纪 30 年代，邓云特就开展了中国灾荒史研究，撰著完成《中国救荒史》著作，论述了历史灾害的发生概貌和救荒工作。此后有关灾害与社会结构、经济发展、农业生产技术进步之间相互作用关系的研究日渐增多，①②③④⑤ 综合性的灾荒史研究著作相继出现，⑥⑦⑧⑨ 灾荒文化和灾害思想的研究也勃然兴起。⑩⑪⑫ 这种思路与研究方式在近十年时间里发生了很大改变，个案性的灾害史研究日渐增多，一些重要的灾害事件被纳入学术视野，进行全方位、多角度的审察分析，如发生于文明早期的大禹治水、⑬⑭⑮⑯⑰⑱⑲ 明代崇祯时期的陕西旱灾、⑳㉑ 清代

① 陈业新：《灾害与两汉社会研究》，上海人民出版社 2004 年版。

② 汪汉忠：《灾害、社会与现代化》，社会科学文献出版社 2005 年版。

③ 卜风贤：《周秦汉晋时期农业灾害和农业减灾方略研究》，中国社会科学出版社 2006 年版。

④ 复旦大学历史地理研究中心：《自然灾害与中国社会历史结构》，复旦大学出版社 2001 年版。

⑤ 孟昭华编著：《中国灾荒史记》，中国社会出版社 1999 年版。

⑥ 高文学：《中国自然灾害史》，地震出版社 1997 年版。

⑦ 郝治清：《中国古代灾害史研究》，中国社会科学出版社 2007 年版。

⑧ 袁祖亮：《中国灾害通史》（先秦—清代卷），郑州大学出版社 2009 年版。

⑨ 孟昭华：《中国灾荒史记》，中国社会出版社 2003 年版。

⑩ 卜风贤：《中国古代的灾荒理念》，《史学理论研究》2005 年第 3 期。

⑪ 安德明：《天人之际的非常对话——甘肃天水地区的农事禳灾研究》，中国社会科学出版社 2003 年版。

⑫ 董晓萍：《民俗灾害学》，《文史知识》1999 年第 1 期。

⑬ 王晖：《大禹治水方法新探——兼议共工、鲧治水之域与战国之前不修堤防论》，《陕西师范大学学报》（哲学社会科学版）2008 年第 2 期。

⑭ 王清：《大禹治水的地理背景》，《中原文物》1999 年第 1 期。

⑮ 张华松：《大禹治水与夏族东迁》，《济南大学学报》（社会科学版）2009 年第 2 期。

⑯ 李亚光：《对大禹治水的再认识》，《社会科学辑刊》2008 年第 4 期。

⑰ 王晖：《尧舜大洪水与中国早期国家的起源——兼论从"满天星斗"到黄河中游文明中心的转变》，《陕西师范大学学报》（哲学社会科学版）2005 年第 3 期。

⑱ 吴文祥、葛全胜：《夏朝前夕洪水发生的可能性及大禹治水真相》，《第四纪研究》2005 年第 6 期。

⑲ 李亚光：《大禹治水是中华文明史的曙光》，《史学集刊》2003 年第 3 期。

⑳ 刘德新、马建华、许清海、谷蕾、陈彦芳：《开封市西郊地层"崇祯大旱"事件的孢粉记录》，《地理研究》2015 年第 11 期。

㉑ 刘志刚：《明末政府救荒能力的历史检视——以崇祯四年吴甡赈陕为例》，《北方论丛》2011 年第 2 期。

末年的"丁戊奇荒"等重大灾荒事件,①②③④ 均为灾荒史研究者所津津乐道,其成果之丰硕几可比肩于国外灾害史个案研究的典型代表——彼得·格雷(Peter Gray)和都柏林大学经济史学教授科尔马克·奥格拉达(Cormac Gráda)的学术贡献,他们在爱尔兰大饥荒的专门研究领域取得了令人瞩目的成就。⑤

2. 历史灾害时空分布研究

通过分析大量的灾害史料,可以发现灾害发生具有一定的规律性。⑥研究灾害发生规律主要是通过数理统计方法揭示自然灾害的时空分布特征,如时间序列分析、回归分析等。这方面研究已经取得基本一致的认识,综合来看历史自然灾害的发生具有准3年周期、5年周期、11年周期

---

① 朱浒:《"丁戊奇荒"对江南的冲击及地方社会之反应——兼论光绪二年江南士绅苏北赈灾行动的性质》,《社会科学研究》2008年第1期。

② 夏明方:《清季"丁戊奇荒"的赈济及善后问题初探》,《近代史研究》1993年第2期。

③ 郝平、周亚:《"丁戊奇荒"时期的山西粮价》,《史林》2008年第5期。

④ 杨剑利:《晚清社会灾荒救治功能的演变——以"丁戊奇荒"的两种赈济方式为例》,《清史研究》2000年第4期。

⑤ [英]彼得·格雷(Peter Gray)关于爱尔兰大饥荒的研究成果主要有:The Irish famine, London: Thames& Hudson, 1995; The making of the Irish poor law, 1815 – 1843, Manchester: Manchester University Press, 2009; Famine, land and politics: British Government and Irish society, 1843 – 50, Dublin: Irish Academic Press, 1999; British politics and the Irish land question, 1843 – 1850, University of Cambridge: Ph. D. Dissertation。其中《爱尔兰大饥荒》已有中文翻译版,邵明、刘宇宁译,上海人民出版社2005年版。科尔马克·奥格拉达(Cormac Gráda)关于爱尔兰大饥荒的个案性研究成果有:The great Irish famine, Dublin: Gill and Macmillan, 1989; Ireland before and after the famine: explorations in economic history, 1800 – 1925, Manchester: Manchester University Press, 1993; The Great Famine: studies in Irish history 1845 – 1852, Dublin: Lilliput Press, 1994; The great Irish famine, Cambridge: Cambridge University Press, 1995; Migration as disaster relief: lessons from the Irish famine, London: Centre for Economic Policy Research, 1996; Migration as disaster relief: lessons from the great Irish famine, London: CEPR, 1996; Black 47 and beyond: the great Irish famine in history, economy, and memory, Princeton, N. J.; Chichester: Princeton University Press, 1999; Famine demography: perspectives from the past and present, Oxford: Oxford University Press, 2002; Ireland's great famine: interdisciplinary perspectives, Dublin: University College Dublin Press, 2006; Famine: a short history, Oxford: Princeton University Press, 2009。

⑥ Ting, V. K. (1935), Notes on the Records of Droughts and Floods in Shensi and the Supposed Desiccation of N. W. China, GeografiskaAnnaler, 17 (Issue Supplement): 453 – 462.

和 56 年周期, ①②③ 历史时期各地区水、旱、蝗、风、雹等灾害发生也具有类似时间分布特征。④⑤⑥⑦ 灾害发生影响因素有天文因素、地球物理因素和人类社会因素等多种形式。天文因素中, 太阳黑子变化是一个重要方面, 太阳黑子活动的 11 年周期与灾害发生周期相吻合, ⑧ 因而太阳运动被视为灾害诱因之一。⑨⑩⑪ 气候变化是影响灾害发生的又一重要因素, 并对农业生产产生直接影响。⑫⑬⑭ 《史记·货殖列传》中记载的"六岁穰, 六岁旱, 十二岁一大饥"体现了对灾害周期性的认识。但我们并没有充分利用自然史方面研究成果, 以改变历史灾害周期性规律研究方面所处的整体停滞不前的局面。

最近二十年来虽然对历史灾害的发生规律也进行了多方面研究, 但总体认识水平和研究理念并未突破既有藩篱。在空间分布上, 可以按照胡焕庸线和秦淮线将中国划分为两个灾害域, 即胡线以西的西域、秦淮线以北的北域和秦淮线以南的南域, 而位于黄河下游的郑州——开封以南及长江中游洞庭湖——武汉以北的狭长地区则是中国灾害规模重心

---

① 谢义炳:《清代水旱灾之周期研究》,《气象学报》1943 年第 1—4 期。

② 陈玉琼:《中国历史上死亡一万人以上的重大气候灾害的时间特征》,《大自然探索》1984 年第 4 期。

③ 郑云飞:《中国历史上的蝗灾分析》,《中国农史》1990 年第 4 期。

④ 袁林:《西北灾荒史》, 甘肃人民出版社 1994 年版。

⑤ 陈家其:《太湖流域南宋以来旱涝规律及其成因初探》,《地理科学》1989 年第 1 期。

⑥ 宋平安:《清代江汉平原水灾害多元化特征剖析》,《农业考古》1989 年第 2 期。

⑦ 胡人朝:《长江上游历史洪水发生规律的探索》,《农业考古》1989 年第 2 期。

⑧ 陈家其:《1991 年江淮流域特大洪涝灾害的太阳活动背景》,《灾害学》1992 年第 1 期。

⑨ 曾治权:《太阳活动、地磁场干扰因子与我国水旱灾害受灾面积的相关分析》,《中国减灾》1996 年第 4 期。

⑩ Beer J. et al. (2000), The Role of the Sun in Climate Forcing, Quaternary Science Reviews, 19: 403 – 415.

⑪ Wang Z. , et al. (2003), A Relationship between Solar Activity and Frequency of Natural Disasters in China, Advances in Atmospheric Science, 20 (6): 934 – 939.

⑫ 翟乾祥:《清代气候波动对农业生产的影响》,《古今农业》1989 年第 1 期。

⑬ 陈家其:《明清时期气候变化对太湖流域农业经济的影响》,《中国农史》1991 年第 3 期。

⑭ 邹逸麟:《明清时期北部农牧过渡带的推移和气候寒暖变化》,《复旦学报》1995 年第 1 期。

区。① 按照历史灾害的空间分布格局，我国旱涝灾害基本有五种旱涝型：1 型为长江流域多雨，2 型为江南多雨、江北少雨，3 型为长江少雨、江南江北各有一个雨带，4 型为江南少雨、江北多雨，5 型为全国少雨（王绍武、赵宗慈，1979）。② 另一种方法则根据我国历史时期农区扩展的一般过程和历史自然地理基本特征将全国划分为九大灾害区，即塞北灾害区、东北灾害区、山东灾害区、山西灾害区、西北边疆灾害区、西南边疆灾害区、巴蜀灾害区、江南灾害区、岭南灾害区。③ 但是关于灾害区划分的研究仅仅解释了自然灾害的区域差异，并未从本质上揭示自然灾害的空间群发特征。因此，在历史灾害文献考订基础上加强重灾区研究是当前灾害史研究领域迫切需要开展的一项工作。

3. 自然灾害与社会互动关系研究

国内外学术界近年来比较关注自然灾害及其对社会经济的影响研究。法国的年鉴学派就把自然灾害作为社会发展的重要结构性因素而进行了多方面的文化反思，我国灾荒史研究中也对自然灾害的社会危害性做了大量研究。其中，自然灾害与农业生产的互动作用关系是灾荒史研究的重点内容之一，也是今后亟待深入探讨的问题和需要拓展的研究领域。随着社会的发展，自然灾害对人类的威胁性也在逐渐加大，针对历史时期的自然灾害研究也越来越受到国内外学者的关注，而这些研究在历史地理学和与灾害史密切相关的环境史研究中也已有一定积淀，他们在认识历史灾害的成灾规律，分析灾害的成灾条件等方面取得了较大进展，并逐渐向灾害社会学的方向延伸。近年来，不少学者又把历史灾害的发生和影响放到一个系统科学的背景下，开始从国家与地方、政府与民间的不同层面，对历史灾害问题进行研究。复旦大学历史地理研究中心主编的《自然灾害与中国社会历史结构》（复旦大学出版社 2001 年版）一书共汇总了 18 篇近年来已发表的涉及灾害的自然演化过程、灾害与区域人口变动、灾害下的社会关系与救灾应对研究等方面的论文，可谓是历

① 王铮等：《中国自然灾害的空间分布特征》，《地理学报》1995 年第 3 期。

② 王绍武、赵宗慈：《近五百年我国旱涝史料的分析》，《地理学报》1979 年第 4 期。

③ 卜风贤：《周秦汉晋时期农业灾害和农业减灾方略研究》，中国社会科学出版社 2006 年版，第 56 页。

史地理学领域基于历史灾害地理研究的集大成者。但是，作为学科基础的灾害史研究近年来受多重因素制约，并未在学科广度、深度方面取得显著进展。2006 年，中国科学院亦曾组织召开了关于中国历代自然灾害与对策研究的研讨会，并编撰了 6 卷本的《中国灾害通史》（郑州大学出版社 2009 年版），此外还有赫治清主编的《中国古代灾害史研究》（中国社会科学出版社 2007 年版），集中了近年来近五十余篇灾害史研究论文。虽然上述论著在史料的汇集、整理、考证和历史自然灾害演化过程的梳理上已经取得了相当大的成就，但究其研究本质而言，依然集中于较为传统的对主要自然灾害发生过程、灾害造成的严重后果、灾害的演变规律和基本特征的描述，以及政府和民间在防灾、救灾、减灾对策和经验教训的总结，灾害史的研究并没有更大的突破，这也影响了相关分支学科的进一步发展。

4. 基于西北五省的区域灾害史研究

西北地区包括陕西、甘肃、宁夏、青海、新疆五省、自治区。易雪梅、卢秀文对西北地区的概念作了详细的考证①，张波《西北农牧史》一书对西北地区疆域变化也有考证阐发。西北地区地域广阔，气候地貌复杂多样②，虽多荒漠高原，但其战略地位极为重要，故经营开发西北向来为中央政府所看重。早在原始农业时代，西北地区就开始了农耕播种和畜牧养殖，汉唐以后西北开发有声有色，关中农区、河套地区、河湟和河西地区就建成为经济发达的主要农业区。西北地区为我国古代经济开发最早的地区之一，也是我国唐宋以前经济社会最为发达繁荣的重点地区。历史文献中有关西北地区灾荒的文字记录数量多而且分布广泛，主要散布于历代正史、档案、方志、文集、经籍、碑刻等篇章字句中间。其中方志中收集保存的灾害资料颇为集中，但是利用起来难度不小，稍有不慎便会以讹传讹，弄假成真。复旦大学邹逸麟先生已经针对灾害史研究中的史料识别问题做过专门批评，地方志中的灾荒资料多转抄自其他文献，二次传写过程中难免出

① 易雪梅、卢秀文：《西北历史文献概述》，《图书与情报》1993 年第 3 期。
② 朱士光：《西北地区历史时期生态环境变迁及其基本特征》，《中国历史地理论丛》2002 年第 3 辑。

现讹误，因此方志中灾荒资料的利用价值大打折扣，这种情况在我们以后的研究中需要引以为戒。① 西北地区方志数量众多，查抄引证方志资料是本项研究中必不可少的组成部分。

前贤在方志资料收集工作上极为用力，编纂完成了多种灾荒资料汇编，有助于我们今后开展项目研究。西北五省中目前可见到的省区灾害史料整理工作以《陕西省自然灾害史料集》和袁林《西北灾荒史》中的资料部分最为完善。其他相关著作中也有很多涉及西北历史灾害的资料，如陈高傭《中国历代天灾人祸表》、宋正海主编的《中国古代重大自然灾害和异常年表总集》（广东教育出版社 1992 年版）、张波等编的《中国农业自然灾害史料集》（陕西科技出版社 1994 年版）。

西北历史时期沙尘暴的发生可以追溯到公元前 3 世纪以前②，元代西北地区土地沙化日趋严重，自然环境恶劣，水、旱、蝗、火、霜、地震等灾害频频发生，其中陕西省灾情尤重，为此元朝政府对西北地区赈灾给予赈贷、蠲免、补给等优惠政策，授予地方官员赈灾或安抚灾民的便宜之权。③

历史时期西北地区原生环境比较优越，水草丰茂，植被葱郁。④ 秦汉以后随着气候变干变冷，西北地区农业开发活动加剧，不合理的开发对西北地区生态环境造成了无可挽回的损失。⑤⑥ 森林毁坏对水旱灾害的发生能产生直接的诱发作用，距今 4000 年前我国的森林覆盖率就因为人口增加和森林破坏而由 60% 降低到 10% 左右，森林资源最先遭到破坏的是黄河流域，西北地区为其中的重要区域。⑦ 汉唐时期对楼兰地区和河西走

---

① 邹逸麟：《对学术必需有负责和认真的态度》，《中国图书评论》2003 年第 11 期。

② 夏训诚、杨根生：《关于西北地区风沙尘暴的几个问题》，《中国科学院院刊》1994 年第 4 期。

③ 陈广恩：《关于元朝赈济西北灾害的几个问题》，《宁夏社会科学》2005 年第 3 期。

④ 吴晓军：《论西北地区生态环境的历史变迁》，《甘肃社会科学》1999 年第 4 期。

⑤ 杨红伟：《论历史上农业开发对西北环境的破坏及其影响》，《甘肃社会科学》2005 年第 1 期。

⑥ 党瑜：《论历史时期西北地区农业经济的开发》，《陕西师范大学学报》（哲学社会科学版）2001 年第 2 期。

⑦ 樊宝敏：《中国历史上森林破坏对水旱灾害的影响——试论森林的气候和水文效应》，《林业科学》2003 年第 3 期。

廊地区的滥伐乱垦导致河流移徙、土地沙化等严重后果。①

西北地区诸灾种中，影响最大、危害最为严重的莫过于旱灾。旱灾发生后往往导致饥荒，对西北地区社会经济造成严重影响。但因西北地区地域广阔，气候、地貌复杂多样，综合史料记载和代表性气象台站降雨量资料分析，可以发现旱灾发生也呈现出显著的区域差异，陕西之关中、陕南大部、陕北延安、铜川等地，甘肃中部和东部以及宁夏境内旱灾发生频次高，危害严重，为重旱灾区。② 袁林对西北地区旱灾资料进行量化分析后指出，甘宁青地区历史旱灾发生存在准 3 年周期、4 年半周期、8 年周期、11 年周期、准 15 年和准 30 年周期。③

从历史发展来看，环境资源同农业结构之间的关系不是一成不变的；从空间来看，西北地域辽阔，农牧业结构复杂多样，其与环境资源条件的关系也具有多样性；从其与社会制度环境的关系看，政府和民众的农业行为对环境的影响、环境变迁对制度变革的制约等，也都极为复杂。应当说，几乎所有唐宋以来西北地区农牧业发展同环境资源条件相互作用过程中曾经存在过的复杂因素，今天基本上仍然存在。为了解释和说明这样的复杂关系，必须采取多学科的研究方法，将多种研究方法有效结合在一起，其中特别重要的是历史地理学和农业经济学的分析研究方法。具体体现为：第一，历史文献分析与实地调查相结合，使西北环境变迁与农村社会经济变迁的实态复原及原因分析既有充分的史料基础，又得到现代景观研究的支持。第二，典型个案分析与全面综合分析相结合，既充分考虑地区的分异性特点，又重视统一性规律的作用。由于西北地区地域辽阔，分区研究是必不可少的，综合运用历史地理学和现代农业区域的方法，提出西北环境变迁与农业结构变化的分区标准与依据，在此基础上进行个案与综合分析。第三，定量与定性分析相结合，即在定性的综合分析论证的同时，努力揭示环境变迁与农业结构变化之间的

---

① 党瑜：《历史上西北农业开发及对生态环境的影响——以新疆和河西走廊为例》，《西北大学学报》（自然科学版）2001 年第 3 期。

② 梁旭、尚永生、张智、纳丽：《我国西北五省旱灾历史变化规律分析》，《干旱区资源与环境》1999 年第 1 期。

③ 袁林：《甘宁青历史旱灾发生规律研究》，《兰州大学学报》（自然科学版）1994 年第 2期。

数量关系。第四，历史评价与现实评价相结合，对历史时期环境资源条件与农村社会经济之间的关系不仅作出历史的评价，也在现实发展的意义上给予说明，最终达到为现实的农村社会经济发展政策提出建议的目的。

5. 灾荒文献研究

中国古代灾荒文献具有数量大、类型丰富、序列长的特点，系统全面地记录了历代自然灾害发生情况，以及灾害治理的措施方略，是古代中国人民与自然灾害斗争的智慧结晶。多年来学界在古代灾荒文献的研究整理上用力颇多，取得了令人瞩目的成果，成为现今灾害史研究最为直接、最为实用的资料依据，也为本研究的顺利开展提供了基本资料库。自 20 世纪以来，国内外研究者开始整理挖掘我国的历史灾荒文献并取得了显著成绩，主要表现在以下四个方面。

第一，多角度开展历史灾荒研究，撰著出版了一系列灾害与社会发展关系的研究著作。早在 20 世纪 30 年代，邓云特就开展了中国灾荒史的研究，撰著完成《中国救荒史》著作，论述了历史灾害的发生概貌和救荒工作。此后有关灾害与社会结构、经济发展、农业生产技术进步之间相互作用关系的研究日渐增多，[1][2][3][4] 综合性的灾荒史研究著作相继出现，[5][6] 灾荒文化和灾害思想的研究也勃然兴起。[7][8][9]

第二，编纂出版了大量的灾荒史料集，基本可归纳为全国性、区域性和专题性的灾荒历史资料集三类。全国性灾荒史料汇编有陈高傭《中国历代天灾人祸表》、李文海《近代灾荒纪年》（湖南教育出版社 1992 年版）及《纪年续编》（湖南教育出版社 1993 年版）、张波等《中国农业

---

① 陈业新：《灾害与两汉社会研究》，上海人民出版社 2004 年版。

② 汪汉忠：《灾害、社会与现代化》，社会科学文献出版社 2005 年版。

③ 复旦大学历史地理研究中心：《自然灾害与中国社会历史结构》，复旦大学出版社 2001 年版。

④ 卜风贤：《周秦汉晋时期农业灾害和农业减灾方略研究》，中国社会科学出版社 2006 年版。

⑤ 高文学：《中国自然灾害史》，地震出版社 1997 年版。

⑥ 孟昭华编著：《中国灾荒史记》，中国社会出版社 1999 年版。

⑦ 卜风贤：《中国古代的灾荒理念》，《史学理论研究》2005 年第 3 期。

⑧ 安德明著：《天人之际的非常对话——甘肃天水地区的农事禳灾研究》，中国社会科学出版社 2003 年版。

⑨ 董晓萍：《民俗灾害学》，《文史知识》1999 年第 1 期。

自然灾害史料集》（陕西科技出版社 1994 年版）、李文波《中国传染病史料》（化学工业出版社 2004 年版）、张德二《中国三千年气象记录总集》（凤凰出版社、江苏教育出版社 2004 年版）等，举凡正史、政书、经书、类书、档案等文献中的灾荒资料几乎搜罗殆尽；区域性灾荒史料集有各地编纂的灾荒史料汇编，如《陕西省自然灾害史料》（陕西省气象局气象台 1976 年版）、《贵州历代灾害年表》（贵州省图书馆 1963 年版）、《广西自然灾害史料》（广西壮族自治区第二图书馆 1978 年版）、《海河流域历代自然灾害史料》等，各大江河流域、各级省级政区基本都有专门的灾荒资料集出版；专门性的灾荒资料辑录工作主要指按照灾害事件性质分门别类地编辑灾荒史料，如《中国历代风暴潮史料集》、《中国地震目录》（第一、二集）、《中国地震历史资料汇编》、《中国大洪水：灾害性洪水述要》、《三千年疫情》。近年来还出版了一批大部头的灾荒史料汇编，比较重要的有《中国气象灾害大典》（温克刚主编，气象出版社 2005—2006年版）、《中国荒政书集成》（李文海、夏明方主编，天津古籍出版社2010 年版）、《中国历代荒政史料》（赵连赏、翟清福主编，京华出版社2010 年版）、《地方志灾异资料丛刊》（第一编）（贾贵荣、骈宇骞主编，国家图书馆出版社 2010 年版）、《地方志灾异资料丛刊》（第二编）（于春媚、贾贵荣主编，国家图书馆出版社 2012 年版）、《中国地方志历史文献专集·灾异志》（来新夏主编，学苑出版社 2009 年版）、《民国赈灾史料初编》（国家图书馆出版社 2008 年版）、《民国赈灾史料续编》（殷梦霞、李强主编，国家图书馆出版社 2009 年版）等等。

西北地区各省、市、县编制的灾害史料集和具有典型区域特点的灾害史料集也相继出版。青海、宁夏、陕西等省份先后出版了本地区的灾害历史资料汇编，这方面的主要成果有李登弟编写的《陕西历史上的水旱等灾情资料选辑》（《中国历史教学参考》1982 年第 4 期）、李登弟、朱凯的《史籍方志中关于陕西水旱灾情的记述》（《人文杂志》1982 年第5 期）、陕西省气象局气象台主编《陕西省自然灾害史料》（陕西省气象局气象台印制 1976 年版）、袁林撰写《西北灾荒史》时编制的《西北灾害志》（甘肃人民出版社 1994 年版），目前还有学者正着手将近现代以来研究灾害史及相关问题的文献汇编成研究综录。这些汇集大量灾害史料信息的史料集，给灾荒史研究者提供了极大帮助。

第三，对历史灾荒进行量化分析，总结灾荒历史演变的规律性。搜集汇编灾害史料的目的是研究灾害规律、探讨减灾防灾对策，只有对灾害史料进行严格的计量分析才能进行科学的灾害史研究。因此，灾害史研究中对史料量化的标准和方法极为重视，《中国近 500 年旱涝分布图集》（地图出版社 1981 年版）及《中国近 500 年旱涝分布图集续补（1980—1992）》（气象出版社 1993 年版）两部代表性的历史气候和灾害史著作中提出了评定历史旱涝灾害的标准和方法，该方法依据史料记载，采用 5 个等级表示各地的降水情况，即 1 级—涝、2 级—偏涝、3 级—正常、4 级—偏旱、5 级—旱。此外还有干湿指数、冷暖指数、寒冻频率、冰冻次数序列等多种灾荒史料量化处理方法，这些方法存在的一个共同缺陷是应用对象仅局限于水旱灾害、冷冻灾害等灾害种类，而且灾害等级评价也缺乏灾害学理论支持。与之相反，灾害史料灾度等级量化方法可以对各种历史灾害事件进行等级评价，是一种适用性强的灾害史料量化方法（张建民《灾害历史学》，湖南人民出版社 1998 年版）。

第四，编制灾害分布地图。利用灾荒信息编制灾害分布地图，是当代减灾实践的一项重要内容。近年来，灾害史研究者编制了《广东省自然灾害地图集》（广东省地图出版社 1995 年版）、《中国自然灾害地图集》（科学出版社 1992 年版）、《中国气候灾害分布图集》（海洋出版社 1997 年版）、《中国自然灾害系统地图集》（科学出版社 2003 年版）、《中国重大自然灾害与社会图集》（广东科技出版社 2004 年版）等多种灾害地图。

6. 灾荒经济史研究

灾荒史研究发展迅速，在近年来灾荒史料整理的基础上，开展专题研究已取得多方面成果，有关灾荒历史研究的理论和方法渐趋成熟。在此基础上，开展专题性的灾荒经济史研究成为目前灾荒史研究的主要趋势之一。灾荒经济研究的主要内容包括灾荒的形成发展过程、灾荒的救助、灾荒与区域社会经济发展的关系等，我国许多学者已经对灾荒的经济属性做了初步论述。①②③

----

① 陈玉琼：《自然灾害与人类社会的相互作用和影响》，《大自然探索》1990 年第 3 期。
② 王国士、崔国柱：《试论自然灾害与社会发展的关系》，《内蒙古社会科学》1983 年第 6 期。
③ 史念海：《隋唐时期自然环境的变迁及与人为作用的关系》，《历史研究》1990 年第 1 期。

国外学术界对灾荒经济的研究极为重视，著名灾荒经济学家阿玛蒂亚·森教授在其专著《贫困与饥荒》一书中对饥荒的经济学特征进行了分析研究，并因此而获得 1998 年度诺贝尔经济学奖。世界银行经济学家 Martin Ravallion 也研究了灾荒与人口、经济贸易、国家政策等方面的关系。① 这些工作为灾荒经济研究奠定了很好的理论基础。

唐代是中国传统社会经济发展的"黄金时代"，也是灾荒频繁发生的关键时期。②③④⑤ 唐代经济社会史研究的成果之一是对灾荒经济的研究，既有灾荒救济问题研究，⑥⑦⑧⑨ 也有灾荒与社会经济发展的关系研究。⑩⑪ 但是唐代灾荒史研究中还有很多问题需要深入探讨，研究内容也不应局限于灾荒及其危害情况、仓储救荒、荒政和减灾思想等一些基本问题的讨论上，唐代灾荒与农业开发、灾荒与人口流动、灾荒与国家粮食安全等问题尚待进一步研究。

二 当前灾害史研究关注的热点问题

1. 灾害史研究的现实关注

我国的自然灾害史研究已经取得了多方面成果⑫，而且愈来愈重视理论问题的探讨。灾害史研究具备存史、教化、资政三大功能⑬，而自然灾害的发生具有突发性、规律性、危害性等特征，因此研究灾害史在理论

---

① Martin Ravallio, Famines and Economics, Journal of Economic Literature, Vol. XXXV, 1997.

② 陈国生：《唐代自然灾害初步研究》，《湖北大学学报》（哲学社会科学版）1995 年第 1 期。

③ 刘俊文：《唐代水害史论》，《北京大学学报》（哲学社会科学版）1988 年第 2 期。

④ 刘洋：《唐及五代时期长江流域水患》，《中国水利》2005 年第 6 期。

⑤ 程遂营：《唐宋开封的气候和自然灾害》，《中国历史地理论丛》2002 年第 1 辑。

⑥ 张弓：《唐代仓廪制度初探》，中华书局 1986 年版。

⑦ 沧清：《略论隋唐时期的官仓制度》，《考古》1987 年第 4 期。

⑧ 杨希义：《略论隋唐的漕运》，《中国史研究》1984 年第 2 期。

⑨ 胡柏翠、周良才：《论唐宋时期的社会救助及其历史影响》，《重庆职业技术学院学报》2004 年第 3 期。

⑩ 张超林：《自然灾害与唐初东突厥之衰亡》，《青海民族研究》2002 年第 4 期。

⑪ 庄道树：《从流民南迁看唐朝的人口政策——兼谈唐廷对江南的开发》，《石油大学学报》（社会科学版）1996 年第 1 期。

⑫ 卜风贤：《中国农业灾害史研究综论》，《中国史研究动态》2001 年第 2 期。

⑬ 高建国：《论灾害史的三大功能》，《中国减灾》2005 年第 1 期。

上不仅是必要的，也有重要的学术和现实意义。① 目前灾害史研究中对灾害与社会的互动关系在理论上取得了比较一致的认识，认为灾害与社会之间存在双向的作用关系，而且把这种认识贯彻到灾害史研究的案例剖析和专题研究中。一方面，人类的生产生活如果漫无节制，毁坏森林、草原，破坏植被，过度开发土地，都将导致生态环境恶化，进而引发自然灾害。远在 19 世纪晚期，近代著名的维新思想家陈炽就从历史上森林变迁的角度对中国南北两地的灾害频度以及经济发展水平的差异进行解释②，近年来许多学者还对我国不同区域灾害与生态变化的关系做了历史的实证研究③④；另一方面，灾害对社会经济的直接和间接破坏作用也日益显著，成为社会历史进程中的主要制约因素。⑤⑥⑦⑧⑨

2. 历史灾害风险与粮食安全之间的多重关系

中国是一个农业大国，也是一个人口大国。中国农业技术也曾经长期领先于世界，但同时中国又是一个灾荒频发的国度。粮食生产的顺利进行直接关系到国家稳定和社会的发展，自古至今国家都极其重视农业生产。但在过去的几千年时间中，中国长期陷于粮食供不应求的困境，发生了数以千计的灾荒，其发生的频繁程度和危害的严重程度在世界各国中都是绝无仅有的。近年来，国外学术界在灾害研究方面也做了大量工作，风险分析和应对预案研究颇具代表性。

自然灾害是影响和制约我国农业生产发展的主要因素之一，历史时期传统农业的发展就因为自然灾害的危害而遭受惨重损失并直接威胁到

① 许厚德：《论我国灾害历史的研究》，《灾害学》1995 年第 1 期。

② 夏明方：《中国灾害史研究的非人文化倾向》，《史学月刊》2004 年第 3 期。

③ 高寿仙：《明清时期的农业垦殖与环境恶化》，《光明日报》2003 年 2 月 25 日。

④ 吴滔：《关于明清生态环境变化和农业灾荒发生的初步研究》，《农业考古》1999 年第 3 期。

⑤ 方修琦、葛全胜、郑景云：《环境演变对中华文明影响研究的进展与展望》，《古地理学报》2004 年第 1 期。

⑥ 满志敏、葛全胜、张丕远：《气候变化对历史上农牧过渡带影响的个例研究》，《地理研究》2000 年第 2 期。

⑦ 张家诚：《社会发展同人类与气候的关系》，《山东气象》1999 年第 1 期。

⑧ 蓝勇：《唐代气候变化与唐代历史兴衰》，《中国历史地理论丛》2001 年第 1 辑。

⑨ 叶瑜、方修琦、葛全胜、郑景云：《从动乱与水旱灾害的关系看清代山东气候变化的区域社会响应与适应》，《地理科学》2004 年第 6 期。

国家的粮食安全。但是对于历史时期自然灾害危害性的定量分析和风险评价迄今依然处于初步探索阶段，研究方法和手段比较滞后，其主要原因即在于古代灾荒史料的量化处理存在一定难度，现代灾害学理论方法没有与历史灾荒研究工作有效结合起来所致。加强历史灾害风险评价标准和方法体系建设，对于系统全面地认识中国传统农业社会发展、有效评价自然灾害对古代农业生产的影响，具有重要的学术意义。

中国发生的自然灾害种类多杂，气象灾害、生物灾害、环境灾害等各种灾害都会发生。其中，水灾、旱灾和蝗灾发生后不但影响范围广大，危害程度也高居各种灾害之首。历史时期农业减灾技术水平比较低，无法防止重大自然灾害的发生成灾，因此大灾出现后几乎同时伴随的就是大饥荒，国家粮食安全遭受重大威胁。尽管随着科技和社会的发展，人类控制自然灾害的能力有了很大提高，但是自然灾害的风险性也日益增长，重大灾害的危害不容低估。目前我们还不能排除重大农业灾害对国家粮食安全的潜在威胁，一般年份因灾减产粮食约占国家粮食总产量的1%—3%，如果发生重大灾情，这一比例有可能上升到5%—10%甚至更高。20世纪90年代以来，美国人莱斯特·布朗提出"谁来养活中国"的命题后，未来中国粮食安全就成为社会各界关注的热点问题，自然灾害是历史时期粮食安全的重要影响因素，也是未来我国粮食安全的潜在影响因素之一。研究历史灾害风险及其对国家粮食安全的影响作用，对于深化灾荒史研究，应对未来粮食安全形势具有重要的现实意义。

近年来，国内外学术界在灾害研究方面开始转向灾害的风险分析和应对预案研究，研究理论和方法日臻成熟。中国灾荒史料记录具有时间序列长、连续性好等特点，研究历史灾害的风险性比其他国家和地区更具优势。历史灾害的风险性评价还可以与古代社会粮食安全问题结合起来进行。地理环境、自然灾害、耕地面积、技术水平和人口等因素的变动直接影响到粮食的供给量和需求量并进而导致饥荒发生，其作用过程既表现出规律性特征，也存在偶然性的趋向，因此形成灾荒风险。饥荒的发生反映了一个国家或地区的食物安全出现危机，因为食物短缺才造成了民众突然的、普遍的饥饿，不管这种食物短缺是因为粮食生产不足还是粮食分配不均衡，其结果都是相同的。粮食生产量的减少和社会需求量的增加是诱发饥荒的两种基本作用力，凡是与粮食的供给和需求有关的因素都对饥荒的形成产生或大或小的作用。

灾荒风险性大小通常采用社会食物安全的易损性来评价，食物安全是指人们在任何时间都能得到足够的食物，以维持积极的健康的生活需要。人均粮食占有量是衡量食物安全的重要指标，它表现了人口数量和粮食总产量的比例关系，也能在一定程度上反映灾荒发生的风险性大小。古代中国虽然产生了优秀发达的农耕技术体系，但是技术的进步并没有提升国家的粮食安全系数，面对自然灾害的威胁，古代中国的粮食安全状况显得极为脆弱，饥荒时常发生，大灾大荒，小灾小荒。普通民众在灾荒的打击下艰难度日，民不聊生，社会发展面临重重阻力。因此，研究中国传统社会超稳定结构时也要把灾荒问题作为主要的因素之一予以考虑。

研究历史灾害的风险性主要包括主要灾害和次要灾害的构成状况、主要受灾区域分布、主要受灾成灾时间、历史农业灾情状况、灾区粮食价格波动、灾民生活水平变化、重大灾害发生的可能性评价等方面。这些问题在灾害史研究中都有涉及，但研究的广度和深度具有很大局限性。因此，建立历史灾害风险评价的指标体系并对历史灾害风险和粮食安全的关系进行比较系统全面的研究已经成为当前灾害史研究中的热点和难点问题。

3. 环境史视野下的灾害问题

环境史研究的兴起是时代与社会现实的产物与要求，如今灾害史已成为环境史学家关注的重要学科领域，在环境史研究领域中占有重要地位。法国年鉴学派把自然灾害作为社会发展的重要结构性因素而进行了多方面的文化反思，继承法国年鉴学派传统的环境史学派也认为自然灾害在环境史研究中占据相当重要的地位，纷纷以环境主义的理论研究历史上人与环境的互动关系。环境的历史已不是一个边缘性的话题，而是当今历史编撰学的一个中心内容。①

环境史的研究内容集中于人与自然的关系史，特别是人类活动对自然的影响评价方面。中国气象局多年从事历史气候研究的张德二研究员

---

① ［美］詹姆斯·奥康纳：《自然的理由——生态学马克思主义研究》，南京大学出版社2003年版。

也在关注西北地区历史上的环境变化与农业开发，而且还专门针对这一课题从历史气候角度进行研究，指出温度状况是我国历史上西北地区农业开发的先决条件，在西汉和隋唐时期有过大规模成功的农业开发活动，并指出历史上多次大规模的过渡开垦和随后的抛荒弃耕行为，加快了土地沙化进程，是造成环境恶化的重要原因。

　　西方环境史学的理论和方法在中国灾害史研究中很有借鉴和启发作用。环境史学是 20 世纪 70 年代兴起的西方史学流派，与法国年鉴学派有一定的渊源关系和相似性，近年来中国史学界对环境史学的观点和方法比较重视，介绍、引进了西方环境史学的诸多成果。诸如伊懋可研究中国环境史的论著《象之退隐》《积渐所至：中国环境史论文集》。[①] 纳德考的《世界环境史》，沃斯特的《自然的经济体系：生态思想史》等环境史学代表性专著被中国学者翻译出版，[②] 中国学者也开始讨论年鉴学派和环境史学的理论要点、形成与发展的学术背景等问题，[③④] 环境史的研究内容集中于人与自然的关系史，特别是人类活动对自然的影响评价方面。[⑤⑥⑦⑧] 日本学者对中国环境史用力颇多，原宗子教授可算其中一个成绩突出的代表人物。[⑨] 英国学者很早就重视农业生态史研究，李约瑟在其巨著《中国科学技术史》中研究中国古代农耕技术的抗旱功能，美国环境史学家唐纳德·沃斯特认为，环境史把历史编纂学中最古老和最时兴的话题结合到了一起。瘟疫和气候变化是人类生态系统中不可或缺的基本要素，人口激增和工业对资源的过度消费和掠夺，都导致了自然破

---

　　① 伊懋可、刘翠溶编：《积渐所至：中国环境史论文集》，台湾"中研院"经济所 1995 年版。

　　② ［美］沃斯特著：《自然的经济体系：生态思想史》，侯文蕙译，商务印书馆 1999 年版。

　　③ 李铁、张绪山：《法国年鉴学派产生的历史条件及其评价》，《东北师范大学学报》1995年第 1 期。

　　④ 高国荣：《年鉴学派与环境史学》，《史学理论研究》2005 年第 3 期。

　　⑤ 景爱：《环境史：定义、内容与方法》，《史学月刊》2004 年第 3 期。

　　⑥ 侯文蕙：《环境史和环境史研究的生态学意识》，《世界历史》2004 年第 3 期。

　　⑦ 包茂宏：《环境史：历史、理论和方法》，《史学理论研究》2000 年第 4 期。

　　⑧ 侯文蕙：《征服的挽歌：美国环境意识的变迁》，东方出版社 1995 年版。

　　⑨ 原宗子：《我对华北古代环境史的研究——日本的中国古代环境史研究之一例》，《中国经济史研究》2000 年第 3 期。

坏。① 这些层出不穷的环境问题的历史探讨绝不是转瞬即逝的风尚，而是通向生态史的一个组成部分。② 2005 年 7 月在澳大利亚悉尼新南威尔士大学召开的第 20 届国际历史科学大会把"自然灾害以及如何面对"作为重要议题进行讨论，可见灾害史研究在环境史研究中占有相当重要的地位。

4. 对历史灾害信息残缺条件下的研究工作进行尝试性改进

自然灾害研究需要科学的理论和方法，更需要长时间序列的历史灾害记录。我国长时段的历史灾害记录为灾害研究奠定了良好基础，特别是过去 2000 年来灾害文献对各种灾害事件的信息存储较为完备，成为目前自然灾害研究领域极为宝贵的世界性资源。③④ 在过去的 2000 年时间中，明清以前大约 1400 年时间的灾害记录相对较少，明清时期 540 余年的灾害记录颇为集中；在全国范围内，历代政治核心区和主要经济区的灾害记录较多，边远地区和经济落后地区的灾害记录相对较少。⑤ 这种现象虽然不影响我们对历史灾害发生演变规律的基本判断，但历史灾害资料的不平衡分布现象在本质上属于信息残缺，在解析一定时空条件下灾害频次、结构、灾情等具体问题时就可能得出不科学的结论。因此，历史灾害研究迫切需要更加充分的再研究和再论证，进一步改进其研究方法，克服现有工作中存在的困难和问题，尝试并解决历史灾害信息残缺条件下的研究方式并借此促进灾害研究进入一个新阶段。

5. 对可能的灾害群发期进行文献补充和综合研究

灾害群发期即多种灾害事件集中于一定时间和空间范围内频繁发生、造成严重影响的时间区间。灾害群发期的研究起始于地质学家王嘉荫对中国地质史料的整理工作⑥，在此基础上形成了大禹宇宙期⑦、两汉

① 高国荣：《年鉴学派与环境史学》，《史学理论研究》2005 年第 3 期。

② Donald Worster，"Doing Environmental History"，in Donald Worster，ed.，The Ends of the Earth：Perspectives on Modern Environmental History，pp. 291 – 292.

③ 宋正海：《历史自然学的理论与实践》，学苑出版社 1994 年版，第 4—9 页。

④ 张德二：《中国历史文献中的高分辨率古气候记录》，《第四纪研究》1995 年第 1 期。

⑤ 卜风贤、惠富平：《中国农业灾害历史演变趋势的初步分析》，《农业考古》1997 年第 3 期。

⑥ 王嘉荫：《中国地质史料》，科学出版社 1963 年版。

⑦ 任振球：《公元前 2000 年左右发生的一次自然灾害异常期》，《大自然探索》1984 年第 4 期。

宇宙期①、明清宇宙期等灾害群发期的初步认识②③。迄今为止，历史灾害群发期的研究依然处于任振球、高建国等人的范式与框架之内，未见更加充分的修正性建议。突出问题有三个：（1）在过去2000年时间内，是否存在第三、第四，或者更多的灾害群发期？（2）每个灾害群发期的时间尺度是否都是几百年之久？（3）历史灾害集中频发的时段是否与古代王朝演替的时间区间完全重合？因此，在灾害群发期的理论基础上，对过去2000年来灾害群发期的数量和时间跨度应该进行一次深刻而全面的检讨，全面审视灾害群发期的时间区间以及在此区间内灾害种类、发生频次、灾害链形式和灾害后果等多方面关系，重建新的历史灾害群发期认识体系。

三　灾害史研究中需要深入讨论与反思的学术难题

1. 对灾害史料的文本解读——新文化史的介入

自然灾害并不仅仅是自然性事件，同时也是人类社会的文化现象，不但不同时空中人们对灾荒的认知（包括是否成为灾荒）、应对和解释都深深地凝聚着文化的意蕴，特定的文化和情境也无时无刻不在影响乃至左右着灾荒内外人们的行为方式及其对灾荒的记忆，而且在这种文化影响下制作的相关文本及其产生的历史记忆，也在有意无意地影响着今人对于历史上灾荒的解读和认知。

灾荒是古代社会发展中的一个重要影响因素，甚至可能是影响中国社会历史进程的关键因素之一。见于文献记载的灾荒事件构成一庞大资料库，并被中外学者视为中国灾荒史研究的宝贵资源。有此史料基础，自20世纪以来的灾荒史研究呈现出多学科交融的迅猛发展态势，在中国

　　① 高建国：《两汉宇宙期的初步探讨》，见《历史自然学进展》，海洋出版社1987年版，第483页。

　　② 徐道一、安振声、裴申：《宇宙因素与地震关系的初步探讨》，见《天体测量学术讨论会论文集》（1980年），中国科学院上海天文台、陕西天文台，1981年。

　　③ 李树菁：《明清宇宙期宏观异常自然现象分析》，见《历史自然学进展》，海洋出版社1987年版。

灾荒通史、区域灾荒史、灾荒社会史、减灾救荒史、灾荒思想文化史以及灾荒文献研究等诸多方面均有成果积累。近年来，灾荒史研究的体制化建设也有显著进步，中国灾荒史学会组织举办了多次专门研讨会，聚集人才，研究问题，促进了灾荒史学术研究的进一步发展。2015 年又计划筹办《灾害与历史》学术刊物，以求发声于学界。凡此种种，皆是灾荒史研究渐趋成熟的表现。

但是，我们也应该看到灾荒史研究中既有学术繁荣的一面，也有潜在的问题存在，甚至需要引入新的学术理念，激发新的学术热情，寻找新的学术热点，才可以维持并推动灾荒史研究的继续进步。近年来，灾荒史领域新文化史研究思潮的介入就具有重要学术意义。它促使我们既要重视灾荒历史过程的研究、灾荒事件的个案性研究，也要关注灾荒问题的文化动因，甚至以前未曾注意的灾荒文献也有发掘研究的学术价值。尽管这方面的研究尚处于萌发状态，研究成果也寥寥无几，但却扩大了灾荒史研究的视野，今后一段时间内这方面的研究必然蔚为大观。初步来看，余新忠阐发了灾荒史研究的基本走向，即灾荒的新文化史研究。[1] 朱浒从灾荒文献的文本价值角度研究了唱和诗的社会文化意蕴。[2]

在新文化史研究的驱动下，中国灾荒史的研究进入一个新的阶段，即对以往的灾荒史研究模式予以反思、对现有的灾荒文献进行文本解读，以及探索基于灾荒史料计量分析、历史灾害时空分布、减灾救荒史等路径模式的历史灾害问题研究新思路。其中，历史记忆的研究和源自于文学史领域的接受史研究在灾荒史研究中应予以特别关注。首先，历史记忆研究中所涉及的历史事件及其集体记忆两大要素在灾荒史中均有长时段的文献叙述，无论是《春秋》中的灾异记录，还是两《汉书》以后的《五行志》体系，甚至于方志中的"灾异""灾祥"部类，还是《古今图书集成·庶征典》中的灾荒汇编，无不以时间和灾种为纲目予以编排，

---

① 余新忠：《文化史视野下的中国灾荒研究刍议》，见阿利亚主编《从内地到边疆：中国灾害史研究的新探索》，新疆人民出版社 2014 年版，第 11—18 页。

② 朱浒：《灾荒中的风雅：〈海宁州劝赈唱和诗〉的社会文化情境及其意涵》，《史学月刊》2015 年第 11 期。

材料予取掺杂有编著人的主观意念和灾荒认识，在灾荒史料的文本中反映了灾荒事件的集体记忆及其变化情况。其次，从《周礼》荒政十二中的凶札体系延续到明清时期的灾害集群，各种灾荒事件的历史记录均遵循一定的体例格式。在灾害要素方面有时间、地点、灾种、灾情、救荒、人物等事项，在灾害因子方面有水旱风雨虫霾等类型，在灾害等级方面有三等、五等、十等的区分，也因为依赖于这样的灾荒体系才有可能将数量众多、类型繁杂的灾荒事件统一起来，或归之于"五行"，或纳之于"荒政"，而存诸文献，见载于世。第三，除了常见的五行灾异和荒政文献外，灾荒史研究中向来不受关注的艺文类灾害资料也有研究价值，除了前述新文化史视角下的灾荒唱和诗的文本价值之外，方志艺文中的灾异诗词歌赋、图画中的灾荒场景（其中尤以流民图为最）、文学作品中的灾害事件或者饥荒背景、与灾荒有关的曲艺弹词等，都有重新认识和挖掘的必要。近年来文学史领域的接受史研究方法对解决这一问题具有很好的借鉴和启发作用。

基于这样的认识，我于 2015 年中国灾害史学术年会提交了《瓠子河决的历史记忆——西汉洪水事件及其两千年灾害叙述》一文，从历史灾害记忆和灾荒艺文接受两方面讨论了瓠子河决事件的两千年灾害书写情况，结果表明瓠子河决的灾害属性渐渐隐退，与其相关的地理事物成为瓠子河决事件历史记忆的主要内容，艺文内容主要有借景抒情、怀古咏史和以古喻今三种类型，并在黄河中下游地区形成典型瓠子灾害文化圈。这一工作对我们重新认识历史灾害事件具有积极意义，正因为如此，我们有必要对古代社会重大灾荒事件进行历史记忆和接受史的研究，以期了解历史灾害事件在传世文献中的书写内涵和记录形式的发展变化。

中国灾荒史的研究内容不应局限于灾害事件的历史过程和减灾救荒的历史成就，对灾害事件的记录和认识也是其重要组成部分。传世文献中对灾荒事件的文本记录存在明显的传承谱系，特别是对重大灾荒事件的叙述方面，早期文献记录与此后各种文本传抄之间呈现出一定的差别。何以会如此？这是我们在灾荒史研究中针对文献利用而应该思考的第一个问题。此外，灾荒文献记述中出现哪些变化也是我们要思考的另一个问题。基于此，今后应更多关注以下四个问题：（1）重大灾荒事件的历史记忆：如泛舟之役、瓠子河决、崇祯大旱灾、陕西华县大地震等。
（2）重要救荒减灾工作的历史记忆：大禹治水、三仓制度、荒政十二等。
（3）主要灾荒人物的历史记忆：董仲舒、董煟、姚崇等。（4）灾荒文献
的记录谱系：五行灾异理论、历代《五行志》、方志《灾异》、历代救荒
书等。其中关键问题有二：（1）对艺文类灾荒文献的再认识。以往的灾
荒史研究中基于灾荒史实的考虑对这类资料关注不多，或者并未充分估
计其研究价值。当我们从灾荒文本信息角度予以解读时，就需要重新审
视艺文类文献中的灾荒史料，并将其置于当时当地的灾荒环境中去考察
认识。（2）灾荒文化圈的历史解释。在历史灾害记忆研究中存在明显的
灾荒文化圈现象，这也是当前由一般灾荒史研究转入灾荒文化史研究所
面临且亟待解决的问题。

通过灾荒文献的文本解读，可以在以下三个方面促进灾荒史研究的
深入进行：（1）探索灾害事件历史记忆研究的基本路径。尽管历史记忆
的相关研究已有较多成果，但将这一研究视角导入灾荒史专业领域还是
一个有待探索完善的工作，本项目研究选取典型灾荒事件、重要灾害人
物及历史灾害书写体系等问题作为研究内容，旨在探索适应于新时期灾
荒史研究的历史灾害文本解读的基本路径，提出操作性强的历史灾害文
献文本信息识别方法。（2）反思目前灾害史研究的基本模式，拓展灾害
史研究思路和研究领域。在近几十年的灾害史研究中，我们既有显著成
就，也存在模式化的重复研究问题，制约了灾害史研究领域的学术进步。
本项目研究一改以往基于灾害事件成因、过程、分布、减灾、救荒、灾
害与社会互动等研究模式，转而从历史灾害的长时段过程、历史灾害的
认识程度、灾害文本的社会背景等方面尝试开展全新的灾害史研究。
（3）多学科多方法的综合研究。灾害史研究是一开放学术领域，目前虽
有"强化灾害史研究的人文化倾向"呼声，但是自然科学中的计量分析
方法以及气象学、地震学、地理学、环境学等专门化知识在灾害史研究
中均有大量应用，历史学领域古代史、近现代史、专门史等分支学科参
与其中，灾荒史多学科综合研究格局已然成就。基于历史记忆的灾害史
研究中更加注重从灾害学、文化史、社会史、科技史、历史地理等方面
探究人类社会与自然灾害的互动关系，特别是特定人文社会环境条件下
灾荒理念与灾荒事件之间的映射关系。因此，灾荒事件的历史记忆研究

看似追踪个案性的灾荒事件，实则是以多学科综合方式探究历史灾害与人文社会互动关系的创新和革命。

为此，灾荒史领域应有计划地开展一些研究工作。第一，在目前灾荒史研究基础上，根据历史灾害事件的社会影响力、灾荒史料的延续分布以及灾荒信息文本的完整性和可靠性，初步筛选若干重大灾荒事件、重要救荒减灾措施、有影响力的灾荒人物和基本灾荒文献作为研究对象范畴并建立基本文献资源。第二，据此开展历史文献的广泛搜集，建立历史灾荒事件的文本资料库，从目前所能利用的主要传世文献中进一步补充、考证、编排，按照各类灾荒事件的特点建构历史灾害信息序列。第三，对筛选厘定的灾荒事件逐一进行历史记忆的独立研究，既考察灾害事件社会影响力的历史变化，也注重分析灾荒资料的文本信息、书写格式、灾荒环境、社会认识的历史脉络，在灾荒事件的历史演进过程中探寻其特殊规律。第四，将历史灾荒事件的时间过程作为独立的文化现象予以专门考察，建构历史灾荒文化圈的概念和方法，研究灾荒事件在历史记忆过程中的空间表现。第五，在各类灾荒事件历史记忆研究基础上进行新的综合，从中概括归纳出历史灾荒记忆的一般规律和共性问题。第六，重估中国古代灾荒事件的长时段延续性特征与中国传统社会历史进程之间的互动关系，特别是灾荒因素作为特殊的社会外因对中国两千年来历史进程的影响力和冲击程度。

2. 历史灾害地理：基于区域灾荒史研究的又一新学科、新领域

西北地区历史农业生产的发展历程漫长而复杂，农业生产结构不断调整，形成多样化的农业生产格局和独具特色的旱作农业生产模式。历代王朝经略西北的战略和历史气候的变化对西北地区农业发展产生了至关重要的影响，构成了历史灾害与西北地区农业生产结构调整的自然和社会背景。因此，对西北地区历史农业结构的考察主要集中于三个方面：长时段、区域性和人与灾害的互动关系。长时段和区域性的研究被史地学家葛剑雄称为"历史地理学的一项专利"，研究历史环境变迁大多循此途径。这样的考察可置于历史灾害地理学范畴予以筹划，也可作为历史灾害地理学体系构建的一种路径探索而付诸实践。

历史灾害地理作为学科概念已见诸史地学者著述,①② 华林甫《中国历史地理学理论研究的现状》中提及的李广洁《中国历史灾害地理略论》一文似可看作此领域理论研究和学科建构的拓荒之作。但若从学科渊源关系考察，历史灾害地理发端于灾害地理学和历史地理学，这两大学科中历史地理学已有相当积淀，灾害地理学也多有研究。延军平《灾害地理学》和张从宣等《略论灾害地理之研究》等相继于 20 世纪八九十年代刊发,③ 关于自然灾害的区域分布规律的研究也成为灾害研究中的重要方向。有此良好学术基础，开展历史灾害地理研究几乎是顺理成章的事情了。可惜最为关键的灾害历史研究尚处于"加强"阶段④，历史灾害地理学科建设和系统研究也只能一再推延。

历史地理学科具有很强的综合性特征，在长时段的自然灾害区域性特征研究方面具有显著的学科优势。最近一二十年间历史地理学界在自然灾害史、区域灾害史、灾害与社会结构和重大灾害事件的个案研究方面做了大量开创性工作，为历史灾害地理研究奠定了很好的学科基础。⑤⑥⑦⑧⑨⑩ 目前，关于自然灾害时空分布规律研究基本局限于灾害史文献汇编和数理统计方法的验证阶段，间或出现少许史料引证质疑或历

① 华林甫：《中国历史地理学理论研究的现状》，《中国史研究动态》2005 年第 9 期。

② 晏昌贵：《历史地理学的统一性与方法手段的多样化》，《中国历史地理论丛》1996 年第 4 辑。

③ 张从宣：《略论灾害地理之研究》，《地域研究与开发》1984 年第 2 期。

④ 危兆盖：《总结历史经验，加强灾害史研究》，《光明日报·理论周刊》2006 年 9 月 25 日。

⑤ 龚胜生、刘杨、张涛：《先秦两汉时期疫灾地理研究》，《中国历史地理论丛》2010 年第 3 辑。

⑥ 陈业新：《清代皖北地区洪涝灾害初步研究——兼及历史洪涝灾害等级划分的问题》，《中国历史地理论丛》2009 年第 2 辑。

⑦ 高升荣：《清代淮河流域旱涝灾害的人为因素分析》，《中国历史地理论丛》2005 年第 3 辑。

⑧ 童圣江：《唐代地震灾害时空分布初探》，《中国历史地理论丛》2002 年第 4 辑。

⑨ 复旦大学历史地理研究中心：《自然灾害与中国社会历史结构》，复旦大学出版社 2001 年版。

⑩ 马雪芹：《明清河南自然灾害研究》，《中国历史地理论丛》1998 年第 4 辑。

史灾害事件的时空信息误读等技术性批评，①②③ 但并未从根本上促进灾害史研究有所创新和突破性发展。因为可以利用的历史灾害文献资源基本得到开发利用，历史灾害时间规律性研究均以反复论证 3 年、6 年、11 年等时间尺度的灾害周期而立论，历史灾害空间分布研究也落入重复论证灾害区域不平衡性的既有窠臼。究其根源，在于历史灾害时空分布规律研究过分倾向于灾害的自然规律性探索，忽视了自然灾害的历史人文与社会属性。自然灾害事件的累积叠加是历史的演进过程，承灾受灾的主体与社会经济要素紧密关联，在数百年、数千年的长时间尺度上探讨历史灾害的规律性表现，单纯依靠灾害史料的信息化方式和数理分析手段很难取得理想效果。因此，在当前区域性历史灾害时空分布规律研究基础上，充分利用历史地理学科平台就可以扭转灾害史研究中的"非人文化"倾向，在区域灾荒史和历史灾害时空分布基础上促进历史灾害研究进入突破性发展的新阶段。

重灾区即灾害发生频繁并造成严重危害性后果的地域空间，受灾地区是否划归重灾区应具有空间一致性的前提条件，即一定地域范围同时受灾。相对于较为宽泛的灾害空间分布研究，重灾区研究具有更加明显的区域特征和灾害要素，它不但是历史灾害研究的重要组成部分，也是一门新的交叉学科——在灾害史与历史地理学基础上产生的历史灾害地理学的核心内容。重灾区的形成过程与灾害群发期具有一定关系，即灾害群发期内重灾区范围更大、灾情程度更加严重。灾害史研究并没有把历史灾害的时间分布推进到一个新的高度，相反地却造成了千篇一律、低水平重复的研究格局。在灾害空间分布方面，简单依据区域历史灾害资料的收集汇编，使用基本的数理分析手段即可完成相应的研究工作，仅有州府县数量和区域位置的差别。即使在近年来灾害史研究中颇受关

---

① 卜风贤：《灾荒史料整理和利用中的几个问题》，见《农业灾荒论》，中国农业出版社 2006 年版，第 91—100 页。

② 邹逸麟：《历史灾害性气候资料考辨举例》，见《历史自然学的理论与实践：天地生人综合研究论文集》，学苑出版社 1994 年版。

③ 邹逸麟：《对学术必需有负责和认真的态度——评〈淮河和长江中下游旱涝灾害年表与旱涝规律研究〉》，《中国图书评论》2003 年第 11 期。

注的"非人文化"浪潮中①，基于自然科学理论与方法的灾害历史问题研究也没有针对重灾区研究的突破口进行有效探索。近年来学界屡屡呼吁加强灾害史研究的人文化倾向，运用历史地理学方法研究重灾区扩展与变化就是一种新的尝试和努力。因此，本项研究具有鲜明的原创性特点并有望取得诸多突破性进展，立项研究历史重灾区问题也能促进灾害史和历史地理学等多学科的融合与发展。

我们认为，重灾区过程研究是历史灾害空间分布的学术延伸，一方面借助已有的灾害空间分布资料和研究手段进行区域灾害事件的计量分析，另一方面使用历史地理学理论方法对灾害区域层级和规模予以具体而规范的考证订正。历史地理学科体系中亦有呼声期盼开辟历史灾害地理分支方向，灾害史研究中的人文化倾向也成为学科共识，研究历史灾害地理具备了良好的学科基础。研究历史灾害地理的学术意义在于拓展历史地理学的研究范畴，把自然灾害历史演变和区域社会经济历史变迁结合起来考察二者之间的互动关系，使灾害史研究和历史地理研究在理论方法和研究内容上得到有机结合，通过对过去 2000 年灾害群发期的研究，为历史灾害地理学的诞生和发展奠定基础。在以历史地理学为基础的区域灾荒史研究基础上，采取经济史、社会史、科技史、文化史等多学科相结合的方法，从灾害与社会、灾害与城镇、灾害与环境、灾害与减灾等视角考察重灾区的历史演进过程。

两千年来西北地区历史灾害研究具备了历史灾害地理研究的基本要求，即历史演变的阶段性、历史灾害的地域性以及灾害与社会之间互动作用的内在关系。西北地区地域广阔，地貌复杂多样，气候以干旱半干旱为主要特征。在司马迁"龙门—碣石"区划方案里，农牧分界线如果再向西南方向延伸，西北地区除关中平原外均可归纳于畜牧地区。但经过秦汉两朝的苦心经营，西北农区大幅度向西向北延伸，以武威、酒泉、张掖、敦煌四郡直至朔方一线皆转变为新的农垦区域，勾勒出了后代西北农区的基本轮廓。司马迁的农牧界线和河（西）朔（方）线之间的广大区域成为历史时期西北农业发展的主战场，农牧两大产业在历史农业发展过程中呈现出明显的拉锯式波动态势，最终演变形成与干旱半干旱

---

① 夏明方：《中国灾害史研究的非人文化倾向》，《史学月刊》2004 年第 3 期。

地理环境相依附的"农牧过渡带"。① 农牧过渡带区域范围内亦农亦牧，但以畜牧产业的农业化为主要特征；农牧过渡带两侧为传统的农业生产区和游牧经济区。西北地区历史农牧过渡带处于经常性的波动状态，时而向东南移动，时而往西北延伸，有时范围扩大，有时面积缩小。但从西北地区农业发展历史过程审查可见，西北地区农牧过渡带基本围绕三条线来回往复，一条线是司马迁划定的"龙门—碣石"线，另一条线是战国秦长城线，第三条线在汉长城线基础上历代所建设的边防线。其阶段性变化特征大致表现为：先秦时期农牧过渡带以战国秦长城为北界，南极司马迁农牧界线，实为今日西北宜农区域；秦汉时期农牧过渡带以河朔沿线的汉长城为北界，向南至秦长城沿线，面积极为广阔；魏晋时期农牧过渡带大幅南移，其东南端不但越过战国秦长城线，也穿越司马迁划定的农牧分界线，西北境内农耕区大多沦为草场牧地；隋唐时期农牧过渡带回迁，基本与秦汉一致；宋元时期农牧过渡带再次南移，大致位于战国秦长城和司马迁农牧界线范围内；明清时期以明长城为北界，南至战国秦长城一带。

历史时期西北地区气候变迁对农牧过渡带的推移影响很大，通过长时段的历史考察可见，冷期气候阶段游牧民族南下，农区收缩；暖期气候阶段农业民族北上，牧区回缩。②③ 这种现象曾被学者视之为中国历史发展的气候背景规律而宣扬，即温暖气候阶段为古代中国的盛世发展期，寒冷气候阶段为古代中国的动乱贫弱期。④⑤ 这种学术概括尽管在一定程度上揭示了两千年来古代社会波动发展的历史特征，但对于历史波动过程中的农牧经济关系并未从农业历史学、灾害历史学和历史地理学方面做深层次的分析，而这种多学科多角度的探讨对研究历史时期环境变迁

---

① 赵哈林、赵学勇等：《北方农牧交错带的地理界定及其生态问题》，《地球科学进展》2002 年第 5 期。

② 汤懋苍、汤池：《历史上气候变化对我国社会发展的影响初探》，《高原气象》2000 年第 2 期。

③ 满志敏等：《气候变化对历史上农牧过渡带的个例研究》，《地理研究》2000 年第 2 期。

④ 陈隆文：《中国历史进程中的气候变迁》，《郑州轻工业学院学报》（社会科学版）2006 年第 5 期。

⑤ 王铮、张丕远、刘啸雷：《历史气候变化对中国社会发展的影响》，《地理学报》1996 年第 4 期。

与社会发展问题显得尤为迫切和重要。

历史时期西北地区农牧发展的动因机制颇为复杂，时代特征鲜明。周秦汉唐建都关中，扼控天下，长安城一度成为国家政治经济文化中心城市，人口聚集，如何解决粮食供应问题首当其冲。而且，为应付时局变动中央政府所采取的社会和经济措施也需要大量的粮食支持。当此形势，依托关中农区的粮食生产很难满足西北地区粮食安全需要，自秦汉以下国家不得不逆流而上漕运谷米转运京师；河湟、河套、河西农区得到有效开发后，西北边郡谷仓丰盈，在一定程度上缓解了关中地区粮食安全压力。宋元时期，西北地区僻居一隅，经略西北只能量力而行，西北地区粮食安全由满足国家战略开发转为实现地方自给自足，再无必要拓展生存空间，西北牧业复兴。迨至明清，迫于人口压力，西北开发再度回潮，不但返牧归农大行其道，不宜农牧的山地丘陵也被夷为农地，步步为营建村立庄。

西北地区频繁发生的自然灾害对农业发展构成严重威胁，形成巨大的灾害风险。灾害风险的存在使区域粮食安全压力大增，并直接或间接威胁到国家安全。降低灾害风险也就不仅仅是单纯的技术措施，而是经济、政治和科技手段的有机结合：通过农业技术选择提升应对自然灾害的能力，建设救灾济民的荒政体制稳定社会秩序，发展农林牧商工贸业增强农村经济实力。所以，历史时期西北地区自然灾害对农业生产不但产生了强烈的破坏作用，而且引发了传统社会多层次的减灾回应。灾害风险的作用机制普遍存在于西北地区传统农业发展过程中。

有鉴于此，开展全面的西北地区历史灾荒和灾害地理研究是必要和可行的。

第一，根据西北地区近两千年来自然灾害发生演变的历史特征，采用定性定量相结合的方法研究其时间节律性分布特征和历史重灾区的空间分布，这种研究有别于以往的灾害史研究之处是把历史重灾区空间分布与时代变迁和历史气候的冷暖变化结合起来进行综合考察。通过这样的研究，试图破解西北地区历史气候冷暖变化与区域自然灾害种类、结构、灾情，以及时空分布之间的密切关系。

第二，对区域灾荒史进行新的探索。灾荒史研究中迫切需要解决的自然与人文结合的问题是本项研究的重点内容之一，基于现有的灾荒史和历史地理学研究成果，我们力求在区域灾荒文化、灾后政区调整和灾荒控制的地方化方面做出新的探索，这些问题的研究有望填补本领域的学术空白，也对其他经济史、社会史、科技史和历史地理学科发展具有重要促进作用。

第三，尝试开展历史灾害地理学理论研究，探索历史灾害地理学研究的基本方向和路径。历史地理学的发展为灾害史研究开创了新的学术领域，充分利用西北地区历史灾害资源研究区域自然灾害的地理特征，既关注具体的学术问题，也考虑学科建设问题。通过对区域历史灾害研究内容、研究方法、研究体系的理论探索和实践验证，促进并推动历史灾害地理学科发育，为灾荒史和历史地理学研究构建新的学术结合点。

第四，积累资料，编订灾荒史和区域灾害史研究的基本文献目录，为进一步的学术研究奠定基础，创造便利条件。

3. 历史灾害群发期和重灾区过程的初步考察

第一，基于太阳活动数据的历史灾害群发期比较研究。在过去 2000 年时间的灾害事件中，水灾、旱灾、蝗灾和地震灾害的记录尤为繁多，因此也被认定为古代社会主要的自然灾害类目。其中，旱灾发生不但波及范围广，也与气候、气象因素存在直接相关的线性关系。为了考察历史灾害的群发期和重灾区过程，在前期预研究阶段选取历史旱灾资料作为典型性样本进行验证分析。结果显示，在过去 2000 年时间中，历史旱灾的发生变化存在阶段性群发特征，该结论与其他学者的研究结果基本一致。即明清时期灾害频发时段特别突出，宋元以前的 1000 多年时间里旱灾频次相对较少。如果简单地根据历史文献推断旱灾群发期显然存在一定缺陷。

为了检验历史旱灾群发性特征的内在关系，我们选取历史旱灾记载相对全面的明清时期作为分析样本，并将 1610—1911 年间旱灾频次与太阳黑子的数据系列进行对比。结果显示，历史旱灾群发频发时段与太阳黑子数量变化之间存在显著的负相关关系。

这种关系对我们讨论历史灾害群发期具有重要的指导意义。太阳黑子是反映太阳活动强弱变化的指标之一，太阳活动强弱变化虽然不能直接标示出某一时间灾害数量的多少，但可在较长时间尺度上反映历史灾害群发期的阶段性分布规律。但是，系统而完整的太阳黑子观测记录也只有几百年的历史，16世纪以前的太阳黑子数据主要通过推测计算而得。如果依据太阳黑子数量的推测结果去验证历史灾害的群发性规律，必将陷入另一误区。而最新公布的反映太阳活动强弱变化的另一数据指标——$\Delta^{14}C$因为具有10000多年的长时间序列特征和测算方法先进等优点被引入我们的预研究工作，选取最近2000年来的$\Delta^{14}C$资料和历史旱灾资料，建立数据图集，结果显示如下：

（1）1600—1911年间，太阳活动的峰值期与旱灾群发期基本一致，同步性特征极为明显，在太阳活动的四个峰值阶段几乎同步出现了旱灾的群发期，即公元1300—1350年、公元1450—1550年、公元1650—1750年、公元1800—1850年。在此期间仅出现一次例外，即1600—1650年太阳活动谷值数据与旱灾峰值数据同时出现，但这种关系还有待检验，因为本时期的旱灾峰值总体上处于低位状态。

（2）自1250—1911年间，太阳活动的峰值数据与旱灾群发期表现出显著相关关系。这也表明历史旱灾记录的一种特征，宋元明清时期的历史旱灾记录相对全面，其样本数已经完全能够满足描述旱灾群发期的基本要求。以往灾害史研究中对宋元时期灾害记录的挖掘利用存在一定顾虑，并没有充分估计其史料价值。

（3）在公元元年至1250年间，出现了10个太阳活动的峰值时段，与此相对应的旱灾群发期并没有完全体现出来，相反表现出历史旱灾发生频次与太阳活动强弱之间异常变化的发展态势。除了公元50—150年、公元250—300年和公元650—750年三个时间段的灾害群发期与太阳活动峰值数据之间表现较为一致和同步外，其余的公元330—370年、公元400—500年、公元580—630年、公元780—850年、公元880—950年、公元1030—1100年、公元1170—1230年等七个时间段太阳活动与旱灾频次之间呈现反向发展态势。

第二，历史重灾区的分布特征及其规律性表现。对过去2000年时间中明确标记地域空间的旱灾事件进行叠加统计，在当代中国政区地图上逐一标记，依据各个地区旱灾发生频次划分为五个等级。通过简单对比可见，近2000年来历史灾害集中频发地区以现今陕西省、湖北省、山西省、河北省、山东省、江苏省、浙江省为主，辅之以甘肃省、宁夏回族自治区、河南省、安徽省、湖南省等地区，构成了中国古代的主要灾害区，或可称之为重灾区。历史重灾区的初步结果与 2000 年来农耕地扩展过程基本一致，特别是西周秦汉时期的农耕区域几乎与历史重灾区完全吻合。何以会如此？根据农业发展的一般过程和规律，结合灾害历史进程分析判断，在过去 2000 年时间中我国重灾区过程以农业干旱为主，传统的旱作农业在周秦两汉时期形成基本的农区规模，历史旱灾主要发生于西周秦汉农区范围内。秦汉以后农区虽有扩展，但北方地区开发的新农区均未达到旱作农业核心区的生产水平和发展程度，江南地区稻作农业生产的发展也未受到旱灾的严重制约。这一结论如果反复验证后得以成立，将对我国的灾害史、农业史和历史地理学的研究产生重要影响。

本文经删减后刊于《中国史研究动态》2017 年第 6 期

人大复印资料《经济史》2018 年第 2 期

《中国社会科学文摘》2008 年第 4 期

二

历史灾害风险与
粮食安全研究

传统农业时代乡村粮食安全
水平估测

  中国是一个传统农业大国，农业生产技术也曾经长期领先于世界，但同时中国又是一个灾荒频发的国度。在过去的几千年中长期陷于粮食供不应求的困境，发生了数以千计的灾荒，其发生的频繁程度和危害的严重程度在世界各国中都是绝无仅有！为什么一个具备先进耕作技术的国家，一个从中央到地方备加关注农业生产的国家始终没有解决粮食供应问题？是传统的重农政策发生失误，抑或是传统农业技术存在缺陷导致了饥荒蔓延？饥荒发生的根本性原因何在？

  饥荒的发生反映了一个国家或地区的食物安全出现危机[①]，因为食物短缺才造成了民众突然的、普遍的饥饿[②]，不管这种食物短缺是因为粮食生产不足还是分配不均衡，其结果都是相同的。粮食生产量的减少和社会需求量的增加是诱发饥荒的两种基本作用力，凡是与粮食的供给和需求有关的因素都对饥荒的形成产生或大或小的作用。粮食的供给通过农业生产来实现，影响粮食总产量的因素有气候状况、地理位置、自然灾害、耕地状况、农业生产技术水平等；粮食的需求取决于社会总人口、民众生活水平和国家行为（如战争、大规模建设活动等）等几个方面。这些因素始终处于动态的作用过程，它们的变动和相互作用破坏了粮食

  ① Robert S. Chen, Robert W. Kates, World food security: prospects and trends. Food Policy 1994; 19 (2): 192 – 208.

  ② Mohiuddin Alamgir, An approach towards a theory of famine, in *Famine: Its Cause, Effects and Management*, p. 20, edited by John R. K. Robson, New York: Gordon and Breach Science Publishers, 1981.

的供求平衡，导致粮食产量突然下降，某些地区出现食物严重短缺现象从而形成饥荒。

此外，贫富分化在饥荒形成中也有重要作用，由于部分人群大量占有粮食剥夺了社会下层贫民的食物获取权，即使在社会食物供应总量充足的情况下也有可能流行饥荒，即部分人群食物获取权被剥夺后形成饥荒。这方面最典型的例证是阿玛蒂亚·森教授所分析的 1943—1944 年孟加拉大饥荒、1972—1974 年埃塞俄比亚大饥荒和同时期萨赫勒地区的饥荒。[①] 近年来一些学者对中国大跃进时期的大饥荒从制度缺陷方面进行了分析，或以为公社化剥夺了农民的退出权后使得农产品产量下降而导致饥荒发生[②]，或以为合作化政策导致饥荒发生[③]，或以为公共食堂制度导致了饥荒发生[④]。但是必须看到，中国 1958—1961 年发生的大饥荒与森所分析的案例具有本质的不同，中国大饥荒是在粮食大幅度减产的情况下出现的。

食物获取权不足导致的饥荒与贫困人口数量和剥削率存在密切关系，只有当大量贫困人口的生活水平在正常年份低于温饱线时才会出现类似孟加拉 1943—1944 年那样的饥荒，它是一定社会经济条件下的特殊产物。毕竟相对于历史时期大量的歉收性饥荒而言，单纯的食物获取权不足导致饥荒的案例比较少，更为普遍的情况是生产不足导致粮食短缺后，社会制度的缺陷使得贫困阶层的食物获取权被进一步剥夺，刺激了饥荒的发生和蔓延。所以研究中国古代饥荒发生原因时我们不得不以粮食生产为起点，分析粮食生产的影响因素、粮食产量和社会需求量的平衡关系、粮食流动及其在社会各阶层之间的再分配。

地理环境、自然灾害、耕地面积、技术水平和人口等因素的变动直接影响到粮食的供给量和需求量并进而导致饥荒发生，其作用过程既表

---

① Sen, A., *Poverty and Famines: An Essay on Entitlements*, Oxford, 1981.

② Justin Yifu Lin, Collectivization and China's agricultural crisis in 1959 – 1961. The Journal of Political Economy 1990; 98 (6): 1228 – 1252.

③ Putterman Louis, Skillman Gilbert L, Collectivization and China's agricultural crisis. Journal of Comparative Economics 1993; 17 (2): 530 – 539.

④ ChangGene Hsin, Wen Guanzhong James, Communal dining and the Chinese famine of 1958 – 1961. Economic Development and Cultural Change1997; 46, No. 1 (October): 1 – 34.

现出规律性特征，也存在偶然性的趋向，因此形成饥荒风险。饥荒风险性大小通常采用社会食物安全的易损性来评价，[①] 食物安全是指人们在任何时间都能得到足够的食物，以维持积极的健康的生活需要。[②] 人均粮食占有量是衡量食物安全的重要指标，它表现了人口数量和粮食总产量的比例关系，也能在一定程度上反映饥荒发生的风险性大小。本文试图通过测算中国人均粮食占有量的高低变化对古代社会饥荒风险性的大小进行总体评价，同时对各种相关因素的影响作用予以比较分析。

一　中国多灾易荒的自然地理环境

地理环境决定论者认为，一个国家或地区的自然地理状况对其社会经济活动和社会政治制度乃至于民族性格、道德面貌、宗教信仰等方面都起决定性的影响。[③] 尽管地理环境决定论遭到了多方面批评，但在地理环境影响和制约农业生产这一点上却是得到普遍认同。[④] 在古代生产力水平有限的情况下，地理环境的优劣直接决定着粮食产量的高低和农业生产的顺利进行与否。地理环境适宜的地区农业生产比较稳定，粮食产量高；相反，地理环境恶劣的地区农业生产波动性大，粮食产量低。中国的粮食生产和饥荒发生与其特定的自然地理状况具有密不可分的关系，从地形、土壤、植被等方面看，中国虽然幅员辽阔，但适宜发展农业生产的土地极为有限，提高粮食产量和挖掘农业发展潜力都要付出沉重代价。

中国地处亚欧大陆板块东部中纬度地区，东临太平洋，西有世界屋脊青藏高原，北为蒙古高原，南极南海，现在国土面积 960 万平方公里，其中山地、高原、盆地和丘陵占近 90%，平原面积不到 12%。中国地势西高东低，呈三大阶梯分布态势，其阶梯型的地形特征和各阶梯之间悬

---

① Maxx Dilley，Tanya E. Boudreau，Coming to terms with vulnerability：a critique of the food security definition. Food Policy 2001；26（3）：229 – 247.

② World Bank，Poverty and Hunger：Issues and Options for Food Security. World Bank，Washington，1986.

③ 白新欢：《地理环境决定论新论》，《天府新论》2003 年第 2 期。

④ 顾乃忠：《地理环境与文化》，《浙江社会科学》2000 年第 3 期。

殊的地势落差造成了不同地区土地利用价值的差别，中、东部地区约占国土面积的47%，适宜于人类居住生存，生态环境和土地利用价值最高；西部青藏高原及周边地区约占国土面积的53%，海拔3000米以上，最不适宜于人类生存，生态环境和土地利用价值最低。① 中国可利用的耕地资源相对狭小，农业发展的潜力极为有限。

中国自然地理特征表现为明显的东西差别和南北差别，这种差别又可以用两条线来划分，即表示东西分异的胡焕庸线和表示南北分异的秦淮线。胡焕庸线本来是一条人口分界线，以腾冲—黑河为走向把中国大陆划分为东西两部分，胡线以东地区约占全国总面积的36%，却积聚了96%的人口，② 但它与中国阶梯型的地形以及由此而造成的地区经济差别相耦合。东西向的秦淮线又把中国大陆划分为南北两部分，南方温暖潮湿，北方干旱寒冷。历史时期中国疆域面积发生过多次伸缩变化，主要是向西向北扩张或由西由北退缩，但中国经济的重心始终位于胡线以东地区。

中国地理首先表现为东西差别，胡线以东地区地势平缓，经济发达，人口密集，为传统农业生产区；西部青藏高原、新疆和北部内蒙古地区多为沙漠地带和崇山峻岭，经济落后，人口稀少，为传统畜牧业生产区。中国古代的长城既是古代农业民族设置的一道人为屏障，也是中国古代农区和牧区之间的一条分界线。自古至今中国经济重心都位于东部地区，并且不断东移，在东部地区内部才进一步分化为南北差别，以秦岭—淮河为界，南方农业以稻作为主，北方农业以麦作为主。北方地区以黄河流域为中心，种植作物主要为小麦和耐旱的黍、粟之类，为中国传统的旱作农业区，年降雨量400—800毫米，愈往北降雨量愈少。在传统农业时代，旱作农业区的北界一般是沿着长城南北摆动，其摆动幅度与历史气候的变化有关，冷期气候条件下农区北线向南移动，暖期气候条件下农区北线向北推进。长江流域年降雨量多在1000毫米以上，种植作物以水稻为主，属稻作农业区。在2000多年传统农业的发展过程中，农业区

---

① 高志强、刘纪远、庄大方：《中国土地资源生态环境质量状况分析》，《自然资源学报》1999年第1期。

② 胡焕庸：《中国人口之分布》，《地理学报》1935年第2期。

域最初集中于黄河流域，北方地区除了关中平原、华北平原地区土质疏松降雨丰沛外，其他山地丘陵地区多为贫瘠坚硗之地。春秋战国以后，铁器、牛耕的推广使用才使农业区域开始向纵深地区扩展，北方农区进入整体发展阶段；南方地区林深草密，宋元以前的农业仅仅是围绕江汉平原地区、四川盆地、太湖地区等进行区域性的开发，宋元时期南方农业完成了对北方农业技术的吸收和改造，水田耕作体系化，才出现了"尽山而垦，尽地而耕"的密集发展局面，与水争田、与湖争地方兴未艾。所以秦汉至于隋唐时期、宋元明时期和清时期农业生产的差别既是技术形式的重大改变，同时也是耕地面积和所能供养的人口数量的巨大差异。

中国是世界上灾害发生最为频繁、危害最为严重的地区之一，无论南方北方还是东部西部，农业生产都受到自然灾害的严重威胁。灾害频发的原因既有气候因素，也有自然地理因素。中国地处环太平洋灾害带与北纬20°—50°环球灾害带的交汇处，地质结构复杂，生态环境多样，气象灾害、地质灾害、生物灾害和环境灾害时常发生。中国大陆东西悬殊的地势落差导致各主要江河自西向东奔流，因而东部大面积的平原地带常常发生洪水灾害。中国农业气候又兼备季风性气候和大陆性气候特征，气温和降雨量呈现明显的区域差异和季节差异。[1] 来自太平洋和印度洋的夏季风挟带暖湿水汽徘徊于中国的东部和南部地区，这一地区年降雨量多在1000毫米以上，洪水雨涝灾害也时常发生。而横亘在中国大陆中西部的秦岭山脉和喜马拉雅山脉又阻挡了南来的暖湿气流北上，中国北方大部分地区年降雨量不足400毫米，大约一半的国土面积为干旱半干旱区。同时，夏季风进退时间和锋面雨带推移过程又与农时季节乖违，春夏时期正值北方播种耘耨而需要雨水浇灌的关键环节，南方作物则处于生长旺盛时期需要光照，但夏季风五月集中于南部沿海地区，锋面雨带至六月才越过南岭进入长江中下游地区，春夏时期的北旱南涝往往导致严重春荒。夏秋时节北方作物适值收获时期需要充足光照，南方作物正在旺盛生长需要充裕水分，但六月以后雨带推移到北方地区，又出现北涝南旱的不利局面。入冬以后来自西伯利亚的冬季风控制着中国北方

---

① 林之光：《中国的气候及其极值》，商务印书馆1996年版，第4—5页。

领空，大风、寒潮、霜冻、大雪、沙尘暴等灾害时常发生，北方地区的畜牧业因此而遭受"黑灾""白灾"之苦，越冬作物也难幸免，甚至次年的春播和早春作物生长也受到影响。冬季风和寒潮势力还可抵达江淮流域以至于华南地区，造成大幅度降温，直接影响到江南地区冬春作物生长和耐寒性极弱的热带亚热带果树和经济林木的存活。季风性气候和频繁发生的各种灾害又经常影响农业生产的顺利进行，粮食生产起伏波动，传统农业社会几乎处于大灾大荒、小灾小荒、有灾必荒的高风险饥荒发生状态之中。

二　历史灾荒发生的三个阶段

人类历史上的饥荒与自然灾害有着千丝万缕的联系，现代饥荒理论可以对饥荒的发生原因进行制度分析，但无法否定甚至丝毫也不能轻视灾害在饥荒形成中的重要作用。中国古代一直把灾害和饥荒视为同类，合称为"灾荒"，历史时期饥荒发生的主要原因是自然灾害的破坏作用，饥荒的历史演化进程与自然灾害的发生发展表现出了相同的节律。

农业技术在自然灾害发生演变过程中发挥着十分重要的作用，许多可能的潜在性灾害因为农业技术的进步而得到控制。饥荒是农业时代和前农业时代人类社会的普遍现象，工业革命以后英国等国开始摆脱饥荒的威胁，工业化的进程成为饥荒史上一道重要的分水岭。有人说一部二十四史就是一部灾荒史，灾害和饥荒的记载充盈其间，无论是灾荒的发生频次还是重大灾荒的危害程度都令人触目惊心。翻阅中国灾荒史，久而久之又会感到中国的灾荒史实际上反映的是一个民族在饥饿中挣扎的生活史。中华民族有过辉煌的历史，但这个民族的普通民众长期生活在极端恶劣的条件下，几千年来饥寒交迫，苦难深重。从这个意义上讲，把中华民族称为饥饿的民族恰如其分，中华民族是一个饥饿了几千年也与饥饿抗争了几千年的民族。所以人民才有了望子成龙的强烈期盼，也产生了当官发财的黄粱梦。当官发财成龙以后便可以脱离民众的群体，在别人饥饿的时候一日三餐就能得到保证。

最新统计显示，中国历史上发生饥荒 3192 次，愈到近现代饥荒的发生愈加频繁。图 1 是根据近 2000 年的饥荒发生频次绘制的，从中可见中国古代的饥荒发生经过了三个明显的阶段：汉晋隋唐时期（1—10 世纪）饥荒的发生频次每百年不过数十次而已，宋元明时期（11—17 世纪）饥荒的发生频次迅速上升，每百年少则 100 多次，多则 400 多次；清代两百多年间饥荒大量发生，每百年达到 600 次左右。

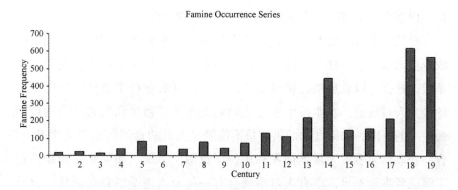

图1　历史时期每百年饥荒发生频次

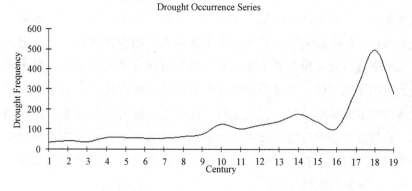

图2　近 2000 年来干旱灾害每百年发生频次

饥荒发生的这种阶段性特征与历史人口变化、农业技术进步以及自然灾害的发生基本一致。中国古代的农业在近两三千年发生了三次重大技术变革，春秋战国时期中国传统的小农经济确立，秦汉至魏晋南北朝时期北方旱作农业技术体系形成，隋唐时期中国经济中心南移，出现了"天下财赋仰给东南"的局面，但北方旱作农业主体地位基本得以维持；宋元明时期传统的旱作农业完全让位于南方水田农业；清时期南北方的农业全面发展。

自然灾害的变化也表现出了相应的阶段性特征，对饥荒形成影响最大的是水灾和旱灾。以旱灾为例进行每百年幅度的频次统计，绘制成图。结果显示公元1—9世纪，每百年旱灾的发生频次都在100次以内徘徊；公元10—16世纪，旱灾的发生频次在每百年100—200次之间变动，17、18、19世纪每百年旱灾的发生频次在300—500次。

自然灾害、历史人口和农业技术发展的一致性关系表明：在一定的农业技术水平下，社会人口总量保持稳定增长，当农业技术发生重大变革后，社会人口总量随之快速增长，直至达到农业技术条件下所能供养的最大人口数量。农业技术水平是影响历史人口数量和灾害危害程度的最根本的原因，如果食物的供应量不能满足人口的食用需求则发生饥荒。食物获取能力表现为耕地面积和单位产量两个方面，如果单位面积产量下降或者耕地不足，现有人口中就会有一部分人遭受饥荒的威胁。自然灾害主要通过破坏农业生产、降低作物产量而导致饥荒，一旦食物获取能力不足以抵抗自然灾害的破坏作用时，饥荒就会发生蔓延。所以每一次农业技术巨大变革的结果便表现为人口数量的大幅度上升，如果食物充足人口将保持持续增长势头。为了适应人口的快速增长，在一定的技术水平下只有大面积开垦土地才是保障粮食供应的可能手段。但土地开发的范围受到气候、地理等多种因素的制约，而古代生产力水平下自然灾害的发生又加剧了粮食供应危机，使得人口压力始终处于一种作用状态。在传统农业的后期阶段人口压力达到鼎盛状态，因为技术进步而增加的粮食产量在不长的时间内被大量人口消耗殆尽，于是饥荒以更大的规模、更频繁的次数发生。

三 传统农业技术进步抑制了饥荒发生

没有食物便不会有人类的生存机会，食物不足也必然抑制人口的增殖。在一个正常的社会系统中，农业生产的技术水平与粮食产量之间存在正比关系，粮食产量随着农业技术水平的提高而逐步增加。所以提高农业技术水平是遏制饥荒的有效手段，中国传统农业技术进步的动力之一便是防灾抗灾夺丰收。① 所以农业技术对饥荒的发生具有制约性的作用，农业技术水平越高，生产的粮食越多，饥荒发生的风险性就越小。

农业生产肇始于距今一万年左右的新石器时代，此前漫长的旧石器阶段人类以采猎为生，食物的获取完全被动地依赖于自然界的赏赐，自然界的寒暑阴晴对古人类的生活和生命都会产生直接的影响，他们食不果腹，衣不蔽体，生活艰辛，寿命短暂。年复一年的季节性饥荒对人类生存构成重大威胁，每到冬季寒冷时期大批人口因为找不到食物而死亡，人口增殖极其缓慢，在 100 万年前的旧石器时代世界人口不过 1 万—2 万人，到距今 10 万年的旧石器时代中期世界人口增加到 20 万—30 万人，在距今 3 万年左右的旧石器时代晚期世界人口达到 100 万—300 万人，在距今 1 万年前达到 500 万人。农业的发生彻底改变了人类被动取食的历史，简单的播种和收获作业挽救了数以万计的生命，一些耐储藏的谷物和拘禁的野兽为人类冬季的生活提供了保障，季节性饥荒的威胁大大缓解，人口增殖速度加快，新石器时代初期世界人口达到 1000 万人。随着人口的增长，夏秋时节采集渔猎的食品数量也开始出现短缺，农业生产的任务逐步扩大化，除了准备冬季的储备粮，春夏秋三季的食物需求中农产品的数量不断增加。在公元前 3000 年左右的时候世界人口达到 5000 万人。而公元前 2000 年世界人口达到 1 亿。为了维持日益增长的人口的食物需求，农业生产的规模日益扩大并逐步取代采集渔猎经济形式。但农业发生后栽培作物生长过程中时刻面临各种自然灾害的侵袭，灾害的发生造成粮食减产绝收，人类的食物安全依然没有保障。为了生存，人类四处寻找适宜的生活场所，形成了聚居生产的农业区域。同时也力图改进农作技术，终于在距今 3000 年左右的时候，埃及、中国等文明中心已经实现了由原始农业向传统农业的转变，农业完全取代采集渔猎而成为社会经济的主导型产业，农作产量水平提高后人们通过农业生产就能获得全年的粮食需求。公元 1 年左右世界人口达到 2 亿，1600 年达到 5

---

① 有关中国传统农业技术进步与防灾减灾的关系需要进行专门论述，但在有关历史文献中对技术进步与减灾的关系表述得非常明确。西汉《氾胜之书》中介绍区田法时指出，区田法的产生背景就是为了防备旱灾："汤有旱灾，伊尹作为区田，教民粪种，负水浇稼。"溲种法的目的也是为了抗旱防虫，"马蚕皆虫之先也，及附子令稼不蝗虫；骨汁及缲蛹汁皆肥，使稼耐旱，使稼耐旱，终岁不失于获。""如此则以区种，大旱浇之，其收至亩百石以上，十倍于后稷。"

亿，1830年达到10亿，1930年20亿，1987年50亿。传统的观点认为，原始农业向传统农业转化的标志是农用动力和铁农具的使用；但从食物获取的方式看，农业生产扩展后迫使采集渔猎经济形式退出历史舞台才是原始农业与传统农业的真正分水岭。

粮食增长的途径之一就是依靠不断改进农作技术提高粮食产量。中国近2000年的传统农业生产中农业技术不断改进完善，但最大的进展还是宋代以后在北方旱作农业技术体系基础上确立的江南稻作农业技术体系。这是中国农业史上一个重大转折，不但农作物产量得到大大提高，而且还进一步影响到中国传统社会的转型和变革，因此被称为宋代江南农业革命。[1][2] 至此，中国境内适宜于农垦的土地基本得到开发，明清时期传统农业技术在农用动力、耕作栽培、土壤肥料、病虫害防治等关键环节仅仅做了部分改良，农业单产水平比之于两宋并无大幅度提升。明清时期农业开发的范围和幅度大大超过此前任何时期，山林湖沼悉数垦辟为农田，最后农业化的矛头直指那些自然条件极其严酷的边地、山谷、高寒地带以及荒漠化地带等此前荒无人迹或人迹罕至的地区。

中国传统农业产量水平的变化至今仍是一个被热烈讨论的话题，研究者主要依据各种文献记载进行直接或间接推算，但因为中国古代度量衡的变化，文献资料中计量粮食产量的单位——石有大石小石之分，田亩的计量单位——亩有大亩、小亩的变动，粮食的计量单位有原粮（粟谷、稻谷、粒麦）和成品粮（粟米、稻米、买面）的差别，许多分歧便由此产生。迄今为止研究中国传统农业产量水平最具代表性的成果是吴慧《中国历代粮食亩产研究》，据估计自春秋战国以来中国历代粮食亩产水平为：春秋战国时期亩产原粮216市斤/市亩，秦汉时期264市斤/市亩，折合成品粮158.74市斤/市亩，魏晋南北朝时期257市斤/市亩，隋唐时期334市斤/市亩，宋代309市斤/市亩，元代338市斤/市亩，明代346市斤/市亩，清代前中期367市斤/市亩。[3] 杨际平研究认为吴慧在计

---

① Francesca Bray，Science and Civilization in China：vol.6：Biology and Biological Technology，Part II：Agriculture，pp.553-616，Cambridge：Cambridge University Press，1984.

② Victor D. Lippit，Development of Underdevelopment in China. Modern China 1978，4（3）：251-328.

③ 吴慧：《中国历代粮食亩产研究》，农业出版社1985年版，第124页。

算汉唐粮食产量的过程中存在主观臆断、材料误读、亩积换算错误等多种问题,[1][2] 直接影响到其结论的正确性和合理性。另一些学者的测算值大大低于吴慧的数据,宁可认为汉代正常年景一般田地一市亩产粟94—188 市斤,平均约为 140 市斤;小麦 100—200 市斤,平均约为 150 市斤。[3] 葛金芳测算宋代全境平均亩产197.5 市斤/市亩。[4] 陈贤春测算元代平均粮食亩产水平为243.5 市斤/市亩,其中北方地区亩产粟麦1—1.2 元石/元亩,折合 160 市斤/市亩左右;南方地区亩产稻米为 1.75 元石/元亩,折合 276 市斤/市亩。[5] 吴存浩在《中国农业史》中也研究了历代粮食亩产,其结果低于吴慧的数据(见表1)而与宁可等人的测算数值比较接近,本文采纳吴存浩的粮食产量估测数据,以评价历代粮食生产水平。

表1　　　　　　　**中国历代粮食产量水平**[6]

朝代	粮食亩产量(市斤/市亩)		
	全国产量	北方粟麦	南方稻谷
春秋战国	91		
秦汉	117		
魏晋南北朝		122	215
隋唐		124	328
宋元		140	343
明		155	337
清		155	337
20 世纪 50 年代		154	327

---

① 杨际平:《再谈汉代的亩制亩产》,《中国社会经济史研究》2000 年第 2 期。

② 杨际平:《唐代尺步、亩制、亩产小议》,《中国社会经济史研究》1996 年第 2 期。

③ 宁可:《汉代农业生产漫谈》,《光明日报》1979 年 4 月 10 日。

④ 葛金芳:《宋辽夏金经济研析》,武汉出版社 1991 年版,第 135 页。

⑤ 陈贤春:《元代粮食亩产探析》,《历史研究》1995 年第 4 期。

⑥ 吴存浩:《中国农业史》历代粮食亩产量估计数据,计量标准粟为粟谷,麦为粒麦,稻为稻谷。其中宋代数据因为吴存浩以稻米计量故需做调整,统一转换为稻谷。宋代南方地区稻米产量以太湖地区、福建沿海地区和成都平原为最高,亩产稻米约 280 市斤,其他地区约 200 市斤/市亩,平均产量约为 240 市斤/市亩。稻谷与稻米的折算率统一按照 70% 出米率计算,则宋代稻谷产量为 343 市斤/市亩。

即使如此测算，中国古代的粮食生产水平与世界其他地方相比也具有很大优势。在近2000年的时间中粮食产量水平由春秋战国时期的91市斤/市亩增加到清代337市斤/市亩，在传统农业时代中国粮食生产技术水平与世界其他国家相比毫不逊色，且远比其他国家和地区先进。中国传统农业技术进步的成就突出表现在单位面积粮食产量长期居于世界领先水平，同为世界文明古国的印度在1950—1951年谷物单产只有当时中国的52%。[①] 因此传统农业为社会提供的粮食数量在过去2000年不断增加，农业技术对饥荒的发生产生了积极的制约作用。19世纪时随同英国使臣晋见清朝乾隆皇帝的乔治·斯当东对当时中国社会的诸多弊端都有批评，但在论及农业技术时还是称赞有加。[②] 当中国宋代农作物亩产量达到亩产稻谷四石或米二石的时候（宋代南方稻谷平均产量合今每市亩343市斤），12—13世纪英国的农业生产水平仍然极为低下，混合作物亩产量仅为每英亩222公斤，折合中国量制为亩产76市斤，[③] 直到18世纪欧洲的农业还处于停滞状态。正是因为17世纪后中国农业技术的西传才打开了欧洲农业革命的大门，来华的欧洲的传教士、科学家和商人从中国带回了曲面铁犁壁的犁、种子条播机和中耕机等农具和中国的播种方法，催生了欧洲的农业机械化。[④] 如果不是依赖于高水平的传统农业技术，中国古代的灾荒危害将会更加严重。

中华民族的持久性饥饿与高水平的农业技术同时并存于历史时期，中国社会陷入"高水平陷阱"之中。[⑤⑥] 而且在中国历史上灾荒的发生危害随着农业技术的进步而更加严重，一些学者被这种表象所迷惑而把中

① 莫善文：《从"饥荒之国"到粮食出口大国》，《广西热作科技》1998年第1期。

② ［英］乔治·斯当东：《英使谒见乾隆纪实》，商务印书馆1963年版，第479页。

③ 侯建新：《现代化第一基石》，天津社会科学院出版社1991年版，第52页。

④ 《中国对欧洲农业革命的贡献：技术的改革》，台北：台湾商务印书馆1976年版，第573—606页。

⑤ Mark Elvin, The High-Level Equilibrium Trap: The Causes of the Decline in the Traditional Chinese Textile Industries, in *Economic Organization in Chinese Society*, pp. 137 – 172, e-d. W. E. Willmott, Stanford University Press, 1972.

⑥ Mark Elvin, *The Pattern of the Chinese Past: A Social and Economic Interpretation*, pp. 298 – 316, Stanford: Stanford University Press, 1973.

国古代饥荒发生的原因归咎于农业技术水平的落后。[①] 中国古代发达的农业为什么没有为古代的中国人提供足够的食物？农业技术的进步为什么不能遏制饥荒的发生？

四 历史人口消长与饥荒发生的关系

饥荒问题的实质是粮食供应量和粮食需求量之间的平衡关系被突然打破，粮食供应量不足或者粮食需求量上升都是导致饥荒发生的主要原因。我们不能苛求传统农业为社会提供更加充足的粮食以满足生活需要，中国传统农业生产已经是古代社会世界最高水平。传统农业条件下粮食产量的提高为人口的增加创造了条件，一旦社会秩序稳定中国历史人口的年增长率就会保持在0.5%以上，甚至可以达到1%的水平。[②]

传统农业生产的主要目的不是为了提高民众的生活水平，而是尽可能多地养育人口，即使这种增加的人口是以降低生活水平为代价换取也心甘情愿，在所不惜。历代封建王朝也把人口增加作为施政的主要目标，在粮食生产水平提高的同时，社会总人口也在大量增加，因为技术进步而增加的粮食又被不断增长的人口所消费，所以中国农业史上技术进步与人口始终保持同步增长势头。而且中国传统社会人口增长的速度往往高于粮食生产水平的提升速度，社会需要的粮食数量不但没有因为技术进步得到缓解，反而随着农业产量的提高而使粮食供需矛盾一再加剧，饥荒的风险长期存在着并且愈到封建社会后期愈加严重。马尔萨斯在其《人口原理》中就指出，中国民众的生活处于极其艰难的境地，他们常常吃那些欧洲人宁死也不愿意吃的食物。[③]

中国历史人口的统计同样存在资料混乱的问题，近2000年时间中全国人口统计数据相当丰富，但因为数据来源不同、统计方式不同、计量单位时有变化以及下级单位失实漏报等原因使得历史人口数据的利用

---

① 邓云特：《中国救荒史》，生活·读书·新知三联书店1958年版，第80页。

② 姚远：《中国人口的历史变迁及普查》，《北京日报》2000年11月13日。

③ T. Malthus, *An Essay on the Principle of Population*, p. 41, London, St. Paul's Church-Yard, 1798.

出现一定难度，于是中外许多学者致力于人口数据的考证辨析。[①] 20 世纪 50 年代王亚南便对照搬造用历史人口数据的做法提出了严厉批评，[②] 梁方仲剖析了历代人口调查制度为统治政权服务的实质，[③] 他们的工作为后来的研究奠定了基础，[④] 历史文献中谬误错乱的人口记载被逐一校订，从而出现了不同于历史记录的历史人口估测数据，这些估测数据综合多种因素推测各个历史时期可能的人口数量，比那些历史人口记录更加接近史实。

据估计，西汉以来中国人口长期维持在 5000 万—6000 万的水平，入清以后人口虽有跌落，但因人口基数比较大，很快恢复到 2 亿的水平并持续递增，1800 年左右达到 3 亿，1840 年鸦片战争前达到并超过 4 亿，1900 年达到 4.6 亿。[⑤] 争议的焦点是人口峰值达到 1 亿、2 亿的时间。对于中国历史人口达到 1 亿的时间，珀金斯（D. H. Perkins）认为大致在明末（1600 年前后）[⑥]，杜兰德认为在入清以后[⑦]，而穆朝庆则将这一时间推测为北宋时期[⑧]。赵冈（Kang Chao）、胡焕庸和张善余也持类似观点，认为在公元 1100 年前后中国人口就达到 1 亿大关[⑨⑩]，王育民、何炳棣、葛剑雄等认为在北宋后期人口总数超过 1 亿[⑪⑫⑬]。学者们对中国历史人口达到 2 亿的时间也有几种不同意见，赵冈、陈钟毅在 1959 年的研究中

① 朱国宏：《中国历史人口增长再认识：公元 2—1949》，《人口研究》1998 年第 3 期。

② 王亚南：《马克思主义的人口理论与中国人口问题》，科学出版社 1956 年版，第 24 页。

③ 梁方仲：《中国历代户口、田地、田赋统计》总序，上海人民出版社 1980 年版。

④ 姜涛：《历史与人口——中国传统人口结构研究》，人民出版社 1998 年版，第 15 页。

⑤ 朱国宏：《中国历史人口增长再认识：公元 2—1949》，《人口研究》1998 年第 3 期。

⑥ ［美］德·希·珀金斯：《中国农业的发展（1368—1968）》附录，上海译文出版社 1984 年版。

⑦ J. D. Durand, The Population Statistics of China, A. D. 2—1953. Population Studies1960；13 (3)：209 – 256.

⑧ 穆朝庆：《两宋户籍制度》，《历史研究》1982 年第 1 期。

⑨ Kang Chao, Man and Land in Chinese History, Stanford University Press, 1986.

⑩ 胡焕庸、张善余：《中国人口地理》（上），华东师范大学出版社 1984 年版。

⑪ 王育民：《宋代户口稽疑》，《上海师范大学学报》1985 年第 1 期。

⑫ 何炳棣：《宋金时代中国人口总数的估计》，《中国史研究动态》1980 年第 5 期。

⑬ 葛剑雄：《宋代人口新证》，《历史研究》1993 年第 6 期。

论证指出明朝人口达到 2 亿大关①，王育民、葛剑雄持相同观点②③。由于农业技术进步后可以为社会提供更多的食物，稳定的社会系统有助于人口增长，通过社会环境的变化也可以侧面印证历史人口的发展水平。宋代既是农业技术大发展的时期，也是经济重心南移江南偏安的阶段，必然伴随人口的大幅度增加，宋代人口达到 1 亿是可能的。宋代 1 亿人口中，超过 60% 生活在南方稻作农业区。④ 达到 1 亿人口以后，耕地资源相对不足的矛盾愈益突出，当中国中部地区和东部地区的土地开发完毕后，移民开发边疆地区便成为历史的必然选择，因此通过历代边地开发的范围和程度也可以判断人口水平。明代时中国农业开发出现转折，不但江南地区人口由东向西转移，而且人口从稠密地区主动向偏远的西北腹地、东北地区迁徙。由于盲目开发，垦殖地区从明代开始不同程度地出现了生态恶化问题⑤，从另一方面也反映出人口膨胀的史实。因此当时人口达到 2 亿也是可能的。清代农业开发更加富有成效，东北地区、西北地区、西南地区相继得到广泛而深入的开发，清代的人口因此而维持在 3 亿—4亿的历史高水平上。

中国历史人口的变化极其复杂，升降变化起伏不定，而且大起大落反复出现，王朝更迭时期人口大量减少跌入低谷，每个朝代的中后期人口数则回升到高峰。因此本文估计的人口数字仅以每个朝代的人口峰值为测算依据。在人口史专家估测的几个重要峰值数据基础上，参照赵文林、谢淑君《中国人口史》和姜涛《历史与人口 ——中国传统人口结构研究》中的有关数字，⑥⑦ 可以勾勒出历代人口变化的发展脉络：春秋战国时期我国人口达到 3200 万人，经过战国末年的社会动荡人口减少，秦统一后人口在 2000 万以下；两汉时期人口达到 6000 万人，三国时期人口约为 1800 万人，南北朝时期人口恢复到 5000 万；隋代国运短促，人口约

① 赵冈：《中国土地制度史》，台北市联经出版事业公司 1982 年版。

② 王育民：《明代户口初探》，《历史地理》第九辑。

③ 葛剑雄：《对明代人口总数的新估计》，《中国史研究》1995 年第 1 期。

④ ［美］德·希·珀金斯：《中国农业的发展（1368—1968 年）》，上海译文出版社 1984 年版，第 26 页。

⑤ 朱宏斌、樊志民：《关于历史时期农业开发经营与生态问题的若干思考》。

⑥ 赵文林、谢淑君：《中国人口史》，人民出版社 1988 年版，第 535—544 页。

⑦ 姜涛：《历史与人口——中国传统人口结构研究》，人民出版社 1998 年版，第 84 页。

5000 万左右，但隋末人口亡失严重，初唐时期人口曾跌落到 2000 万人，后来到天宝年间达到 6000 万左右，也有估计唐代峰值人口达到 9000 万，本文基于唐代农业生产水平的考虑采用 9000 万峰值人口数据；宋代人口的发展与此前各个朝代截然不同，北宋时期人口直线攀升，由宋初的 4000 万人飙升到北宋末年的 1 亿人口左右，南宋时期人口也突破 1 亿大关；元代人口在 8000 万左右，明代人口达到 2 亿；清代人口的发展又迥异于宋明时期，1760 年左右人口突破 2 亿[①]，1800 年后人口突破 3 亿，1840 年左右人口突破 4 亿；民国时期人口约为 4.5 亿，新中国成立后于 1953 年进行了一次人口调查，公布当时的人口数是 5.83 亿人，约翰·艾尔德研究认为 1953 年的人口调查数比实际人口数低 5%—15%，当时的实际人口约为 6.5 亿人[②]；1980 年中国人口达到 10 亿，到 20 世纪末期超过 12 亿。

表2   中国历代人口变化

朝代	人口（万人）
春秋战国	3200
秦汉	6000
魏晋南北朝	5000
隋唐	9000
宋辽金元（A. D. 1100）	12000
明（A. D. 1600）	20000
清（A. D. 1800）	30000
清（A. D. 1840）	40000
清（A. D. 1911）	46000
20 世纪 50 年代	54000

---

① 梁方仲先生推算，清代乾隆二十七年（1762 年）人口达到 20047.25 万人，参见《中国历代户口、田地、田赋统计》，第 251 页。赵文林《中国人口史》则认为清代人口达到 2 亿的时间为 1759 年。

② ［美］约翰·艾尔德：《大陆中国的人口增长》，A. 埃克斯坦（A. Eckstein）、W. 盖伦森（W. Galenson）、刘大中：《共产党中国经济趋势》，芝加哥：奥尔丁出版公司 1968 年版。转引自［美］德·希·珀金斯《中国农业的发展（1368—1968 年）》，上海译文出版社 1984 年版，第 264 页。

五 传统农业时代的人地矛盾

解决人口增长与粮食产量之间同步异幅增长问题的有效途径是扩大耕地面积，通过扩大耕地面积提高粮食总产量。传统农业时代中国的耕地面积不断增加，但因可利用的土地资源相对狭小，人地矛盾长期存在且愈演愈烈。在耕地不足的情况下历代中国农民主要通过垦荒毁林扩大耕地面积，这种现象早在 2000 年前就已经存在，汉代中后期因为大量森林被垦辟为农田，以至于政府再也无力像汉朝中前期那样给无地流民发放公有林地和皇家园林。① 此后的农业资源开发逐渐向边荒地带扩展，为了生存人们不得不进入自然条件异常严酷的高寒地区和山谷地区继续拓展生活空间，脆弱的生态环境遭到前所未有的破坏，水土流失、土壤沙化等环境灾害因此日渐加剧。隋唐以前，中国传统农业生产区主要位于华北平原地区，中国北方的关中地区、中原地区和黄河下游平原地区成为支撑国家命脉的基本经济区，② 可利用的土地基本全部开垦完毕。宋代以后江南开发卓有成效，华南地区、长江中下游地区以及两湖地区得到深度开发，南方地区可耕垦的土地资源在本时期基本开发殆尽。清代中后期土地开发的浪潮席卷到东北地区和西北、西南边地，完成了中国境内可开垦土地资源的农业化经营过程。几千年来农业发展的主要途径之一是扩大耕地面积，传统农区由土壤肥沃、气候适宜的黄河中下游地区扩展到长江流域和华南地区，进而向山高林密的西南地区、气候严酷的西北地区和东北地区挺进，限制了农业生产扩张范围，而且经过几千年的农业开发，适宜耕作的土地已经得到充分垦殖。

中国历代的耕地面积数字主要保存于历代正史和政书中，这些数字也需要校正才能使用。何炳棣考证指出，古代田亩数字仅代表一种纳税单位，而与实际的耕地面积有一定差距，甚至到 20 世纪的时候中国的田亩统计数据中"仍然欠实"。③ 目前比较权威的资料是《中国历代户口、

---

① 王建革：《资源限制与发展停滞：传统社会的生态学分析》，《生态学杂志》1997 年第 1 期。

② 冀朝鼎：《中国历史上的基本经济区与水利事业的发展》，中国社会科学出版社 1981 年版，第 13 页。

③ 何炳棣：《中国古今土地数字的考释和评价》，中国社会科学出版社 1988 年版，第 1 页。

田地、田赋统计》，搜集资料始自西汉，终于清末，但因为古代地方与中央、地主与国家之间的利益冲突，作为赋税钱粮征收依据的人口田亩数字多有虚假不实之处，以至于出现了隋代垦田数字达到55.85亿亩的特别记录，《通典·食货二》早就质疑这一数字"恐本史之非实"。鉴于此，一些学者采取各种方法对历史时期的耕地面积进行推测，这些推测数据彼此之间也有矛盾抵牾，因此只能取其大概以为参考。在这种情况下贸然引用古代田亩数据显然是不合适的，现代学者的估测数字可能更加接近历史的真实。

　　春秋战国时期耕地面积为2.3亿亩，此后随着农区面积的拓展，耕地面积也不断扩大。据《汉书·地理志》记载，西汉平帝元始二年（2年）全国土地总面积为"提封田一万万四千五百一十三万六千四百五顷"，折合100.38亿市亩。耕地面积为"定垦田八百二十七万五百三十六顷"，折合5.72亿市亩，占西汉时期全国总面积的5.7%；西汉时期可耕而未耕的土地总面积23.8亿市亩，占西汉帝国总面积的23.7%。经考证核查，证明汉代的田亩数据是可信的，这在当时的世界各国都是无与伦比的奇迹。[1] 1953年中国政府公布的耕地面积为16亿亩，[2] 其中东北的辽宁、吉林、黑龙江和西南地区的云南、贵州等五省占据18%，江南和岭南地区占20%左右，这两部分大约38%的耕地基本是在唐宋以后通过农区拓展所得。[3] 由于清代末年至20世纪50年代不过40年时间，这40年间中国战乱连年，国无宁日，经济发展十分缓慢，耕地面积不可能有大的增加，20世纪50年代统计所得的16亿亩耕地面积也可以推测为清代的最大耕地面积。[4] 汉代的耕地面积和20世纪50年代的耕地面积可以作为历史时期中国耕地总面积的上下线，并以此去评测历史耕地面积：从

---

　　① 何炳棣：《中国古今土地数字的考释和评价》，中国社会科学出版社1988年版，第6页。

　　② 《人民手册》，1953年，第146页。转引自何炳棣《中国古今土地数字的考释和评价》，中国社会科学出版社1988年版，第112页。

　　③ 汪篯：《汪篯隋唐史论稿》，中国社会科学出版社1981年版，第42页。

　　④ 1953年政府公布的16亿亩耕地面积可能是以卜凯的调查数据和伪满洲建国十年特辑《满洲国年鉴》中东北地区耕地面积数据为依据推算出来的，这个数据也是值得推敲的。参见何炳棣《中国古今土地数字的考释和评价》，中国社会科学出版社1988年版，第112页。但20世纪40年代和20世纪50年代的有关统计资料也显示当时的耕地面积大约为16亿亩。参见汪篯《汪篯隋唐史论稿》，中国社会科学出版社1981年版，第41页。

汉代到清代的 2000 年时间中，中国的耕地面积由 5.72 亿市亩增加到 16 亿市亩。

魏晋南北朝时期土地数字记载阙如，但因魏晋时值乱世且人口有所降低，种植业萎缩而北方畜牧业复苏，估计魏晋田亩数字不会超过秦汉时期。以户均占田 57 市亩、人均占田 11 市亩[1]，农业人口 70% 计算，则应有耕地面积 3.85 亿市亩。隋唐时期的土地数字为"应受田数"而非实际耕地面积，所以隋代垦田 19 亿多亩和 55 亿多亩的记载都不能代表实际的耕地面积。[2] 唐玄宗天宝十四载（755 年）耕地数额为 1430386213 亩[3]，折合今亩为 1132865881 亩，此数字也可能是以占田数字为依据推测所得，其中有夸大倾向。但唐代国力强盛，经济繁荣，人口增加，田亩数字当在秦汉以上，据估计唐代耕地面积约为 620 余万顷，加上当时全国隐匿田亩数 180 万—230 万顷，共计耕地面积为 820 多万顷[4]，杨际平研究认为唐代一亩合市亩为 0.7829 市亩[5]，合 6.42 亿市亩。

两宋时期国家经济重心南移，江南地区耕地面积大增，尽管北方辽、金、西夏农垦生产受到一定影响，但两宋人口突破 1 亿大关，除了技术因素外耕地增加也是重要原因，因此宋代及辽、金等国的耕地面积比唐代有大幅度增加。根据梁方仲《中国历代户口、田地、田赋统计》的资料，宋天禧五年（1021 年）的田亩数为 52475.8 万亩，以今古比例 1：0.876 进行折算，田亩数为 4.6 亿亩。[6] 这一数字显然不能反映宋代的实际情况，其中相当一部分田地因为地主阶级采用隐田漏税的手段而未能登录在国家版籍上。[7] 根据河北等五路熙宁五年至元丰八年清丈隐匿田亩的比例测算，宋代全国的耕地面积为 8 亿多亩，折合 7.2 亿市亩。[8]

明代田亩数字中存在"额田"和"待垦荒地"的差别，经过校订后，

① 吴存浩：《中国农业史》，警官教育出版社 1996 年版，第 542 页。

② 汪篯：《汪篯隋唐史论稿》，中国社会科学出版社 1981 年版，第 51 页。

③ 梁方仲：《中国历代户口、田地、田赋统计》，上海人民出版社 1980 年版，第 6 页。

④ 汪篯：《汪篯隋唐史论稿》，中国社会科学出版社 1981 年版，第 51 页。

⑤ 杨际平：《唐代尺步、亩制、亩产小议》，《中国社会经济史研究》1996 年第 2 期。

⑥ 梁方仲：《中国历代户口、田地、田赋统计》，上海人民出版社 1980 年版，第 6 页。

⑦ 漆侠：《宋代经济史》，上海人民出版社 1988 年版，第 59 页。

⑧ 同上书，第 59—60 页。

洪武末年土地面积为 5.5 亿市亩①，明代官方资料记载万历三十年（1602年）的田亩数字为 1161.9 万顷②，折合 10.7 亿市亩。清代的耕地面积变动性较大，可以分三个阶段来讨论：清代初期的耕地面积、清代中期的耕地面积和清代末期的耕地面积。清代初期（17 世纪至 18 世纪初期）历经战乱，耕地面积大概和明代耕地面积相当，或有所增长。据估计清代雍正年间（1723—1735 年）耕地面积为 9 亿市亩，清代乾隆年间（1766年）耕地面积最大达到 10.5 亿市亩。③ 清代中期（18 世纪中后期至 19 世纪 40 年代）人口耕地大量增加，中国传统农业区开始向西北地区、西南地区扩展，④ 据日本尾上悦三研究统计，中国在 1840 年时的总耕地为约14 亿亩。⑤ 此后除东北、西藏、新疆外，全国其他地方耕地总面积基本保持不变。⑥ 经济史研究表明，清代末年的耕地面积与新中国成立初期相当。⑦ 以 20 世纪 50 年代的耕地面积做参照，为 16 亿市亩。如果此推论正确，则清代中后期的耕地面积大致为 16 亿市亩，比 1840 年前增加 2 亿市亩。也有资料显示 1880—1930 年间耕地面积增加 4.6 亿市亩⑧，比上述 2 亿市亩的估计值还要大。

　　清代晚期内陆地区的耕地面积基本没有变化，中国土地开发主要向东北、西南、新疆等边疆地区扩展⑨，1840 年时边疆地区人口仅 1519.8万人，1911 年达到 3974 万人⑩，清末增加的 2 亿亩耕地即是通过开发边疆地区所得，西北的新疆、西南地区和东北三省增加的耕地面积最多。

----

① 何炳棣：《中国古今土地数字的考释和评价》，中国社会科学出版社 1988 年版，第 103页。

② 《明神宗实录》卷 379。

③ ［美］珀金斯：《中国农业的发展（1368—1968）》，上海译文出版社 1984 年版，第 325页。

④ Ping-ti Ho, Studies on the population of China, 1368—1953, pp. 149–153, Harvard University Press, Cambridge, Massachusetts, 1959.

⑤ ［日］尾上悦三：《近代中国农业史》，转引自吴慧《中国历代粮食亩产研究》，农业出版社 1985 年版，第 198 页。

⑥ 严中平：《中国近代经济史统计资料选辑》，第 357 页。

⑦ 郑正、马力、王兴平：《清朝的真实耕地面积》，《江海学刊》1998 年第 4 期。

⑧ 刘佛丁：《中国近代经济发展史》，高等教育出版社 1999 年版，第 122 页。

⑨ 杜修昌：《中国农业经济发展史略》，浙江人民出版社 1984 年版，第 219 页。

⑩ 葛剑雄：《简明中国移民史》，福建人民出版社 1993 年版，第 581 页。

据研究，1840 年以后清政府的东北政策由局部开禁转变为全面开禁，实行大放荒地，移民实边，仅 1895—1911 年间东北放荒土地达到 1.15 亿亩，[①] 除过部分放荒未垦之地外，1908—1911 年间东北地区的升科耕地面积为 10266 万余亩，为 1840 年东北地区耕地面积 2864 万亩的 3.58 倍，净增加 7402 万亩。[②] 新疆地区在 1840 年以后耕地面积和人口都有大幅度增加，道光八年（1828 年）平定张格尔之乱后清朝官员对南疆人口做了清查，约 50 万人，[③] 南疆耕地不计其亩，从额粮征收从未超过 14—15 石的情况看，耕地面积不是很大，当时北疆的耕地面积大概 110 多万亩，[④] 人口数字未详。后来经过多种形式的招徕聚集，新疆的人口逐渐回升，至宣统间《新疆图志》编定之际，新疆人口实际突破 200 万大关，[⑤] 南疆人口高达 188 万人。[⑥] 耕地面积也随之扩大，据《新疆志稿》记载，宣统三年（1911 年）新疆共有熟地 10554705 亩。[⑦] 实际耕地面积比 1055 万亩略大一些，据估计清末北疆耕地约为 200 万亩[⑧]，南疆耕地面积 911 万亩[⑨]，合计为 1111 万亩。清末几十年间，新疆耕地增加数百万亩甚或接近 1000 万亩。

表3   历代耕地变化情况

朝代	耕地面积（亿市亩）	农村人口（万人）	农民人均占有耕地（市亩）
春秋战国	2.3	2240	10.27
秦汉	5.72	4200	13.62
魏晋南北朝	3.85	3500	11
隋唐	6.42	6300	10.2

---

① 杨余练、王革生、张玉兴等：《清代东北史》，辽宁教育出版社 1991 年版，第 447 页。
② 同上书，第 448 页。
③ 马汝珩、成崇德主编：《清代边疆开发》，山西人民出版社 1998 年版，第 102 页。
④ 江太新：《关于清代前期耕地面积之我见》，《中国经济史研究》1995 年第 1 期。
⑤ 王致中、魏丽英：《中国西北社会经济史研究》（下），三秦出版社 1996 年版，第 15 页。
⑥ 葛剑雄：《简明中国移民史》，福建人民出版社 1993 年版，第 584 页。
⑦ 王致中、魏丽英：《中国西北社会经济史研究》（下），三秦出版社 1996 年版，第 235 页。
⑧ 马汝珩、成崇德主编：《清代边疆开发》，山西人民出版社 1998 年版，第 172 页。
⑨ 葛剑雄：《简明中国移民史》，福建人民出版社 1993 年版，第 584 页。

续表

朝代	耕地面积（亿市亩）	农村人口（万人）	农民人均占有耕地（市亩）
宋辽金元（A. D. 1100）	7.2	8400	8.57
明（A. D. 1600）	10.7	14000	7.64
清（A. D. 1800）	10.5	21000	5
清（A. D. 1840）	14	28000	5
清（A. D. 1911）	16	32200	4.97

在历代人口估测数据的基础上，我们还可以推算出历代农村人口的变化情况。据《切问斋文钞》估计，"故十人之中，科农民七而士工贾三"，"此四民之中力农者居十之七，而士工商与庶人之在官者居十之三。"因此吴慧推测自秦汉至于明清，中国农民的人数在总人口中所占比例大致为70%。[1] 以此为标准计算出历代农村人口数量后，可以得到农民人均占有耕地的历史变化。由表3的数据可以看出，传统农业时代中国农民的耕地占有情况在春秋战国至隋唐时期处于高水平阶段，人均耕地占有面积超过10市亩，秦汉时期达到历史高位13.62市亩。隋唐以后一路下滑，清代跌至人均占有耕地面积5市亩的低水平上。

六 历代粮食产量和人均粮食占有量

在计算历代粮食产量时还需要注意粮食作物播种面积在耕地面积中所占比例的大小。在农业发展的不同阶段粮食作物播种面积所占比例也有大小变化，汉代农业生产结构中粮食作物播种面积占很大比重，大约为94%。此后粮食作物播种面积有所下降，桑麻蔬菜之类的经济作物逐步上升，[2] 隋唐时期粮食作物播种面积在90%左右，[3] 清代粮食作物播种面积约占耕地总面积的85%，[4] 明代的情况可能和清代大致相同。以此为基础我们就可以对历代人均粮食占有情况予以初步评测。

---

[1] 吴慧：《中国历代粮食亩产研究》，农业出版社1985年版，第18页。
[2] 同上书，第67页。
[3] 同上书，第156页。
[4] 同上书，第195页。

通过对历代人均粮食占有量的评测就会发现，农业技术进步的直接结果是社会粮食供应量的大幅度提高，从春秋战国到明清时期粮食总产量一路攀升，其中农业技术进步和耕地面积扩张都对粮食总产量的提高产生了促进作用。在正常情况下，平均每人维持生活所需要的粮食数量为每年 700 市斤左右的原粮[1]，以此为标准可以衡量不同历史时期饥荒的风险性大小。

在传统农业的早期阶段（春秋战国秦汉魏晋隋唐时期）社会粮食供应量由 196.74 亿市斤增加到 1305.83 亿市斤，1000 多年时间中增长 564%，同时期社会人口总量则由 3200 万人增加到 9000 万人，增长 181%，粮食增长高于人口增长，人均粮食占有量超过 1000 市斤。春秋战国时期传统农业初步发展，粮食生产还不能满足社会成员的正常需求，人均粮食占有量只有 600 多市斤，低于人均 700 市斤的需求标准，必然有相当一部分社会成员生活在贫困线以下。秦汉时期农业生产有了很大发展，人均粮食占有量突破 1000 市斤大关，不但能够满足全体社会成员的生活需求，国家和个人也有能力储存粮食，积累财富。隋唐时期粮食总产量比魏晋南北朝时期翻了一番多，人均占有粮食 1450.92 市斤。这就意味着在秦汉魏晋隋唐时期的农业生产技术水平条件下，如果社会秩序稳定，农业生产的自然环境风调雨顺，农业生产部门完全有能力供应充足的粮食以养育全体社会人口，甚至可以避免饥荒的发生。

表4　　　　　　　　　　历代人均粮食占有量评测

朝代	全国耕地面积（亿市亩）[2]			粮食作物播种面积所占比重	粮食亩产水平（市斤/市亩）	总产量（亿市斤）	全国总人口（万人）	人均占有粮食（市斤）
	总面积	北方	南方					
春秋战国	2.3			94%	91	196.74	3200	614.8
秦汉	5.72			94%	117	629.01	6000	1048.35

---

[1]　吴慧：《中国历代粮食亩产研究》，农业出版社 1985 年版，第 85 页。

[2]　历代田亩数一栏中宋元时期南方耕地比例按照吴慧《中国历代粮食亩产研究》第 164 页中的指标测算，即南方 64%，北方 36%。明清时期南北方田亩数据根据珀金斯《中国农业发展史 1368—1968 年》第 18 页中的南北各省土地比例换算，即南方 59%，北方 41%。魏晋隋唐时期假定南北方耕地面积相等。

续表

朝代	全国耕地面积（亿市亩）			粮食作物播种面积所占比重	粮食亩产水平（市斤/市亩）	总产量（亿市斤）	全国总人口（万人）	人均占有粮食（市斤）
	总面积	北方	南方					
魏晋南北朝	3.85	1.925	1.925	90%	122/215	583.85	5000	1167.7
隋唐	6.42	3.21	3.21	90%	124/328	1305.83	9000	1450.92
宋元	7.2	2.59	4.61	90%	140/343	1749.45	12000	1457.87
明	10.7	4.39	6.31	85%	155/337	2385.88	20000	1192.94
清(1800年代)	10.5	4.31	6.19	85%	155/337	2340.97	30000	780
清(1840年代)	14	5.74	8.26	85%	155/337	3122.32	40000	780
清(1900年代)	16	7.74	8.26	85%	155/337	3385.82	46000	736

在传统农业的中期阶段（宋元明时期）社会粮食供应量增加到2385.88亿市斤，比隋唐时期增长83%，同时期社会人口总量则由唐代的9000万人增加到2亿人，增长122%，人口的增幅几乎是粮食供应量的1.5倍之多，人均粮食占有量则较前一时期显著回落。宋元时期为1457.87市斤，与唐代人均占有粮食水平基本相当；明代时为1192.94市斤，远低于隋唐时期人均粮食占有量，但仍然超过秦汉时期1048.35市斤的水平，饥荒发生的风险性比隋唐时期大大提高。

而中国历史上人地矛盾加剧、人均粮食占有量大幅度下降的局面出现在清代中后期，社会粮食供应量达到3385.82亿市斤，比前一时期增长42%，同时期社会人口总量由2亿人增加到4.6亿人，增长130%，所以本时期粮食供应量的增长幅度远远低于人口的增长幅度。由于清代人口数量太过庞大，年人均粮食占有量只有736市斤，略高于春秋战国时期的水平，从社会平均的生活水平上看清代不但没有提高，反而倒退了2000年，即使在正常年份发生饥荒的风险都时刻存在。

但是，上述的分析仅仅建立在推测的基础上，表示的是正常社会状态下社会粮食供应量与人口总量之间的关系，它表明中国传统的农业技术有能力提供足够的粮食以供养全社会的人口。实际情况是社会粮食供应量受到各种因素的制约，频繁发生的战争、自然灾害、社会粮食分配不均衡等因素对粮食供应都有影响。战争和灾害是中国传统农业生产过程中遭受到的最大威胁，粮食产量水平因此下降，耕地大量废弃，社会粮食总量降低。而且，粮食总量的平衡并不等于区域粮食占有量也是平衡分布的，在交通不发达、信息闭塞的古代社会，一个地方发生灾情、出现饥荒后，由于山高路险、距离遥远等原因，一时三刻很难从其他地方调运粮食救济灾民。这样，古代社会饥荒的发生就成为不可避免的事情，一个时代的社会秩序越混乱，那么饥荒威胁的风险性就越大；灾害发生越加频繁，那么饥荒威胁的风险性也越大。

七　传统农业生产处于经常性波动之中

传统农业生产处于经常性的起伏波动之中，时而丰收，时而歉收，丰歉交替变化直接影响到人均粮食占有量。这种波动性的大小主要取决于自然灾害的发生频率、社会秩序的稳定程度等。

自然灾害在传统农业时代时常发生，汉代司马迁《史记》中论述灾荒的发生周期为 3 年、6 年和 12 年。陈高傭统计历史时期水灾发生 2758 次，旱灾发生 2618 次，邓云特统计各种灾害的发生频次为 5258 次。在不同的历史时期灾荒的分布呈现出愈到后来愈加严重的态势，汉代时每 3 年发生一次比较严重的灾害，宋元以后演化为每年一次甚至每年几次，甚至数十次的灾害发生。自然灾害的发生频次和危害范围与农业生产的波动性大小成正比，一个时代灾害发生愈频繁、灾区面积愈大，则农业生产遭受破坏的程度愈严重，农作物产量下降的幅度会相应地提升，饥荒发生的可能性也就愈大。

根据已有的研究成果，我们可以对不同历史时期农业灾害的发生情况予以概括性描述。从邓云特、陈高傭统计所得历史灾荒的发生频次可以计算出不同朝代每年灾害发生的平均次数。[1][2] 由表中数据可见，在近 2000 年间中国大陆每年都有不同程度的灾害发生，平均每年发生灾害次数为 3 次左右。灾害发生的频繁程度呈现出波动起伏状态，隋唐五代以前年均灾害发生次数不足 2 次，从宋代起灾害发生的频次大幅度上升，

---

① 转引自张建民、宋俭《灾害历史学》，湖南人民出版社 1998 年版，第 93 页。
② 转引自冯焱、胡采林《论水旱灾害在灾害中的地位》，《海河水利》1996 年第 3 期。

元代时达到了前所未有的高峰，按照邓云特的数值元代年均灾害发生频次为5.9次，按照陈高傭的数值则达到9.9次。明代有所回落，清代灾害的发生频次又一次大幅上扬。

表5 历代自然灾害年均发生次数

朝代	灾害频次（邓云特数字）	年均灾害次数	灾害频次（陈高傭数字）	年均灾害次数
秦汉	375	0.8	400	0.8
魏晋南北朝	619	1.7	486	1.5
隋唐五代	566	1.5	556	1.5
宋（金）	874	2.7	1258	3.9
元	513	5.9	860	9.9
明	1011	3.7	1203	4.4
清	1121	4.2	2718	10.1
民国	77	2.75		
合计	5156	2.3	7481	3.5

灾荒的发生具有不可避免性，任何地方都有可能遭受灾荒的打击破坏，但是，灾荒的发生也表现出明显的地域性特征，灾荒的发生区域总是限定在一定的范围内且交替发生，今年此地受灾，明年彼地饥荒，各地区之间的差别仅仅在于灾荒发生频次的多少和持续时间的长短不同。饥荒的不可避免性特征使得世界上任何地方都需要采取防备措施消除饥荒，饥荒的区域性特征要求社会加强粮食管理，调剂余缺，救助灾区难民消除饥荒。在此需要讨论的问题是每次灾害发生后造成的农业减产幅度如何？对人均粮食占有量产生多大的影响？准确评价历史时期自然灾害对作物产量的影响作用需要获得农业受灾面积、农业成灾面积、减产幅度等方面的可靠数据，但这些数据因为没有古代的统计资料做参考而难以进行，现在只能大致推测。假定每年发生的灾害危害程度都是中等以上，重大灾害的发生几率每3年一次的话，那么一次中等灾害的灾区范围约占全国行政区域的5%—15%，重大灾害的灾区范围约占全国行政区域的15%—20%。

　　秦汉时期灾区范围小者一个或数个郡国，大者三四十郡国而已。《后汉书》志一一《天文中》记载东汉永初元年（107 年）时发生的雨水灾害："郡国四十一县三百一十五雨水，四渎溢，伤秋稼，坏城郭，杀人民。"《后汉书》卷五《安帝纪》记载永初三年（109 年）发生的水灾和雹灾："是岁，京师及郡国四十一雨水雹。并凉二州大饥，人相食。"《晋书》卷二六《食货志》记载东汉永兴元年（153 年）发生的水灾和蝗灾："郡国少半遭蝗，河泛数千里，流人十万余户，所在廪给。"《后汉书》志一五《五行志》记载东汉建武二十三年的旱灾和蝗灾："京师、郡国十八大蝗，旱，草木尽。"《后汉书》志一三《五行志》注引《古今注》，东汉永元十五年（103 年）发生的旱灾："雒阳郡国二十二并旱，或伤稼。"魏晋南北朝时期灾害发生的区域范围小者一个或数个州镇，一般为十多个州镇，灾区范围大者为三十多个。《晋书》卷三《武帝纪》记载西晋太康九年（288 年）发生的旱灾："六月，郡国三十二大旱，伤麦。"隋唐时期灾害发生的区域范围小者数州，多者二十多州。《新唐书》卷三五《五行志》记载永贞元年（805 年）发生的旱灾："秋，江浙、淮南、荆南、湖南、鄂岳陈许等州二十六，旱。"宋代灾害发生区域小者数州郡，多者达到四五十州郡，一般灾区范围多为一府或数府，或者十数州郡。《宋史》卷六六《五行志》记载咸平元年（998 年）发生的旱灾："春夏，京畿旱。又江浙、淮南、荆湖四十六军州旱。"元代年度灾害发生范围小者不过数郡（或一、两路），大者多达二十余路。《元史》卷一○《世祖本纪》记载至元十六年（1279 年）灾害发生情况为："（是岁）保定等二十余路水旱风雹害稼。"明代灾区范围多以府为单位表示，年度灾害发生区域小者为数州县或十数州县，灾区大者多达三十多府。《明史》卷三○《五行志》记载景泰六年（1455 年）发生灾害情况："南畿及山东、山西、河南、陕西、江西、湖广府三十三，州卫十五，皆旱。"清代年度灾害发生范围小者在 10 县左右，一般为 50 州县左右，灾害发生频次较多者为 100—200 州县。据《清史稿》卷一四《高宗本纪》和卷四三《灾异志》记载，乾隆五十年（1785 年）各种灾害发生范围共计 204 州县。

表6 历史时期农业受灾范围估测

朝代	轻度受灾	一般受灾	严重受灾	全国政区	受灾面积比率		
					小灾	中灾	大灾
秦汉	1—5 郡国	15 郡国	40 郡国	秦 42 郡；西汉 103 郡国，东汉 13 州 104 郡国。全国 1000 多县	5%	15%	40%
魏晋南北朝	1—5 郡	15 郡	30 郡	172 郡国	3%	9%	17%
隋唐五代	1—5 州	15 州	30 州	隋朝全国 190 个郡，1255 个县；唐朝全国共设 360 州（府），下辖 1557 县	1%	4%	8%
宋	1—5 州军	15 州军	50 州军	244 州，59 军	2%	6%	20%
元	1 路	10 路	20 路	184 路	1%	5%	11%
明	10 州县	10 府	30 府	159 府，1171 县	1%	6%	19%
清	10 州县	50 州县	200 州县	23 省 295 府州厅 1314 县	1%	4%	15%

由上表可见，秦汉魏晋南北朝时期每次灾害发生后农业受灾面积的变化幅度大致在 5%—20%，小灾灾区面积 5% 左右，中等灾害 10% 左右，大灾 20% 左右；隋唐宋时期小灾 1% 左右，中等灾害 5% 左右，大灾 10% 左右；元明清时期年度灾害发生区域的比值，小灾 1%，中等灾害 5%，大灾 15%。

自然灾害发生后直接导致农业减产绝收，史料中有关"伤禾害稼""田收不至"的记载比比皆是，水旱风雨雹霜雪蝗病虫害等各种灾害发生后都有可能导致农业生产减产乃至绝收。灾害发生后的减产幅度一般划分为十等。清代顺治十年（1653 年）规定按田亩受灾分数酌免，受灾八、九、十分免十分之三，受灾五、六、七分免十分之二，受灾四分免十分之一。雍正六年（1728 年）改为被灾十分免七，被灾九分免六，被灾八分免四，被灾七分免二，被灾六分免一。乾隆元年（1736 年）又规定被灾五分也可免一。以此为依据，可以把每次灾害的损失率确定为 50% 以上。秦汉魏晋如果发生小灾，粮食总产量的波动幅度大约为 2.5%—5%，中等灾害发生后 5%—10%，严重灾害发生后 10%—20%。唐宋时期发生小灾后粮食生产的波动幅度为 0.5%—1%，中等灾害发生后为

2.5%—5%，重大灾害发生后为 5%—10%。元明清时期小灾发生后粮食生产的波动幅度为 0.5%—1%，中等灾害为 2.5%—5%，重大灾害发生后为 7.5%—15%。

表7 中国历代战争统计

历史阶段	起止年代	作战次数
传说时代—五帝	前 26—前 22 世纪	5
夏、商、西周	前 22 世纪—前 770 年	38
春秋战国	前 770—前 221 年	614
秦汉	前 221—220 年	411
魏晋南北朝	220—581 年	605
隋唐	581—960 年	353
宋元	960—1368 年	759
明	1368—1643 年	579
清	1644—1911 年	427
合计		3791

战争是中国传统社会继自然灾害之后的又一痼疾，中国过去几千年的历史中不断经历和平—发展—灾荒—战乱的周期性循环。但战争与农业的关系远不止"农业养活着战争，战争吞噬了农业"这么简单，[①] 农业和战争的关系还需要从战前的准备阶段予以考察。农业生产能力提高后刺激了人口数量的无节制增长，当人口和食物的关系失去平衡后战争的阴影已经缓缓降临，因为人口增加形成的饥荒风险也在一步步增大。战争发生后对粮食产量的影响比自然灾害更为严重，战乱地区的人们为了生存不得不离开家园四处躲藏，大片大片的农田荒芜废弃，粮食产量因此大幅度降低，其降低的幅度取决于战乱的持续时间和危害范围，一次战乱事件发生后粮食的减产幅度绝不亚于一次中等灾害。中国自秦汉以来外有戎狄蛮夷等少数民族四处侵扰，内有改朝换代、诸侯割据、军阀攻伐、民众暴乱等动荡事件此起彼伏，仅就历代战争统计结果看，中国

---

① 石声汉：《中国农学遗产要略》，农业出版社 1981 年版，第 12 页。

历史时期见诸记载的战争次数为 3791 次，秦汉以来 2000 年间共计发生战争 3134 次,[1] 可以说战事不断，国无宁日。除了西汉、唐代等少数几个朝代外，其他时期几乎每年都有战争发生。中国的农民期盼稳定的社会环境成为梦寐以求的最强心愿，历代的政治家深谙其中道理，"一夫不耕，或受之饥；一女不织，或受之寒"[2]，所以古代社会重农政策的主要目的是基于政治原因而把农民和土地捆绑在一起，使农民安土重迁。[3]

表 8　　　　　　　　战争和灾害发生后粮食减产情况

历史阶段	作战次数	年均战乱次数	灾荒次数	年均灾荒次数	粮食减产幅度/次	年度粮食损失率	减产后粮食产量（亿市斤）	人均粮食占有量（市斤）
秦汉	411	0.9	400	0.8	5%	8.5%	575.54	959.23
魏晋南北朝	605	1.7	486	1.5	5%	16%	490.43	980.9
隋唐	353	0.9	556	1.5	2.5%	6%	1227.48	1363.87
宋元	759	1.9	2118	5.2	2.5%	17.75%	1438.92	1199.1
明	579	2.1	1203	4.4	2.5%	16.25%	1998.17	999.09
清前期	427	1.6	2718	10.1	2.5%	29.25%	1656.24	552.08
清中期							2209.04	552.26
清后期							2395.47	520.75

八　农民生活水平低下加重了饥荒灾情

这里计算的人均粮食占有量仅反映整个社会在人人均等地占有土地和粮食的情况下抵御饥荒的能力，这种理论上的计算与现实生活有很大出入。在阶级社会里各社会阶层对生活资料的支配权利有着本质的差别，官僚士绅豪强地主占有大量土地和粮食，灾荒的发生将会对其收入产生

---

① 《中国军事史·附卷·历代战争年表》（上、下），《作战次数统计表》，解放军出版社 1985 年版。

② （汉）班固：《汉书·食货志》。

③ 张家炎：《试论"重本抑末"的双重悖反特性》，《农业考古》1993 年第 1 期。

影响，但这种影响作用一般不会改变他们以绝对优势占有粮食的阶级地位，即使发生重大饥荒地主也能依靠足够的粮食储备满足生活需求，他们面临的饥荒风险很小；无地少地的农民需要向封建国家和地主缴纳租税钱粮，灾荒年份自己剩余的粮食难以满足生活需求，最后只能沦为难民，他们面临的饥荒风险很大。因此，传统农业时代人们的社会地位与其面临的饥荒风险成反比，地位越高的人遭受饥荒的风险性越小。

中国古代社会在阶级构成上可以划分为三大类：位于社会上层的皇帝、贵族、官僚阶层，位于社会中层的地主、豪强、士绅、商人阶层，位于社会下层的农民和手工业劳动者阶层。灾荒发生以后，生活在社会下层的农民和手工业劳动者应对灾荒的能力最为脆弱，受到的打击也最严重，因此分析农民人均粮食占有情况才是问题的关键所在。在古代社会人口结构中农村人口占70%，传统的农村家庭形式是五口之家，据此可以计算出秦汉至清时期农户生产粮食的一般水平（见表9）。

由表9可见，农户家庭粮食生产能力在不同的时代差别很大，隋唐时期户均产粮高达14613市斤，到了清代只有不到4000市斤。即使按照清代的产量水平计算，农户生存还是绰绰有余，但是农户生产的粮食并不能全部留为己有，其中相当一部分以租税形式被强行征纳，农户所能拥有的粮食不过是其中一部分而已，农民的生活水平最后完全取决于所承担的负担额度高低。

农民是生活在农村以农业生产为职业的群体称谓，从这个意义上讲，拥有土地的地主也是农民的一分子。中国古代的农民构成比较复杂，学术界对农民阶级内部各阶层的划分方法和标准并无定论。根据他们经济状况、政治地位以及生产关系等方面存在的显著差异，冯尔康把农民划分为11个不同的阶层。[①] 但是，农民内部构成的最本质的差别是占有土地的数量大小，根据农村人口耕地占有量的大小可以划分为地主、自耕农和佃农三种类型，地主充分占有耕地资源并依靠土地租赁经营获得财富，自耕农的土地仅能维持生计而无土地租佃经营，佃农则占有少量土地或没有土地，需要租佃土地并依附于地主而生活。他们三者的比例处

---

① 冯尔康：《古代农民家庭经济研究法浅谈》，《天津社会科学》2004年第1期。

于动态变化过程中，地主的比例相对比较稳定，自耕农和佃农的比例互有消长。大概每个朝代的初期自耕农的比例较大，后来土地兼并盛行，大量自耕农失去土地沦为佃农，依附于地主而生存，唐宋以前自耕农占较大比重，宋代以后佃农增加。一般来说，农村人口中地主的比例为5%—10%，自耕农占40%—60%，佃农占30%—50%。但自耕农一直是农民的主体成分，直至清代康熙年间自耕农仍然达到农村人口的30%—40%，① 自耕农和佃农约占农村人口的90%。但在土地占有上情况正好相反，仅占农村人口5%—10%的地主占有50%—70%的土地，自耕农占有20%—30%，佃农占有10%—20%。

传统农业时代中国农民的生活长期处于入不敷出的境地，而且两千年间没有得到根本性改变。粮食生产是农民主要的收入来源，开支项目由国家赋役和个人生活开支两部分构成。秦汉至于明清，国家分摊给农民的负担名目繁多，但基本上由三部分组成，即地租、徭役、人口税。农民自己的必须开支为口粮、穿衣、社区活动和治病丧葬费用。其中国家征纳部分为硬性开支，据估计约占农民总收入的50%左右，低者约为30%，高者可达70%，② 这个推测和历史时期农民的实际生活状况基本接近，许多学者的研究也证明了30%、50%和70%负担率是存在的。③④ 农民负担高低悬殊情况与农民内部佃农和自耕农的身份差别有关，自耕农因为占有维持生活所必需的土地，仅仅承担封建国家的赋税钱粮，在一般情况下大约占总收入的30%，在高额负担水平下约占总收入的50%；佃农需要租种地主的土地维持生计，各种负担合计约占总收入的50%—70%。除去国家赋税征纳额后所余的粮食农民才可以用于安排自己的生活，而剩余部分基本无法满足基本的生活需要，一旦遭遇大水大旱农民便会陷入生活困境。在不能维持收支平衡的情况下农民只能采取降低口粮标准和减少穿衣支出来解决问题，拖欠赋税钱粮也成为中国历史上的

---

① 冯尔康：《从农民、地主的构成观察中国古代社会形态》，《历史研究》2002 年第2 期。

② 王子耀：《封建社会农民负担比率的变化规律》，《延安大学学报》（社会科学版）1997年第 1 期。

③ 黄天华：《论秦代赋税结构及其沿革》，《广东社会科学》2000 年第 6 期。

④ 王建革：《人口、生态与地租制度》，《中国农史》1998 年第 3 期。

普遍现象，逋负不入或者复除租税的记载充盈史册。

春秋战国时期，农户的赋税负担为 10%，这个比例在中国历史上并不高，但因为粮食产量水平低，农民生活捉襟见肘，顾此失彼。"今一夫挟五口，治田百亩，岁收亩一石半，为粟百五十石，除十一之税十五石，余百三十五石。食，人月一石半，五人终岁为粟九十石，余有四十五石。石三十，为钱千三百五十，除社闾尝新春秋之祠，用钱三百，余千五十。衣，人率用钱三百，五人终岁用千五百，不足四百五十。不幸疾病死丧之费，及上赋敛，又未与此。"① 加上其他负担，一般农户需要将收入的 30% 左右粮食交给国家。② 秦时农民负担极重，自耕农需要向国家交纳"泰半之赋"③，无地少地的农民租种地主的土地必须"见税什五"，也就是把 50% 的收入交给地主。农民背负"三十倍于古"的沉重负担，辛苦一年自己所余寥寥无几。两汉时期发展为租赋更三者并行的制度，农民需要承担以谷物征收的田租、按人征钱的算赋和力役劳作的更赋。④ 田租十五税一或三十税一，比较轻微，但徭役繁多，各项负担折谷合计 75.8 石，占个体农民全年收入 210 石的 36%。⑤ 若考虑到年景好坏、政治状况后，则农民的负担额要占全年总收入的 50% 左右。⑥ 东汉桓宽就指出农民的负担占到总收入的一半左右："〔今〕田虽三十而以顷亩出税，乐岁粒米狼戾而寡取之，凶年饥馑而必求足。加以口赋、更繇之役，率一人之作、中分其功。"⑦ 三国曹魏时实行租调制，农民每亩地交纳租谷四升，每户交纳绢二匹，棉二斤。西晋时修改为户调制，课田五十亩收租四斛，即每亩 8 升租谷，户调纳绢三匹，棉三斤。北魏均田制以后农民负担有所减轻，每年户纳粟二石，帛一匹。唐代初期实行租庸调制，每丁纳粟二石，绢二丈，棉二两，并服役二十天。安史之乱后租庸调制无法继续推行，唐德宗建中元年（780 年）杨炎倡行两税法，统一征纳地税和户

① （汉）班固：《汉书》卷二十四《食货志》。

② （汉）司马迁：《史记·淮南衡山列传》。

③ （汉）班固：《汉书》卷二十四《食货志》。

④ 曾延伟：《两汉社会经济发展史初探》，中国社会科学出版社 1989 年版，第 186—193 页。

⑤ 同上。

⑥ 谢天佑：《秦汉经济政策与经济思想史稿》，华东师范大学出版社 1989 年版，第 22 页。

⑦ （汉）桓宽：《盐铁论·未通》。

税。宋初实行两税法，田税征纳标准因地而异，北方"中田亩收 1 石，输官 1 斗"①，约为粮食产量的 10%。但各种附加税名目繁多，如支移、折变、丁口之赋、杂变之赋、和籴和买、夫役等项目，自耕农负担加重，总计各项赋税负担达到 30 石，为自耕农总收入的 30%。② 宋代时由于不立田制不抑兼并，加速了贫富两极分化的进程，各地的良田大部分被官僚地主占有，出现了大量佃农，租佃地租高达 50%。③ 元代赋税包括税粮和科差，至元十七年（1280 年）规定：丁税每丁每年纳谷三石，地税每亩纳谷三斗，另外附加"鼠耗"三升，"分例"四升。除了正税，还有任意增加的几十种杂税。明代初期沿袭两税法，力役、田赋、丁银并征，明神宗万历九年（1518 年）改革为一条鞭法，将应征的田赋与力役全部折合成银两，计算出总数，然后按田亩分摊，由田主交纳。清代自康熙五十一年（1712 年）推行摊丁入地的赋役改革，废除了历代施行的户税和人头税，统一改为按照田亩纳税。

许多时候农民并不能按照平均水平占有耕地，随着封建经济的发展，土地兼并也在不断加剧。宋代时占农村人口总数 80% 以上的农民占有耕地面积大约 30%④，大地主和中小地主则拥有 70% 的耕地⑤。而且，封建国家在赋税征收过程中往往巧立名目，勾结豪强巧取豪夺，各种负担最后都转嫁到农民身上，农民人均粮食占有量远远达不到上述计算的标准。农民阶级成为古代中国社会生活中最贫穷、生活水平最低下、最容易遭受饥荒打击的群体。1922—1925 年金陵大学开展了一次对全国 6 省 11 县区 13 个调查点 2370 家普通农户的调查，结论是中国农民的生活程度事实上已低到极限。⑥ 实际上中国历代农民的生活水平都是这样，他们人生的大部分时间是在贫穷、饥饿和灾荒中度过的，中国社会的主体力量由穷人构成。

---

① （宋）张方平：《乐全集》卷 14。

② 任仲书：《宋代农民负担问题》，《辽宁师范大学学报》（社会科学版）2002 年第 3 期。

③ ［美］比尔·孔维廉著，刘磐修译：《汉代农民的收入和支出》，《徐州师范学院学报》（哲学社会科学版）1999 年第 1 期。

④ 漆侠：《宋代经济史》，上海人民出版社 1987 年版，第 344 页。

⑤ 同上书，第 268 页。

⑥ 乔启明：《中国农民生活程度之研究》，《社会学刊》1930 年第 1 期。

表9　　　　　　　　不同剥削率五口之家的生活水平

朝代	粮食总产量（亿市斤）	农村人口（万人）	农村五口之家（万户）	农民户均有粮（市斤）	30%负担水平下农户剩余粮食	50%负担水平下农户剩余粮食	70%负担水平下农户剩余粮食
春秋战国	196.74	2240	448	4392	3074	2196	1318
秦汉	575.54	4200	840	6852	4796	3426	1975
魏晋南北朝	560.5	3500	700	8007	5605	4004	2402
隋唐	1227.48	6300	1260	9742	6819	4871	2923
宋元	1438.92	8400	1680	8565	5996	4283	2570
明	1998.17	14000	2800	7136	4995	3568	2141
清前期	1656.24	21000	4200	3943	2760	1972	1183
清中期	2209.04	28000	5600	3945	2762	1973	1184
清后期	2395.47	32200	6400	3743	2760	1972	1183

　　传统农业时代的大部分时间（除过春秋战国和清代）中国农民的饥荒风险的大小主要取决于剥削率的高低，在30%和50%的剥削率水平下勉强能够维持生计或略有剩余，人均粮食占有量高于最低生活所需要的700斤标准；而在70%的剥削率水平下则完全陷入饥荒境地，人均粮食占有量仅仅500斤左右，清代甚至只有200多斤。农民的负担状况对实际生活水平具有最终的决定性的影响作用，因此，我们可以从农民的高负担水平（自耕农负担率50%，佃农负担率70%）和一般负担水平（自耕农负担率30%，佃农负担率50%）两方面进一步分析农民的实际生活状况。

　　因为农民内部占有土地不同，因此也造成了三个阶层在应对饥荒的脆弱性方面出现明显差异。占有耕地数量等于支配粮食的权利和能力，一个家庭拥有的耕地面积在很大程度上决定了他们的饥荒风险性大小。在相同的农业生产条件和产量水平下，佃农向地主交纳高额地租，对封建国家承担规定的赋役，生活极其困难；自耕农向封建国家交纳一定的地租，承担规定的赋役，基本生活能够维持，且略有剩余；地主本应该根据占有田地的数额向封建国家缴纳地租，承担赋役，但他们通过各种手段把负担转嫁给佃农和自耕农，或者隐匿田亩，逃避赋税。因此，农村人口中佃农最为脆弱，极易遭受饥荒打击，每有风吹草动生活都会受到影响。自耕农次之，在中等以上的灾害威胁下他们的生活才会受到影响，如果饥荒流行时间延长，他们最后也会沦为难民。拥有大量地产的地主阶级一般不会发生生活困难，他们和官僚、豪强、士绅阶层一样遭受饥荒的风险性最小。灾荒期间地主阶级为了自身的生存，不愿意拿出储备的粮食赈济灾民，所以中国历史上饥饿至极的农民最后常常采取暴力措施劫富济贫，杀掠豪强，揭竿起义。

表10　　　　　　　一般负担水平下农村人口内部粮食占有量的差异

朝代	粮食总产量（亿市斤）	农村人口（万人）	地主		自耕农		佃农	
			人口数量	占有粮食	人口数量	占有粮食	人口数量	占有粮食
春秋战国	196.74	2240	10%	13%	60%	42%	30%	15%
秦汉	575.54	4200	10%	13%	60%	42%	30%	15%
魏晋南北朝	560.5	3500	10%	13%	60%	42%	30%	15%
隋唐	1227.48	6300	10%	13%	60%	42%	30%	15%
宋元	1438.92	8400	10%	15%	50%	35%	40%	20%
明	1998.17	14000	10%	15%	50%	35%	40%	20%
清前期	1656.24	21000	10%	17%	40%	28%	50%	25%
清中期	2209.04	28000	10%	17%	40%	28%	50%	25%
清后期	2395.47	32200	10%	17%	40%	28%	50%	25%

表11　　　　　　　高额负担水平下农村人口内部粮食占有量的差异

朝代	粮食总产量（亿市斤）	农村人口（万人）	地主		自耕农		佃农	
			人口数量	占有粮食	人口数量	占有粮食	人口数量	占有粮食
春秋战国	196.74	2240	10%	11%	60%	30%	30%	9%
秦汉	575.54	4200	10%	11%	60%	30%	30%	9%
魏晋南北朝	560.5	3500	10%	11%	60%	30%	30%	9%
隋唐	1227.48	6300	10%	11%	60%	30%	30%	9%

续表

朝代	粮食总产量（亿市斤）	农村人口（万人）	地主		自耕农		佃农	
			人口数量	占有粮食	人口数量	占有粮食	人口数量	占有粮食
宋元	1438.92	8400	10%	13%	50%	25%	40%	12%
明	1998.17	14000	10%	13%	50%	25%	40%	12%
清前期	1656.24	21000	10%	15%	40%	20%	50%	15%
清中期	2209.04	28000	10%	15%	40%	20%	50%	15%
清后期	2395.47	32200	10%	15%	40%	20%	50%	15%

结　论

中国古代饥荒的发生与多种因素有关，多灾易荒的自然地理环境、相对狭小的耕地面积、大量的人口都使粮食供应发生困难。在耕地资源不足的情况下，中国农民选择了精耕细作，提高单产以增加粮食供应。传统农业时代中国单位面积的粮食产量长期处于世界领先地位，农业技术水平的提高在很大程度上降低了饥荒风险，减缓了饥荒的发生。因此，中国古代饥荒频繁发生的原因不应该归结为农业技术水平低下，传统农业技术水平不但不低，而且具有很大优越性。在历史时期的大部分时间，中国的传统农业生产技术能够为全社会人口提供比较充裕的食物。隋唐以前粮食生产能力处于持续上涨阶段，粮食生产能力完全能够应对可能发生的饥荒，而且还可以供养更多的人口。宋元明时期粮食生产能力依然高于秦汉时期的水平。入清以后由于人口增殖过快，人口压力剧增，粮食供应空前紧张。清代中国人均粮食占有量倒退到 2000 多年前春秋战国时代的水平上，饥荒的频繁发生已经呈现出不可避免的恶化趋势。因此提高粮食产量水平成为 20 世纪中国最为关键的问题，在耕地资源基本开发殆尽的情况下，唯有采取改进农业技术，提高单位面积产量的办法最为可行。

战争和自然灾害是导致粮食波动的根本性因素，局部地区因此而出现粮食短缺，饥荒的发生成为可能。但是战争的发生与农业生产能力的不足也存在一定关系，农业与战争的关系并不仅仅是"农业养活了战争，战争摧毁了农业"。当社会粮食供应量不足以供养全部人口的时候，争夺食物的战争随之发生。饥荒发生后，由于交通不便，信息不能及时交流，导致灾情进一步加剧。粮食运输成本太高限制了灾荒救济工作的深入开展，也影响了救灾成效。传统农业时代，交通运输条件在饥荒救济中产生了瓶颈效应。农民是粮食生产的主体力量，同时也是最易遭受饥荒危害的社会群体。中国传统社会农民生活水平长期处于贫困化的状态，直至 20 世纪中叶依然没有发生根本性变化。

本文原刊于《中国农史》2007 年第 4 期

《科学时报》2008 年 4 月 24 日据此进行专访

《科学时报》问粮系列之六：
传统中国的粮食安全

——一个"高水平的陷阱"

　　粮食安全是一个现实问题，更是一个演进了几千年的历史问题，在回顾中国粮食安全的历史时，诸如自然灾害、生态环境、人地矛盾、交通运输、整饬吏治等与现实情况交叠的词汇反复出现，增加了历史研究的现实意义。

　　西北农林科技大学农业历史与文化研究所副教授、经济历史学者卜风贤指出，一个矛盾的局面交织在几千年的中国农业生产史上：长期领先世界的农业生产技术水平与粮食供需经常性失衡的两极现象，使我国的传统农业生产始终挣扎在安全与危机之间。

一　我国的农业技术曾经改变了欧洲农业生产

　　在卜风贤看来，我国高水平的农业生产技术是维护我国粮食安全的一种重要因素。传统农业时代，中国单位面积的粮食产量长期处于世界领先地位，隋唐以前国家粮食生产能力持续上涨，完全能够应对可能发生的饥荒，而且还可以供养更多的人口。

　　中国近 2000 年的传统农业生产中，最大的技术进展是宋代以后在北方旱作农业技术体系基础上确立的江南稻作农业技术体系。这是中国农业史上一个重大转折，不但农作物产量得到大大提高，而且还进一步影响到中国传统社会的转型和变革，因此被称为宋代江南农业革命。在此阶段，中国传统农业单产水平从春秋战国时期的亩产 90 多市斤，上升到江南地区稻谷亩产量 337 市斤的高水平上。

尽管在考察我国粮食单产数字时，由于古代度量衡的变化，文献资料中粮食产量的单位、田亩的计量单位存在实际数量的变动与差别，历史学家们在确定具体产量数字时，产生了较大的分歧和争议。但我国古代的粮食生产水平与世界其他地方相比，依然具有明显的优势。单位面积粮食产量长期居世界领先地位，以 1950—1951 年的水平计算，同为世界文明古国的印度谷物单产只有当时中国的 52%。

19 世纪随同英国使臣晋见清朝乾隆皇帝的乔治·斯当东对当时中国社会的诸多弊端都有批评，但在论及农业技术时还是称赞有加。当中国宋代南方稻谷平均亩产量达到 343 市斤时，英国的农业生产水平仍然极为低下，混合作物亩产量约合亩产 76 市斤。17 世纪后，中国农业技术的西传才打开了欧洲农业革命的大门。欧洲的传教士、科学家和商人从中国带回了曲面铁犁壁的犁、种子条播机和中耕机等农具和中国的播种方法，催生了欧洲的农业机械化，彻底改变了几个世纪以来欧洲农业生产水平的停滞局面。

因此，卜风贤认为，传统农业生产为古代社会提供的粮食数量在过去 2000 年时间里不断增加，农业生产不但是古代社会的经济基础，也是维持社会稳定的重要保障性因素，精耕细作的传统农业生产技术体系对我国历史饥荒的发生产生了积极的制约作用，"如果不是依赖于高水平的传统农业技术，中国古代的灾荒危害将会更加严重"。

二 自然条件：致命的局限

然而，高水平农业技术并没有把中华民族从长久的饥饿中拯救出来，相反中华民族的持久性饥饿与高水平的农业技术同时并存于历史时期，卜风贤称之为中国农业史上的"高水平陷阱"。

在面对"中国古代发达的农业为什么没有为古代的中国人提供足够的食物？农业技术的进步为什么不能遏制饥荒的发生？"这样的质问时，自然地理环境的局限便凸现出来。

从气候条件上看，我国农耕地区自然气候条件对农业生产极为不利。在这一点上，历史学家和自然科学家有相同的看法。我国粮食生产的节气与自然条件往往不相符，春夏时期当北方需要雨水浇灌，南方作物需要光照的关口，而夏季风集中于南部沿海地区，致使北旱南涝；夏秋时节北方作物需要充足光照，南方作物需要充裕水分的时节，雨带却又推移到北方地区，往往出现北涝南旱的不利局面。因而在传统农业时期，自然灾害的高风险性构成了对我国粮食安全的最大威胁。

综观 2000 年来中国粮食安全的历史进程，饥饿并没有随着生产技术水平的提高有所缓解，甚至在发展到一定阶段时加剧了饥荒的范围和程度，卜风贤认为："中国历史上灾荒的发生危害随着农业技术的进步而更加严重。"

我国尽管幅员辽阔，但可耕地面积相对狭小，在粮食生产水平提高的同时，人口往往会随之增长。卜风贤说："解决人口增长与粮食产量之间同步异幅增长问题的有效途径是扩大耕地面积。"于是，"人地矛盾"这个很现实的字眼较早地出现在我国农业生产的实际情况中，也是传统社会解决粮食安全问题的主要手段。

对我国的人口究竟什么时候增长到 1 亿的问题，学界争议颇多，最早的说法是宋代，到了清代人口增加到 3 亿—4 亿。为了适应人口日益增长的社会形势并缓解由此带来的人口压力问题，从宋代起中国境内适宜农垦的土地基本得到开发垦殖，明清时期农业开发的范围和幅度大大超过此前任何时期，山林湖沼悉数垦辟为农田，甚至开垦到了自然条件极其严酷的边地、山谷、高寒地带以及荒漠化地带等此前荒无人迹或人迹罕至的地区。

到了清末，耕地面积基本上达到 16 亿亩，与现有耕地面积 18 亿亩十分接近，但耕地面积的急剧增长并没有缓解饥荒的压力，相反"入清以后由于人口增殖过快，人口压力剧增，粮食供应空前紧张。清代中国人均粮食占有量倒退到 2000 多年前春秋战国时代的水平上，饥荒的频繁发生已经呈现出不可避免的恶化趋势"。

在耕地不足的情况下，历代中国农民主要通过垦荒毁林扩大耕地面积，这种现象早在 2000 年前就已经存在，汉代中后期因为大量森林被垦辟为农田，以至于政府再也无力像汉朝中前期那样给无地流民发放公有林地和皇家园林。此后的农业资源开发逐渐向边荒地带扩展，为了生存人们不得不进入自然条件异常严酷的高寒地区和山谷地区继续拓展生活空间，脆弱的生态环境遭到前所未有的破坏，水土流失、土壤沙化等环境灾害因此日渐加剧。

据统计，公元1—9世纪，每百年旱灾的发生频次都在100次以内徘徊，到了17—19世纪增加到300—500次。在传统农业的后期阶段人口压力达到鼎盛状态，因为技术进步而增加的粮食产量在不长的时间内被大量人口消耗殆尽，于是饥荒以更大的规模、更频繁的次数发生。

三　农民的贫困加剧了危机

每年春季，古代帝王都要举行仪式，象征性地亲自耕种。经济历史学家李根蟠认为，无论从这种仪式的举行，还是从实际措施上看，中国历代政权对粮食安全问题是相当重视的，而且有一系列制度对粮食安全进行保障。从土地政策上说，汉代早期，政府曾给无业流民发放林地，供其耕种、安居；从经费支持上说，很多朝代都有减免赋税的政策，并发放贷款给农民购买耕牛、种子等农用品；从技术上说，政府组织编写图书推广农业技术，发展水利等，从土地到资金到技术，都推出了保障粮食安全的措施。特别难得的是，在传统自然经济的时代，政府就开始有意识地对粮食市场进行调节和干预。在丰年，以平价收购粮食进行储备，到荒年以较低的价格出售给农民，以平抑危机。

由于我国农业受自然条件制约，灾荒频繁，粮食供需间的平衡相对脆弱，因此，古代中国很早就重视粮食的储备，从中央仓库到地方各粮食仓库形成了一套严格的粮食储备制度，以应对粮食危机。

与很多研究当今粮食安全的学者的看法一致，"我国的粮食安全问题，很大程度上是农民问题。"李根蟠认为，"在我国古代也是如此。"除了由于自然条件导致的年度和区域间粮食分配的不均衡外，人为的因素导致的人际间粮食分配不平衡，也加剧了我国粮食安全的脆弱性。

据卜风贤统计，在传统社会中自耕农的赋税等各种负担占总收入的30%—50%，而佃农的各种负担则占到了总收入的50%—70%。1922—1925年，金陵大学开展了一次对全国6省11县区13个调查点2370家普通农户的调查，结论是中国农民的生活程度事实上已低到极限。在这种极限的生存条件下，我国大多数人口在应对粮食的阶段性危机时，显得相当无力。

"尽管我国历代保障粮食安全的根本制度还是不错的，但传统中国的吏治一直是一个不可靠的因素。"李根蟠说，"吏治的腐败往往使好的政策未必能很好地实施下去。"

此外，运输问题一直是我国应对粮食危机的一个瓶颈。卜风贤认为，交通不便常常导致灾情加剧，甚至通过饥荒灾情的放大效应而威胁封建政权的稳定性。

本文洪蔚原作，原刊于《科学时报》

《诗经》中粮食安全问题研究

引 言

《诗经》时代处于原始农业向传统农业的过渡时期，人们的生活受自然条件的影响很大，单纯依靠农业生产，很难满足全部的食物需要，必须从其他途径进行补充，因此形成了农业生产和采集、渔猎活动并存的社会经济模式。在农业经济的发展转变过程中，食物结构、粮食供求关系和农业生产环境的变化等因素，对传统农业的萌芽产生了直接或间接的影响。人们采取了各种可能的措施，以缓解粮食短缺以及由此引发的粮食安全问题。如重视农业生产、防治自然灾害、改进耕作技术、提高粮食产量等[1][2][3][4][5][6][7][8]。本文以《诗经》中的农史资料为主要依据，对两周春秋时期传统农业萌芽阶段的粮食安全状况及其相关问题，进行了初步研究。

① 靳勇等注译：《诗经》，甘肃民族出版社1997年版。

② 曹贯一：《中国农业经济史》，中国社会科学出版社1989年版。

③ 赵靖：《中国经济思想通史》，北京大学出版社2002年版。

④ 赵德馨：《中国经济通史》第1卷，湖南人民出版社2002年版。

⑤ 邓云特：《中国救荒史》，商务印书馆1993年版。

⑥ 郭文韬：《中国农业科技发展史略》，中国科学技术出版社1988年版。

⑦ 梁家勉、彭世奖：《我国古代防治农业害虫的知识》，《中国古代农业科技》，中国农业出版社1980年版，第207—218页。

⑧ 梁家勉：《中国农业科技史稿》，农业出版社1989年版。

一 中国古代的粮食安全问题

粮食是人类生存的第一需要，是人类从事精神和物质生产活动的必要前提，人类生活的任何时期都离不开粮食。《贞观政要》中的"国以民为本，人以食为命"，以及"一日不再食则饥"，"民可百年无货，不可一朝有饥，故食为至急"，"民以食为天"的古训，都说明古人早已深刻认识到粮食与生命之间的本质联系，并且几千年来，人类一直都在为维护粮食安全而努力。

对于粮食安全问题的研究，早在古代就已经开始了，只不过当时的研究体系、研究范畴等与现代有所不同，因此没有产生粮食安全的概念。中国古代的先哲，如管子、孔子、韩非子等，就对农业，尤其是粮食的意义做过深入的研究。如孔子"足食，足兵，民信之矣"的治国思想，把"足食"即满足人民的粮食需要视为国家最重要的基础之一。[1]

从公元前 11 世纪至公元前 475 年，中国历史处于西周至春秋时期，农业生产力水平低下，无法为社会提供足够的粮食来解决全体国民的温饱问题。从《唐风·鸨羽》的"王事靡盬，不能艺黍稷。父母何食"到《豳风·七月》的"六月食郁及薁，七月烹葵及菽。八月剥枣，十月获稻。为此春酒，以介眉寿。七月食瓜，八月断壶。九月叔苴，采荼薪樗，食我农夫。九月筑场圃，十月纳禾稼。黍稷重穋，禾麻菽麦"，都反映了当时农业及其他各种活动情况。透过《诗经》中的这些诗篇可以看到，当时人们的主要食物是黍稷等。但是在《豳风·七月》中列举了农历6—10月人们所食用的各种植物，11 月至次年 5 月则未提到。在这里可发现一个很重要的问题，那就是 10 月及其以前所收获的禾稼，由于产量有限，还不能满足人们全年的粮食需要，所以在 6—10 月还必须以郁、薁、葵、菽、枣、瓜、壶、荼等补充粮食的不足。

另据《陕西农业自然环境变迁史》[2] 中的叙述，西周时期处于气候史上的第一个寒冷期，梅、桑、橘、竹等喜温植物和獐、竹鼠等动物，在

---

① 严瑞珍、程漱兰：《经济全球化与中国粮食问题》，中国人民大学出版社 2001 年版。

② 陕西省农牧厅编：《陕西农业自然环境变迁史》，陕西科学技术出版社 1986 年版。

黄河流域周人活动的主要区域已是十分少见，加上长期的采集和渔猎活动，使得有限的动植物资源数量减少。

通过上述分析可以看出，从西周至春秋时期，人们的粮食安全比较脆弱，极易受到多方面的威胁，对粮食的需求以追求数量为主，对于粮食的营养安全和食品安全则要求不多。国家粮食安全所追求的主要目标，是满足人们的生存需要。这里所讲的"粮食"，是指广义的粮食，不仅包括谷物、薯类，而且也包括肉类、水果类、蔬菜类等各种可以充饥的食物。为了保持和维护粮食安全，这一时期的人们做出了更多的努力。下面结合《诗经》所见的资料，对此问题进行一些具体的探讨。

二　重视农业生产增加粮食产量

尽管《诗经》时期生产力较前代有所发展，人口增多，但是满足人们对粮食的需要，始终是当时最主要的经济问题。《诗经》中有大量的材料反映当时人们对农业生产的重视。

《墨子·辞过》篇中说："圣人作海，男耕稼树艺，以为民食。其为食也，足以增气充虚，强体适腹而已矣。"周人正是以能够"增气充虚，强体适腹"的农业起家，凭借着坚实的农业后盾，不断发展其势力，并最终成功克商，因此周人对发展农业十分重视。《史记·货殖列传》记载，周人始祖后稷长于种植，后来的公刘率众迁豳，古公亶父再迁岐山周原，都进一步发展农业。周代统治者延续了重农的传统，周文王"卑服，即康功田功"，"自朝至于日中昃，不遑暇食"。其孙成王也把每年督促农业生产作为国之大事。《周颂·噫嘻》中说："噫嘻成王，既昭假尔。率时农夫，播厥百谷。骏发尔私，终三十里。亦服尔耕，十千维耦。"周公还总结了商亡教训，告诫后代为君要"先知稼穑之艰难"。《大雅·桑柔》中说："好是稼穑，力民代食。稼穑维宝，代食维好。"周宣王时期的卿士虢文公还提出了"王事惟农是务"的观点。

春秋祭是周人最为重视的宗教祈祷仪式。为求得一年的风调雨顺、五谷丰登，周王亲自主持春祭，这种祭祀仪式称为"祈谷"。《诗经》中《噫嘻》描绘的就是举行祈谷活动的情形，《载芟》则表现了周王率王公贵族籍田的状况。到了秋天，在粮食归仓之后，还要举行规模盛大的秋祭，以答谢神灵和先祖的恩赐，并求得来年丰收。在举行秋祭时，周人将丰收的作物选择最好的供奉给神灵和先祖，还要用自酿的旨酒来愉悦神灵。《周颂》中的《丰年》《小雅》中的《楚茨》就是"秋冬报祭"的祭歌。从"国之大事，唯祀与戎"可以看出，国家大事之一的祭祀都直接关乎农业，尤其是粮食生产。

通过以上论述，可以充分领略到周代统治者对发展农业生产的重视。另外，广大农民也都特别重视农业生产。在《唐风·鸨羽》中借农夫之口发出感慨："不能艺黍稷。父母何食？"表达了当时人们对农业生产的高度重视。

在历代统治者和广大人民的努力下，靠着周人优越的农耕技术，不断扩大垦殖区域，已经形成"十千维耦"的庞大场面，粮食产量有所提高。如"倬彼甫田，岁取十千。……曾孙之稼，如茨如梁。曾孙之庾，如坻如京。乃求千斯仓，乃求万斯箱"。据《诗经》的记载，当时粮食仓储除了窖储外，还有仓、廪、囷、庾等。而且当时的奴隶主贵族们高度重视粮食储备。《礼记·王制》中说："三年耕必有一年之食，九年耕必有三年之食。以三十年之通，虽有凶旱水溢，民无菜色。"为此还设有专门的部门和官职来管理粮仓。如《礼记·月令》中说："（季春之月）命有司发仓廪，赐贫穷，振乏绝。"

周代统治者通过一系列的仓储建设，建立起了较为完备的国家粮食安全体系，有力地保证了整个国家的粮食安全。

三 改进耕作技术提高粮食产量

在古代社会早期，影响粮食安全的因素更多地来自农业生产技术的落后，粮食自给率相对偏低。在两周春秋时期农业生产工具得到改良，已经普遍在耒的尖端上安装上能提高耕作效率的耜，青铜农具和后来出现的铁制农具也相继投入农业生产，使用了能够"俶载南亩"的"畟畟良耜"。而且在春秋末期又加上牛耕的使用，这些使得农业生产力较夏代和商代都有了较大的进步，可以开垦出更多的土地进行耕种，从而收获更多的粮食。正如《周颂·良耜》中所说："获之挃挃，积之栗栗。其崇如墉，其比如节。以开百室，百室盈止。"

在这个时期，已经有了"菑亩""新田""畬"的耕作制度，耕作方法也有所改进，诸如畎亩法。而且农民已积累了比较丰富的农业生产知识、技能和经验，很注意农时、选种、施肥、中耕除草、防治病虫害及田间管理等。在《诗经》中有许多关于农事的记载和歌颂，从其字里行间可以看出当时的农业生产技术水平和生产力状况。如《豳风·七月》中提到的"三之日……""四之日……"等，就反映了周人对农时的重视。而且先民很早就有了"嘉种"的概念。《大雅·生民》中就有"诞降嘉种，维秬维秠"的诗句，说明当时人们已经很讲究选用良种了。《诗经》中还有许多诗篇讲到中耕除草、培土间苗，使农田"莠厥丰草""不稂不莠"，而且田地中多建有排灌系统。

周初农耕的方式是大规模的集体耕作，《周颂·噫嘻》中的"噫嘻成王，既昭假尔。率时农夫，播厥百谷。骏发尔私，终三十里。亦服尔耕，十千维耦"，是经常为人征引以描述周代农耕方式的诗句。另外，在《周颂·载芟》一诗中说到"千耦其耘"这种大规模的耕作，说明当时农民已在从事成对的耦耕。

由于广大农民的辛勤劳作，再加上生产力水平的提高和农耕技术的进步，农业生产发展很快，农作物的种类不断增多，除了主要农作物黍、稷外，还有稻、粱、麦、菽及蔬菜、瓜果等。大量耕地得到开垦，粮食作物产量大幅度提高，有了"载获济济，有食其积，万亿及秭"的收获。如《周颂·丰年》中"丰年多黍多稌，亦有高廪，万亿及秭。为酒为醴，烝畀祖妣。以洽百礼，降福孔皆"。意思是说，大熟之年，收获了大量的黍米和稻谷；丰收的粮食除储藏一部分外，还拿出来酿酒，以祭祀祖先和各种礼仪之用。这正描写了农业丰收的场景。

四　兼营采集渔猎补充粮食不足

虽然农业生产有了较大发展，黍、稷等粮食在当时人们生活中占据重要地位，但是仅仅依靠粮食生产还不能满足人们全年的粮食需求，还必须以蔬菜、瓜果、禽肉来补充不足，在灾荒之年甚至还要靠这些食物来糊口。如《豳风·七月》中"九月叔苴，采荼薪樗，食我农夫"，《郑风·女曰鸡鸣》中"女曰鸡鸣，士曰昧旦。子兴视夜，明星有烂。

将翱将翔，弋凫与雁。弋言加之，与子宜之。宜言饮酒，与子偕老。琴瑟在御，莫不静好"，《小雅·瓠叶》中"有兔斯首，炮之燔之"，类似的诗篇还有《陈风·衡门》《周南·卷耳》《周南·兔罝》《小雅·我行其野》《小雅·鱼丽》等。由此可见，在这一时期采集渔猎依然长盛不衰。

另外，进入西周时期，随着农业的发展，畜牧业和园圃业也有所发展，马牛羊的饲养初具规模，从《小雅·无羊》中所描写的情况来看，当时已经可以饲养大量的牛羊，蔬菜种植也有所记载。但是这些绝大部分是供给奴隶主贵族食用的，对于广大劳动人民来说，主要的渠道仍是采集渔猎。

人们将暂时吃不完的采集渔猎所得，采用各种方法储藏起来，以备较长时期的食物需求。在植食储藏方面，当时的人们采用晒干、盐腌的方法保存果品。如《礼记·少仪》中"桃之者，梅之者，卵盐，人君燕所食也"，即用卵盐腌制的桃和梅是人君能吃的食物。如《小雅·信南山》中"中田有庐，疆场有瓜。是剥是菹，献之皇祖"。据考证，"菹"就是一种腌制的方法。在肉食储藏方面，人们发明了许多方法，制咸肉或咸肉干。如《大雅·凫鹥》中"尔酒既湑，尔肴伊脯"，《礼记·王制》中"天子、诸侯无事则岁三田：一为干豆，二为宾客，三为充君之庖"。其中的干豆，是做成干肉，盛在豆中，以用于祭祀。

五 防御自然灾害减轻粮食损失

农业民族以稼穑为本，尤其是在《诗经》时代，由于当时生产力水平较为低下，生产工具也比较落后，抵御自然灾害的能力较差，一旦发生重大自然灾害，将会严重危及农业生产，进而影响粮食安全。

在这一时期，自然灾害不断发生，而且经常是损害严重的特大灾荒，正所谓"水旱频仍"，灾情严重的还会发生"人相食啖""白骨积委""庐落丘墟，田畴芜秽"等目不忍睹的惨状。据邓云特（邓拓）统计，这一时期的自然灾害主要有：

（1）旱灾：发生的频数最多，达30次。周厉王时，"浩浩昊天，不骏其德。降丧饥馑，斩伐四国"；周宣王至幽王初年，"天降丧乱，饥馑荐臻。靡神不举，靡爱斯牲……旱既大甚，散无友纪"，"如彼岁旱，草不溃茂"。

（2）水灾：位居第二，有 16 次之多。

（3）虫灾：一共发生 13 次。这一时期人们对农业害虫痛心疾首，"天降丧乱，灭我立王。降此蟊贼，稼穑卒痒"。

（4）地震：据《吕氏春秋·制乐》载，"周幽王立国八年，岁六月，文王寝疾五日，而地动东西南北，不出国郊"。这是中国最早的一次可靠的地震记载。

（5）雹灾：周"夷王七年，冬，雨雹，大如砺"。

（6）鼠害："穹窒熏鼠，塞向墐户"。

在众多的自然灾害中，有时一灾，有时多灾并至，形成灾害链，严重危害农业生产和人民生活，进而危及粮食安全。

人是万物之灵，在自然灾害发生时，人们会发挥主观能动性，积极主动地预防和减轻自然灾害。而对自然灾害，当时的人们采取了很多措施：

（1）国家救济。对于受灾之年的救济措施，西周设立司稼之官，"巡野观稼，以年之上下出敛法，掌均万民之食，而赒其急，而平其兴"，即根据农田作物生长及灾歉情况，上报中央，按规定采取救济或减免措施。《周礼·地官·司徒》规定："以荒政十有二聚万民：一曰散利，二曰薄征，三曰缓刑，四曰弛力，五曰舍禁，六曰去几，七曰眚礼，八曰杀哀，九曰蕃乐，十曰多昏，十有一曰索鬼神，十有二曰除盗贼。……大荒、大札，则令邦国移民、通财、舍禁、弛力、薄征、缓刑。"即根据受灾损失大小，分别给以贷放种子、口粮、减免税、缓刑、免役、开放山林、关市、除贼安民等措施，以尽力迅速恢复民力。如系特大灾荒年，则要移民就食，以救民急。[①]

（2）祭祀祈福。由于对农业生产规律的认识不完全明了，农业的丰歉在很大程度上取决于自然条件的好坏。当人们还很难依靠自身力量去控制自然的时候，就只能寄希望于神灵的庇佑、祈求祖先的庇护和上苍的恩赐。故而在《诗经》的许多篇章中，都表现出了祭祀是周人极为重

---

① 孙翊刚：《中国赋税史》，中国税务出版社 2003 年版。

要的社会活动，是国家政治生活中的大事。围绕着农业生产，周人设置了许多祭祀仪式。一般来说，周人在春、夏、秋三季分别举行农业祭祀，史称春祭、夏祭、秋祭，以此来祈求上天保佑，风调雨顺，粮食丰收。

（3）积极防御。面对灾荒，主要是采取积极的措施，做到防患于未然，把各种灾害的损失降低到最低程度。周代对于整地耕地与开沟洫的一整套方法，在农业生产中亦积累了防旱保墒的经验。积极防御害虫，如《小雅·大田》中："田祖有神，秉畀炎火。"讲的就是利用害虫的趋光性，点火诱杀害虫的方法。在《周礼》中还提到了"以嘉草攻之""以莽草熏之"的烟熏除虫法。凡此种种，均有助于抗击自然灾害。

六　结语

纵观《诗经》时代，人们在生产力水平比较低的情况下，为了维护粮食安全，全体人民都付出了艰苦的努力，这些很值得借鉴。当然，还应该以一种辩证的态度，去认识《诗经》中所反映的那个时代的粮食安全及相关问题，为当今的国家粮食安全和"三农"建设服务。

本文与朱磊合作，原刊于《气象与减灾研究》2006 年第 3 期

中国的粮食安全及应急预案：
粮食储备的意义

中国的居住人口占世界的20%，但只有全球7%的可耕种土地以及6.6%的淡水资源。这种人口规模与粮食生产所需的基本资源——土壤和水之间关系的不利性需要中国政府认真去思考粮食安全以及应急预案的问题。自1949年以来，与人口数量提高速率（240%）相比，中国已经在提升粮食产量的速度（400%）上取得了卓越的成功，这基本上是通过增加单位面积的化肥使用量来实现的，因为近年来耕地的总规模一直在减少。尽管中国试图在粮食生产方面基本实现自给自足，但有两种可能的偶发事件将导致严重问题：（1）持续性的常年干旱；（2）化学肥料生产能力下降。如果中国的粮食生产下降33%，那么作为中国历史上苦难根源的饥荒问题依然会再次发生。由于全球粮食市场每年贸易量约为2.4亿吨，因此如果中国增加1.5亿吨的粮食购买量的话，世界粮食市场很难满足这一突然的粮食需求。中国传统社会普遍存在的国内粮食储备系统的形成和维护似乎是避免饥荒的唯一现实的应急预案策略，以防未来几年粮食产量突然严重下降。

引　言

在任何国家，有足够的食物供其公民食用当然可以被视为一个"关键的基础设施"。但是，食品"基础设施"非常复杂，它包括私人和政府企业、农业生产、食品加工、食品储存、贸易、进出口等多个方面，食品安全的概念已经被联合国粮农组织定义如下："食品安全就是所有人在任何时候为了人类积极健康的生活都能获得充足、安全和营养的食物来满足自身的饮食需求和食物偏好。"[①] 这个定义字面意思是任何地方都不存在绝对的粮食安全，因为即使是富裕国家，由于个人和地区之间的贫富差异，都不能确保他们所有的公民在任何时间都享受粮食安全。另一个定义是1990年Anderson提出来的，[②] 美国农业部2002年直接照搬照用："家庭食品安全就是所有成员随时有足够的食物来保持活跃、健康的生活。食品安全包括两个方面：（1）最低限度的营养充分和安全的可用性食物。（2）有能力并以社会能接受的方式去获得可接受的食物（也就是说，不采用紧急食物供应、偷盗或其他应对策略）"。[③] 这里的家庭是日常生活中的社会单位，不包括紧急情况。显然，食品安全的概念具有许多实用和学术层面的重要意义，它的反义词是粮食危机，意指在数量和质量上缺乏适当的食物供应可能会导致营养不良乃至全面的饥荒。

这篇文章从中国，这个拥有世界最多人口（13亿）的国家层面上论述了粮食安全和粮食危机问题。饥荒是中国历史上的灾难，而旱灾是与粮食危机有关的最可怕的自然灾害。从历史的角度来看，农业土地资源和粮食安全管理已得到评估，问题不仅仅是中国是否能够在预期人口增长的情况下养活自己。在突发事件，如未来严重干旱发生的情况下，为人们提供足够食物的最安全的策略是什么？世界市场平均粮食储备量是否大到足以缓冲中国的大幅减产呢？

一 中国的农业、土地、水资源以及人口

中国是世界上最大的农业经济体，既是最大的粮食生产国，又是最大的粮食消费国。尽管印度人口接近11亿，但中国的粮食需求是世界上

---

① FAO（1983），Approaches to World Food Security, Food and Agricultural Organization of United Nations, Rome, Chapter 2, pp. 19 – 37.

② Anderson, S. A. (1990), Core Indicators of Nutritional State for Difficult-to-Sample Populations, Journal of Nutrition, Volume 120, Number 11S, pp. 1557 – 1600.

③ USDA (2002), (Nord, M., Kabbani, N., Tiehen, L., Andrews, M., Bickel, G. and Carlson, S.) Household Food Security in the United States, 2000, Food and Rural Economics Division, Economic Research Service, US Department of Agriculture, Food Assistance and Nutrition Research Report, No. 21.

其他国家无法比拟的。中国的粮食安全不仅事关国家利益，而且也对全球粮食安全产生明显的影响。这个问题由 Kueh 提出："由于中国的人口数量，即使中国粮食平衡产生微小的变化，也可能严重影响世界粮食贸易。"[1]

中国的耕地面积相对较少，这是一个固有的劣势，对于农业种植来讲不是大片地区太干燥（沙漠）就是太寒冷（高海拔）。中国只有世界耕地总面积7%的耕地资源[2]，但人口占全球的21%。中国水资源也存在类似的劣势，中国平均每年的可再生淡水资源为2812.4立方千米，[3]仅占全球可再生淡水资源的6.6%，估计全球每年为42750立方千米。[4]灌溉对中国的粮食安全至关重要，其75%的粮食生产都是在灌溉土地上种植的。[5]

这些不利的因素由于人口的增长和耕地的减少而加剧，因为城市和工业扩张需要地理空间，这导致了布朗可怕的评价产生了相当大的社会影响。[6]布朗提出了谁来养活中国的问题，在不久的将来中国可能不得不大量进口粮食，这将导致世界粮食价格上涨，以及全球粮食储备境况的恶化。另一项研究则对中国的农业土地储备以及在2025年预计人口为14.8亿的情况下将粮食产量提高到6.5亿吨的潜力提出了更为乐观的看法。[7]

中国拥有960万平方公里的面积，比美国大一些。中国的平均人口密

① Kueh, Y. Y. (1984), China's Food Balance and the World Grain Trade: Projections for 1985, 1990, and 2000, Asian Survey, Volume 24, Nomber12, pp. 1247 – 1274.

② Crook, F. W. (1987), Agriculture, in Worden, R. L., Savada, A. M. and Dolan, R. E. (Eds), China: A Country Study, Federal Research Division, Library of Congress, Chapter 6.

③ 水利电力部水文局编：《中国水资源评价》，水利电力出版社1987年版，第139页。

④ Shiklomanov, I. A. (2000), Appraisal and Assessment of World Water Resource, Water International, Volume 25, Number 1, pp. 11 – 32.

⑤ Jin, L., and Warren, Y. (2001), Water Use inAgriculture in China: Importance, Challenge, and Implications for Policy, Water Policy, Volume 3, Number 3, pp. 215 – 228.

⑥ Brown, L. R. (1995), Who Will Feed China? Wake-up Call for a Small Planet, W. W. Norton & Company, New York.

⑦ Heilig G. K. (1999), Can China Feed Itself? A System for Evaluation of Policy Options. International Institute for Applied System Analysis (IIASA), Laxenburg Austrial, CD-ROM Version 1.1. Available online at: http://www.iiasa.ac.at/Research/LUC/ChinaFood/index-h.htm.

度是每平方公里 134 人，比美国和欧洲的每平方公里的 27 人和 49 人要高得多。与美国和欧洲相比，中国的耕地少得多。

中国拥有广阔的领土和复杂的地形，不同地区的气候差异也很明显。每年的降水从东南沿海的 1500 毫米到更少的西部和西北部广阔的沙漠地区的 50 毫米。自秋天到春天的冬季季风从西伯利亚和蒙古高原吹到中国，冬天的气温比同一纬度的其他国家低 5℃—18℃。来自太平洋和印度洋的夏季季风于 4 月左右进入中国南部，带来伴随降雨的温暖潮湿的空气。夏季季风对中国和印度的农业都至关重要，在某些年份较弱季风系统会导致严重的干旱。①②③

沙漠、山区和寒冷的高地构成了中国西部和西北部的大部分地区，包括青藏高原、塔克拉玛干沙漠和戈壁沙漠。超过一半的中国国土（53%）对于农业发展来说都因过于寒冷、干燥或是多山而难以耕垦，在这些人口稀少的地区，畜牧业是主要的生产方式。只有 12% 的中国领土拥有良好的农业用地，这些地方主要位于中国东部地区。因此，中国历史上绝大多数人口生活在东部地区也就并不奇怪了。根据中国人口普查办公室的数据显示，20 世纪 30 年代约有 96% 的人生活在中国东部，这一比例目前仍保持在 95.5%。人口规模与适宜的可耕地面积之间关系的相对不利在几个世纪前已经导致中国集约型农业的发展水平相对较高。④ 欧洲中世纪和以后几个世纪的农业与中国农业相比，通常都处于劣势。欧洲从中国引进了各种技术成果，例如农业工具和播种方法。⑤ 到了 20 世纪中叶，在 1949 年中华人民共和国成立之时，大部分潜在的农业用地已经被用于耕地。

---

① 史正涛、张林源、苏桂武:《中国季风边缘带的自然灾害及成因》,《灾害学》1994 年第 4 期。

② 史正涛:《中国季风边缘带自然灾害的区域特征》,《干旱区资源与环境》1996 年第 4 期。

③ 潘耀忠、龚道溢、王平:《中国近 40 年旱灾时空格局分析》,《北京师范大学学报》（自然科学版）1996 年第 1 期。

④ 侯建新:《现代化第一基石》,天津社会科学院出版社 1999 年版。

⑤ Bray, F. (2000), Technology and Society in Ming China (1368 - 1644), Historical Perspectives on Technology, Society and Culture Services, American Historical Association, Washington.

二　中国历史时期的饥荒灾难

中国自古以来就有关于自然灾害和饥荒案例记录的文献资源，最早可追溯到商朝（前 1600—1046 年）。对过去记录的时间序列分析可能被视为对未来自然灾害风险评估的关键性工作。这类信息在自然灾害风险评估和应急预案发展方面都很重要。[①]

表1　　　　　　　　中国古代干旱与饥荒案例的历史记录

中国朝代	干旱案例历史记录	每个世纪平均干旱	饥荒案例历史记录	每个世纪平均饥荒案例
商代 1600—1046	6	1.0	0	0
周代 1046—221 BC	35	4.2	10	1.2
秦代 206—221 BC	1	6.7	4	26.7
汉代 206 BC—220 AD	112	26.3	76	17.8
魏晋 220—581 AD	192	53.2	195	54.0
隋代 581—618 AD	11	29.7	13	35.1
唐代 618—960 AD	232	67.8	150	43.9
宋代 960—1279 AD	388	121.6	386	121.0
元代 1279—1368 AD	212	238.2	533	598.9
明代 1368—1644 AD	328	118.8	437	158.3
清代 1644—1911 AD	1030	385.8	1388	519.9
总数	2547		3192	

中国古代的饥荒记录有多种来源，包括政府档案、地方文献、石刻碑文、考古文物等 10 种不同类型的资料。[②] 每一个文字来源都可以与各

[①] Bu, F. and Bruins, H. J. (2004), Drought and Famine Disasters in China: From Risk Assessment based on Historical Records to Contingency Planning, in Malzahn, D. and Plapp, T. (Eds), Disasters and Society-From Hazard Assessment to Risk Reduction, Proceedings of the International Conference, University of Karlsruhe, Logos Verlag, Berlin, pp. 137 – 144.

[②] 张波、张纶、李宏斌、冯风：《中国农业自然灾害历史资料方面观》，《中国科技史料》1992 年第 3 期。

自王朝的时间联系起来。中国过去遭受过严重的饥荒问题，根据中国古代学者的观察，有三个主要的灾害现象。这三个造成饥荒的主要原因是干旱、洪水和蝗灾。①

新的历史评估表明，中国发生的灾荒事件的总次数到 1911 年达到3192 次。② 早在 20 世纪，学者们就中国古代各种灾难的数量进行了研究，③ 得出了不同的结论。④ 不同的原因有以下两个方面：（1）运用不同的材料来源；（2）对历史记录处理的不同方法。我们的分析表明，干旱是与粮食生产有关的主要自然灾害，也是中国历史上饥荒的主要自然原因，其次是洪水的影响。⑤ 中国未来干旱的潜在危险现在已被充分认识。⑥⑦

历史文献记载的灾害事件数量并不一定能够揭示出所有的饥荒和干旱。在较早历史时期文献记录可能不太发达，而相对较多的文献资料可能在最近的历史时期才幸存下来。另一个因素是农业用地的总规模，清朝末年达到历史高峰（1644—1911 年），农业用地的增加也许是明清时期灾害事件愈益频繁发生的内在原因。

20 世纪中国发生了几次严重的饥荒，特别是在 1920—1921 年、1928—1930 年和 1958—1961 年，在前两起案例中干旱是主要自然原因。

---

① （明）徐光启著，石声汉校注：《农政全书校注》，上海古籍出版社 1979 年版。

② Bu, F. and Bruins, H. J. (2004), Drought and Famine Disasters in China: From Risk Assessment based on Historical Records to Contingency Planning, in Malzahn, D. and Plapp, T. (Eds), Disasters and Society-From Hazard Assessment to Risk Reduction, Proceedings of the International Conference, University of Karlsruhe, Logos Verlag, Berlin, pp. 137 – 144.

③ 陈高備：《中国历代天灾人祸表》，上海书店出版社 1986 年版。

④ 卜风贤：《农业灾害史研究中的几个问题》，《农业考古》1999 年第 3 期。

⑤ Bu, F. and Bruins, H. J. (2004), Drought and Famine Disasters in China: From Risk Assessment based on Historical Records to Contingency Planning, in Malzahn, D. and Plapp, T. (Eds), Disasters and Society-From Hazard Assessment to Risk Reduction, Proceedings of the International Conference, University of Karlsruhe, Logos Verlag, Berlin, pp. 137 – 144.

⑥ Li, K. and Lin, X. (1993), Drought in China: Present Impacts and Future Needs, in Wilhite, D. A. (Ed.), Drought Assessment, Management and Planning: Theory and Case Studies, Kluwer Academic Publishers, London, Chapter 15, pp. 263 – 289.

⑦ Li, K., Chen, Y. and Huang, C. (2000), The Impact of Drought in China: Recent Experiences, in Wilhite, D. A. (Ed.), Drought: A Global Assessment, Volume I, Hazards and Disasters Series, Routledge, London, pp. 331 – 347.

粮食救济在 1920—1921 年的饥荒灾难中被证明是非常重要的，此次饥荒曾导致 50 万人死亡。① 但是在 1928—1930 年的饥荒中，内战妨碍了粮食的供应，影响了受灾地区的救荒减灾⊥作，结果饥荒的受害人数增加至 250 万人。大跃进的计划导致了 1958—1961 年最严重的饥荒，约有 2300 万至 3000 万人丧生。②③ 有人认为大约有 5400 万个家庭和 25000 个的农民重组的人民公社导致了农业生产的灾难性结果，而 1958—1961 年期间大面积的干旱和恶劣的天气也对粮食产量产生了负面影响。④⑤ （参见表 3。）

三 1949—2004 年中国的粮食产量及粮食安全

中国长期的粮食政策是为了达到和保持粮食生产的高度自给自足。在农村和国家层面上维持大量的粮食储备，是粮食安全管理的重要组成部分。

表 2 呈现出 1949—2005 年间中国的粮食产量情况，包括耕地面积和每公顷的平均产量。中国人民的食品营养主要来自五种主要作物：小麦、水稻、玉米、豆类和块茎作物。1985 年中国的平均日粮热量大约是 2600 千卡。根据中国的国家营养标准，主要是从碳水化合物中获得了相当大含量的 72 克蛋白质和 72 克脂肪，⑥ 消费量在 2000 年平均达到 3000 千卡。

① Mallory, W. H. (1928), China: Land of Famine, American Geographical Society, New York.

② Ashton, B., Hill, K., Piazza, A. and Zeitz, R. (1984), Famine in China, 1958 – 61, Population and Development Review, Volume 10, Number 4, pp. 613 – 645.

③ Peng, X. (1987), Demographic Consequences of the Great Leap Forward in China's Provinces, Population and Development Review, Volume 13, Number 4, pp. 639 – 670.

④ Crook, F. W. (1987), Agriculture, in Worden, R. L., Savada, A. M. and Dolan, R. E. (Eds), China: A Country Study, Federal Research Division, Library of Congress, Chapter 6.

⑤ Bu, F. and Bruins, H. J. (2004), Drought and Famine Disasters in China: From Risk Assessment based on Historical Records to Contingency Planning, in Malzahn, D. and Plapp, T. (Eds), Disasters and Society-From Hazard Assessment to Risk Reduction, Proceedings of the International Conference, University of Karlsruhe, Logos Verlag, Berlin, pp. 137 – 144.

⑥ He, X., Xiao, H., Zhu, Q. and Li, P. (2004), Estimation of China's Food Security, China Rural Survey, Volume 6, pp. 14 – 22.

基于以上五种主要作物的营养需求，每人每年的食品总需求量是 370 公斤，其中块茎作物（包括土豆）从生长到净重的转换比例是 5∶1，以便使它们的净重量与谷类作物和豆类的（正常）干重量相匹配。① 但中国的人均粮食产量通常低于 370 公斤。（表 2）

近年来中国耕地面积在逐渐减少，1956 年曾经高达 136.3 百万公顷的粮食种植面积现已下降。近年来中国的耕地面积虽然时有起伏，但在 2003 年却降低到了 99.4 百万公顷（表 2），这一数字也低于 1949 年中华人民共和国成立时的 110 百万公顷。这一趋势似乎表明适合农业用地的有限土地资源的下降以及住房、工业和道路用地的必要扩张，并且是以牺牲耕地为代价的这一现实。然而，粮食作物的平均产量已从 1949 年的 1011 公斤/公顷稳步增加到 2004 年的 4620 公斤/公顷。因此，中国自 1949 年以来，通过单产水平的显著提高已成功增加了粮食总产量。

实际粮食产量从 1949 年的 1.112 亿吨增加到 1958 年的 1.935 亿吨。这些年来谷物的数量非常紧张，短缺现象十分普遍。在大跃进期间将农民组织成公社，导致粮食生产出现灾难性的下降，由于干旱和恶劣天气进一步恶化，粮食产量在 1960 年达到了 1.394 亿吨的低点。于 1958—1961 年爆发的可怕的饥荒造成大约 3000 万人死亡，粮食短缺和粮食供应同时出现问题。② 直到 1965 年农业生产才开始复苏，并再次达到 20 世纪 50 年代末的粮食生产水平。

人均粮食产量（表 2 第 6 列）在 20 世纪 70 年代中期停滞不前，直到 1978 年仍处于 20 世纪 50 年代的平均水平。1978 年中国改革开放决策彻底改变了农村经济体制，人民公社制度被乡镇一级的家庭联产承包制所取代。现在每个家庭都可以保持其农业产出高于国家和集体的需求，这一新的家庭生产责任系统被称为"包干"，使家庭通过努力工作、良好的管理、技术的择优使用和降低生产成本来提高收入。③ 由于改革，20 世纪 80 年代农业生产和农民的家庭财富开始大幅增加，粮食产量大幅度增长，

---

① 朱希刚：《中国粮食供需平衡分析》，《农业经济问题》2004 年第 12 期。

② Ashton, B., Hill, K., Piazza, A. and Zeitz, R. (1984), Famine in China, 1958 – 61, Population and Development Review, Volume 10, Number 4, pp. 613 – 645.

③ Crook, F. W. (1987), Agriculture, in Worden, R. L., Savada, A. M. and Dolan, R. E. (Eds), China: A Country Study, Federal Research Division, Library of Congress, Chapter 6.

1984 年达到 4073 万吨，人均产量达到 390 公斤（表 2）。

　　然而，中央政府想要提高粮食产量的愿望对农民来说并不一定是最好的农业经济战略。这一基本问题对城市消费来说有足够的销售粮食盈余，然而也使农民种植其他作物并为他们带来更多的收入。①② 自 1978 年农村改革兴起以来粮食产量显著提高，到 20 世纪 90 年代初产量开始放缓。随后中国政府开始关注粮食种植的减少趋势，并在 1995 年初开始实行"米袋子省长负责制"，全面负责当地粮食供求平衡。③ 各省官员不得不稳定土地面积，如小麦、大米和一些油料作物，他们还必须确保投资化学肥料和其他投入，以提高单位面积的产量。一定数量的粮食必须放置在仓库中，省内外的粮食运输不得不及时完成。足够多的谷物和食用油必须供应给城市中心，同时要保证价格的稳定。此外，政府还必须通过控制粮食销售的 70%—80%，控制进出口，以及增加粮食自给自足的程度来提高管理粮食市场的方法。④

　　农村的基本政策问题既包括粮食高产，同时也允许农民种植其他产生更多收入的作物，这一问题似乎已经重新出现，因为粮食产量自 2000 年以来一直在下降。

表 2　　1949—2004 年中国人口及粮食产量，粮食作物包括小麦、
水稻、玉米、豆类及块茎作物

年份	人口	粮食播种面积(10^6公顷)	粮食单产（公斤/公顷）	粮食产量（10^6吨）	人均粮食产量（公斤每人）	粮食进口（10^6吨）	粮食出口（10^6吨）
1949	541.67	110.0	1011	111.2	205		
1950	551.96	114.4	1133	129.7	235	0.07	1.2
1951	563.00	117.8	1196	140.9	250	2.0	

---

① Oi, J. C. (1989), State and Peasant in Contemporary China: The Political Economy of Village Government, University of California Press, Berkeley.

② Feng, L. (1997), China's Grain Trade Policy and Its Domestic Grain Economy. Working Paper Series, No. E1997002, China Center for Economic Research (CCER), Peking University.

③ Crook, F. W. (1997), Current Agricultural Policies Highlight Concerns About Food Security, US Department of Agriculture, Economic Research Service, China/WRS – 97 – 3, pp. 19 – 25.

④ Ibid..

续表

年份	人口	粮食播种面积(10⁶公顷)	粮食单产(公斤/公顷)	粮食产量(10⁶吨)	人均粮食产量(公斤每人)	粮食进口(10⁶吨)	粮食出口(10⁶吨)
1952	574. 82	124. 0	1296	160. 7	280	0	1. 5
1953	587. 96	126. 6	1291	163. 5	278	0. 02	1. 8
1954	602. 66	129. 0	1288	166. 1	276	0. 03	1. 7
1955	614. 65	129. 8	1388	180. 2	293	0. 2	2. 2
1956	628. 28	136. 3	1382	188. 4	300	0. 1	2. 7
1957	646. 53	133. 6	1427	190. 7	295	0. 2	2. 1
1958	659. 94	127. 6	1516	193. 5	293	0. 2	2. 9
1959	672. 07	116. 0	1424	165. 2	246	0	4. 2
1960	662. 07	122. 4	1139	139. 4	211	0. 07	2. 7
1961	658. 59	121. 4	1179	143. 2	217	6. 7	0. 2
1962	672. 95	121. 6	1277	155. 3	231	5. 5	0. 9
1963	691. 72	120. 7	1373	165. 7	240	6. 6	1. 4
1964	704. 99	122. 1	1536	187. 5	266	7. 0	1. 7
1965	725. 38	119. 6	1626	194. 5	268	6. 9	1. 5
1966	745. 42	121. 0	1769	214. 0	287	6. 8	1. 8
1967	763. 68	119. 2	1827	217. 8	285	5. 2	1. 9
1968	785. 34	116. 2	1800	209. 1	266	5. 5	1. 7
1969	806. 71	117. 6	1794	211. 0	262	5. 0	1. 6
1970	829. 92	119. 3	2012	240. 0	289	6. 8	1. 7
1971	852. 29	120. 8	2070	250. 1	293	4. 6	1. 6
1972	871. 77	121. 2	1984	240. 5	276	7. 3	1. 7
1973	892. 11	121. 2	2187	264. 9	297	9. 1	2. 7
1974	908. 59	121. 0	2275	275. 3	303	8. 4	2. 6
1975	924. 20	121. 1	2350	284. 5	308	6. 0	2. 1
1976	937. 17	120. 7	2371	286. 3	305	5. 4	0. 2
1977	949. 74	120. 4	2348	282. 7	298	10. 4	1. 3
1978	962. 59	120. 6	2527	304. 8	317	12. 3	1. 7
1979	975. 42	119. 3	2785	332. 1	340	16. 1	1. 6
1980	987. 05	117. 2	2734	320. 6	325	17. 1	1. 5
1981	1000. 72	115. 0	2827	325. 0	325	18. 4	0. 9

续表

年份	人口	粮食播种面积(10⁶公顷)	粮食单产（公斤/公顷）	粮食产量（10⁶吨）	人均粮食产量（公斤每人）	粮食进口（10⁶吨）	粮食出口（10⁶吨）
1982	1016.54	113.5	3124	354.5	349	20.2	0.9
1983	1030.08	114.0	3396	387.3	376	18.7	1.2
1984	1043.57	112.9	3608	407.3	390	15.0	2.4
1985	1058.51	108.8	3483	379.1	358	10.5	8.0
1986	1075.07	110.9	3529	391.5	364	12.4	7.6
1987	1093.00	111.3	3622	403.0	369	21.8	5.5
1988	1110.26	110.1	3579	394.1	355	21.0	5.2
1989	1127.04	112.2	3632	407.6	362	22.2	4.9
1990	1143.33	113.5	3933	446.2	390	19.9	4.2
1991	1158.23	112.3	3876	435.3	376	20.1	9.1
1992	1171.71	110.6	4004	442.7	378	18.2	12.2
1993	1185.17	110.2	4142	456.5	385	14.0	13.4
1994	1198.50	109.5	4063	445.1	371	16.5	11.2
1995	1211.21	110.1	4240	466.6	385	28.1	0.9
1996	1223.89	112.5	4483	504.5	412	18.1	1.5
1997	1236.26	112.9	4377	494.2	400	11.2	8.5
1998	1248.10	113.8	4502	512.3	410	10.0	9.0
1999	1257.86	113.5	4493	508.4	404	9.5	7.5
2000	1267.43	108.5	4261	462.2	364	9.5	14.0
2001	1274.30	106.1	4267	452.6	355	9.9	9.0
2002	1284.53	103.2	4399	457.1	356	9.4	15.0
2003	1292.27	99.4	4333	430.7	333	8.7	22.0
2004	1299.88	101.6	4620	469.5	361	16.1	4.8

资料来源：第三列到第六列的谷物包括小麦、水稻、玉米、豆类和块茎作物。粮食产量数据来自美国农业部经济研究服务中心。1949—1962 年的中国农业数据在某种程度上不同于美国农业部数据。人均粮食产量是按人口规模除以粮食产量计算的。粮食进口和出口的数据只包括小麦、大米和玉米，来自中国农业部门 1989 年数据和 1961—2004 年的世界粮农组织数据库。

表 3 中国受自然灾害影响下（如：极端天气）的粮食种植面积，

尤其是 1949—2004 年间干旱与洪水的影响

年份	粮食播种面积	受影响总面积（产量减少<30%）	被破坏总面积（产量减少>30%）	受干旱影响面积（产量减少>30%）	受干旱破坏面积（产量减少>30%）	受洪水影响面积（产量减少>30%）	受洪水破坏面积（产量减少>30%）
	(10^6公顷)	(10^6公顷)	(10^6公顷)	(10^6公顷)	(10^6公顷)	(10^6公顷)	(10^6公顷)
1949	110.0		8.5				8.5
1950	114.4	10.6	5.1	2.4	0.4	6.6	4.7
1951	117.8	14.2	3.8	7.8	2.3	4.2	1.5
1952	124.0	9.1	4.4	4.2	2.6	2.8	1.8
1953	126.6	23.4	7.1	8.6	0.7	7.4	3.2
1954	129.0	21.5	12.6	3.0	0.3	16.1	11.3
1955	129.8	20.0	7.9	13.4	4.1	5.2	3.1
1956	136.3	22.2	15.3	3.1	2.1	14.4	11.0
1957	133.6	29.1	15.0	17.2	7.4	8.1	6.0
1958	127.6	31.0	7.8	22.4	5.0	4.3	1.4
1959	116.0	44.6	13.7	33.8	11.2	4.8	1.8
1960	122.4	65.5	25.0	38.1	16.2	10.2	5.0
1961	121.4	61.7	28.8	37.8	18.7	8.9	5.4
1962	121.6	37.2	17.3	20.8	9.0	9.8	6.3
1963	120.7	32.7	20.1	16.9	9.0	14.1	10.5
1964	122.1	21.6	12.6	4.2	1.4	14.9	10.0
1965	119.6	20.8	11.2	13.6	8.1	5.6	2.8
1966	121.0	24.2	9.8	20.0	8.1	2.5	1.0
1967	119.2	6.4	0.9	4.1	0.5	1.9	0.3
1968	116.2	21.1	10.0				
1969	117.6	31.3	8.4				
1970	119.3	10.0	3.3	5.7	1.9	3.1	1.2
1971	120.8	31.0	7.4	25.0	5.3	4.0	1.5
1972	121.2	40.5	17.2	30.7	13.6	4.1	1.3
1973	121.2	36.5	7.6	27.2	3.9	6.2	2.6
1974	121.0	38.6	6.5	25.6	2.7	6.4	2.3

年份	粮食播种面积	受影响总面积	被破坏总面积	受干旱影响面积	受干旱破坏面积	受洪水影响面积	受洪水破坏面积
		（产量减少<30%）	（产量减少>30%）	（产量减少>30%）	（产量减少>30%）	（产量减少>30%）	（产量减少>30%）
1975	121.1	35.4	10.2	24.8	5.3	6.8	3.5
1976	120.7	42.5	11.4	27.5	7.8	4.2	1.3
1977	120.4	52.0	15.2	29.9	7.0	9.1	5.0
1978	120.6	50.8	24.5	40.2	18.0	2.9	2.0
1979	119.3	39.4	15.1	24.7	9.3		2.9
1980	117.2	44.5	29.8	26.1	14.2	9.2	6.1
1981	115.0	39.8	18.7	25.7	12.1	8.6	4.0
1982	113.5	33.1	16.0	20.7	10.0	8.4	4.4
1983	114.0	34.7	16.2	16.1	7.6	12.2	5.7
1984	112.9	31.9	15.6	15.8	7.0	10.6	5.4
1985	108.8	44.4	22.7	23.0	10.1	14.2	8.
1986	110.9	47.1	23.7	31.0	14.8	9.2	5.6
1987	111.3	42.1	20.4	24.9	13.0	8.7	4.1
1988	110.1	50.9	23.9	32.9	15.3	11.9	6.1
1989	112.2	47.0	24.4	29.4	15.3	11.3	5.9
1990	113.5	38.5	17.8	18.2	7.8	11.8	5.6
1991	112.3	55.5	27.8	24.9	10.6	24.6	14.6
1992	110.6	51.3	25.9	33.0	17.0	9.4	4.5
1993	110.2	48.8	23.1	21.1	8.7	16.4	8.6
1994	109.5	55.0	31.4	30.4	17.0	17.3	10.7
1995	110.1	45.8	22.3	23.5	10.4	12.7	7.6
1996	112.5	47.0	21.2	20.2	6.2	18.1	10.9
1997	112.9	53.4	30.3	33.5	20.0	11.4	5.8
1998	113.8	50.1	25.2	14.2	5.1	22.3	13.8
1999	113.2	50.0	26.7	30.2	16.6	9.0	5.1
2000	108.5	54.7	34.3	40.5	26.8	7.3	4.3
2001	106.1	52.2	31.8	38.5	23.7	6.0	3.6
2002	103.9	47.1	27.3	22.2	13.2	12.4	7.5
2003	99.4	54.5	32.5	24.9	14.5	19.2	12.3
2004	101.6	34.9	16.3	17.3	8.5	7.5	3.7

四 中国农业的气候风险:干旱和洪水

中国气候与农业关系的一个基本问题是农业季节、作物需水量和夏季季风之间缺乏协调性。秦岭山脉和淮河把中国分为南方与北方两个气候区,前者属于湿润带,每年有超过800毫米的降水,而北方属于干燥的半湿润、半干旱和干旱地带。

因为季风从南方进入中国,因此中国南方的降雨通常在4月份开始,随后再逐渐向北移动,季风性降雨通常在6月经过秦岭山区,再进入北方。因此,在春季播种季节北方地区通常缺乏降水。有时中国南方的季风系统会停滞,造成南方降雨过多及洪灾,而在中国北方则发生干旱。因此在全国不同地区干旱和洪水会同时造成对农作物的严重损害。

如果季风渗透到中国北方并且在那里停留的时间太长,可能会产生相反的农业问题。中国北方的成熟作物可能会在收获季节得到过多的降雨,而中国南方可能会出现干旱,即在全国各地同时造成农作物减产。因此,受恶劣天气影响的作物种植破坏面积可能会扩大,这可能导致农业生产的严重下降。

中国北方的冬季季风可能会带来强风、沙尘暴、寒潮、霜冻和大雪。此外,中国南方可能受到寒冷冬季季风的影响,由于气温低,可能会对脆弱的庄稼和果树造成损害。

因此,中国东部自然条件比较优越的地区在气候变化中极易受到自然灾害的影响,尤其是干旱或洪水灾害,这与每年季风系统的发展有关。由于中国地势的第一阶梯多崇山峻岭,大的河流都自西向东流。由于大量的季风性降雨,中国的东部下游地区经常发生洪水灾害。最主要的河流是北方的黄河(5464公里)和南方的长江。

长江是仅次于尼罗河和亚马孙河的世界第三大河,它从中国西部青藏高原到中国东海的流程为6300公里。长江三峡工程是为防洪而设计的,也用于发电和灌溉。三峡大坝是世界上最大的水坝,于2003年建成。黄河的主要用途是用于华北地区的灌溉,它也因此而逐渐干涸。在某些干旱年份还会出现断流,不再流入大海。中国北方大面积的耕地资源都是以灌溉农业为基础而被开发利用的。因此,中国正在计划通过南水北调将长江的水输送到黄河，这是一个非常复杂的项目，影响深远。[1]

1949—2004 年间，受自然灾害影响和破坏的土地面积有所波动。1959—1961 年间的大饥荒主要是人为因素，当然也包括恶劣的天气，特别是干旱。1960 年灾情极其严重，总种植面积 1.224 亿公顷中有 9500 万公顷的粮食作物遭受灾害影响或破坏。

但是，近期也有大片农田遭受到极端天气的影响，在 2000—2004 年间受灾面积分别是 8900 万、8400 万、7440 万、8700 万以及 5120 万公顷。近年来粮食作物种植面积减少到 1 亿公顷左右。中国北方地下水水位不断下降，这一地区灌溉农业的可持续发展也正引起人们极大的关注。中国的水资源正以令人担忧的速度减少，[2][3] 同时这种情况也出现在世界上许多其他干旱地区。[4]

五 应急预案的政策建议

尽管干旱、洪水和其他恶劣天气对中国农业生产的影响在 1970—2004 年间是显著的，但它还没有达到危机程度。中国目前的小麦、水稻、玉米、大豆和块茎的粮食产量约为 4.5 亿吨，而 1995 年进口最多的粮食（小麦、大米、玉米）则达 2810 万吨。然而过去的历史在更大的时间跨度上的演进模式表明，更严重的常年干旱可能会在未来侵袭中国。

可以考虑两种可能的偶发事件：（1）中国未来的极度干旱可能会使 5 种主要作物的年产量从 4.5 亿吨降至 3 亿吨。（2）因为耕地总面积有限，提高粮食产量只能通过单产来实现，但是在中国粮食生产体系中发挥至关重要作用的化肥却有可能出现减产情况。肥料的短缺可能也会使主要

---

① Shao, X., Wang, H. and Wang, Z. (2003), Interbasin Transfer Projects and Their Implications: A China Case Study, International Journal of River Basin Management, Volume 1, Number 1, pp. 5 – 14.

② Brown, L. R. and Halweil, B. (1998), China's Water Shortages Could Shake World Food Security, World Watch, July/August, pp. 10 – 21.

③ Postel, S. (1999), Pillar of Sand: Can the Irrigation Miracle Last?, W. W. Norton & Company, New York.

④ Bruins, H. J. (2000), Proactive Contingency Planning vis-à-vis Declining Water Security in the 21st Century, Journal of Contingencies and Crisis Management, Volume 8, Number 2, pp. 63 – 72.

粮食产量从4.5亿吨减少到3亿吨。事实上这样的减少并不是那么严苛，因为它会把主要粮食生产水平恢复到1978年的水平，就是在耕地面积是1.206亿公顷的面积上生产3.05亿吨粮食。现有的地方农业用地面积已经有所减少，全国耕地面积维持在大约1亿公顷（表2）。

考虑到这样的偶然性事件会导致中国粮食产量在一年或几年里下降33%，这就由此产生一个问题：中国1.5亿吨的粮食年短缺量该如何补偿？2001—2005年间，世界粮食贸易（小麦、水稻、玉米）的平均数量约为2.4亿吨。[1] 如果中国突然需要购买1.5亿吨，即全球粮食贸易总量的63%的话，这似乎是不可能的。面对中国人口逐渐增加、农业用地和水资源减少的问题，布朗（1995年）得出的结论是：中国未来将需要大量粮食进口。[2] 大多数国家由于粮食生产量不够，因此需要在世界市场上购买粮食。另一方面，只有少数国家生产了大量的出口粮食。

美国在2004—2005年间是最大的单一谷物出口国，在3.86亿吨的粮食总产量中出口量达到8300万吨。[3] 因此，为了满足中国1.5亿吨主要粮食作物的短缺，美国每年几乎要增加一倍的粮食出口。这样的偶然性无疑会导致世界粮食价格的急剧上涨，因为国家会为了避免严重的粮食短缺甚至饥荒而竞相购买粮食。因此，世界粮食市场的年度产量似乎太小，不足以缓冲中国可能出现的约1.5亿吨的缺口。

那么，在积极的应急计划方面可能会做些什么呢？[4] 如果本地生产和外国进口是不够的，那么只有一种避免饥荒的可能选择：足够庞大的粮食储备系统。这种解决方法和中国的历史一样古老。公元前8世纪至公

---

① USDA (2006), All grain summary production, consumption, stocks, and trade total foreign countries, USA, and total world (million metric tons). United States Department of Agriculture. Available online at: http://www.fas.usda.gov/grain/circular/2006/02-06/Agsum.pdf.

② Brown, L. R. (1995), Who Will Feed China? Wake-up Call for a Small Planet, W. W. Norton & Company, New York.

③ USDA (2006), All grain summary production, consumption, stocks, and trade total foreign countries, USA, and total world (million metric tons). United States Department of Agriculture. Available online at: http://www.fas.usda.gov/grain/circular/2006/02-06/Agsum.pdf.

④ Bruins, H. J. and Lithwick, H. (1998), Proactive Planning and Interactive Management in Arid Frontier Development, in Bruins, H. J. and Lithwick, H. (Eds), The Arid Frontier-Interactive Management of Environment and Development, Kluwer Academic Publishers, Dordrecht, pp. 3-29.

元前 5 世纪的中国古代的历史文献中就有如下记载："国无九年之蓄曰不足，无六年之蓄曰急，无三年之蓄曰国非其国也。"[①]

事实上，中国政府近年来采取了一种保存大量粮食储备的方法，这比世界粮农组织所提倡的每年 18% 的消费要大得多。[②] 中国的粮食储备无论是在农业、私营部门还是政府控制层面，都是不为人知的，政府将其作为国家机密。[③] 美国农业部在 2000—2001 年度对中国粮食库存进行了全面的重新评估，估计数值为 2.297 亿吨，是此前估计的 6570 万吨的三倍多。[④] 如果中国有约 2.3 亿吨的储备粮食，这样我们的应急预案中至少在一年中将很容易地缓冲 1.5 亿吨本地产量的短缺。然而，如果严重的干旱或严重的肥料短缺持续一年以上，那么这样的数量可能是不够的。

据《中国日报》的一篇报道，粮食自给自足被视为中国食品基础设施的关键。[⑤] 全国政协委员、前国家粮食局局长聂振邦说：从 1996 年到 1999 年，粮食产量超过了 5000 亿公斤（表 2）。据聂说，这些粮食收获使中国在过去三年里大大丰富了国家和地方的粮食仓储。全国政协委员段应碧指出，1996 年至 2003 年间共种植了 670 万公顷农田。中国农村地区的农业基础设施相当薄弱，也加剧了这一问题。段应碧认为鼓励农民和地方政府扩大粮食种植面积缺乏长效机制，他确信中国可以在这样的条件下自给自足，即农民对种植粮食的热情通过适当的政策调动起来。

事实上，为应急准备的大量粮食储备将需要多年的生产过剩。从世界市场每年进口粮食可以进一步增加粮食储备。然而，正如上述偶发事件所概述的那样，每年世界粮食贸易量并不足以缓冲中国突然减少 33% 的产量。在这种情况下，中国的大型粮食储备似乎是防止饥荒的唯一选择。

---

① 《礼记·王制》。

② FAO (1983), Approaches to World Food Security, Food and Agricultural Organization of the United Nations, Rome, Chapter 2, pp. 19 – 37.

③ Smil, V. (1995), Who Will Feed China?, The China Quarterly, Volume 143, pp. 801 – 813.

④ Hsu, H. and Gale, F. (2001), USDA revision of China grain stock estimates, United States Department of Agriculture, Economic Research Service, China: Agriculture in Transition, WRS – 01 – 2, pp. 53 – 56.

⑤ Jiang, Z. (2005), Grain Self-sufficiency Still Key for Nation, China Daily, 7 March.

六 讨论与结论

一些经济学家认为，用经济条款来维持现金存储似乎比粮食储备更有效。一项针对美国的研究将政府在获取与维护粮食储备方面进行了对比，以为了满足粮食援助的需要，在所需时期持有现金储备来购买粮食援助物资。[1] 他们得出的结论是，在几乎所有情况下现金储备的运营成本都低于大宗商品储备。这样的政策在美国可能具有优势，因为在美国，每年的粮食产量比年消耗量要大得多，因此降低33%的粮食产量不会引发全国性的粮食危机（尽管对其他许多国家来说是如此）。

然而，以现金储备方式为中国建立粮食安全将是一场灾难。即使是世界上所有的现金也无法在当地粮食生产严重减少的时候购买所需的粮食，因为世界市场上可供出售的谷物数量实在太少，规模经济在这里起着不同的作用。中国对大型粮食储备的获取和维护成本很高，但是，在严重干旱年份或危机导致化肥生产减少的情况下，似乎没有别的更好的办法来保持合理的粮食安全水平。

然而，为了增加粮食生产和粮食储备，在中国农业发展中也存在着一种困境。如果农民能够种植更多的经济作物，农村经济将能够得到改善，农民将变得更加富有。[2] 因此，农业基础设施可以改善粮食安全水平，农民自己和各省政府也都可以维持粮食储备。问题是如何提高经济作物产量来促进农村经济的发展，同时又要使粮食产量得到提升？

解决这个问题很可能是中国适当的应急预案的核心，即增加粮食产量，形成大的粮食储备，以在当地产量严重下降的情况下为其人口提供粮食。在正常年份，从世界市场进口大量粮食将有助于中国积累足够的

---

[1] Young, C. E., Westcott, P. C., Hoffman, L. A., Lin, W. W. and Rosen, S. L. (1999), An Economic Analysis of a Food Security Reserve: Commodity versus Cash. US Department of Agriculture, Economic Research Service, American Agricultural Economics Association (AAEA) Selected Paper August 1999. Available online at: http://www.ers.usda.gov/Briefing/FarmPolicy/FSCR.pdf.

[2] Crook, F. W. (1997), Current Agricultural Policies Highlight Concerns About Food Security, US Department of Agriculture, Economic Research Service, China/WRS-97-3, pp. 19-25.

粮食储备,以便在糟糕的年份使用。多年的干旱或另一种偶发事件可能会导致未来的粮食危机。只有中国的本地食品库存能够满足需求,因为世界粮食贸易量和可用的全球储备量不太可能补充如此巨大的粮食缺口。

本文与以色列本·古里安大学 Hendrik J. Bruins 教授合作,原刊于《Journal of Contingencies and Crisis Management》2006 年 9 月第 14 卷第 3 期,全文由陕西师范大学西北历史环境与经济社会发展研究院博士生吴洋译为中文

中国的干旱与饥荒：
基于历史记录的灾害风险评估

引　言

  中国古代有关饥荒灾害的记录可以追溯至 3000 年前的殷商时期，商代甲骨文记录的卜雨活动中就有一些灾害信息，据统计其中记录卜雨、降雨者可达 151 条。[①] 从商代起各种历史文献中都记载了一些灾荒事件，这些灾荒信息构成了一个比较完整的历史灾害时间序列，这在世界范围内也是独一无二的。

  中国古代的灾荒文献有各种各样的来源，据此可分为 10 种不同类型，包括政府档案、地方文献、碑文及考古实物。[②] 每一项记录都与不同朝代的时间相关联。中国在过去遭受过的各种饥荒问题，根据明代科学家徐光启的考察可归因为三个主要现象，即旱灾、洪灾和蝗灾。[③]

  在现代风险评估方面，过去的资料也许是未来的线索。我们的办法是用全面而综合的方法去评估与分析历史灾害记录，以此来建立干旱与饥荒发生的频次。这类信息可以被运用在现代风险及影响的评估上，以此来促进应急计划的发展。20 世纪以来有关中国古代灾害频次的研究已

[①]　胡厚宣：《气候变迁与殷代气候之检讨》，见胡厚宣著《甲骨学商史论丛二集》，河北教育出版社 2002 年版，第 866 页。

[②]　张波、张纶、李宏斌、冯风：《中国农业自然灾害历史资料方面观》，《中国科技史料》1992 年第 3 期。

[③]　徐光启在《农政全书》中论述了水旱蝗灾的危害性："水旱为灾，尚多幸免之处。惟旱极而蝗，数千里间，草木皆尽，或牛或毛，幡帜皆尽，其害尤惨过水旱。"

得出了不同结论，①②③④⑤ 这些不同计量结果与两方面因素有关：（1）不同材料来源的运用；（2）处理历史记录的不同方法。⑥

一　数据来源及方法

这项干旱与饥荒灾害的研究基于两个基本数据来源：（1）张波等人汇编的《中国农业自然灾害史料集》⑦，其中收集了历代正史《五行志》的灾荒资料，且对志传中的灾荒信息兼有采录。（2）陈高傭编写的《中国历代天灾人祸表》，其中汇编了一系列自然灾害以及发生在中国过去各朝代中的大灾难，不仅基于上述提到的古代材料，还包括了其他一些重要古代文献，如《资治通鉴》《续资治通鉴》《清史稿》《清通鉴》《古今图书集成》等。虽然近年来中国学者在历史灾害文献整理方面做了大量工作，且不断推陈出新，但是这两部历史灾害资料汇编基本构成了完整的灾害序列，且突出了国家级灾害事件的识别意向，相比于其他灾荒史料大量采录各地方志中灾荒资料的处理方法，这两部文献中的灾荒信息更具有代表性、典型性和一致性特点。因此，这一点在我们的研究中尤其需要予以特别强调。

基于这些中国古代灾荒文献，我们可以对历史灾害的研究从三个方面予以分析判断：（1）灾害时间；（2）灾害区域；（3）灾害的严重程度及影响，灾害影响的历史信息可从死亡人数与农作物减产方面的描述中进行估量。古代文献同样也包括饥荒灾害发展的重要信息，正如一种多米诺效应：饥荒的开始、食品短缺与粮食价格上涨、减灾活动，甚至是

---

① 陈达：《人口问题》，商务印书馆 1934 年版。

② Yao Shanyou（1942），The Chronological and Seaasonal Distribution of Floods and Droughts in Chinese History：206B. C. – A. D. 1911，Harvard Journal of Asian Studies，6：（3）（4），pp. 273 – 312.

③ 邓云特：《中国救荒史》，三联出版社 1958 年版。

④ 竺可桢：《竺可桢文集》，科学出版社 1979 年版。

⑤ 陈高傭：《中国历代天灾人祸表》，上海书店出版社 1986 年版。

⑥ 卜风贤：《农业灾害史研究中的几个问题》，《农业考古》1999 年第 3 期。

⑦ 张波、张纶、李宏斌、冯风：《中国农业自然灾害史料集》，陕西科学技术出版社 1994 年版。

人吃人的现象。

关于历史时期干旱的古代文献可以转换为一种统计形式，因为信息是简明而可信的。有许多汉语词汇被用作描述和表明中国古代的干旱状况，例如无雨、冬无雪、祈雨以及河绝等，我们系统性地将所有的信息纳入历史灾荒数据库中。

古代文献关于饥荒的记录没有旱灾信息那么清楚，因此，我们提升了新的标准去辨别古代材料中关于饥荒的描述。在我们的研究中，关于历史时期饥荒正确判断的重点表述主要基于食物短缺的程度。关于饥荒状况的文本表述包括三个方面：社会、经济和受灾者。在社会方面，中央政府关于减灾的措施如移民移粟等都表明了灾害发生地区出现了食物短缺状况；经济因素方面主要有食品价格的上涨等，也暗示了食品的短缺状况；最后，受灾者没有东西吃，或是吃树皮及其他代替物，甚至是人吃人，同样可以表明一个地区的饥荒状况。

饥荒的严重程度包括两个方面：营养不良的程度和受灾地区的范围。较轻的饥荒通常不会在多个郡县发生，大多局限于一个或数个县域范围。古代中国地方管辖行政机构是郡县州府，县为最基本的地方行政单位。一般的饥荒通常覆盖较大区域，涵盖了一个到十个州府，并且受灾者需要食品补充来存活。严重的饥荒通常影响到许多省区，涵盖了十个以上的州府。[①] 重大饥荒的影响包括了死亡人数、儿童或人口买卖甚至人吃人现象的种种特征。历史材料中关于饥饿的词汇与饥荒是近义的，所以凡是提到严重的饥饿实际上就是指严重的饥荒状况。

二　中国古代干旱与饥荒频次：一项新的风险评估

根据以上描述的标准，我们对从公元前 1600 年的商代到公元 1911 年的清代所有的历史灾荒文献数据作了评估，汇编并分析了这特殊的 3510 年间干旱与饥荒的频次（表 1）。

---

① 卜风贤：《中国农业自然灾害史料灾度等级量化方法研究》，《中国农史》1996 年第 4 期。

表1　　　　　　　　　　中国古代干旱与饥荒频次

中国朝代	干旱发生次数	每个朝代干旱的相关频次（%）	每个世纪干旱频次	饥荒案例	每个朝代饥荒的相关频次（%）	每个世纪饥荒频次
商代前 1600—1046 年	6	0.2	1.0	0	0	0
周代前 1046—221 年	35	1.4	4.2	10	0.3	1.2
秦代前 221—206 年	1	0.04	6.7	4	0.1	26.7
汉代前 206—220 年	112	4.4	26.3	76	2.4	17.8
魏晋时期公元 220—581 年	192	7.5	53.2	195	6.1	54.0
隋代 581—618 年	11	0.4	29.7	13	0.4	35.1
唐代 618—960 年	232	9.1	67.8	150	4.7	43.9
宋代 960—1279 年	388	15.2	121.6	386	12.1	121.0
元代 1279—1368 年	212	8.3	238.2	533	16.7	598.9
明代 1368—1644 年	328	12.9	118.8	437	13.7	158.3
清代 1644—1911 年	1030	40.4	385.8	1388	43.5	519.9
总数	2547	100		3192	100	

这段时期干旱的总数量为 2547 次，饥荒的案例为 3192 个，这是一个新的统计结果，与之前学者们的计量结果完全不同。中国过去 3600 年间大量的干旱与饥荒事件说明，这个拥有世界上最多人口（13 亿）的国家

长期面临严重的灾荒风险。

表 1 中的结果表明不同朝代的干旱与饥荒存在巨大的差异性。最后一项，即清朝是发生干旱与饥荒事件最多的时期，很明显，历史文献中记录的数量也许没有全面综合地呈现出所有的灾害事件。年代越久远灾荒文献资料可能越是残缺不全，同时干旱与饥荒事件的发生次数也会降低。学者们已经在 20 世纪上半叶讨论过这个问题，指出时间越近灾荒资料越加详细而全面，当然也有一些特例。① 因此，每个朝代、每个世纪文献记录的灾荒事件次数也许在一定程度上受人为因素影响，直到现代科学时代灾荒计量才有了准确可靠的依据和方法。另外，灾荒的界定标准也同样会影响灾荒频次的统计结果，从历史灾害文献的记录情况看，晚近时代文献中的灾荒标准较低，甚至一些轻微的干旱与饥荒灾害也被编入历史著作中，这种情况也许在远古时期的灾荒记录中比较少见，甚或没有。此外，明清时期农业垦殖的空间范围超过了之前所有的朝代，因此新农区也许会出现更多干旱与饥荒事件，经由地方政府逐级上报以后，这些灾荒事件可能被实录转载或者存入档案文献，甚至编入正史《五行志》或《灾异志》中。

饥荒在 20 世纪的中国同样有发生，虽然上表中我们没有涉及现代时期。严重的饥荒在 1920—1921 年、1928—1930 年、1958—1961 年一再降临中国，干旱则是引起这三次大饥荒的主要因素，脆弱的社会经济因素同样起着重要作用。在 1920—1921 年中国大饥荒时期担任"中国国际减灾协会"秘书的美国学者 W. H. Mallory 曾写过一本题为《中国：饥荒之国》的专著，作者见证了中国农民在大饥荒时代悲惨的生活，尽管上述提到的粮食救济在减缓干旱与饥荒灾难影响下起到了重要作用，可即便如此还是约有 50 万人在大饥荒中死去。② 1928—1939 年的饥荒或多或少也影响到了同样的地区，但由于内战原因，为农村提供粮食救济就愈发困难，受灾人数大幅提高，数量增至 250 万人。第三次严重的饥荒发生在

① Ting，V. K.（1935），Notes on the Records of Drought and Floods in Shensi and the supposed Desication of N. W. China，Geografiska Annaler，17：pp. 453-462.

② Mallory，W. H.（1928），China：Land of Famine，American Geographical Society，New York.

1958—1961 年，产生了极其严重的后果，受灾面积大于前两次，同时有3000 万人死于此次饥荒。除了社会经济与政治因素外，干旱同样起到了重要作用。

三 饥荒的原因

在过去，饥荒通常被简单地定义为粮食储备短缺，但根据 20 世纪 80 年代发展的食物获取权理论，这个问题的解决途径会更加复杂化。[①] 然而，这两种途径都有效并代表了饥荒的两个方面，粮食储备短缺和食物获取权在大部分饥荒事件中都产生作用。饥荒的根本原因通常直接与粮食产量下降有关，这也许还会引起干旱、洪水等其他灾害。引起饥荒的原因同样在中国史书中有所记载，除了以上这两点之外还有其他因素。在历史文献记录中偶尔对特殊的饥荒原因会描述得较为模糊，我们将中国历史时期所有的饥荒原因作了评估并呈现在了表 2 中。

干旱、洪水及蝗灾已经很长一段时间内被认为是中国的主要自然灾害，它们有可能导致饥荒灾害的发生。我们对古代文献的评估表明：从模糊的角度来看，洪水是导致饥荒发生的最常见原因，然而，中国古代学者通常将饥荒与干旱联系到一起，而没有明确地提到干旱。实际上干旱可以看作是一种非引人注意且被动的现象，不同于洪水、飓风或蝗灾，干旱因为降水等一些因素是不会发生的。[②] 因此，关于许多饥荒案例的历史记录中干旱也许并没有被明确提及。然而，干旱似乎看起来在许多饥荒案例中都是其发生的普遍原因，它被描述得较为模糊，很明显不值一提，都将它归之于一种被动的自然现象。另一方面，如果引起饥荒的原因很明确，那么这些主动性成因就会被历史学者所明确记录。事实上，所有由于模糊原因导致的饥荒已经由学者依据其研究途径列入干旱的标准中。[③]

---

① Sen, A. (1981), Poverty and Famine: An Essay on Entitlement and Deprivation. Oxford University Press, Oxford.

② Gillette, H. P. (1950), A Creeping Drought under Way. Waterand Sewage Works, March, pp. 104 - 95.

③ 陈高備:《中国历代天灾人祸表》，上海书店出版社 1986 年版。

表 2   古代中国饥荒成因

饥荒成因	案例数量	相对频次
干旱（文献记录中没有明确提出）	1691	49.0
洪水	877	25.4
干旱（文献记录中明确提出）	503	14.6
冰雹	131	3.8
蝗灾	67	1.9
强风	51	1.5
冰霜	44	1.3
雪	28	0.8
强降雨	25	0.7
农作物灾害	19	0.6
战争	14	0.4
饥荒成因总数	3450	100
饥荒案例总数（参照表 1）	3192	

注：一项饥荒事件也许会由多种原因导致，因此，饥荒成因的数量会大于饥荒事件数量。

　　通过这些原则，干旱便是中国古代导致饥荒的主要原因，这也代表了中国古代几乎 70% 的饥荒案例记录都是因为干旱造成的。干旱是可以导致食品产量严重下降及饥荒的最可怕的灾难，这也为 20 世纪的今天提供了借鉴意义。

四　现代社会的干旱

　　我们提出的上述结论从 20 世纪 50 年代起就得到有关现代中国干旱研究的证实，干旱已被明确认为是对农业损耗的最大威胁。[①] 尽管干旱会发生在任何气候带，但它还是对旱作农业较为普遍的半干旱和半湿润地区的危害最大。黄淮海平原地区包括华北平原、黄土高原以及内蒙古高原，

---

① Kerang Li, Xianchao Lin (1993), Drought in China: Present Impacts and Future Needs, in D. A. Wilhite (ed.), Drought Assessment, Management and Planning: Theory and Case Studies, Chapter 15. pp. 263 – 289, Kluwer Academic Publishers, London.

这是中国最脆弱的干旱地区，小麦是这里的主要农作物，1951—1990 年间这里的严重干旱现象十分明显。

中国作为一个大国，每年发生的干旱现象随处可见。我们在全国范围内划分重要干旱年份的标准主要基于影响农业用地的干旱面积。如果受影响面积在一定年限内超过 1000 万公顷，我们就认为是严重的农业干旱年（表 3）。以下年份可以看作是从 1950—2003 年间的干旱年：1959 年、1960 年、1961 年、1972 年、1978 年、1980 年、1981 年、1986 年、1987 年、1988 年、1989 年、1992 年、1994 年、1997 年、1999 年、2000 年、2001 年、2002 年、2003 年（表 3）。可以清楚地看到中国农业干旱发生的年份基本限定在 20 世纪 50 年代、60 年代和 70 年代。然而，干旱发生频次的戏剧化上升发生在 20 世纪 80 年代，共有六个干旱年，这种趋势同样在拥有四个干旱年的 90 年代持续出现，从 2000 年至今也呈现出大部分农业用地受到干旱的影响，可以明显看出 2000 年和 2001 年是自 20 世纪 50 年代起农业用地受到干旱影响的最严重的年份。

表3 干旱年粮食产量及停产

干旱年	人口（百万）	总耕地面积（公顷）	受干旱影响地区（公顷）	因干旱引起的粮食停产（10^3 吨）	粮食总产量（10^3 吨）	粮食/资产（公斤）
1959	672	104579300	11173000	10800	169680	252
1960	662	104861300	16177000	11300	143850	217
1961	659	103310700	18654000	13200	136500	207
1972	872	100614700	13605000	13673	240480	276
1978	963	99389500	17970000	20046	304770	317
1980	987	99305200	14174000	14539	320560	325
1981	1001	99035100	12134000	18548	325020	325
1986	1075	96229900	14765000	25434	391510	364
1987	1093	95888700	13033000	20955	404730	370
1988	1110	95721800	15303000	31169	394080	355
1989	1127	95656000	15262000	28362	407550	362
1992	1172	95425800	17049000	20900	442658	378
1994	1199	94906600	17049000	26200	445101	371

干旱年	人口 （百万）	总耕地面积（公顷）	受干旱影响地区（公顷）	因干旱引起的粮食停产（10^3吨）	粮食总产量（10^3吨）	粮食/资产（公斤）
1997	1236	129933000	20250000	42600	494171	400
1999	1258	129205361	16614000	33300	508386	404
2000	1267	128233100	26784000	59900	462175	365
2001	1276	127615800	23698000	54800	452637	355
2002	1285	125930000	13267000	31300	457100	356
2003	1292	123392200	14467000	30800	430670	333

　　资料来源：人口数据来自国家统计局。1997年前耕地总面积（第3列）及受干旱影响地区（第4列）的数据来自中国农业数据库，1997年以来的数据来自国土资源部官方网站（第3列）以及国家统计局（第4列），由于干旱导致的粮食停产数据（第5列）来自范宝俊主编《灾害管理文库》中1950—1990年数据①，以及1991—2001年的水利部年鉴、2002年的水利部水资源统计分册以及2003年的官方报告。②

五　粮食短缺风险及应急预案需求

　　中国的干旱及饥荒风险迫使权威机构去发展减缓干旱的策略，其中包括了农业技术的提升，促进水土保持和提高粮食产量的水利灌溉以及交通基础设施建设等。尽管中国政府在粮食产量及减缓灾害上做出了很大进步，但在世界市场下的粮食谷物可用率依然值得我们关注。③④⑤　此

---

　　①　范宝俊：《当代中国的自然灾害》，范宝俊主编《灾害管理文库》第1卷，当代中国出版社1999年版，第576页。

　　②　Suo, L. S. (2004). Special Attention to the Effect of Water Resources Problems in the Development Process of Agriculture and Ecology, China's Market of Water Resource and Water Electricity, Compact Disc Version, 4, 2004.

　　③　Poster, S. (1998), Dividing the Waters: Food Security, Ecosystem Health, and the New Politics of Scarcity, World watch Papers132, Washington, D. C.

　　④　Bruins, H. J. (2000), Proactive Contingency Planning vis-à-vis Declining Water Security in the 21st Century, Journal of Contingencies and Crisis Management, 8: pp. 63 – 72.

　　⑤　Bruins, H. J., Akong' a J. J., Rutten, M. M. E. M., Kressel, G. M. (2003), Drought Planning and Rainwater Harvesting for Arid-Zone Pastoralists: the Turkana and Maasai (Kenya) and The Negev Bedouin (Israel), NIRP Research for Policy Series17, The Hague, KIT Publishers, Amsterdam (ISBN 90 – 6832 – 682 – 1).

外，在中国北方干旱地区农业灌溉及粮食生产的可利用地下水正在以惊人的速度下降,[①] 这将会导致该地区的区域性水资源短缺以及粮食产量的严重下降。

然而，过去关于干旱的记录表明严重干旱的风险将会在不久的将来发生，因此需要大量的粮食进口。这种潜在的数量会超过世界市场下的年粮食可用量。在此情况下，除非国家将粮食储备作为避免大饥荒紧急预案的重要环节去发展，否则严重的粮食短缺及饥荒仍不会被消除。传统预案、积极预案以及灾难应急预案的相关性已经被 Bruins 和 Lithwick (1998) 在干旱风险中得到了讨论。[②]

本文与以色列本·古里安大学 Hendrik J. Bruins 教授合作，原刊于 Dorthe Malzahn、Tina Plapp 主编《Disasters and Society-From Hazard Assessment to Risk Reduction》，Logos Verlag Berlin，2004 年。原文为英文，全文由陕西师范大学博士生吴洋译为中文

① Poster, S. (1998), Dividing the Waters: Food Security, Ecosystem Health, and the New Politics of Scarcity, World watch Papers132, Washington, D. C.

② Bruins H. J., Lithwick H. (1998), The Arid Frontier-Interactive Management of Environment and Decelopment, Kluwer Academic Publishers, Dordrecht/Boston/London (ISBN 0 – 7923 – 4227 – 5).

三

中西方灾荒史比较研究

三

中西古文字源流攷

中西方历史灾荒成因比较研究

灾荒成因的研究是从分析灾民的生活状况开始的，迄今为止也一直围绕着灾民生活状况而进行。灾害发生后，农民一般可采取一些有效措施抗灾救荒，但农业社会固有的特征使灾荒的发生成为不可避免的事情。当灾民社会中出现群体性的粮食供应不足问题时，饥荒随之蔓延扩展，灾民的生活状况日益恶化。粮食不足的根源可能是粮食产量下降后导致的粮食供应贫乏，也可能是社会制度缺陷所导致的粮食分配不均。

在过去很长一段时间内，灾荒研究者大多认为粮食生产不足是饥荒发生的主要原因，此即解释灾荒成因的"粮食短缺论"。20 世纪 80 年代，剑桥学者阿马蒂亚·森教授详细研究了 20 世纪 40 年代以来印度、孟加拉、撒哈拉等国家和地区发生的许多灾难性的大饥荒后，发现制度性因素在灾荒形成过程中起着重要作用。这些因素有社会经济结构、交换方式及分配方式——尤其是人们获得粮食的各种方式。1943 年孟加拉大饥荒期间粮食存储量有余而大部分人却无以为食，1974 年孟加拉粮食产量比前一年增长 13%，但同样发生了饥荒，因此森对传统的"粮食短缺论"提出了挑战。森的研究结论使得人们把对饥荒原因解释的注意力从粮食的生产与供给数量方面转移到获得粮食的方式及其决定因素方面，从而极大地丰富了有关解释饥荒成因的经济理论。

"粮食供应论"和森的"食物获取能力论"（姑且如此称之）实际并不矛盾，只不过侧重点不同而已。如果综合考察历史灾荒的话即可发现：粮食供应不足和灾民获取粮食能力的不足往往交叉发生作用，导致饥荒流行。粮食供应状况取决于两方面因素：一是粮食生产水平的高低；二是灾害的严重程度。在较高的生产水平下，农民可以获得较高的粮食产量解决温饱问题；在一般灾情状态下农民可以通过防灾抗灾获得一定的粮食产量并维持生存。灾民获取食物的能力也可归纳为两种类型：一是灾民生产粮食的自留量大小；二是政府和社会团体对灾民的救济程度。在较低的剥削率条件下农民可以有充足的自留食品维持生计；在国家有效的救荒济民措施保障下农民也能得到一定的粮食救济，而无后顾之忧。由于这四个因素对灾民的生活都有不同的影响，因而一个地区受灾后灾荒的发展状况与这四个因素也存在密切的关系。

一 灾荒发生的气候背景和地理条件

农业的发展受制于多种自然因素，其中最重要的莫过于气候条件和地理位置。气候条件影响到农业生产的产量水平，气候适宜的地区容易丰产丰收，反之则入不敷出，它主要以阴晴冷热、风雨雪霜等形式表现出来，形成水旱风雹等各种灾害危害农业生产。而瘟疫、病虫害等生物性灾害在其成灾过程中也受气候因素的直接影响，因此气候因素在农业生产发展中起着决定性的作用。地理环境决定了农业生产的类型，即所谓的靠山吃山、靠水吃水。地形的开阔与否、地势的高低程度以及土壤的肥瘠状况直接导源于此，可以说地理状况是农业生产发展的先决条件。古今中外能够获得这两大因素之利的地区或国家寥寥无几，而遭受其危害的则比比皆是。或受制于地理，或受制于气候，或受制于气候和地理，因而形成了类型各异的灾害区域，中国的水旱灾害、美国的风灾、欧洲国家的水灾和雹灾等，都是典型的区域灾害类型。这些灾害发生后最易导致饥荒的发生，轻则经济受损，重则社会动荡，甚至阻碍社会经济的发展和进步。

中国的灾害发生背景可以用灾害带理论来解释。该理论认为，地球上存在几个灾害多发区域，这些地区彼此相连且呈带状分布。世界上最明显的灾害带为环太平洋灾害带和北纬 35°灾害带，而中国就位于这两大灾害带的交叉地区，因此各种灾害频繁发生。除水灾、旱灾、蝗灾几种主要灾害外，风灾、雹灾、雪灾、霜灾、低温、冻害、一系列的病虫害、水土流失、土壤沙化等灾害种类也时常发生，为害一方，危及人民生命财产安全。直至现在，灾害问题依然是威胁中国农业发展的主要因素。

中国的地形呈阶梯分布，自西向东海拔逐渐降低并形成十分明显的三级台阶地形特征，因此中国大陆在地理上可以划分为西部高原地区、中部地区和东部地区。同时在南北方向上中国又被长江一分为二，即江南地区和北方地区。自然地理方面的差异在灾害发生演变中也发挥了重要作用，以致中国的灾害区划专家们基本一致认为中国的自然灾害存在区域分异规律，即南北方向的分异和东西方向的分异。王静爱等研究后认为，中国自然灾害在空间分布方面存在东西向分异和南北向分异，东西分异以胡焕庸线为界，南北分异以秦淮线为界，但东西向的分异程度大于南北向的灾害分异。

由于中国的西部地区即胡线以西地区历来都是经济落后地区，有关灾害的记载也很稀少，因此东部地区的灾害成为中国灾害问题的研究重点。东部地区也是汉民族繁衍生息的地方，农业生产在国民经济中占据主体地位，各种灾害发生后容易造成严重的社会影响，因此中国历史上的重灾区和灾害多发区都集中在这里。

秦淮线在中国地理上具有特别重要的意义。一方面秦淮线与中国大陆 800 毫米等降雨线相一致，北部地区年降雨量少，气候特征以干旱为主，农业生产中小麦为主要农作物；南方地区降雨量大，且许多地方超过 1000 毫米，在排水不畅的情况下经常发生洪水灾害，农业生产以稻作为主。另一方面秦淮线也是中国灾害区域分异的重要界线，北部地区是旱灾多发区，南部地区则以水灾为主。因此，中国历史上北方农业是在与干旱灾害不断斗争的过程中发展起来的，南方农业之所以后来居上也是与水灾的防治紧密相关。

欧洲农业虽然也时常遭受自然灾害的侵害，但因其自然地理方面的优越性，灾害的发生并非十分频繁，农业灾荒对社会的影响也没有中国那样严重。

欧洲地形以半岛和岛屿为主要特征，海岸地带犬牙交错，各地距海平均距离为 210 英里，其中小于这个距离的占全欧洲面积的 62%，因此欧洲各地受海洋的影响较大，很多地方冬无严寒，夏无酷暑。在南北方向上欧洲也没有中国那样明显的地区差异，冬季南北向温度的差别非常微小。欧洲北部卑尔根的 1 月份平均温度同位于它的南部达 800 英里的巴黎几乎相同（分别为华氏 34 度和 37 度）。在东西方向上，愈往东愈是深入内陆，气候变化愈明显，海洋性气候逐渐为内陆气候所取代，冬季寒冷而夏季酷热。位于卑尔根东面1000英里的列宁格勒在纬度上与卑尔根相同，但1月份温度却较之低华氏16度；气温的季节性差异在斯堪的纳维亚半岛的西海岸与山地之间特别剧烈，在冬季甚至100英里范围内山地的温度也会彼此相差30度（华氏）左右。

在沿海地区农业得到一定发展后，海水倒灌的威胁性大增。近海的地理特征也使风灾频繁发生，危害当地农业生产。除此之外，欧洲大陆既无大江大河决溢的破坏，也没有横贯南北的连续性山脉，从而使得欧洲大陆成为遭受自然灾害比较轻微的地区。在这样的地理环境中，陆海气团的交流能够畅通无阻地进行，鲜有旱灾、蝗灾等危害性强大的灾害侵袭，农业生产也能够在风调雨顺的条件下顺利进行。

二 中西方救荒制度的差异

灾后赈救灾民本属理所当然，是政府管理国家的一项基本职责。中国和欧洲国家对此的认识有诸多共同之处，中国古代为此建立了体系日趋完备的荒政制度，欧洲国家颁布了各种济贫救灾法案。但在政策的执行过程中却出现了截然不同的两种形式，欧洲国家的法令政策虽然粗疏但执行完好，中国的荒政尽管制度详尽但在执行过程中弊病百出，尤其是每个封建王朝的晚期，荒政的施行更是虎头蛇尾，有始无终。

早在原始农业阶段，每当灾荒发生后人们就采取一些措施减灾救荒，依靠群体的力量与自然做斗争，走过了漫长的艰难岁月。禹治水成功后，"令益予众庶稻，可种卑湿"①，树立了生产救灾的典范。商汤七年大旱后，"民有无粮卖子者"②，汤铸金作币，"而赎民之无粮卖子者"③，开货币赈济的先河。先秦时期中国的荒政制度大体形成，《周礼·地官·大司徒》中所记之荒政十二及相关职官职责中已经包含了储粮备荒、巡视灾情、技术减灾、赈济谷物、减轻灾民负担、整治灾区秩序等多项措施。

---

① 《史记·夏本纪》。
② 《管子·轻重》。
③ 《管子·山权数》。

西汉时耿寿昌提议建设常平仓，取丰年以补不足。隋唐之后，又普建"义仓"，三仓制度作为救灾救荒的重要组成部分出现在中国历史上，进一步丰富了古代荒政的内容，强化了其赈济功能。宋神宗年间曾"诏募民修农田水利"，诏令"灾民灭蝗除害，得蝗虫五升或蛹虫一斗者给细包谷一斗，蝗种一升给细包谷二升，给银钱以中等值与之"。宋代设常平仓、惠民仓、福田院、广惠仓等，有养老、恤孤、济贫之用。元代设养济院收养"诸鳏寡孤独、老弱残疾，穷而无告者"。清代地方上亦有举办社仓、义学、施医局、埋葬、施粥厂等。

古代荒政在施行过程中产生了诸多弊病，与日趋完备的荒政制度形成强烈的反差。括其大概，荒政之弊表现为匿灾不报、救灾不力、遇灾不救、贪赈冒赈，其根源在于荒政实施中的欺诈行径而不是措施的完备与否，特别是在历朝历代的末期荒政弊端百出，政府对灾民的盘剥有增无减，中国的灾民在遭受了自然灾害的打击后还得承受自己政府的压榨剥削，以至最后只有死路一条，不得不起而反抗，且以推翻政府皇权为基本的斗争目标。研究灾荒史者多以为政治的腐败使得荒政废弛，但很少有人去考究何以在封建王朝的末期总是会出现政治腐败的局面。或许是由于当局者迷的缘故，一个旁观者，英国人乔治·斯当东，在他的访华回忆录中对中国的荒政措施及其成效提出了颇为中肯的看法："中国政府的备荒方针无论怎样值得称赞，它的规章制度无论怎样睿智仁慈，但一来由于国内市场的限制，二来执行政策上可能发生的偏差，在解决人民生活需要上总不如有利害关系的深思熟虑的欧洲投机商人那样有效率。"①

中央政府行政能力的弱化是荒政失效的主要原因。美国学者卡尔·魏特夫在其论著《东方专制主义》中提出一种颇具争议的论点："中国古代兴建大型水利工程、治理水患的活动成为中央集权建立的基础，因为治水和水利建设需要集中大量的人力、物力、财力才能办到。"尽管许多学者对此颇多批判，但在一定程度上还是反映了中国古代中央政府与灾害管理工作的紧密关系，而且许多抗灾救灾成功的范例就是在皇帝的亲自指挥下实现的。如果说治水活动造就了专制皇权的话，强权的中央政

---

① ［英］乔治·斯当东：《英使谒见乾隆纪实》，第479页。

府也积极开展了各项抗灾救荒活动，安置流民、赈济灾民、赈贷耕牛种子恢复灾区生产，这些救荒良策如果没有中央政府的推动很难取得显著成效。而当中央政府的行政能力弱化时，救灾的效果立即大打折扣甚至功败垂成。中央政府能力的弱化不仅仅指中央对各职能部门和地方的控制能力，也包含中央政府对财政经济的调控能力。封建朝代末期的救灾工作一般具有两种特征：一是地方诸侯坐大，中央政令不通，难以有效地指挥抗灾救荒；二是府库空虚，即使有拯救之心也不具备赈救之力。更何况王朝末期政治腐败，贪污受贿、中饱私囊已经成为各级官员的普遍价值准则。救灾救荒虽关系万民生计，但对官员的生活没多大影响，出门骑马乘车，回家饮酒作乐。唐代大诗人杜甫的诗句"朱门酒肉臭，路有冻死骨"生动地描述了官民生活天差地别的现象。

中世纪初期以前，欧洲国家的灾荒救济工作主要由教会和地方政府承担。西方国家多以设立救灾法案的形式规范救灾行为。公元前23年，意大利罗马台伯河泛滥并造成大范围的饥荒，在开展救灾工作时，罗马第一个皇帝奥古斯塔斯·西泽提出了第一个救济灾民的计划。16世纪90年代的饥荒有力地推动了1598年和1601年《伊丽莎白济贫法》的制定，它也成为欧洲历史上最具影响力的救灾法案。

在《济贫法》出现之前，英国于1572年便已通过了第一个强迫征收救贫税的条例，1601年英国都铎王朝女王伊丽莎白一世（1558—1603年）颁布《济贫法》，史称《旧济贫法》。根据该法规定，当局授权治安法官以教区为单位管理济贫事宜，征收济贫税及核发济贫费。救济办法因类而异：凡年老及丧失劳动力者，在家接受救济；贫穷儿童则在指定的人家寄养，长到一定年龄时送去做学徒；流浪者被送进监狱或养教院服苦役。1662年，斯图亚特王朝又通过《住所法》，规定贫民须在其所在的教区居住一定年限，方可获得救济。1723年对《济贫法》进行了修正，进一步规定设立习艺所，受救济者必须入所。由于在执行中弊窦丛生，1782年的法律又作出了相反的规定：把原料发给有劳动能力的贫民在家做工，只把年老及丧失劳动力者集中起来救济。1793年英法战争开始后，各地发生抢粮事件，1795年5月伯克郡济贫官员在斯品汉姆兰村开会并作出决议：凡工人劳动所得工资不能维持其家庭生活者，可从济贫税中取得补助。此即著名的"斯品汉姆兰制"。斯品汉姆兰制在一定意义上有利于缓和阶级矛盾，所以其他郡也竞相效仿。1832 年，全英几乎都实行了"斯品汉姆兰制"，它把政府的救济工作以法律的形式固定下来。1834 年，英国议会基于当时各方面的情况又通过了《济贫法（修正案）》，史称《新济贫法》。该法取消了"斯品汉姆兰制"的家内救济，改为受救济者必须是被收容在习艺所中从事苦役的贫民。在管理上，中央设置了三人委员会，在地方各教区联合区组成济贫委员会，具体管理济贫事宜。1847 年，中央的三人委员会改为济贫法部。

由于英国济贫法把贫民和灾民的救济纳入社会保障的范畴，规范了政府的救灾行为，也在一定程度上合理配置了有限的社会资源，因而救灾与济贫紧密地结合在一起并取得显著成效。西方其他国家也争相仿效英国的方案，社会保障制度在各国相继出现。1935 年 8 月 14 日美国通过的一部法律首次命名为《社会保障法》，该法包括五个基本项目和若干补充项目。其基本项目为：老年社会保险、失业社会保险、盲人补助、老年补助和未成年人补助。作为罗斯福"新致"重要内容之一的社会保障，通过"五个基本项目"，解救了生活在社会最底层的人们；又通过向穷人发放现金的方式提高了现实购买力，推动了消费的发展；还通过取缔童工、确定最低工资和最高工时，废除以禁止工人加入工会为雇佣条件的"黄狗条约"，使工人的利益一定程度上受到了保护；然后通过"以工代赈"计划，促进了建房、筑路、电气化等基础设施建设。这些政策的实施，不但消除了工人、农民和千百万失业者的不满，防止了破坏性社会动荡的发生，还为以后的经济振兴创造了实质性的条件，从而使美国成为第二次世界大战中的反法西斯战略后勤基地。

1942 年，英国著名社会保障专家贝弗里奇提出一个有关扩大社会保险网络、协调社会服务、增加社会福利项目的长篇报告，即著名的《贝弗里奇设计》，建议英国打赢战争后建立一种崭新的、完善的社会保障制度，以消除贫穷、疾病、愚昧、肮脏、怠惰五大公害，变英国为福利国家，使社会保险和福利体系覆盖全体公民。1945 年，"贝弗里奇设计"为英国内阁批准采用，并陆续出台了《国民医疗保健法案》《国民工伤保险法案》《住房法案》《国民救助法案》等社会保障法律、法规。随后，英国首相艾德礼向全世界宣告：英国已建成了"福利国家"。以重建并扩大社会保障项目为内涵的"贝弗里奇设计"，很快也成了北欧国家及其他西欧国家走上"福利国家"道路的思想基础。瑞典、法国、丹麦、挪威、联邦德国、奥地利、比利时、荷兰、瑞士、意大利等继英国之后，也纷纷照此模式建设家园；美国、澳大利亚、新西兰以至日本等，也沿着"福利国家"的轨迹走了下去。其中，瑞典还被誉为"福利国家之橱窗"。于是，社会保障的最高目标——社会福利，开始在资本主义世界兴盛起来。而社会保障体系，也随之完全形成。

三 中西方农民负担差异悬殊

1. 中国农民不堪重负，经常逋负而逃

在古代中国，因为租庸调负担沉重，灾民生活极为艰难。灾害发生后，一般情况下成灾面积在40%左右，重灾区的情况更为严重，农业成灾面积远远高于40%甚至会出现颗粒无收的情况。这样一来，农民年总收入就只有100石左右。如果不大幅度减免赋税，农民只能忍饥挨饿，逋负租税而逃亡，沦为难民。

秦汉至于明清，随着封建地主经济的发展，中国农民承受日益严重的地租、赋役等负担，经济状况举步维艰。在正常年份，农民承担着各种各样的租税赋役，成为压在农民身上的沉重负担。在不同的历史时期，农民负担名目多有变化，但基本上由三部分组成，即地租、徭役和人口税。西周时期，农民负担有贡、赋、杂税、力役、地税等项目[1]，两汉时期发展为租赋更三者并行的制度，农民需要承担以谷物征收的田租、按人征钱的算赋和力役劳作的更赋。[2] 以西汉为例，田租三十税一，最低负担为 7 石谷，合 700 钱；徭役按董仲舒说农民每年服三个月，折钱 6000钱，合谷 60 石；算赋 360 钱[3]，口赋 40 钱[4]，小计 400 钱，合谷 4 石。但考虑到口算赋在每年八月征收，正当粮食上市季节，谷贱钱贵，以石谷 45 钱算，实际征收时合谷 8 石 8 斗；总计一个农民要负担各种项目

① 周伯棣：《中国财政史》，上海人民出版社 1981 年版，第 29—51 页。
② 曾延伟：《两汉社会经济发展史初探》，中国社会科学出版社 1989 年版，第 186—193页。
③ 《汉书·高帝纪》。
④ 《汉书·昭帝纪》。

7580 钱，合谷约 75.8 石，占个体农民全年收入 210 石的 36%。若考虑到年景好坏、政治状况后，则农民的负担额要占全年总收入的 50% 左右。[1] 除此之外，农民每年剩余粮食不足 110 石。古代农民家庭构成是"一夫挟五口"的五口之家，农民自己家庭维持生活所必需的口粮是每人每月 1.5 石，全家全年口粮数为 90 石，合钱 9000 钱；闾社之间各种活动用钱每家还要承担 350 钱，合谷 3.5 石；每年每人穿衣用钱 305 钱，全家用钱约 1500 钱，合谷 15 石；每年还有家庭成员因病开支。[2] 据此估计，农民家庭年正常支出总额要高出 110 石。即使在丰收年景，农民生活也是入不敷出。

逐年累加的农民负担数额庞大，但对封建国家而言只不过是一笔虚拟财富而已，收之不来，弃之可惜。金康宗七年，"岁不登，民多流莩，强者转而为盗。……民间多逋负，卖妻子不能偿。"[3] 权衡利弊之后，国家对重灾区往往实行蠲免措施，政治清明时期尤其如此。明洪武元年秋七月，"免吴江、庆德、太平、宁国、滁、和被灾田租"。八月，"将士从征者恤其家，逋逃许自首。新克州郡毋妄杀。输赋道远者，官为转运，灾荒以实闻。免镇江租税。避乱民复业者，听垦荒地，复三年。"[4] 南朝齐时重视发展农业生产，武帝永明元年二月，诏"四方见囚，罪无轻重，及劫贼余口长徒敕系，悉原赦。逋负督赃，建元四年三月以前，皆特除"，永明四年正月（闰月），再次下诏减免租税："诸逋负在三年以前尤穷弊者，一皆蠲除。孝悌力田，详授爵位，孤老贫穷，赐谷十石。凡欲附农而粮种阙乏者，并加给贷，务在优厚。"[5] 有时候，遇到新皇帝登基、年号改动等喜庆活动，皇帝也会下令免除农民积欠的租税。宋真宗咸平元年，"夏四月，旱。壬辰，祷白鹿山。壬寅，赵保吉遣弟继瑗入谢。己酉，遣使按天下吏民逋负，悉除之。"[6] 唐文宗开成元年"大赦，改元。

---

① 谢天佑：《秦汉经济政策与经济思想史稿》，华东师范大学出版社 1989 年版，第 22 页。
② 《古今图书集成·经济汇编·食货典》第 87 卷《荒政部》引战国李悝语。
③ 《金史·本纪第二·太祖》。
④ 《明史·本纪第二·太祖二》。
⑤ 《南齐书·本纪第三·武帝纪》。
⑥ 《宋史·真宗本纪一》。

免太和五年以前逋负、京畿今岁税，赐文武官阶、爵"①。

蠲免租赋的记载虽然比比皆是，但往往范围有限，大部分地区、特别是灾区民众的生活是极为困难的，官府会想尽各种办法催逼灾民缴纳积欠的租赋。宋真宗时，有关机构催征大量财物，在真宗过问后才退还给贫困农民。"真宗咸平四年二月甲子，三司都催欠司引对逋负官物人，帝亲辨问，凡七日。释二千六百余人。蠲所逋负物二百六十余万；已经督纳而非理者，以内库钱还之，身殁者给其家。"② 明洪武二十一年二月庚申，户部奏称贵州、金筑两地租税累累逋负，请示朝廷派遣使臣督促缴纳，朱元璋考虑到两地为少数民族聚居地，批示减免租赋："蛮夷僻远，其知畏朝廷，纳赋税，是能遵声教矣。其逋负，岂敢为耶？必其岁收有水旱之灾，故不能及时输纳耳。所逋租悉行蠲免。今宜定其常数，务从宽减。"③

古代灾民之所以年复一年背负交不清的租赋钱粮，拖欠日渐增加的债务，既与农业生产在灾害影响下的波动起伏有关，更与封建国家高额的租赋税钱有关。灾民要生存，也要交纳租赋税钱，还要偿还债务，处境十分艰难。他们只能一点一点地从自己口中节余粮食，去交付这难以清偿的积欠钱粮。走投无路时，大量灾民饿死、病死便在所难免，灾民造反也就不足为奇了。这种情况封建统治者也不愿看到，因为它极易导致社会的动荡不安，影响国家政权稳定。于是，灾后蠲免措施应运而生。

灾后蠲免的内容涉及田租、更赋、人头税，从两汉农民的负担情况看，田租和人口税只占其中的一小部分，更赋才是农民负担的主体部分。但在两汉的灾蠲中，大多数蠲免只免除部分或全部田租，灾蠲美名之下，农民的负担依然十分沉重。这样就形成了具有中国特色的灾民生活：一方面是灾害的破坏，农业减产绝收；另一方面是官府和地主的地租劳役等负担，并未因灾荒的发生而大幅免除。当把仅存的一点余粮都交给地主和官府后，灾民只能采食野菜野果等代食品为生。

---

① （宋）欧阳修：《新唐书·文宗本纪》。
② 《续资治通鉴》卷第二十二《宋纪二十二》。
③ 《明太祖宝训》卷六《谕群臣》。

2. 欧洲农民尚能维持生计，重大灾荒后方有流民

中国史学界传统观点认为，欧洲国家由于 18 世纪以前经济、技术都落后于中国，因此其人民生活水平也低于中国古代社会。侯建新先生研究了 15—18 世纪英国农民的生活和消费水平后对此提出质疑[①]，庞卓恒先生估算了中世纪英国农民生活水平后认为多数农民增产年景下可能拥有 10%—20% 的剩余率。[②] 也就是说英国农民的生活状况基本上是入大于出，其处境要优越于入不敷出的中国农民。

19 世纪英国著名经济史家罗杰斯对一个有 20 英亩耕地的自由佃农的生活水平作过估算。此户农民全年总收入 4 镑，而全年生活费用为 3 镑 4 先令 9 便士。其中消耗小麦 4 夸脱 [1 夸脱（quarter）等于 8 蒲式耳] 于食用，共需 1 镑 3 先令；一年还用 2 夸特大麦制啤酒，合 7 先令 7 便士；每年吃 800 磅肉，共需 16 先令 8 便士；用来买衣服的钱计 17 先令。因此，该农户每年约有 1 镑的盈余。[③] 美国学者格拉斯根据南汉普郡温切斯特主教区所属克劳莱庄园的档案材料，对 13、14 世纪时一个有 16 英亩地的中等农民和一个有 5.5 英亩地的贫民的生活水平进行了比较，这个中等农民在丰收年份全年收入 61 先令 4 便士，地租和牧场费 5 先令 9 便士，占其总收入的 10%，扣除地租和牧场费后尚余 55 先令 7 便士；贫农在一般年份的收入为 19 先令 4 便士，扣除地租和其他费用余 15 先令 11 便士。他们的日常开支主要有修葺房舍、购买农具、酒店花销、买调味品及药品等。有 16 英亩地的中等农民还可花钱修理他的犁和马车，也可为自己买新帽子，也可为妻子买件新衣服。而只有 5.5 英亩地的贫民则刚够支出必要的花销。[④] 英国学者贝内特对一个有全份份地（约 20—40 英亩）的农民的生活状况也进行了估算，在三圃制下，农民每年耕种 20 英亩土地，主要为大麦、小麦、燕麦，平均单产按 11.5 蒲式耳计算，可得混合谷物 233 蒲式耳，除去种子和其他支出项目，还余 153 蒲式耳，除去食用部分外，农民还可售出部分粮食，收入 35 先令 4.5 便士。[⑤] 中世纪时拥

---

① 侯建新：《工业革命前英国农民的生活与消费水平》，《世界历史》2001 年第 1 期。

② 庞卓恒：《西欧封建社会延续时间较短的根本原因》，《历史研究》1983 年第 1 期。

③ ［英］罗杰斯：《英国农业与物价史》第 1 卷，Oxford，1866 年，第 683—684 页。

④ ［美］格拉斯：《一个英国农村的经济社会史》，哈佛，1930 年，第 69—73 页。

⑤ ［英］贝内特：《英国庄园上的生活》，Cambridge，1956 年，第 85—95 页。

有 5 英亩以上土地的农民约占农户总数的 74%[1]，他们基本能够解决生活问题或过上比较舒适的生活。而在 14 世纪以后，英国粮食生产水平有所提高，科尔曼估计在 1450—1650 年间小麦平均亩产量增加 30%。[2] 相对于此，14 世纪时农民的抗租减租斗争十分普遍，15 世纪时减租斗争达到顶点，在一些地方降幅甚至达到 20%—40%，其中比伯里庄园地租降幅高达 58%[3]，地租的水平普遍呈现下降趋势。[4] 欧洲农民整体的生活水平在 14 世纪以后又有所改善。

但有学者对此则提出质疑，认为欧洲农民正常年份保持 10%—20% 剩余率的估计过于乐观，大约 45% 左右的农民（拥有 1/4 份地的农民，即只有 5—10 英亩土地）还处于难以维持生计的状态。[5] 苏联学者科斯敏斯基研究了中世纪欧洲农民的生活状况后认为，一个拥有一份地的农民也不是富裕的农民，一个只有 1/4 份地的农民则难以维持生计。[6] 原因是中世纪的农民不但要承担对国家的各项捐税，如诚实保证调查税、海得捐等，还要负担教会的各种捐纳，如十一税、对神父的捐献和在宗教节日的捐助等，灾年荒岁的借债及其利息也是一笔不小的开支。当时农民生活水平的改善并不能从整体上摆脱受剥削、受压迫的阶级状况，贫穷和饥饿依然会降临到他们的头上。直到 19 世纪，欧洲农民依然没有完全摆脱贫穷的困境。据估计，18 世纪 90 年代法国人日平均摄入热卡为 1753，1965 年时世界上只有一个国家（卢旺达）摄入的热卡低于这个水平。1803—1812 年，热卡的平均摄入量法国增加到 1846，1965 年时只有 9 个国家低于当时法国的水平。英国当时的热卡摄入量较高一些，1790 年为 2060。对于英法两国的大部分人以及其他欧洲国家的人而言，可得到的食物数量仅能满足那些劳动量不大的人，而且其结果往往造成消瘦与营养不良。[7]

---

① Kosminsky, E. A, *Studies in the Agrarian History of England in the Thirteenth Century*, p. 228, Oxford, 1956.

② Coleman, D. C, *The Economy of England 1450 - 1750*, Oxford, 1977.

③ Dyer, C, *Lords and Peasants in a Changing Society*, p. 284, Cambridge, 1980.

④ Hilton, R, *Bondmen Made Free*, p. 153, London, 1980.

⑤ 马克垚：《关于中世纪英国农民生活状况的估算》，《历史研究》1983 年第 4 期。

⑥ ［苏］科斯敏斯基：《十三世纪英国农业史研究》，第 80—90 页。

⑦ 侯建新：《工业革命前英国农民的生活与消费水平》，《世界历史》2001 年第 1 期。

四 一个简短的结论

在影响灾荒形成的几个因素中，灾害的频度强度因为与一定的社会条件和自然条件相联系，在性质上属于比较稳定因素，伸缩余地较小；剥削率的高低和救荒济民措施则可根据灾情状况随时调整，为易变因素，有较大伸缩余地。

古代中国灾害发生频繁，影响灾荒程度的主要因素是高剥削率和国家的救荒济民措施，如果封建国家在灾荒期间大幅度减免灾民的负担，并切实贯彻完整救济措施的话，灾荒是会得到有效抑制的，因为中国灾荒史上存在大量救荒成功的范例。中国古代重大灾荒之所以发生，或因为政治腐败，地方官员匿灾不报、克扣赈银赈粮、赈济不力等原因而使灾情加剧，或因为国家政治混乱，战争连年，国家无力赈灾而使灾荒蔓延，因此可称之为弹性灾荒。古代欧洲与此正好相反，剥削率较低，国家的救荒济民措施也能得到很好地贯彻执行，影响饥荒发生的因素主要是灾害的强度，大灾大荒，小灾小荒，因此属于刚性灾荒。

本文原刊于《古今农业》2007 年第 3 期

中西灾荒史:频度及影响之比较

古代中国和欧洲国家都发生过极为严重的自然灾害,农业生产受到破坏,粮食供应经常出现波折,发生了无数次的大小灾荒。但从灾荒的发生频次、规模以及灾荒发生后的危害程度等几方面观察,则中国尤为严重。当欧洲国家从 17 世纪以来相继成功地控制了大范围饥荒蔓延的同时,中国在 19 世纪发生了骇人听闻的"丁戊奇荒",因灾死亡超过 1000 万人,20 世纪中叶再次发生全国性饥荒,死亡人口高达 3000 万—4000 万人。19 世纪时曾游历中国并对中国国情有相当研究的英国人乔治·斯当东就灾荒问题作过极精辟的评论:"在中国一个省份内发生灾荒的次数超过一个欧洲国家。"[1] 西方学者马罗利(W. H. Mallory)以更为直接的语句称谓中国——饥荒的国度。[2]

一 中西方灾荒发生频次的比较

1. 中国古代的灾荒发生频次

灾害发生频次的研究建立在一定的统计数据基础上。在当前的灾害史研究中,大家采用的统计标准和方法有好几种,各执一词,莫衷一是。20 世纪初期,南开大学一项研究成果显示,从公元前 108 年到公元 1911 年的 2000 多年时间中,中国发生了 1828 次灾荒[3];据邓拓(云特)《中

---

[1] [英]斯当东:《英使谒见乾隆纪实》,叶笃义译,商务印书馆 1963 年版,第 479 页。

[2] 邓拓:《中国救荒史》,北京出版社 1998 年版,第 7 页。

[3] Walter H. Mallory, *China: Land of Famine*, American Geographical Society, New York, 1928, p. 1.

国救荒史》统计，我国自公元前 1766—公元 1937 年的三千七百多年间，发生各种灾荒 5258 次；陈高傭《中国历代天灾人祸表》中也列出了自秦汉至清末发生的大量灾害事件，总计 7481 次。对同一问题的研究何以出现如此大的差距？原因可能多种多样，但综合来看，则可分为两个方面：一是每个人收集的资料范围不同，二是在处理灾荒史料时采用了不同的标准和方法。

中国古代的灾荒史料分布极为广泛。农业灾害史料可以划分为十大部类：历代正史资料、经部文献、历代文集、政书资料、类书资料、地方志、古农书、报刊资料、近代档案、考古资料。① 面对如此庞大的资料库，任何一个人都无力将所有的资料收而聚之，聚而用之。即使借助于现代计算机技术，有人可能收集大量史料，但要全面鉴别利用，也非易事。因此就某一个研究者而言，仅仅占有整个灾荒史料的一部分甚或一小部分也是不足为奇的。正因为如此，导致了前人研究灾荒史时出现第一个不确定性——研究结论表面上的差异。

表1 　　　　　　　　邓云特统计中国灾害朝代分布②

朝代	水灾	旱灾	蝗灾	雹灾	风灾	疫灾	地震	霜雪	歉饥	总计
商	5	8								13
周	16	30	13	5		1	9	7	8	89
秦汉	76	81	50	35	29	13	68	9	14	375
魏晋	56	60	14	35	54	17	53	2	13	304
南北朝	77	77	17	18	33	17	40	20	16	315
隋	5	9	1		2	1	3		1	22
唐	115	125	34	37	63	16	52	27	24	493
五代	11	26	6	3	2		3			51
宋（金）	193	183	90	101	93	32	77	18	87	874
元	92	86	61	69	42	20	56	28	59	513

---

① 张波：《中国农业灾害史料方面观》，《中国科技史料》1992 年第 3 期。

② 张建民、宋俭：《灾害历史学》，湖南人民出版社 1998 年版，第 93 页。

续表

朝代	水灾	旱灾	蝗灾	雹灾	风灾	疫灾	地震	霜雪	歉饥	总计
明	196	174	94	112	97	64	165	16	93	1011
清	192	201	93	131	97	74	169	74	90	1121
民国（至26年）	24	14	9	4	6	6	10	2	2	77
总计	1058	1074	482	550	518	261	705	203	407	5258

表2　　　　　　　　　陈高備统计中国天灾朝代分布①

朝代	水灾	旱灾	其他	总计
秦汉（BC246—AD24）	32	39	66	137
后汉三国（25—264）	58	73	132	263
晋（265—419）	73	99	90	262
南北朝（420—588）	83	109	32	224
隋唐（589—906）	212	162	102	476
五代（907—959）	42	32	6	80
宋（960—1279）	465	382	411	1258
元（1280—1367）	373	283	204	860
明（1368—1643）	494	423	286	1203
清（1644—1913）	926	1016	776	2718
总计	2758	2618	2105	7481

　　如果说资料的整理只是一项基础性的工作而不具有决定性作用的话，那么灾荒史研究者在处理灾荒史料时的标准和方法差异则使他们的研究结论出现第二个不确定性——研究结论性质上的差异。这个问题还要从灾荒史料的记录特点说起，中国古代的灾荒史料具有时间分布上的不平衡性、地域分布上的不平衡性和灾害要素的全面性。② 灾害史料时空分布

---

① 冯焱、胡采林：《论水旱灾害在灾害中的地位》，《海河水利》1996 年第 3 期。

② 卜风贤：《中国农业灾害史料灾度等级量化方法研究》，《中国农史》1996 年第 4 期。

上的不平衡性使得我们的统计工作只能尽可能地逼近历史的真实而不是历史真实的完全再现，毕竟有一部分灾荒发生后出现了漏记漏报或遗弃的情况；灾荒史料全面性反映在每一条历史材料总是在极其简略的文字中包容了与之有关的各种信息，特别是灾害的三要素——灾区、灾期和灾情基本都有反映，灾害史料的全面性在客观上要求灾荒史研究者充分利用历史信息取得科学结论。但是，上述几种统计数值在时间的起讫上各不相同，在统计的标准和方法上更是相去甚远，灾害三要素在不同的统计结果中所体现的统计价值也不相同。那么，这些统计值到底反映了一种什么样的情况呢？因资料所限，南开大学的统计方法不得而知；邓云特广泛收集各种史籍材料，但他的统计标准与现在灾害学标准并不一致，因此他的工作名为历史灾害发生次数的统计，实为历史灾害发生年次的统计[1]。当然，这是因为灾害学的发展迟缓所致，直到20世纪末叶，灾害学作为一门学科才逐渐兴起，有关灾害的概念、性质及原理性认识才逐渐为人们所熟知。因此，从灾害发生频次的角度讲，中国古代发生的灾害事件远远超过邓云特统计的5258次。陈高傭以《资治通鉴》《明史》《清史稿》等古籍为基础，兼采其他资料而分部排列，统计时则以史籍中出现的灾害次数为准则，比较真实地反映了中国古代自然灾害的发生频次。因此，本文在今后的论述中将以陈高傭的统计值为主要依据。

2. 欧洲国家古代灾害发生频次

虽然欧洲灾荒史的研究成果蔚为大观，著述丰富，但相对于中国学者所作的长时间序列的灾荒统计而言，西方学者在历史灾荒统计中的工作要显得单薄许多。为方便比较和论述，本文以康纳雷斯·瓦尔夫特（Cornelius Walford）的灾荒年表资料为依据进行分类统计。统计原则是：各种灾害每出现一次作为一个灾次计算；对跨年度出现的灾害则每一年度计算一次；对发生在多个国家的灾害，在每一个国家分别计算一次；对地区不明的饥荒，如全世界、欧洲之类，并入其他一项；对地震灾害不予统计。

---

[1] 卜风贤：《农业灾害史研究中的几个问题》，《农业考古》1999年第3期。

表3　　　古代欧洲国家各种灾害每百年发生情况（BC1760—AD1878）

（时间）	水灾	旱灾	霜冻	雪灾	暴雨	风灾	冰雹	蝗灾	虫害	海潮	合计
公元前	4	2									6
公元1—100	12										12
101—200	4		3				1		1		9
201—300			3				2				5
301—400		1	1				2				4
401—500		2	2				1	1	1		7
501—600	13	4	3				1	1			22
601—700	1		3								4
701—800	6	2	1				1				10
801—900	6	7	5				2	3	1		24
901—1000	3	4	6		1						14
1001—1100	16	2	12			1		1	1		33
1101—1200	20	1	7			1	2	1	4		36
1201—1300	26	11	19		1	2	2		2		63
1301—1400	10	9	7		3	1	1				31
1401—1500	43	7	11	1							64
1501—1600	37	4	13				14		3		71
1601—1700	37	15	28	6	5		15		4		110
1701—1800	71	24	49	1	12	4	12				173
1801—1900	95	8	10		28	16	6	2		1	166
合计	404	103	183	8	50	25	63	9	18	1	864

　　通过这样一个简单的统计，我们知道在欧洲历史上发生过864次各种灾害和367次饥荒，英国是古代欧洲国家中灾荒发生次数最多的国家，欧洲大陆历史上仅发生1231次灾荒。但是，上述统计只能说是个大概的估计，资料的缺陷、语言的障碍等都对欧洲国家历史灾荒研究设置了重重难关，对此我们还需假以时日逐步解决。在康纳雷斯·瓦尔夫特（Cornelius Walford）的资料中法国历史灾荒仅31次，而法国经济史学家布罗代尔证实法国历史上发生的全国性和地区性的灾荒不下几百次，仅重大灾荒就有89次之多：10世纪发生10次灾荒，11世纪26次，12世纪为2

次，14 世纪为 4 次，15 世纪为 7 次，16 世纪为 13 次，17 世纪为 11 次，18 世纪为 16 次。局部性灾荒还有几百次，例如，曼恩地区于 1739 年、1752 年、1770 年和 1785 年受灾；西南地区于 1628 年、1631 年、1643 年、1662 年、1694 年、1698 年、1709 年和 1713 年受灾。欧洲其他国家的情况也不容乐观，德国、意大利等国也是屡受灾荒之苦。西里西亚 1730 年发生灾荒，萨克森和南德意志于 1771—1772 年间遭受灾荒侵袭，巴伐利亚及其毗邻地区在 1816—1817 年发生灾荒，比较富有的佛罗伦萨地区也在 1371—1791 年期间遇到了一百一十一个荒年，丰收年仅十六个。①

即使如此，欧洲国家也是三四年时间出现一次受灾年份，这和中国古代每年必有灾荒甚至一年数次灾荒的情形相比仍有明显差别。中国古代灾荒发生频次之多，远在整个欧洲之上。即使和欧洲古代国家中饥荒发生最频繁的英国相比，中国古代的灾荒频次也是十倍于英国。因此而称中国为"饥荒的国度"，确是中的之言。

二 中西方灾害结构的比较

灾害结构在灾害学领域还是一个新概念，它是指在一个国家或地区内各种灾害的构成情况或灾害间的比例大小。通过灾害结构分析，我们可以了解哪些灾害是主要灾害，哪些灾害是次要灾害，灾害链的类型有哪些等问题。

中国古代经常发生的灾害主要有水灾、旱灾、蝗灾、雹灾、风灾、疫灾、地震、霜雪等。各种灾害在不同的历史时期发生频次及其所占比例也有一定变化，但总体来讲，水旱蝗灾的危害最为严重，雹灾和风灾的发生次数虽然也较多，但就其造成的灾情后果和涉及的灾区面积而言，则蝗灾有过之而无不及。蝗灾一旦发生，往往扫荡大半个中国，甚至由东海而迁飞至西北，所过之地草木吞食殆尽，牛马无毛，农作物更是荡然无存。因此，中国古代人民往往有谈蝗色变之感，古代中国的灾害构成也有水旱蝗灾为三大主要灾害的说法。徐光启《农政全书》中指出：

---

① ［法］费尔南·布罗代尔：《15 至 18 世纪的物质文明、经济和资本主义》第 1 卷，施康强译，生活·读书·新知三联书店 1992 年版，第 82 页。

"凶饥之因有三：曰水，曰旱，曰蝗。地有高卑，雨泽有偏被。水旱为灾，尚多幸免之处，惟旱极而蝗，数千里间草木皆尽，或牛马毛幡帜皆尽，其害尤惨，过于水旱也。"①

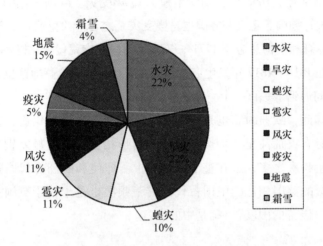

图1　中国古代灾害结构（邓云特数值）

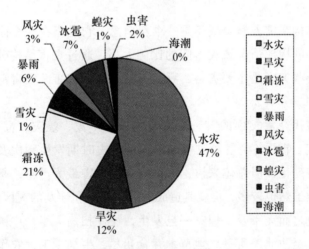

图2　欧洲古代灾害结构

根据陈高傭的统计，水旱灾害发生次数为5458次，占各种灾害发生

---

① 《农政全书》卷四十四《荒政》。

总次数的 72%，其主要地位一目了然。邓云特的统计数据也能清晰地勾勒出中国古代灾害结构的模型，水旱蝗灾的比例超过各种灾害发生次数的 50%。仅据灾害的发生频次可知水旱灾害是中国古代的主要灾害，水灾的危害性和旱灾的危害性基本等同；风灾、雹灾和蝗灾是中国古代仅次于水旱灾害的比较重要的灾害，霜灾、雪灾、疫灾等其他各种灾害为中国古代的次要灾害。

欧洲古代的灾害结构与中国古代的灾害结构形成鲜明对比，欧洲的水灾发生频次极高，几乎占各种灾害发生总次数的一半。水灾之下，霜冻灾害的危害也很大，为欧洲古代仅次于水灾的第二大灾害。旱灾的危害性较小，蝗灾的危害更是微乎其微。由此不难推断，水灾和霜冻是欧洲古代的两大主要灾害，旱灾、暴雨和冰雹是比较重要的灾害，风灾、蝗灾、虫害等灾害则属于次要灾害。

三　灾荒中的人口伤亡

灾荒现象的一个重要特征是大量人口的死亡，而且因灾人口死亡的数量与生产力水平之间存在明显的反相关关系，即生产力水平越低，因灾人口死亡数量越高。在古代的中国和欧洲国家，饥荒发生后都存在一个高数量的人口死亡阶段。据联合国和慕尼黑再保险公司等国际组织 1999 年末的统计分析，在过去的 1000 年里，全世界发生过至少 10 万次各种重大自然灾害，死亡人口多达 1500 万人，这个数字还不包括诸如旱灾、饥荒之类难以统计的灾难。[1]

与这一统计结果相比，中国学者根据历史灾荒资料统计的近两千年来中国历史上因灾死亡人数足以令人大吃一惊：第一份资料是陈玉琼和高建国先生 1984 年的统计值，在 1949 年之前的 2129 年中，共发生 203 次死亡万人以上的重大气候灾害，死亡 2991 万人。[2] 第二份资料是张振兴先生 1989 年的统计值，在最近的 2000 年中，历史灾害造成 3558.14 万

---

[1] 《中外千年灾害数据》，《中国质量报》2000 年 6 月 19 日第 5 版。

[2] 陈玉琼、高建国：《中国历史上死亡一万人以上的重大气候灾害的时间特征》，《大自然探索》1984 年第 4 期。

人死亡，死于旱灾者即达 2773.33 万人，占九种灾害死亡人口总数的 78%。[1] 第三份资料是高建国先生 1994 年的统计值，在明清到民国时期的 581 年中，因灾死亡人数达到 7567 万人之多。第四份资料是冯焱、胡采林先生 1996 年的统计值，历史时期中国重大灾害的死亡人数总计为 13722.9 万人，其中死于水灾者 6578 万人，死于旱灾者 6440 万人（不包括 1959—1961 年的大饥荒），其他灾害致死人数为 704.9 万人，即使和同期的世界其他各国因灾死亡人口总数相比，中国的因灾死亡数还要高出 3077.9 万。[2] 尽管因为统计对象的差别而使统计结果有很大出入，但在总体上还是能够反映出中国古代因灾死亡人口的概况，即中国历史上因灾死亡可能有数千万人之多，甚至也可能超过 1 亿人，我国是世界各国中因灾死亡人数最多的国家。而且我们从中还可得出一个简单的结论：中国历史上的因灾人口死亡数是递增的，越到近现代因灾死亡人口越多，直到 20 世纪中叶中国发生灾荒后依然存在高达千万人的因灾人口死亡。1876—1879 年发生在中国北方五省的"丁戊奇荒"殃及灾民近 2 亿人，仅山西一地亡失人口即达 800 万—1000 万。[3] 1958—1961 年中国大陆地区大饥荒期间非正常死亡人数达数千万之巨，从《中国人口统计年鉴》反映的数据看，1959 年全国人口为 67207 万人，1960 年为 66207 万人，1961 年为 65859 万人，三年期间人口净亡失 1348 万人。[4]

现代灾害学研究认为，自然灾害是一个由孕灾环境、致灾因子和承灾体三大要素构成的复杂系统，灾情则是它们相互作用的产物。[5] 承灾体的变化对自然灾害的发生危害也能产生一定的反作用，随着人类经济开发活动的广泛开展，单位土地面积上的资金和技术含量提高，一旦遭受灾害侵袭则会出现重大经济损失。因此有研究者把人类的灾荒史划分为

---

① 张振兴：《我国自然灾害重点探讨》，《灾害学》1989 年第 1 期。

② 冯焱、胡采林：《论水旱灾害在灾害中的地位》。

③ 郝平：《山西"丁戊奇荒"的人口亡失情况》，《山西大学学报》（哲学社会科学版）2001 年第 6 期。

④ 国家统计局：《中国人口统计年鉴 1995》，中国统计出版社 1995 年版，第 355 页。

⑤ 潘耀忠、史培军：《区域自然灾害系统基本单元研究Ⅰ：理论部分》，《自然灾害学报》1997 年第 4 期。

农业时代的灾荒和工业化以后的灾荒两大阶段[1]，工业化以后的灾荒又称现代灾荒，自然灾害的发生随着人类社会的发展而日益加剧，其危害性也不断增大，因灾经济损失呈现增长趋势，但因人类灾害救护措施的加强，因灾人口死亡数则逐渐下降。[2] 如果我们利用现代灾害学理论所揭示的灾害演化的规律性特征来分析中国历史灾情状况时，我们不得不承认：即使在 20 世纪中叶左右，中国依然处于传统农业灾害的发展阶段。

欧洲历史上没有出现像中国那样的长系列的官修史书，因此对历史人口数字的记载颇多语焉不详之处，要确切地统计近一两千年来因灾人口死亡数量并与中国的情况进行对比实属不易。但是，一些重大灾荒的死亡人口数还是可以得到并有助于我们分析西方国家因灾死亡人口的发展规律。根据《世界的饥荒》和《论水旱灾害在灾害中的地位》两文中的资料，初步整理可得欧洲国家在 20 世纪以前因灾死亡人口数据，死于灾害的人数总计为 3421.2 万人之众。其中公元 542 年发生在古罗马拜占庭的瘟疫、1348—1666 年发生在欧洲的鼠疫、1500—1550 年发生在欧洲的梅毒和 1845—1850 年发生于爱尔兰的大饥荒是古代欧洲国家危害性最大的几次灾荒。公元 542 年，一场瘟疫在君士坦丁堡流行，拜占庭皇帝查士丁尼也未能幸免于难，前后有 100 万人死于灾难之中；1348 年，瘟疫在欧洲大陆又一次爆发，来势比公元 542 年那一次更为凶猛，且在此后的数百年中时起时伏，这次瘟疫持续时间之长、波及范围之广、危害性之严重在欧洲乃至世界历史上均为仅见，大约 2000 万人死于非命，欧洲经济因遭受重创几乎一蹶不振；1550 年，在哥伦布发现新大陆后的十年中，梅毒席卷欧洲，1000 万人因之丧命；1845 年爱尔兰发生大饥荒，前后延续数年，超过 100 万人冻饿而死。

进入 20 世纪后，欧洲国家遭受了两次世界大战的破坏，在 1900—2000 年间因灾死亡人数达到 961.2 万人，[3] 其中 1914 年东欧的伤寒病、1921 年苏联旱灾和 1932 年苏联饥荒是三次危害性最大的灾害。1914 年的

---

① 张建民、宋俭：《灾害历史学》，第 166 页。

② 宋俭：《工业化以来传统灾害的演化趋势》，《荆州师范学院学报》（社会科学版）2000 年第 6 期。

③ 根据 The OFDA/CRED International Disaster Database 数据统计。详见 http：//www. cred. be。

伤寒病最初发生在塞尔维亚战俘集中营，因为战争环境下人群生存条件恶化，导致疫病流行并扩散到俄国，死亡 300 万人[①]；1921 年苏联南部和号称"苏联粮仓"的乌克兰地区发生了大旱灾，死亡 120 万人[②]；1932 年苏联由于政策失误导致严重食物短缺，死亡约 500 万人[③]。这三次灾荒的死亡人数总计为 920 万人，占百年灾荒死亡人数的 96%。

由此可见，欧洲国家历史上同样发生过大大小小的各种饥荒，也出现了严重的人口亡失情况。但欧洲国家灾荒的时间和空间分布表明：爱尔兰大饥荒是一条分界线，在此之前西欧国家灾荒严重，此后欧洲的重灾区则转移到东欧国家和苏联。这一发展趋势与欧洲国家经济发展和变革的历程基本一致。自从 18 世纪中叶欧洲工业革命以来，由于科学技术在各方面的迅猛发展，大大增强了人对自然开发利用的能力、范围和幅度，煤、石油、天然气作为重要的能源被广泛利用，化肥、农药以及各种新型生产工具被运用到农业生产领域，从而使区域抗灾能力大大增强，人们的生活条件得到极大改观，人口迅速增长。进入 20 世纪以后，欧洲特别是西欧国家终于全面摆脱了自然灾害对人口的毁灭性打击。苏联则是在斯大林统治时期才开始全面工业化，虽然当时极端专政的政策和持续进行的战争对灾荒的发生有重大影响，但国家经济实力和科技水平的低下也是灾荒发生的重要决定性因素，苏联在灾荒的打击下出现了大规模人口损失情况。

四 一样灾荒，两种结果

1. 中国和古代欧洲国家灾荒接连不断

早在春秋战国时代，中国大地上就出现了农业发达的山东农业区和山西农业区。山西、山东农业区均以大面积的平原开阔地为中心向四周扩展，辐射力强劲，农业技术的传播也十分迅速。后来，随着中国经济

---

① 王林：《古今大灾难实录》，中国青年出版社 1992 年版，第 245—246 页。

② CRED 数据。John R. K. Robson, *Famine: It's Causes, Effects and Management* 书中则称本次灾害死亡人数为 130 万人（第 23 页）。

③ Robson, *Famine: It's Causes, Effects and Management*, Gordon and Breach Science Publishers, 1981, p. 23. 本文中死亡人数估计为 300 万—1000 万人，CRED 为 500 万人，故从之。

重心的逐步南移，先后建起了江淮农业区、巴蜀农业区、江南农业区、岭南农业区等基本经济区。由于各地区在农业生产环境、农业生产结构以及农业科技方面具有极强的一致性，所以当发生区域性的农业灾变后往往出现大面积农业受灾成灾的严重灾情。更加之中国地处环太平洋灾害带与欧亚灾害带的交汇处，极易发生重大灾害，因此常使一个乃至多个农业区同时受灾成灾。以水旱蝗灾为例，其之所以被称为中国古代的三大灾害，一个重要的原因就在于危害面积十分广大。

欧洲国家虽然依赖于大自然的恩赐，大西洋水汽可以长驱直入欧洲大陆，干旱致灾的危害性较低，且欧洲境内并无贯通南北或东西的大江大河，因而河道决溢的威胁也相对较小。但受低下的生产力水平的影响，欧洲农业在自然灾害面前显得十分脆弱，各种灾害也是时常发生且造成严重灾情和饥荒。就灾荒发生次数来说，中世纪及其以前的历史时期饥荒也经常光顾欧洲，如果粗略地扫描一下欧洲灾荒年表①，我们也会得出"欧洲是一片饥荒的土地"的结论。欧洲历史上最严重的灾荒莫过于黑死病，它不但直接造成大量人口死亡，还严重影响社会经济的稳定和发展。14 世纪中叶黑死病发生后，西欧、北欧、中欧等地大片耕地荒废，不仅在 10—13 世纪新垦殖的土地被弃而不耕，旧日的熟田也在撂荒休闲，直到 15 世纪中叶以后情况才有所好转。因此西方学者称这个时期为"欧洲农业萧条时期"或"中世纪最黑暗的年代"。除黑死病外，比较严重的灾荒还有 1309—1318 年的饥荒，"饥荒最初从德意志北部、中部和东部开始，逐渐扩展到整个欧洲——英格兰、尼德兰、法兰西、德意志南部和莱茵河地区———直蔓延到里伏尼亚附近。"② 此外，还有 1845—1848 年的爱尔兰大饥荒。爱尔兰是一个独立的岛屿，12 世纪以后逐渐沦为英国的殖民地，1801 年爱尔兰并入英国，但英国对爱尔兰实行高压殖民政策，爱尔兰人民未能摆脱贫困和饥荒的威胁。1845 年，爱尔兰爆发马铃薯晚疫病并造成毁灭性后果。美国纳尔逊·曼弗雷德·布莱克教授曾对此作过细致描述："随着马铃薯连续两年歉收，爱尔兰的经济几乎完全崩溃。因为缺乏饲料，猪、牛和鸡都被冷酷无情地屠宰了，成千上万的农民，

---

① 陈有进：《人类灾难纪典》，改革出版社 1998 年版，第 2345—2367 页。
② ［法］费尔南·布罗代尔：《15 至 18 世纪的物质文明、经济和资本主义》，第 82 页。

由于饥饿的折磨，悲惨地死在他们的小棚屋里。还有几千人出走，一个村子一个村子地去讨饭，妇女受害者因为饥饿而变得衰弱，很容易成为传染病斑疹的牺牲品。英国政府采取了救济措施，但是计划太小也太迟，不足以阻止大规模悲惨状况的发生。"①

上面的资料反映了如下史实：中国古代和欧洲国家都遭受了多种灾害的侵袭并出现严重饥荒，但在灾害的种类、发生频次上则中国远远超过欧洲国家；灾荒发生后中国和欧洲国家也出现过大量人口因饥饿而死亡、四处流浪等悲惨现象，但中国古代灾民的数量、生活的艰难程度远远超过欧洲国家；灾荒发生后古代中国和欧洲同样出现过人吃人的惨状，但食人事件的发生数量、影响区域、流行时间尤以中国最为严重。

2. 中国和欧洲国家迥然不同的灾民反应

农民起义古代称之为盗、寇、贼，或被官府视为蟊贼草寇，或为朝廷称作江洋大盗，如究其成分，衣食无着的灾民为其基本成员。这些反抗朝廷官府的队伍规模小者不计其数，轰轰烈烈、惊天动地的重大事件也为数不少，几乎历朝历代皆有发生。秦末陈胜、吴广振臂一呼天下云集响应，西汉末期绿林、赤眉揭竿起义，东汉末期张角兄弟发动黄巾起义，隋末的瓦岗英雄独霸一方，唐末的黄巢横行天下，以及元末的朱元璋、明末的李自成等，清末的洪秀全等人也是从一介小民起事，率领民众反抗朝廷的风云人物。在这些重大历史事件的背后似乎都存在一种普遍的现象，即严重的灾荒。

同样是处于封建制度之下的欧洲国家情况又是如何？与中国相比，欧洲国家的灾荒次数本来就少，其破坏性相对于其他社会问题而言比较轻微。发生灾荒后，封建国家和基督教会都承担了一定的救助职责，如英国规定每一村教区必须对其贫苦人负责。而且，欧洲农民还经常通过抗租抗税斗争减免部分负担，这在一定程度上缓解了矛盾，农民反抗政府的斗争因此很少演化为大规模的农民战争。据统计分析，在公元 500 年到公元 1999 年的 1500 年时间中，发生在欧洲和有欧洲国家参加的战

① ［美］布莱克：《美国社会生活与思想史》上册，许季鸿等译，商务印书馆 1994 年版，第 312—313 页。

争共计 540 次,其原因可归纳为十四类,如争夺领土、宗教纠纷、民族矛盾、霸权、安全均势、政权自主生存、争夺权力、王位继承、阶级压迫、商业航海、荣誉威望、抢劫财富、争夺殖民地、意识形态等,阶级压迫问题在每个时期都会引起战争,但从未成为欧洲重要的战争原因。[①] 即使欧洲历史上最严重的几次灾荒发生后,国家也没有陷入大规模的农民战争之中,如 1381 年英国瓦特·泰勒领导的农民起义,1323—1328 年西法兰德斯滨海的农民起义,1357 年法国弗朗斯岛爆发的反抗贵族统治的扎克雷农民起义等,都是在短期内发生且影响范围有限。

图1 爱尔兰大饥荒后寻找土豆的灾民

(图片来源:W. R. Aykroyd, The Conquest of Famine, p. 37, London: Chatto & Windus, 1974。)

---

① 许二斌:《欧洲历史上战争原因初探》,《鞍山师范学院学报》2001 年第 4 期。

图 2　爱尔兰大饥荒后逃难的灾民

（图片来源：Cormac O Grada, Famine 150commemorative lecture series, p. 131, Dublin：Teagasc, 1997。)

图 3　香港的饥荒预防宣传画

（图片来源：W. R. Aykroyd, The Conquest of Famine, p. 190, London：Chatto & Windus, 1974。)

图4　1924年湖南水灾后的灾情

（图片来源：W. H. Mallory，China：Land of Famine，p. 39，American GeographicalSociety，1928。）

图5　因为饥饿而身体浮肿的儿童

（图片来源：The North China Famine of 1920 - 1921，p. 8，Peiking Cheng-wen Publishing Company，1922。）

本文原刊于《经济社会史评论》第2辑，

生活·读书·新知三联书店2006年版

农业技术进步对中西方历史
灾荒形成的影响

　　古代中国在科学技术方面取得了一系列成就并长期领先于世界其他国家和地区。农业科技在古代中国科技体系中也居于十分重要的地位，自春秋战国时期进入传统农业阶段后，以铁器牛耕为生产力标志的传统农业奠立了中国古代社会发展的基石。后来中国农业的发展日益精细化并形成了特色鲜明的农业技术体系，在北方发展产生了以耕耙耱为中心的抗旱保墒农业技术体系，在南方形成了耕耙耖耘耥为中心的水田作业技术体系。欧洲农业的发展始自古希腊和罗马时代，早在克里特文明时代农业生产中就使用犁耕，种植作物有大麦、小麦和豆类。荷马时代铁农具和牛耕得到推广使用，大片荒芜瘠薄之地被垦辟为农田。公元前 3 世纪以后随着罗马帝国的崛起，农业生产也发生了深刻变化，大田庄、大果园和大牧场普遍兴起，但公元 5 世纪日耳曼民族入侵罗马后欧洲经济一蹶不振。中世纪后欧洲经济虽然有所复苏发展，但因遭受黑死病、内部战争、外敌入侵等种种灾难，农业发展举步维艰。直到 18 世纪以后欧洲农业才发生了革命性变革，引进了高产作物，改进了农作工具，耕作制度也由传统的休耕制向轮作连种制转变。相比之下，中国古代的农业生产技术和农业生产水平均远远超过欧洲国家，而且这种状况在历史上持续了很长时间。当中国宋代农作物亩产量达到亩产稻谷四石或米二石的时候（合今每市亩 381 市斤），[①] 12—13 世纪英国的农业生产水平仍然极为低下，混合作物亩产量仅为每英亩 222 公斤，折合中国量制为亩产

---

① 吴慧：《中国历代粮食亩产研究》，农业出版社 1985 年版，第 160 页。

76 市斤，① 直到 18 世纪欧洲的农业还处于停滞状态。正是因为 17 世纪后中国农业技术的西传才打开了欧洲农业革命的大门，来华的欧洲传教士、科学家和商人从中国带回了曲面铁犁壁的犁、种子条播机和中耕机等农具和中国的播种方法，催生了欧洲的农业机械化。② 在灾荒威胁下，农业技术水平、农业生产结构、农业发展状况等因素方面存在的差异直接影响到农业灾害的成灾后果。

一 农业技术水平对灾荒发生的影响

古代中国农业技术的发展是全方位的，不但培育有优良的动植物品种，创造发明了先进的农业生产工具，还形成了一整套的耕作栽培技术体系，即魏晋以前在中国北方地区形成的抗旱保墒耕作体系和宋元时期在中国江南地区形成的以耕耙耖耘耥为中心的稻田耕作技术体系。

中国古代农业生产的发展主要体现在生产水平的提高和农业地域的拓展两个方面。虽然农业生产水平的标志是农产品单位面积产量的高低，农业地域拓展的标志是耕地面积的大小，但与之相关的耕作栽培技术、动植物品种培育技术、水利灌溉技术、植物保护技术等在农产品产量形成过程中起着重要的甚至是决定性的作用。而这几项基本的农业技术早在两汉时期已经大体形成且达到较高水平，在农业防灾抗灾的生产实践中也得到充分运用，收到良好的减灾效果。西汉氾胜之发明的区田法，其主旨就在于防旱抗旱，以达到增产丰收的目的；后魏贾思勰《齐民要术》中所记载的抗旱保墒耕作技术体系更是全面体现了中国古代农业技术的两重性特点，即传统农业技术既是一种增产措施，同时也是一种防灾抗灾措施；两汉水工技术的重点也是治理水患和农田灌溉并举。

农业技术的进步在预防和控制灾荒的活动中发挥了重大作用，在古代中国灾害频发的环境条件下，传统农业科技在一定程度上控制了灾情的蔓延，减轻了灾害的破坏和威胁，从而使得灾害的发生与饥荒之间存

① 侯建新：《现代化第一基石》，天津社会科学院出版社 1999 年版，第 52 页。
② 白馥兰：《中国对欧洲农业革命的贡献：技术的改革》，台湾商务印书馆 1976 年版，第 573—606 页。

在较大的伸缩空间，避免了有灾必有荒，小灾小荒、大灾大荒的不利局面的出现。即使发生了特别重大的自然灾害，如果充分利用古代农业技术也能预防和控制灾害的发生发展，防患于未然，避免饥荒发生。可以说，依赖于传统农业技术的减灾功能，中国古代劳动人民防治并成功地控制了无以数计的灾害，并将可能发生的饥荒消除于萌芽之中。但是，中国封建社会固有的矛盾以及封建王朝周期性的动乱更替也为农业技术的推广应用设置了重重障碍，每当社会政治局面动荡不安的时候，往往出现水利失修、农田荒废、荒政不举的现象，农业防灾抗灾能力大大削弱，一旦发生灾害很容易引发饥荒。所以中国的治水活动进行了几千年，水灾也肆虐了几千年；抗旱活动持续了几千年，旱灾也横行了几千年。

也是由于农业技术的落后，在遭受灾荒后欧洲农业往往一蹶不振，欧洲历史上也出现了一个又一个的黑暗时代。早在公元前2000年希腊人就在欧洲大陆上创造了辉煌一时的文明，公元前1184年特洛伊城毁灭，公元前1150年迈锡尼卫城毁灭，继此之后辉煌一时的美悉尼文明在欧洲销声匿迹了，直到公元前750年欧洲长时期处于没有文字的黑暗时代。腓尼基人传入的文字才为欧洲文明注入新的活力，引导欧洲进入几何陶文化时代。但在中世纪时，因蛮族入侵而使欧洲又一次进入黑暗时代，仰赖于基督教会组织才保留了一息文化命脉，至文艺复兴后才重新点燃了文明的曙光。

14—16世纪英国农业生产力有了很大提高。14世纪，在苏塞克斯巴特尔修道院的土地上，人们采用了一系列新技术，如在休耕期间种豆以恢复地力，在土地上多施肥料，加大种子量以排斥杂草生长等，结果产量往往达到播种量的6倍，小麦每英亩最高可达15.2蒲式耳，大麦和燕麦则为20.97蒲式耳。在其他地方也推行草田轮作，不再把草地和耕地长期分开，在耕地上则休耕时推广种植豆科植物，利用豆科植物固氮能力提高地力。此外还扩大牲畜饲养以广积肥料，这种趋势一直延续到15世纪。16世纪前后，耕犁的制作不但因地制宜而且日趋专业化，当时许多地区农民所使用的犁都是他们的邻居铁匠、木匠或轮箍匠制作的，这些犁在结构上和以前的犁相比使用了更多的铁。重犁得到广泛使用，农民因地制宜，制造出不同式样的犁，以便更好地发挥耕犁的效率。萨默塞特郡的耕犁有一个长而细的犁梁，肯特郡的耕犁都安有犁轮。耕犁的改进提高了粮食产量。

灾荒发生的连续性固然与多种人为因素有关，如战争、社会动乱等都是古代社会灾荒发生的主要影响因素，但还应该看到，并非所有的灾荒都是因为战争和社会动乱引起，还有很大一部分是在正常社会环境条件下发生的。而且，在那些社会因素起主要致灾作用的灾荒事件中，自然变异的破坏性力量也是不容忽视的重要原因。古代和中世纪欧洲国家农业技术的进步极为迟缓，农业承灾能力因之而长期处于低下状态，欧洲历史上的饥荒多是在一般性灾害的作用下发生。

二 农业生产结构对灾荒发生的影响

中国古代的农业以种植业为主，畜牧生产仅仅处于从属地位。西汉时期史学家司马迁曾经描绘过一条农牧分界线，"夫山西饶材、竹、穀、纑、旄、玉石；山东多鱼、盐、漆、丝、声色；江南出棻、梓、姜、桂、金、锡、连、丹沙、犀、玳瑁、珠玑、齿革；龙门、碣石北多马、牛、羊、旃裘、筋角；铜、铁则千里往往山出釭置：此其大较也。"① 这里所谓的龙门—碣石一线也就是自今河北昌黎县西北的碣石山向西南穿行，经过今北京市、山西太原市北和吕梁山南段，穿过今山陕之间黄河两岸的龙门山，由关中之北而直达于陇山之西。② 这条分界线以北为中国的畜牧区，以南为主要农区。由于农区经济发达，牧区相对落后，因而农区的发展兴衰成为古代中国社会经济发展的主要标志。

广大农区种植五谷桑麻，饲养六畜，种植业占绝对的主导地位，家畜饲养依托于种植业而存在，主要为种植业提供役畜、动力并生产一些畜产品。自先秦至于明清农牧业的关系大体如此，从未发生根本性的变化。而且随着经济的发展，传统农区的界限还一再北移，出现农区扩展牧区退缩的现象。

传统农区的主要作物是五谷，即黍、稷、稻、麻、麦，抑或称之为

---

① 《史记·货殖列传》。

② 史念海：《司马迁规划的农牧地区分界线在黄土高原上的推移及其影响》，《中国历史地理论丛》1999 年第 1 辑。

黍、粟、菽、稻、麦，概括起来不外乎黍、稷、稻、麻、麦、菽几种作物而已。其中黍、稷、菽以耐旱为特征；麦为高产作物，但对水分有严格要求；麻为纤维作物，是中国人的衣着原料；稻适宜于在南方水分充裕的地区生长。蔬菜水果的栽培也是传统农业的重要组成部分，春秋战国时代的文献中已经出现了分化的园圃，梅、李、杏、桃硕果累累，韭、瓜、葵、芥枝繁叶茂。宋元以后外国高产作物逐渐引入中国，传统产业结构发生了一些变化，其中麻的地位降低，棉花成为主要的衣着来源，马铃薯、玉米的种植面积不断扩大，成为仅次于稻、麦的重要作物。

以农为主的经济结构符合中国地少人多的国情状况，据测算种植业中单位面积上所能承载的人口数量远大于畜牧业。但以农为主的经济结构对生产环境也会产生一定的负面影响，即因为垦荒所导致的植被破坏、水土流失、土壤沙化等问题。许多研究结果支持这一论点，如历史地理学家谭其骧先生研究认为山陕峡谷流域和泾、渭、北洛河上游地区的土地利用情况是黄河下游水灾发生的决定性因素，东汉以后黄河长期安流的根本原因在于中游地区以牧为生的羌胡人口的迅速滋长，他们经营农地的主要方式是退耕还牧，从而减轻了水土流失，也使下游的洪水量和泥沙量大大减少①；王金香研究山西"丁戊奇荒"后认为，广种罂粟、交通不便等因素是导致这次历史上特大灾荒的主要原因②。1998 年长江流域特大洪涝灾害发生后，人们对长江流域水灾成因进行了历史反思，认为过度的垦荒开发是引发和加剧长江流域洪涝灾害的直接原因，它造成了严重的生态失控、水土流失、河湖淤塞等一系列问题。

欧洲农业是一种典型的农牧并举型产业结构，特别是中世纪以后这种结构形式得到进一步加强。希腊罗马时期，欧洲社会经济的重点地区位于希腊半岛和意大利半岛，气候特征为典型的地中海气候。希腊半岛土壤贫瘠，冬季寒冷，夏季炎热少雨，不利于种植业发展；罗马也在地中海北岸建国立业，界内丘陵纵横、山脉起伏，仅在西部地区有几处小的平原为发展农业生产的便利之地，但其土质也非肥沃，易于长草而不适于种植作物。因此，在严酷的自然条件制约下，希腊、罗马的农业生

---

① 谭其骧：《长水集》，人民出版社 1987 年版，第 15—21 页。

② 王金香：《山西"丁戊奇荒"略探》，《中国农史》1988 年第 3 期。

产结构就选择了农牧并重、共同发展的道路，畜牧生产在农业结构中占据重要地位。当时种植的作物有小麦、芜菁、萝卜等，饲养家畜有牛、马、猪、鸡、兔、蜂、鱼以及蜗牛和袋鼠。除此之外的其他地区畜牧生产的比重更高，人们优先发展马牛羊等家畜饲养业，农业生产是一种以牧为主的经济结构形式。如希腊罗马时期的英国、西班牙等地就是典型的畜牧经济区，英国的养羊业非常兴盛。罗马帝国衰亡后，欧洲文明进入了新旧交替的时代，农业生产也呈现出两种不同的结构形式，在南方和地中海地区种植谷物、栽培果树蔬菜并引进了甘蔗、水稻等优良作物，在爱尔兰及西欧北部地区畜牧生产依然占据重要地位，人们在大草地上牧养畜群。中世纪中期以后在人口压力下欧洲各国开始大力发展种植业，改造荒地、沼泽、海涂和林地以种植谷物，许多牧场也被垦辟为农田，以牧为主的地区也开始向农牧结合型经济过渡。但即使在这一时期，休耕的土地和收获后的土地还是饲养畜群的良好场地，二圃制、三圃制下的农田种植豆科作物，为家畜饲养提供了充裕的饲料来源，畜牧生产并未随农区的扩张而衰减，相反地农牧结合更加紧密。中世纪晚期黑死病和饥荒的肆虐使欧洲人口大量亡失，出现大片荒废的耕地，又为此后畜牧业的振兴发展埋下了伏笔，圈地牧羊一时成为欧洲风尚。

农牧并举型的产业结构在功能上具有较强的防灾救荒能力，牧草在抗逆性方面明显优于人工驯化栽培的农作物，即使发生一定的自然灾害也不至于颗粒无收，血本无归。而且畜牧生产对环境的保护也使欧洲国家受益良多，避免了因过度垦耕而导致的风沙灾害和水土流失。

三 耕作制度的差别

在耕作制度上中西方的典型差异是土地利用的效率高低不同。中国古代很早就发展产生了连种制并以此为基础在魏晋时期实现连作复种，一块土地可以多年连续种植而产量不断提高，以至种植了几千年的农作物而地力常新壮。这在世界农业史上不能不说是一个奇迹，因为西方国家一直在采用休闲轮作，无论是二圃制还是三圃制其土地利用效率都不能与中国的复种制相比。

中国的古代农业源远流长，西周时期农业生产中已经采用一年休闲两年耕播的休闲耕作制度，即"菑、新、畬"的土地利用方式。到春秋战国时期，由于铁农具的普及和牛耕的推广，大大提高了土壤的耕作效率，耕作制度开始由休闲制向连种制过渡，秦国商鞅大力垦草治莱，东方六国也不甘落后，"辟草莱，任土地"①，休闲荒地转变为连种地。汉代时中国农业生产在土地利用、耕作制度、农具制造、治种、施肥、灌溉以及单位面积产量等方面取得了领先于世界各国的重大进展，特别是复种轮作耕作制度的形成使中国农业生产效率大大提高，单位面积上的农作物产量水平远非世界其他国家所能比拟。在北方主要是豆麦复种连作方式，南方则是稻麦复种。此后各历史时期农业的发展虽然也很显著，但主要是技术的完善与补充而非革命性的突破。

希腊罗马早期采用休闲耕作制。为了恢复地力将耕地划分为两大区，一块耕种，一块休闲，后来在休闲地里种植豆科作物实现了豆科绿肥与谷类作物的轮作，既培肥了地力也有效地利用了土地，以轮作取代了休闲。中世纪时欧洲封建领主普遍发展三圃制作业，亦即把庄园的土地划分为三部分：一块休闲，一块土地种植小麦或黑麦等冬季作物，另一块土地种植大麦或燕麦等春季作物，三年完成一个循环，然后逐年轮换。此外，农户的份地和领主的保留地也不能随意安排，而要在统一的规划下种植作物，作物收割后用于放牧家畜。大约 10 世纪时，西欧一些国家开始大规模种植牧草发展养羊业，推行谷草轮作制，英国发展产生了"四圃轮作制"，即所谓诺福克轮作制。其特点在于改牧地为耕地，并因此而取消了休闲，有利于提高地力。它将耕地一分为四，依次轮换种植芜菁、大麦、三叶草和小麦等作物。由于牧草的大面积种植，欧洲国家的畜牧生产方式也由放牧向舍饲逐渐过渡。15 世纪以后，遭受黑死病打击的欧洲国家人口大量死亡，地多而人少，很适宜于发展畜牧业，从而引发了 16—17 世纪英国的"圈地运动"。那些资产阶级化了的贵族们以各种各样的手段侵吞了大片大片的土地，从 1700—1845 年大约 150 年间，在英国约有 600 万英亩（240 万公顷）耕地被一户一户地用篱笆或栅栏围起来了，其中很大一部分由原来的敞地变成了私人牧场。但在欧洲大陆如德国、法国北部，特别是东欧国家三圃制依然在农业生产中作为基本

① 《孟子·离娄上》。

的耕作制度而占据主导地位。

四 农业发展状况对灾荒发生的影响

历史时期中国农业的发展表现出特别显著的整体发展的趋势。考古发掘证明，中国农业有北方和南方两大起源中心，即北方的粟作农业和南方的稻作农业。后来北方农业发展迅速，一度领先于南方农业。但在南方和北方农区内部，农业生产的发展则呈现出极强的一致性，同一农区内部不同地区之间在生产技术、种植结构、生活方式等方面保持基本一致的特性。

从先秦时期起，中国农业的整体发展趋势已得到充分体现，当时虽然北方农业比南方农业优越，但在黄河流域广大的地区内建起了以关中平原地区为核心的西北农业区和以华北平原为核心的山东农业区，这两大区域虽然因地理环境因素而被一分为二，但两地的农业生产均以抗旱保墒为中心，在技术类型、生产方式、生产水平等方面也极其相似。东晋南朝以后农业生产的中心南移，火耕水耨之地一跃而成为鱼米之乡，富甲天下。这一时期江南地区也发展产生了几个农业区，如江淮农业区、江南农业区、两湖农业区、巴蜀农业区、岭南农业区等，但总体上都是以稻作农业为主，采用耕耙耖技术方式作业的水田农业，各农区之间的差异也是表现在地理环境上。因此，不论北方南方中国农业的发展都是人尽其力，地尽其利，尤其是在秦汉以后农地拓展日益扩大的情况下，民族之间、地区之间的文化交流非常活跃，大大促进了新式农具和先进生产技术的迅速传播，愈到后来愈是如此。

中国农业发展的整体一致性既有利于技术的普及推广和传播，但也为农业灾荒的发生创造了条件。由于在广大的区域上农业生产具有相似性和一致性，一旦发生重大农业灾害极易造成大面积农业歉收绝收，形成严重灾荒。中国历史上危害严重的水旱蝗灾就是在这样的农业生产背景下发生发展的。旱灾发生后常可见"饿殍载道""赤地千里"的记载，因为广大灾区种植的作物基本一致，防旱抗旱的措施也基本一致，于是灾荒就像流行病一样从一个地方扩散到另一个地方。水灾也是这样，一旦淫雨为灾或洪水泛溢，灾区的农业灾情也是惊人的相似，同样的农作物减产绝收，灾民也同样束手无策，于是灾荒肆意蔓延。

欧洲农业发展迟缓，农区之间不但存在农业技术水平的优劣差别，而且各农区之间彼此相互孤立，技术的交流传播十分缓慢。公元前500—公元500年期间，希腊和罗马先后建立了奴隶制国家，奴隶制庄园为其基本的农业经营形式，奴隶和隶农们租种奴隶主的土地，并向奴隶主交付实物地租。公元5世纪以后罗马帝国覆灭，奴隶制社会解体，代之而起的是占有大量田产的新兴封建领主阶级和无地或少地的农民阶级。直到16世纪以后，欧洲国家才逐步进入资本主义社会。西欧的封建制度延续到15—16世纪，东欧则一直延续到18—19世纪。10世纪以后，欧洲一些地方已经开始使用装有轮子的重犁，后来还有所改进，犁头上装上了犁壁和犁铧，还引进了连枷、风车等农具。到14世纪，由于连续发生灾荒和"黑死病"，又给欧洲人以沉重的打击。直到15世纪随着商品经济的发展，特别是羊毛和毛纺织品贸易的发展，才又把欧洲的农业推向前进。在这以后的几个世纪中，欧洲的农业一直处在发展变革的过程之中。这种变革不但最终结束了农奴制，而且开辟了从传统农业向现代农业转变的道路。

本文原刊于《自然杂志》2007年第5期

灾民生活史：基于中西社会的初步考察

灾荒发生后灾民的生活极其艰难，中国古代的农民和欧洲国家的农民都处于同样的悲惨境地。但由于文化背景、地理环境、社会发展程度的不同，中国和欧洲古代国家的灾民在灾荒的威胁下也做出了不同的抉择，选择了不同的救荒求生方式。中国古代灾荒频仍，有赖于传统荒政制度的贯彻落实，大批灾民得以劫后余生、重建家园，但在荒政失效的情况下灾民生活则极端悲惨。与此相比，欧洲国家则缺乏有效的国家政策救济灾民，出现重大灾情后很容易造成大量灾民流失迁移，于灾后家园的重建颇为不利。所以，中西方灾民生活有许多共性的特征表现，也有各自独特的社会因素在其中发挥作用。

一　正常年份农民的生活

灾民即受灾后生活艰难的民众，这是一个群体的概念，这个群体并非固定不变，而是处于经常性的变动之中。在受到灾荒侵袭以前，所有民众的生活都是在社会正常秩序的约束下进行；但在灾荒的影响下，各个阶层的人都有可能成为灾民。中国历史上就有饿死的皇帝，逃难的王侯，但是数量最庞大、生活水平最低的农民长期以来成为灾民的主要构成部分。

1. 中国农民的生活

农业是中国传统社会的主导产业，农民也是中国社会的主要成分。这种状况在春秋战国时已经形成并一直保持到 20 世纪。1949 年中国农业人口占总人口的89%，大体相当于欧洲国家两百年前的水平。在阶级社会里，不同阶层的人群在食物构成方面也存在明显差异，古代中国文化里用极为简明的文字描述了因食物构成的差异所反映出的不同阶层间生活水平的差别，即肉食与否。农民日常的食品以谷物类的素食为主，食肉是一种奢侈的享受，只有在节日期间或康乐年华中才有享用的可能，权势阶层则经常食肉。在成为灾民之前，农民的生活以生存为第一要义，吃的是最低等的食品，穿的是最低劣的衣服，住的是最破旧的房屋。即使在历史最好时期农民生活水平也仅限于温饱水平而已，所谓富裕的农民则限于数量极少的地主阶层。因此在本文中讨论灾民生活的变化主要集中于社会最下层的农民。

西周时期在大田里千耦其耘的农夫可能连像样的素食都难以吃到，他们吃的是陈腐的食物，穿的是粗麻布制成的衣服。"倬彼甫田，岁取十千，我取其陈，食我农人。"① "采荼薪樗，食我农夫"，"无衣无褐，何以卒岁。"② 一般的平民百姓和下层的士人以素食为主，食肉几乎是不可能的事情，"民之所食，大抵豆饭藿羹"③。农民一年收获的大部分的黍稷等农产品被迫交给地主和封建国家，而自己饮食中野菜和野果还占较高比重，"六月食郁及薁，七月烹葵及菽。八月剥枣，十月获稻，为此春酒，以介眉寿。七月食瓜，八月断壶，九月叔苴。采荼薪樗，食我农夫。九月筑场圃，十月纳禾稼。黍稷重穋，禾麻菽麦。嗟我农夫，我稼既同，上入执宫功。昼尔于茅，宵而索绹。亟其乘屋，其始播百谷。"④ 而上层社会的贵族士人们生活奢侈，餐必饮酒作乐食肉，"凡王之馈，食用六谷，膳用六牲，饮用六清，羞用百二十品，珍用八物，酱用百二十瓮"，⑤ 饮食结构极其复杂且都是高营养价值的食物。

春秋战国时上层社会的生活水平有了进一步改善，黍稷稻粱逐渐为肉食所取代，真正形成了一个所谓的"肉食者"阶层，⑥ 他们可能经常食

---

① 《诗·小雅·甫田》。
② 《诗·豳风·七月》。
③ 《战国策·韩策》。
④ 《诗经·豳风·七月》。
⑤ 《周礼·天官·膳夫》。
⑥ 《左传·庄公十年》。

肉,而一般的农民即使种田百亩,肉食的可能性仍然很小,平民百姓的饮食主要是"一箪食,一豆羹,得之则生,弗得则死"。① "五亩之宅,树之以桑,五十者可以衣帛矣;鸡豚狗彘之畜,无失其时,七十者可以食肉矣;百亩之田,勿夺其时,数口之家可以无饥矣;谨庠序之教,申之以孝悌之义,颁白者不负戴于道路矣。七十者衣帛食肉,黎民不饥不寒,然而不王者,未之有也。"② 而人生七十古来稀,又有多少农民在日常生活中能经常性地享用到肉食呢?

自秦汉以来的两千年时间里,中国乡村的粮食安全水平一直处于低水平运行状态,明清时期农村居民的食物安全形势更加严峻,人均食物占有量甚至低于两千年前的春秋战国时期。③ 这样一种辛劳贫穷的生活场景几乎贯穿于中国社会历史发展的全过程之中,经济发展和社会进步的成果似乎与农民无缘。耐人寻味的是,救荒济民也成为一种普世的价值观为古代中国社会所接受和传播,传统的农业社会造就了积劳贫寒的农民阶级,封建国家也有赖于农民阶级的"载舟"绩效得以维系江山,因此不遗余力地构建荒政体系去挽救濒临绝境的灾民便在所难免。针对中国历史时期农民阶级勤劳而不富有、传统社会经济不断发展而农民阶级日趋贫困的矛盾,我们可以从政治史、科技史、经济史、社会史、文化史等多角度多层面去思考,但最基本的立足点只有一个,那就是农民生活以维持生计为第一要义,古代农民的阶级夙愿只能是求生图存而绝非脱贫致富。

2. 欧洲农民的生活

19 世纪以前的欧洲经济和技术都比较落后,农业为社会经济的支柱产业,农民占社会总人口的绝大多数。欧洲大陆在 19 世纪初期还保持有 80% 以上的农村人口,除俄国与英国以外,1800 年大约只有 10%—13% 的人口居住在五千人口以上的城镇。当时俄国城镇人口只有 5%—7%,而英国、法国和荷兰等国正在大力发展工业和城镇经济,农业人口向城市大量转移,英国农业人口仅为 36%,荷兰为 44%,法国大约为 60%。18 世纪是欧洲历

---

① 《孟子·尽心上》。

② 《孟子·梁惠王上》。

③ 卜风贤:《传统农业时代乡村粮食安全水平估测》,《中国农史》2007 年第 4 期。

史上一个重要的分界线，即工业化发展的重要阶段。工业化的发展不但在经济结构上改变了一个国家和地区的面貌，使农业人口的比例大幅度降低，工业化的产品武装了农业生产的各个环节，而且人民的生活水平也发生了根本性改变，农业抗灾防灾的能力得到全面提升。

著名史学家戴尔汇集了 1240—1458 年间 141 个村民家庭赡养协议，据此研究了他们的生活状况后认为：大多数人每年有 12 蒲式耳以上的谷物供给，每天的混合食物总量可以达到 1.5 磅或 1.75 磅，能够满足生活需要。14 世纪以后随着劳动生产率的提高，农民的生活水平有了很大改观，小麦在食品中的比例增加，肉食增加，农民还可以定期喝到啤酒。[①] 到 1850 年左右，农民日常生活中小麦的消费量已达到 90% 的水平，有些地方燕麦甚至完全淘汰。[②] 14 世纪以前中国和欧洲农民都以谷物为基本食物资源，小麦食品对欧洲农民还是奢侈品，但中世纪欧洲农民的生活境况要优于中国农民，18 世纪以后由于中国农民生活状况长期维持在较低的水平上而得不到改善，因之中国和欧洲农民生活水平的差距进一步扩大。

二　灾民生活水平东西方差别悬殊

古代社会农业受灾后灾民的生活会发生很大变化，粮食更加短缺，生活日见艰难。中国地处世界两大灾害带之间，灾害类型多样，发生频繁，水旱蝗灾等危害极其严重，常常造成饿殍载道、千里萧条的悲惨景象。与此相比欧洲人民则又幸运很多，灾荒发生频次较少，危害性一般也没有中国的灾害那样严重。中国古代的荒政颇值得称颂，但荒政在实行过程中完全受制于政局状况，缺乏稳定性，因此其结果也时好时坏，许多时候荒政的救灾功能大打折扣，大灾大荒接连不断，欧洲国家的灾荒则多限制在比较小的范围内。中国古代的灾民无力自救，灾后只能听天由命，救灾效果完全仰仗中央和地方政府的组织和管理；欧洲的农民个体经济实力较强，灾荒发生后尚能维持一段时日，在教会和国家的帮

---

① 侯建新：《工业革命前英国农民的生活与消费水平》，《世界历史》2001 年第 1 期。
② ［英］瑟斯克：《英格兰和威尔士的农业史》第 6 卷，第 729 页。

助下，灾民的生活一时之间也不致陷入绝境。

考察灾民的生活状况可以从多方面入手，如灾民维生的食物、灾民的生活环境、因灾死亡人数、灾民的健康状况等，其中能直接反映灾民生活水平的指标莫过于灾民的食物。通过对灾民食物构成进行分析，我们就可以窥测到其他各种因素的可能变动趋势。

1. 中国古代灾民生活陷入绝境

中国古代的饥荒不但频次多，危害性也极为严重，动辄跨州连县，造成成千上万人因饥饿而死亡的悲惨结局，至于地区性的危害性较小的饥荒可谓数不胜数，每次因灾死亡人数一般多在数千人以上。

（1）灾民食草食木等救荒代食品

中国灾民生活的艰难程度可能是世界各国中最为严重的。古代是这样，近代中国也是这样，经济的繁荣、社会的发展好像始终与灾民的生活没有直接的关系，平时耕播收获的农民与灾年的饥民只不过存在名称的差异而已，其实都是同一个社会群体。

灾荒年份灾民们有赖于多种多样的灾荒代食品才得以苟延残喘。高建国先生整理了历史上饥民的代食品资料，并初步分为植物类 62 种，动物类 7 种，土石类 13 种，其他 3 种。① 这 85 种饥民的代食品有一小部分为可利用的野生动植物资源，灾荒期间得到充分开发利用，如野枣、野生绿豆、黄花、螺蚌等；其余大都是平时难以下咽的苦涩之物，如煮木为食、食草根树皮、蝗虫害鼠以及燕粪马矢牛粪，等等。王莽末年灾荒蔓延，"北边及青、徐地人相食，雒阳以东米石二千。莽遣三公将军开东方诸仓振贷穷乏，又分遣大夫谒者教民煮木为酪；酪不可食，重为烦扰。流民入关者数十万人，置养澹官以廪之，吏盗其廪，饥死者什七八。莽耻为政所至，乃下诏曰：'予遭阳九之阨，百六之会，枯、旱、霜、蝗，饥馑荐臻，蛮夷猾夏，寇贼奸轨，百姓流离。予甚悼之'"。② 草根树皮也是饥民常用的代食品，咸丰六年（1856 年）河南蝗灾，青黄不接，粮少价昂，"南阳一带饥民竟有食树皮者。"③

---

① 高建国：《解放前中国饥民食谱考》，《灾害学》1995 年第 4 期。

② 《汉书·食货志》。

③ 《录副档》，咸丰七年二月二十七日王庆云折。

古代灾民甚至还把蝗虫、鼠等有害生物作为代食品救济度荒。明崇祯十四年（1641 年）河南大饥，穷民皆以鼠为粮。灾荒年份还常常出现奇迹，在一些地方突然出现奇特的饥荒食品，或称之曰观音土，或冠之以其他名目，在一无所食的情况下，贫苦老百姓自然视之为救命的稻粱。乾隆五十一年（1786 年），太湖三月唐家山地出黑米，饥民就食，全活其众。咸丰六年（1856 年）七月，镇江旱甚，蝗。华山后出观音粉，饥民夺取者众。① 这种奇特的饥荒食物平常年份是见不到的，仅在灾荒严重时才会出现。观音土实质上是一种土石类物质，只可少食以疗饥，如若饥饿难耐过量食用，会因消化道阻塞而死亡。②

（2）救饥辟谷方的流传和影响

古代中国灾荒年间还流传一种辟谷方，它以几种药材相配伍，据说饥民服用后可以少食或不食，从而在粮食极度短缺的灾荒时期起到救济灾民的作用。

辟谷原为道家长生不老的一项绝技，也叫断谷、绝谷、休粮、却粒，意即不食五谷。《博物志》《史记》《三国志·方技传》《新唐书》《旧唐书》《后汉书·方术列传》等书中都记载了许多服食药饵辟谷方法、奇闻轶事，"不食五谷，吸风饮露"③。中国传统医学也吸收了道家的辟谷思想和方法，对服食药饵辟谷也有专门的论述。《抱朴子内篇·论仙》："陈思王著《释疑论》云：初谓道术，直呼愚民诈伪空言定矣。及见武皇帝试闭左慈等，令断谷近一月，而颜色不减，气力自若，常云可五十年不食，正尔，复何疑哉？"

道家的辟谷术后来被推广到救荒事业中，于是演变为救济辟谷方。宋代董煟《救荒活民书》中记载，唐永宁年间有位名叫刘景先的官员从太白山隐士那里学到了救饥辟谷法，并亲自在家中试验，可以数十余日不吃食物，而且耳目聪明，身轻体健，气力强壮。于是他将救饥辟谷法上奏皇帝并请求在灾荒年份大面积推广。其具体方法是将黑豆、火麻子

---

① 南京大学历史系太平天国史研究室编：《江浙豫皖太平天国史料选编》，江苏人民出版社 1983 年版，第 107 页。

② 高建国：《解放前中国饥民食谱考》，《灾害学》1995 年第 4 期。

③ 《庄子·逍遥游》。

等原料经过加工处理,制成拳头大小的丸子,然后食用,据言即可收到良好效果。如此赈济灾民实为虚妄之言,它仅仅体现了前贤对救灾济民的一种期望和幻想,历代正史鲜有提及。在中国救荒史上并没有流传下辟谷救灾的经典范例,倒是粥赈之法长期实行且不断受到灾民称颂。

但中国救灾史上却也不难寻觅到辟谷方的踪影。如果把辟谷理解为少食的话(少食也是辟谷的境界之一),就会发现中国古代的农民基本都在练习辟谷之方。少食即减少粮食的摄入量,古代农民入不敷出,要用仅存的一点粮食维持全家生计,唯一的办法就是省吃俭用。省吃就要减少每日的粮食用量,或佐之以野菜充饥,或制作稀粥以果腹。实际上中国古代农民的饮食结构就是野菜加稀粥,只不过在不同的丰歉年份野菜的比例和稀粥的稠稀程度有所不同而已。清代赵翼专门写过一首《粥诗》:"煮饭何如煮粥强,好同儿女熟商量。一升可作二升用,两日堪为六日粮。有客用须添水火,无钱不必问美汤。"

2. 欧洲古代灾民生活

欧洲国家历史上几次比较重大的灾荒分别为 1066 年发生在英国北部的大饥荒、1315—1317 年发生在欧洲中西部地区的大饥荒,1845 年发生在爱尔兰的大饥荒以及 1914—1924 年、1932—1934 年发生在俄国的大饥荒。除此之外,虽然灾荒在欧洲多有发生但危害性并非极其严重,灾区范围仅限于比较小的区域,即使在饥荒经常发生的英国灾区,范围覆盖全英的大灾荒也不多见。而且,古代欧洲国家每次饥荒过后死亡灾民人数超过一千人的就算是重大灾荒了,这与中国的灾情状况也形成了鲜明的对比。

(1)灾民生活尚能自保

关于欧洲灾荒的状况,著名经济史学家费尔南·布罗代尔曾有过精彩的评说:"如果回到条件优裕的欧洲,人们就像熬过了漫长黑夜那样感到苦尽甘来的宽慰。"[①] 如果说饿殍载道、赤地千里的悲惨景象在中国古代时常发生的话,那么这种灾荒在欧洲的历史上则并不多见。重大灾荒频次较少确实是欧洲灾情比中国轻微的重要原因,但同样不容忽视的是

_____

① [法]费尔南·布罗代尔:《15 至 18 世纪的物质文明、经济和资本主义》,生活·读书·新知三联书店 1992 年版,第 85 页。

欧洲灾民的经济状况，一般性灾荒发生后因为灾民们具备一定的自救能力，从而在一定程度上抑制了灾情的扩大化。

在一般性灾荒的打击下，欧洲的灾民依靠教区组织的帮助和自己的努力尚能维持基本的生活，而不致出现大批灾民冻饿而死亡的惨象。据格拉斯分析，一个拥有16英亩地的中等农民即使在荒年也有42先令5便士的收入，除去开支还余36先令8便士；拥有5.5英亩地的贫民如遇荒年，也有6先令9.5便士结余。[①]按当时的物价水平一头猪的价格不过3先令而已。个体农民经济状况之间的明显差距使得欧洲灾荒的发生发展呈现出与中国完全不同的模式。

首先，欧洲地广人稀，人们的饮食结构以肉食为主，营养水平较高，即使在饥荒年份也只有部分平民的生活受到严重影响。通过上面的估算可知，这部分受灾荒影响较大的民众属于那些拥有1/4份地或少于1/4份地的贫民，他们约占总人口的1/2—1/3。饥荒年份，欧洲国家的灾民一般以粗粮等为食，其获取方式可以是通过市场购买，也可以是教区的救助，所以一般新的饥荒发生后一半以上的民众能够克服困难度过饥荒。

其次，中世纪时农民的食物主要是燕麦、大麦、裸麦、豆子等粗粮，小麦则为地主和贵族等享用。灾荒发生后粮食的缺乏主要影响贫困农民的生活，地主和一般农民则比较容易度过饥荒。

灾荒发生后粮价的涨落也能在一定程度上反映灾民食物构成的变化情况。受灾荒影响最大的群体对粮食的需求量也最大，丰收年景贫困的农民有足够的粮食养家，歉收时则不得不到市场上买粮。在粮食短缺时，这些谷物比小麦价格上涨幅度更大。1596年灾荒期间小麦价格比1593年上涨2.09倍，同期大麦上涨2.56倍，燕麦2.75倍，裸麦5.68倍，豌豆2.45倍，蚕豆2.2倍。[②]因为粮食的缺乏，粮价上涨，饥民们不得不减少日常食用面包的数量而改为吃粥喝汤。即使是粗糙的面包这时间也成为难得的食品，有时要持续一到两个月的时间才能吃到这种粗糙的面包，为此饥民们患上了脚气病、坏血病、糙皮病等营养性疾病。而1771年出

---

① ［美］格拉斯：《一个英国农村的经济社会史》，哈佛，1930年，第69—73页。

② Pound, J., Poverty and Vagrancy in Tudor England, pp. 814 – 870, London, Longman, 1980.

版的《特莱伏词典》却说："一般农民都相当愚蠢，因为他们只吃粗粮。"① 买不起粮食的贫民甚至以饲料和野菜、野草等为食。

（2）灾荒中采食野草树皮为生者并不十分普遍

严重饥荒发生后，贫寒的农民也像中国灾民一样依赖于树皮、野草等代食品为生，但这种情况并非十分普遍。在公元259年发生在威尔士的饥荒中，灾民们不得不采食树皮，许多人憔悴而死。公元272年英格兰发生可怕的饥荒，人们也只能吃食树皮度日。公元1066年由于诺曼人的入侵英国北部地区发生了连续九年的大饥荒，大片土地荒芜，居民们为了逃荒逃难而流落他乡，贫困的农民只能杀掉牛马狗猫等家畜为生，后来或自卖，或卖自己的妻子儿女以换取生活费用，饥荒期间有五万多人丧生。公元1314年英国饥荒，无助的饥民们不得不吞食马肉、狗肉、猫肉和虫以维持生命。

（3）严重灾荒期间欧洲灾民生活悲惨流落他乡

严重饥荒发生后灾民们四处流浪，乞讨为生。如前所述，经济能力最差的人群是饥荒期间主要受害者，他们约占人口总数的一半或1/3，在城市约为1/3，在农村约为1/5，是生活在贫困线以下的最困难也最不稳定的人群，易于引发社会动乱。1596年11月威尔特郡多次发生抢粮事件，1596年牛津郡克利斯特教堂的学生因面包分量不足闹事，几星期后肯特郡一些人抢劫运粮船。最严重的是1596年牛津郡数百人参加的起义。政府主要关心的是社会稳定，所以中央和地方政府非常关注谷物市场，采取了一些粮食供应措施。

现代学者霍斯金斯指出，15世纪末至17世纪初英国农业灾害和歉收频繁，平均每四年发生一次。连年歉收比偶然出现一次的灾荒更严重，1555—1556年歉收带来饥馑和各种流行病，全英人口损失6%；1586—1588年坎伯兰和威斯特莫兰发生饥荒；最严重的一次是1594—1597年连续四年歉收，导致饥馑广泛蔓延。1652年洛林和附近地区的饥民骨瘦如柴，因为粮价飞涨许多人如畜生一般食草度日，有人在灾荒期间饿死。在1662年的布莱佐瓦出现了"一百五十年来未有的贫穷"，许多饥民冻饿而死，甚至三分之一的城市市民也不得不食草为生，同时也发生了以

---

① ［法］费尔南·布罗代尔：《15至18世纪的物质文明、经济和资本主义》，1992年，第86页。

人为食的惨剧。1709 年法国因冬日的严寒造成饥荒，无数饥民流移道路，饿死他乡。

1845—1850 年，爱尔兰遭遇连续多年的马铃薯枯萎病侵袭而导致许多地方马铃薯大幅减产甚至绝收，马铃薯减产总计 720 万公斤，价值 5 亿美元，其后果是使 100 万爱尔兰人因灾荒而死亡，100 万爱尔兰人移民海外，全岛总人口减少 1/4。当时爱尔兰是英国的一个郡，因为英国土地面积有限，粮食生产不能维持自给，因此保持充足的粮食输入是维持英国经济发展和维护国家利益的重要举措。为此，当时的英国政府对爱尔兰实行残酷的商业法和考物法，规定爱尔兰生产的小麦、大米和牛羊肉要大量运往英国，爱尔兰人生活在没有面包、没有牛奶牛肉、没有温暖的世界里，他们全部的财产就是饲养的猪及其粪便。饥荒发生后，英国政府不但不采取救治措施，反而将爱尔兰人饲养的家畜和仅存的一点粮食作为租税悉数征收。交不起地租的农民被地主从茅屋和土地上赶了出去流落天涯，梅奥郡的鲁肯伯爵就驱赶了 4 万多贫民，他们在流浪的途中也因饥饿而大批死亡。留下来的灾民们即使采食野草也难以维生，到处可以见到饿死的灾民。

三　灾荒中的食人

1. 饥荒食人具有普遍性

中国历史上的灾民往往在灾荒年份以人为食。食人是一种极端残忍野蛮的行径，为文明社会所不齿。但中国灾荒史上的食人却极为普遍，自远古之于近代时有发生。韩裔美国学者郑麟来在《中国古代的食人——人吃人行为透视》中对我国历史上的各种食人资料进行了初步整理，见于各种史籍中的食人事件有 1229 例，其中因饥荒而食人的就有 329 例。[①] 此外还有战争食人、仇杀食人、尽孝食人、尽忠食人等。

食人的方式有许多种，强者拿起屠刀宰杀弱者，或烹、或煮、或炒食等，花样繁多。一般而言，食人的对象主要集中于妇女、儿童和老弱

---

① ［美］郑麟来：《中国古代的食人——人吃人行为透视》，中国社会科学出版社 1994 年版，第 153 页。

者等社会弱势群体。那些被食的人，还被吃人者戏称为"人腊""想肉""两脚羊""菜人"等。南宋庄季裕《鸡肋编》记载，范温在率山东"忠义之士"逃往江南时，沿路以人为粮，老瘦男子谓之"饶把火"，女人少艾者名之"下羹羊"，小儿呼为"和骨烂"，对人肉的通称是"两脚羊"。元人陶宗仪的《南村辍耕录》载，朱元璋军队把人肉称为"想肉"，"以为食之而使人想之也"。人肉也以药品身份公开地、大模大样地登上了中国历史舞台，唐代陈藏器《本草拾遗》中有以人肉医治瘵病的记载。

欧洲灾荒史上食人的现象比较少见，这从一个侧面也反映了灾荒期间欧洲的粮食供求矛盾并非十分紧张。但在粮食极度缺乏的时期，欧洲灾民也吃食自己的子女，或以其他灾民为食。因此，如何看待食人的问题不能局限于民族的进化程度而评说，而要把注意力集中在当时当地的经济条件，特别是粮食的供需状况上分析研究。据《人类灾难大典》记载，公元450年意大利发生饥荒，导致父母吃食自己的孩子，死亡1000多人。公元695—700年英格兰和爱尔兰发生饥荒，导致广泛人吃人的情况，死亡1000多人。1069年英格兰发生饥荒，招致诺曼人的入侵，出现人吃人的现象，死亡5万人。1239年英格兰发生大饥荒，出现父母吃子女现象，死亡1000多人。1316年爱尔兰发生可怕的饥荒，以致在卡里克弗格斯被围攻时，俘获的苏格兰人被吃掉，死亡1000多人。1586年爱尔兰因德斯蒙德战争带来了饥荒和人吃人的情景，死亡1000多人。

2. 饥荒食人的渊源关系

各种食人现象可能都导源于远古时期的季节性食物短缺，在后来的演变过程中彼此之间互有影响，大量的饥荒食人给人们的思想深处种下了人肉可食的种子，其他各种食人类型只不过是由这一颗种子发出的几种枝芽、结成的几种果实而已。社会性的食人风气反过来又助长了灾荒中食人的蔓延，在灾荒期间，一些灾民为了自己的生存，常常发生杀戮他人以取食其肉的血腥事件。食人一事终于和四大发明一样成为我们中华民族的文化传统，自两汉至于明清，灾荒食人的记载不绝于史册。

公开性的人肉买卖在中国灾荒史上并不鲜见。早在宋代时人肉作为一种特殊的救荒食物标价出售，且十分便宜，"盗贼官兵以至居民，更互相食，人肉之价，贱于犬豕".① 清代太平天国战乱期间，江淮地区毁损惨重，昔日繁华富庶的江南大地为一派愁惨气氛所取代，到处"乱草没人，家家皆有饿殍僵尸，或舌吐数寸，或口含草根而死。……一派荒凉之景，积尸臭秽之气。"② 当时江淮地区公开买卖人肉，"皖南到处食人，人肉始买三十文一斤，近闻增至百二十文一斤，句容、二溧八十文一斤。"③

灾荒年间饥民的尸体也成为活着的灾民的食物，于是中国的灾民转而成为腐食性的动物。宋建炎三年（1129 年）"山东郡国大饥，人相食。时金人陷京东诸郡，民众聚为盗，至车载干尸为粮。"④ 嘉定二年（1209 年）江淮灾荒期间，饥饿难耐的灾民不但抢食那些饿死在路边的灾民尸体，还掘尸为食，甚至于饥民互相捉食，"两淮、荆襄、建康府大饥，米斗、钱数千，人食草木。淮民刓道馑，食尽，发瘗胔继之，人相搤噬。"⑤ 明孝宗弘治十七年（1504 年）"淮、扬、庐、凤荐饥（连续发生饥馑），人相食，且发瘗胔以继之。"⑥ 民国十九年（1930 年），"陕、晋、察、甘、湘、豫、黔、川、热、苏、赣等均水旱，被灾县份达 517 县。灾民 21113078 人……陕、甘灾尤重，居民初则食树皮，继则卖儿鬻女，终则裂啖死尸、易食生人。"⑦

杀人取食的现象从表面上看是极端残忍野蛮的行为，而且与道德沦丧、风尚习俗、社会治乱等因素有极其复杂的关系，仔细探究显然超出了本文论旨。通过仔细检录历史资料就会发现战争、饥荒、社会动乱等因素是食人事件发生的必要前提。在严重的饥荒年份，灾区民众的行为表现出明显的返祖现象——食人、食土、食木、食野菜野果。文明人暂时倒退到野蛮状态，这是文明人的理智所抗拒的生活方式，也是文明人的生活条件恶化后不得不适应的生活。为了生存，且

---

① （宋）庄裕：《鸡肋编》。
② （清）曾国藩：《曾国藩文集·日记》咸丰十一年六月十八日，岳麓书社 1987 年版。
③ 同上。
④ 《宋史·五行志五》。
⑤ 同上。
⑥ 《明史·五行志三》。
⑦ 邓云特：《中国救荒史》。

仅仅是为了生存，灾民们在一无所有、万般无奈的情况下选择了野蛮、残忍又为文明人所不齿的食人生活。因此，在食人现象背后折射出的应该是饥荒年份灾民极端困苦的生活，而导致其极端贫困的根源即在于封建国家的沉重盘剥。

本文原刊于《古今农业》2010 年第 3 期

四

历史灾害与社会
发展研究

西汉时期的水患与人水关系

西汉成帝建始三年（前30年），帝都长安发生了一件惊天大事，年方九岁的小女陈持弓冒入未央宫阙，引发后世治史者许多解读猜疑①，其中既有文献记载的舛误，也有史家认识的偏差。② 近年来王子今等人专门研究了小女陈持弓事件并基本廓清了其过程③，即先有"成帝建始三年夏，大水，三辅霖雨三十余日，郡国十九雨，山谷水出，凡杀四千余人，坏官寺民舍八万三千余所"，④ 而后出现陈持弓事件，"七月，虒上小女陈持弓闻大水至，走入横城门，阑入尚方掖门，至未央宫钩盾中。吏民惊上城"⑤。最后引发皇帝下诏布告天下，"九月，诏曰：'乃者郡国被水灾，流杀人民，多至千数。京师无故讹言大水至，吏民惊恐，奔走乘城。

① 陈持弓闯宫一事，首见于《汉书》卷十《成帝纪》、卷二十七下之上《五行志第七下之上》、《汉书》卷七十五《李寻传》、《汉书》卷九十七下《外戚列传第六十七下》。《成帝纪》按照关内大水、陈持弓走入未央宫、吏民惊恐上城的事件过程予以记录；《五行志》按照京师流言惊恐、陈持弓入宫的时间先后述说阴阳："民以水相惊者，阴气盛也。小女而入宫殿中者，下人将因女宠而居有宫室之象也。名曰持弓，有似周家檿弧之祥"；而在《汉书·李寻传》中则将陈持弓入宫置于朝廷惊慌之后："朝廷惊骇，女孽入宫"；《外戚列传》则在讹言相传惊恐之后引出女童入殿之事，附比内宫。此后《汉纪》《三辅黄图》《开元占经》《史通》《西汉年纪》《通志》《文献通考》《关中胜迹图志》《历代帝王宅京记》《肇域志》《日知录》《（雍正）陕西通志》《读书杂志》、乾隆《西安府志》等文献中均有或多或少的人事引述和议论发挥。

② 《通志》卷五下《前汉纪第五下》明确认定陈持弓因为大水传言而于慌乱之中冒入宫门："秋，关内大水。七月，虒上小女陈持弓闻大水至，走入横城门，阑入尚方掖门，至未央宫钩盾中。吏民惊上城。"

③ 王子今、吕宗力：《论长安"小女陈持弓"大水讹言事件》，《史学集刊》2011年第4期。

④ 《汉书》卷二十七上《五行志上》。

⑤ 同上。

殆苛暴深刻之吏未息，元元冤失职者众。遣谏大夫林等循行天下。'"①

但在随后的推论中，王子今等以为陈持弓事可能是"吏民惊上城"以致"长安中大乱"情形之导因②，此论则大有可商榷之处。因为无论《五行志》还是《成帝纪》均无明确记录言及陈持弓闯宫与长安惊恐之间的直接关联，从逻辑关系推断这种可能性也比较小。陈持弓阑入宫门，即使被发觉，也是宫中人事，如果陈持弓入宫导致长安城乱的话，则应是宫中先乱而后城乱，但《汉书·王商传》记载："建始三年秋，京师民无故相惊，言大水至，百姓奔走相蹂躏，老弱号呼，长安中大乱。天子亲御前殿，召公卿议。大将军凤以为太后与上及后宫可御船，令吏民上长安城以避水。臣皆从凤议。左将军商独曰：'自古无道之国，水犹不冒城郭。今政治和平，世无兵革，上下相安，何因当有大水一日暴至？此必讹言也，不宜令上城，重惊百姓。'上乃止。有顷，长安中稍定，问之，果讹言。上于是美壮商之固守，数称其议。"显然，宫中惊慌源自城中百姓惶恐。而且，成帝议政过程及下发诏书中皆专注于水害讹言，并未提及陈持弓一事，足见陈持弓本事与宫室扰乱属于两类事件，并非直接相关或者因果关联。

此外，《汉书》之所以记录陈持弓事件，也有其史书意向，志怪录异附会类比以警示帝王，即"女孽入宫"，③ 其咎在于后宫及外戚擅权。④所以，陈持弓阑入宫阙与长安城民众恐慌事件之间并无必然逻辑关系，但在事件演进过程中可能具有类似的社会背景，即西汉成帝三年夏的三辅水灾致使数千人死于水患，难免人心惶恐，由此导致长安城乱。也可能在一个极其偶然的机会下小女陈持弓误打误撞阑入未央宫，本是一个孤立事件，后来被牵强附会于城乱讹言事件之中，遂被混为一谈。《汉

---

① 《汉书》卷十《成帝纪》。

② 王子今、吕宗力：《论长安"小女陈持弓"大水讹言事件》，《史学集刊》2011 年第 4 期。

③ 《汉书》卷七十五《眭两夏侯京翼李传》。

④ 《汉书·五行志》："民以水相惊者，阴气盛也。小女而入宫殿中者，下人将因女宠而居有宫室之象也。名曰'持弓'，有似周家檿弧之祥。《易》曰：'弧矢之利，以威天下。'是时，帝母王太后弟凤始为上将，秉国政，天知其后将威天下而入宫室，故象先见也。其后，王氏兄弟父子五侯秉权，至莽卒篡天下，盖陈氏之后云。京房《易传》曰：'妖言动众，兹谓不信，路将亡人，司马死。'"

书》之外,《前汉纪》等书对此多有转载和评述,事件主体虽然只是一个九岁小女孩,但因为事件的时间、地点具有特殊性,故此几乎成为一宗历史公案。

陈持弓事件不论是从灾害、谣言,还是儿童神秘象征的角度去研究,①② 都不能孤立于西汉社会文化背景之外。而在《汉书》之《成帝纪》和《五行志》中,小女陈持弓事件都与京师水灾牵连在一起,因此有必要考察西汉时期的人水关系经历了怎样的变化,以至于成帝时期遇水惊恐几可扰乱朝政。

一 高祖、文景及武帝时期的人水关系

《史记·秦始皇本纪》:"始皇推终始五德之传,以为周得火德,秦代周德,从所不胜。"汉初以为秦祚短暂,不属于正统王朝,故汉遵水德而尚黑。③ 武帝时以秦为正朔,继命土德。④ 汉末王莽建立新朝,又采用刘向、刘歆五行相生理论,改定汉朝属于火德。从五德终始关系看,似乎从汉代立国之日起,不论汉初的遵奉水德,还是武帝以后的土德坐大,水土交融已然成为西汉定式,汉人与水也就有了前所未有之紧密关系。⑤

汉兴以后,五行灾异学家逐渐掌握了一定的社会话语权,董仲舒以《春秋》说灾异,以五行灾异变化附比人事,"凡灾异之本,尽生于国家之失"⑥。水灾水害也因此成为国家安危的解释工具。在五德终始和五行灾异的双重影响下,汉人与水既有哲学意义上的抽象配比关系,也有国

---

① 吕宗力:《汉代的流言与讹言》,《历史研究》2003 年第 2 期。

② 韩静:《汉代成人视角下的儿童神秘象征》,《青春岁月》2013 年第 10 期。

③ 《史记·张丞相列传》:"推五德之运,以为汉当水德之时,尚黑如故。"顾颉刚在《五德终始说下的政治和历史》(《清华大学学报》(自然科学版) 1930 年第 1 期)中指出汉初遵奉水德,是因为当时人们以为秦汉水德可以并存而不相妨。

④ 武帝太初元年改制,兼取三统说与五德说之中的服色正朔,而定为黑统土德。《汉书·郊祀志》云:"太初改制,而倪宽、司马迁等犹从臣、谊之言,服色数度,遂顺黄德。彼以五德之传从所不胜,秦在水德,故谓汉据土而克之。"

⑤ 学界对五德终始与汉代政治的关系多有研究,有人以为汉初承继水德有别于秦,体现的是无为而治、与民休息的治国方略,见王绍东、张玉祥《五德终始学说中的水德与秦汉政治》,《中国社会科学院研究生院学报》2005 年第 4 期。

⑥ (汉) 董仲舒:《春秋繁露》卷 8《必仁且智第三十》。

家治理方面维系社稷安危的因果关系，还有涉及国计民生的水利水害关系。因此，先秦时期"天垂象，见吉凶"①"日月告凶"②的"天象符命系统"沿用到西汉初期已然失去固有效力，休咎征验转而求助于更为直观的水旱风雨等自然地理因素，天象符命之外，又出现了一套新的"地象征验系统"——天地人三才关系中，西汉时期也遵奉灾异天降、天谴灾异的本源认识，但上应于天的灾异落地生根后，已经渐渐退却了天象行迹并呈现出全新的水旱风雨虫螟等地理表象，水则是其中的主要因素之一。《春秋繁露》卷十四《五行变救第六十三》大谈水旱饥荒、风雨雾雹、疾疫等灾异与金木水火土五行变异之间的对应关系：木变则春多雨，火变则民疾疫，土变则大风至，水变则春夏雨雹，金变则霹雳大作。"五行变至，当救之以德，施之天下则咎除。不救以德，不出三年，天当雨石。"③因为水下行于地而上应于天，力求维系人水关系和谐也成为西汉时人的理想追求，政通人和、国泰民安则是最根本的天人通道和人水介质。"寡功节用，则民自富。如是则水旱不能忧，凶年不能累也。"④

《史记·河渠书》发凡起例专讲水利，提出了"甚哉，水之为利害也"的重大命题。《河渠书》从禹治洪水讲起，既有"水行载舟"之便利，也有"河灾衍溢，害中国也尤甚"的感慨。因此，兴利除害也就成为汉代人水关系的基本策略。汉承秦祚，不但继承了秦的疆土政治，也继承了秦的沃土关中。秦汉时期关中的富庶，主要得益于水利开发。《史记·河渠书》："而韩闻秦之好兴事，欲疲之，毋令东伐，乃使水工郑国间说秦，令凿泾水自中山西邸瓠口为渠，并北山东注洛三百余里，欲以溉田。""渠就，用注填淤之水，溉泽卤之地四万余顷，收皆亩一钟，于是关中为沃野，无凶年，秦以富强，卒并诸侯，因命曰郑国渠。"

汉自关中立国直至武帝时期，人水关系方面基本处于大获其利阶段。这与武帝水利治国的理念不无关系。武帝大兴水利，穿漕渠，"三岁而通"，"大便利"。⑤又河东渠田，通褒斜道，虽然没有达到预期目的，也

---

①《易·系辞上》。

②《诗经·十月之交》。

③（汉）董仲舒：《春秋繁露》卷14《五行变救第六十三》。

④（汉）桓宽：《盐铁论》卷6《水旱第三十六》。

⑤《史记》卷29《河渠书第七》。

可见武帝水利大略。此后"用事者争言水利。朔方、西河、河西、酒泉皆引河及川谷以溉田;而关中辅渠、灵轵引堵水;汝南、九江引淮;东海引钜定;泰山下引汶水:皆穿渠为溉田,各万余顷。佗小渠披山通道者,不可胜言。"① 通过水利建设,关中地区农业生产进入深度发展阶段,农作产量水平提升②,人口数量增加且接纳数以万计的外来移民,长安城市建设也有很大发展③,形成了以京师长安为中心、陵邑和上林苑构建的直辖区、三辅县邑组成外围区的大都市圈。④ "至武帝之初七十年间,国家亡事,非遇水旱,则民人给家足,都鄙廪庾尽满,而府库余财,京师之钱累百巨万,贯朽而不可校。太仓之粟陈陈相因,充溢露积于外,腐败不可食。"⑤

　　武帝以前也有水灾水害,但数量不多,即使危害性很大的水灾,也会在治水过程中得到有效控制。高后三年(前185年)"夏,江水、汉水溢,流民四千余家。"⑥ 四年(前184年)"秋,河南大水,伊、洛流千六百余家,汝水流八百余家。"⑦ 八年(前180年)"夏,江水、汉水溢,流万余家。"⑧ 前元元年(前179年)"四月,齐楚地山二十九所同日俱大发水,溃出。"⑨ 文帝前元五年(前175年)"吴暴风雨,坏城官府民室。"⑩ 前元十二年(前168年)"冬十二月,河决东郡。"⑪《史记·河渠书》对此水灾的记载更为详细:"汉兴三十九年,孝文时河决酸枣,东溃金堤,于是东郡大兴卒塞之。"文帝后元三年(前161年)"秋,大雨,昼夜不绝三十五日。蓝田山水出,流九百余家。汉水出,坏民室八千余所,杀三百余人。"⑫ 景

①《史记》卷29《河渠书第七》。
②　卜风贤、张琳:《汉武帝经营关中水利的意义》,《中国农史》1998年第4期。
③　喻曦:《西汉京畿地区城市规模初探》,《干旱区资源与环境》2013年第3期。
④　喻曦:《西汉首都圈结构刍议》,《中国古都研究》2012年总第25辑。
⑤《汉书》卷24上《食货志第四》。
⑥《汉书》卷3《高后纪第三》。
⑦《汉书》卷27上《五行志第七上》。
⑧《汉书》卷3《高后纪第三》。
⑨《汉书》卷27下之上《五行志第七下之上》。
⑩　同上。
⑪《汉书》卷4《文帝纪第四》。
⑫《汉书》卷27上《五行志第七上》。

帝前元六年（前151年）"冬十二月，雷，霖雨。"① 景帝中元五年（前145年）六月"天下大潦。"② 武帝建元三年（前138年）"春，河水溢于平原，大饥，人相食。"③ 元光三年（前132年）"河水决濮阳，泛郡十六。发卒十万救决河。"④ 元狩三年（前120年）"山东被水灾，民多饥乏，于是天子遣使者虚郡国仓廥以振贫民。犹不足，又募豪富人相贷假。尚不能相救，乃徙贫民于关以西，及充朔方以南新秦中，七十余万口，衣食皆仰给县官。"⑤ 元鼎二年（前115年）"夏，大水，关东饿死者以千数。"⑥ 元封二年（前109年）"还至瓠子，自临塞决河。"⑦ "命从臣将军以下皆负薪塞河堤。"⑧ 瓠子塞决后，"河复北决于馆陶，分为屯氏河，东北经魏郡、清河、信都、渤海入海，广深与大河等，故因其自然，不堤塞也"。⑨

在武帝以前时期，水灾最严重者当为发生在元光三年（前132年）的瓠子决河，直到元封二年（前109年）才堵塞决口，在山东梁楚等地泛滥二十余年。"是时，山东被河灾，乃岁不登数年，人或相食，方二三千里。"⑩ 但是即便如此严峻的水害形势，也没有造成京城大恐慌，而且在武帝亲临决河之后，毅然决然塞决瓠子，一举成功，筑宣房宫以示庆贺。瓠子河决以前，也有洪水灾害冲毁房舍、流杀人民，但也没有造成社会恐慌。武帝之前，山东等地多处遭受水灾，灾情不可谓不严重，甚至出现"人相食"的惨烈景象，但是京师长安依然秩序稳定，社会安宁，在历史灾害的区域风险方面关中地区具有天然区位优势，灾而不荒、灾而不害。⑪ 武帝以前时期水灾形势与三辅京畿地区的安稳局势，无不显示

---

① 《汉书》卷5《景帝纪第五》。
② 《史记》卷11《孝景本纪第十一》。
③ 《汉书》卷6《武帝纪第六》。
④ 同上。
⑤ 《史记》卷30《平准书第八》。
⑥ 《汉书》卷6《武帝纪第六》。
⑦ 《史记》卷28《封禅书第六》。
⑧ 《汉书》卷6《武帝纪第六》。
⑨ 《汉书》卷29《沟洫志第九》。
⑩ 《汉书》卷24下《食货志第四下》。
⑪ 卜风贤：《两汉时期关中地区的灾害变化与灾荒关系》，《中国农史》2014年第6期。

西汉初期的人水关系相对平和，在平和表象之下则是人力胜过水力的比拼较量。

文景武帝时期人水协理，人占上风，水旱为害却不能肆虐天下，水利遍地尽可以造福于民。不但关中水情安稳，天下江河水系也鲜有四处乱流和淹没城池的重大灾情，这种安流局面与此时汉帝勤于政事，专心内政不无关系。文帝后元元年（前163年）针对严重的水旱灾情，颁布诏令，敦促群臣议论对策。"诏曰：间者数年比不登，又有水旱疾疫之灾，朕甚忧之。愚而不明，未达其咎。意者朕之政有所失而行有过与？乃天道有不顺，地利或不得，人事多失和，鬼神废不享与？何以致此？将百官之奉养或废，无用之事或多与？何其民食之寡乏也！夫度田非益寡，而计民未加益，以口量地，其于古犹有余，而食之甚不足者，其咎安在？无乃百姓之从事于末以害农者蕃，为酒醪以靡谷者多，六畜之食焉者众与？细大之义，吾未能得其中。其与丞相、列侯、吏二千石、博士议之，有可以佐百姓者，率意远思，无有所隐也。"[1] 武帝时期大兴水利，造福于民，《汉书·沟洫志》载武帝诏令："左右内史地，名山川原甚众。细民未知其利，故为通沟渎，蓄陂泽，所以备旱也。今内史稻田租挈重，不与郡同。其议减。"内史为京畿重地，秦时引泾灌溉泽卤之地四万余顷，"于是关中为沃野"，[2] 武帝又建设龙首渠、六辅渠、白渠、灵轵渠、成国渠、蒙茏渠、沣渠、漕渠等灌溉工程，一举开创关中地区水利新格局并奠定其"基本经济区"的重要地位。[3]

二 昭宣二帝时期的人水关系

昭、宣二帝之时人水关系愈趋和缓，水害事件不但很少，也没有类似瓠子河决那样的大洪水出现。从《汉书》记载水灾情况看，昭帝、宣帝二帝数十年间（前87—前49年）仅有为数不多的几次洪水灾害见于《帝纪》和《五行志》中。昭帝始元元年（前86年）"七月，大水，雨

① 《汉书》卷4《文帝纪第四》。
② 《史记》卷29《河渠书第七》。
③ 李令福：《关中水利开发与环境》，人民出版社2004年版，第153—154页。

自七月至十月。"① 元凤三年（前 78 年），昭帝发布救灾诏书："乃者民被水灾，颇匮于食，朕虚仓廪，使使者振困乏。"②

昭宣之时，"轻徭薄赋，与民休息"，③ "百姓安土，岁数丰穰，谷至石五钱，农人少利"，④ 史称"昭宣中兴"。⑤ 在振兴汉室大业时，加强农田水利建设是一项重要举措。河湟水利开发促使农区大为扩展，农牧界线西移到临羌一带。⑥ 宣帝神爵元年（前 61 年）将军赵充国在湟水流域屯田垦殖，"缮乡亭，浚沟渠"，⑦ 垦田两千余顷，利用湟水灌溉。⑧ 从考古所见悬泉汉简中，也可看到昭帝、宣帝、元帝时期西域屯田区水利事业的发展情况，轮台、渠犁屯田卒数以千计，农田灌溉渠道也有相当规模，渠长可达 100 多公里，伊循屯田、赤谷城屯田、车师屯田等地的水利开发也有相当发展。⑨ 黄河中下游地区水资源开发利用也渐次扩展，"宣帝地节中，光禄大夫郭昌使行河。北曲三所水流之埶皆邪直贝丘县。恐水盛，堤防不能禁，乃各更穿渠，直东，经东郡界中，不令北曲。渠通利，百姓安之。"⑩

有赖于此，昭宣二帝时期水害偃然而水利天下。西汉时人虽然依赖灾异感应的解说体系理解水旱灾害，但对政治清明与水利水害之间的对应关系已有相当清晰的认识，"政教不均，则水旱不时，螟螣生，此灾异之应也"。⑪ 尽管水旱灾害有其自身的运行规律，"禹汤圣主，后稷、伊尹贤相也，而有水旱之灾。水旱，天之所为饥穰，阴阳之运也，非人力。故太岁之数，在阳为旱，在阴为水。六岁一饥，十二岁一荒，天道然，

---

① 《汉书》卷 27 中之上《五行志第七中之上》。

② 《汉书》卷 7《昭帝纪第七》。

③ 同上。

④ 《汉书》卷 24 上《食货志第四》。

⑤ （清）袁枚：《小仓山房文集》卷三十《读左传国策》："汉武报仇，开边费多，聚敛尚非得已，天亦谅之。故昭宣中兴。"

⑥ 黄富成：《汉代农业制度与农业文化研究》，九州出版社 2011 年版，第 308 页。

⑦ 《汉书》卷 69《赵充国辛庆忌传第三十九》。

⑧ 《汉书》卷 69《赵充国辛庆忌传第三十九》："计度临羌东至浩亹，羌虏故田及公田，民所未垦，可二千顷以上。"

⑨ 张德芳：《从悬泉汉简看两汉西域屯田及其意义》，《敦煌研究》2001 年第 3 期。

⑩ （汉）班固：《汉书》卷 29《沟洫志第九》。

⑪ （汉）桓宽：《盐铁论》卷 9《论灾第五十四》。

殆非独有司之罪也"。① 但是通过有效的国家治理，依然可以遏制灾害事件的冲击破坏，将灾情控制在一定范围内，《盐铁论》卷一《力耕第二》："洪水滔天，而有禹之绩；河水泛滥，而有宣房之功。"甚至通过勤政爱民可以做到灾而不害。《盐铁论》卷六《水旱第三十六》曰："方今之务，在除饥寒之患，罢盐铁，退权利，分土地，趣本业，养桑麻，尽地力也。寡功节用，则民自富，如是则水旱不能忧，凶年不能累也。"政治清明，天下安定，政通人和，则会无灾无害。《盐铁论》卷七《执务第三十九》："上不苟扰，下不烦劳，各修其业，安其性，则螟螣不生而水旱不起。赋敛省而农不失时，则百姓足而流人归其田里。"同样的道理，国家政治一旦出现问题，人水关系也会恶化，水旱灾害也就不可避免了。《盐铁论》卷七《执务第三十九》曰："上不恤理则恶政行，而邪气作；邪气作，则虫螟生，而水旱起。"

昭帝时期御史大夫桑弘羊与贤良文学开会讨论盐铁专营和平准均输问题，其间议题多样，除了论述水情与国情的关系之外，但凡议论经济国事，甚或社会问题也多以水旱立论。昭宣之世，人水关系之紧密顺畅由此可见一斑。《盐铁论》卷一《力耕第二》借水旱灾害强调均输平准的重要性："昔禹水汤旱，百姓匮乏，或相假以接衣食。禹以历山之金，汤以严山之铜，铸币以赡其民，而天下称仁。往者财用不足，战士或不得禄。而山东被灾，齐赵大饥，赖均输之蓄，仓廪之积，战士以奉，饥民以赈。故均输之物，府库之财，非所以贾万民而专奉兵师之用，亦所以赈困乏而备水旱之灾也。"《盐铁论》卷三《园池第十三》以水情比喻国情："水有猵獭而池鱼劳，国有强御而齐民消。故茂林之下无丰草，大块之间无美苗。夫理国之道，除秽锄豪，然后百姓均平，各安其宇。"《盐铁论》卷六《授时第三十五》以水之散布四方对照财物之巨量富有："夫居事不力，用财不节，虽有财如水火，穷乏可立而待也。"《盐铁论》卷七《执务第三十九》利用溪流入海的自然现象解释品德修养中积渐所至的重要意义："故土积而成山阜，水积而成江海，行积而成君子。"

---

① （汉）桓宽：《盐铁论》卷6《水旱第三十六》。

三　元帝、成帝时期的人水关系及
陈持弓事件

汉元帝刘奭是西汉衰落的标志性人物，宠信佞臣，"易欺而难悟"①，
"改孝宣之政，汉业遂衰"②。元帝在位期间屡有水灾发生，江河泛滥，海
水内侵，黄河也决口改道。初元元年（前48年），"五月，勃海水大
溢。"③ "九月，关东郡国十一大水，饥，或人相食，转旁郡钱谷以相
救。"④ 永光五年（前39年），"秋，颍川水出，流杀人民"。⑤ 同年"河
决清河灵鸣犊口，而屯氏河绝"⑥。建昭四年（前35年），"蓝田地沙石
雍霸水，安陵岸崩雍泾水，水逆流"⑦。建昭五年（前34年），颍川、汝
南大水。⑧

成帝继位后水灾接踵而至，"建始元年以来二十载间，群灾大异，交
错锋起，多于《春秋》所书"⑨。不但三辅地区洪水杀人，引发长安混乱
和陈持弓事件，黄河也泛滥决口，"决于馆陶及东郡金堤，泛溢兖豫，入
平原、千乘、济南，凡灌四郡三十二县，水居地十五万余顷，深者三丈，
坏败官亭室庐且四万所。"⑩ 西汉时期的人水关系至此已经处于严重失控
状态。水害为大，人力愈加微弱。成帝虽然于河决金堤之后旋即改元，
年号河平，⑪ 但河平年间河水泛滥决溢又有发生。河平三年（前26年），

---

① （宋）司马光：《资治通鉴·汉纪二十》。
② 《宋史》卷三百三十六《司马光列传》。
③ 《汉书》卷26《天文志第六》。
④ 《汉书》卷9《元帝纪第九》。
⑤ 同上。
⑥ 《汉书》卷29《沟洫志第九》。
⑦ 《汉书》卷9《元帝纪第九》。
⑧ 见《河南通志》，转引自《海河流域历代自然灾害史料》，气象出版社1985年版，第14
页。
⑨ 《汉书》卷85《谷永杜邺传第五十五》。
⑩ 《汉书》卷29《沟洫志第九》。
⑪ 《汉书》卷10《成帝纪第十》："河平元年春三月，诏曰：'河决东郡，漂流二州，校尉
王延世堤塞辄平，其改元河平'。"

"河复决平原，流入济南、千乘，所坏败者半建始时"①。河平四年（前25年），"遣光禄大夫博士嘉等十一人，行举濒河之郡水所毁伤困乏不能自存者，财振贷"。②

元成时期的水害肆虐为陈持弓事件的发生营造了必然的人水环境，元成之际的水利不修则是陈持弓事件的潜在根由。元帝时虽然也有一些水利工程建设活动，如南阳召信臣兴建六门堨，但再无武帝时期大兴水利的恢宏举措，也没有昭宣之时拓边垦殖的水利开发，水利不修几成国家常态。淮河水利兴起于武帝时期，"汝南、九江引淮"③，建起鸿隙大陂发展稻作生产，"郡以为饶"④，但是成帝时期因为汝南多次发生水灾，翟方进以为陂池蓄水造就水害，故此下令毁陂开田，"成帝时，关东数水，陂溢为害。方进为相，与御史大夫孔光共遣掾行视，以为决去陂水，其地肥美，省堤防费而无水忧。遂奏罢之"。⑤

西汉时期的人水关系在元成之际发生了根本性反转，水害之议甚嚣尘上。刘向为元帝、成帝时期官员，奢谈五行灾异。刘向著有《洪范五行传》阐述灾异理论，班固《汉书》多有采纳。至于水灾与国家的关系，刘向以五行之中土居中央，象征帝王宫室，帝王俭约则勤政爱民，土得其性；"若乃奢淫骄慢，则土失其性。亡水旱之灾而草木百谷不孰，是为稼穑不成"⑥。在《别录》中也有灾异述说，专论水害："唇亡而齿寒，河水崩，其坏在山。""斩伐林木亡有时禁，水旱之灾未必不由此也。"成帝也因此于鸿嘉二年（前19年）下诏自责，将风雨和时与政治清明相对应，水旱之灾与治国无方作表里："古之选贤，傅纳以言，明试以功，故官无废事，下无逸民，教化流行，风雨和时，百谷用成，众庶乐业，咸以康宁。朕承鸿业，十有余年，数遭水旱疾疫之灾，黎民娄困于饥寒，而望礼义之兴，岂不难哉？朕既无以率道，帝王之道，日以陵夷，意乃招贤选士之路郁滞而不通与？将举者未得其人也？其举敦厚有行义能直

---

① 《汉书》卷29《沟洫志第九》。
② 《汉书》卷10《成帝纪第十》。
③ 《史记》卷29《河渠书第七》。
④ 《汉书》卷84《翟方进传第五十四》。
⑤ 同上。
⑥ 《汉书》卷27上《五行志第七上》。

言者，冀闻切言嘉谋，匡朕之不逮。"①

陈持弓事件虽然发生于建始三年，但根由在于元帝时期人水关系的日益严苛。元帝时郎官京房上书针砭时弊，"'今陛下即位已来，日月失明，星辰逆行，山崩泉涌，地震石陨，夏霜冬雷，春凋秋荣，陨霜不杀，水旱螟虫，民人饥疫，盗贼不禁，刑人满市，《春秋》所记灾异尽备。陛下视今为治邪，乱邪?'上曰：'亦极乱耳，尚何道!'"② 元帝继位以来，虽然灾异之后多加抚恤，"令郡国被灾害甚者毋出租赋"，③ 期望达到圣贤之治，但怎奈"灾异并臻，连年不息"④，昭宣之世风调雨顺的局面一去而不返，"岁比灾害，民有菜色"⑤。究其原因，或在于元帝本性喜用儒生而弃用王霸之道，⑥ 更弦改张，坏了汉家制度；或在于汉代末年气候由暖而冷的显著变化，元帝永光元年（前 43 年）三月，"雨雪，陨霜伤麦稼"⑦，"是夏寒，至九月，日乃有光"，⑧ 冷期气候条件下灾害更加易于发生且造成严重灾情。⑨ 但元帝本人的作为难辞其咎，对此他自己也有清醒认识："咎在朕之不明，亡以知贤也。是故壬人在位，而吉士雍蔽。"⑩ 元帝也认识到政令不通是导致国家治理出现问题的根本原因，"是以政令多还，民心未得。邪说空进，事亡成功。此天下所著闻也。公卿大夫好恶不同，或缘奸作邪，侵削细民，元元安所归命哉"⑪。百姓生计日益艰难，即使昔日三辅富庶之地，于今也日渐贫寒，"关中有无聊之民，非久长之策也"⑫。

---

① 《汉书》卷 10《成帝纪》。

② 《汉书》卷 75《眭两夏侯京翼李传》。

③ 《汉书》卷 9《元帝纪第九》。

④ 同上。

⑤ 同上。

⑥ 《汉书》卷 9《元帝纪第九》："汉家自有制度，本以霸王道杂之，奈何纯任德教，用周政乎? 且俗儒不达时宜，好是古非今，使人眩于名实，不知所守。何足委任?"乃叹曰："乱我家者，太子也。"

⑦ 《汉书》卷 9《元帝纪第九》。

⑧ 《汉书》卷 27 下之下《五行志第七下之下》。

⑨ 许靖华：《太阳、气候、饥荒与民族大迁移》，《中国科学》（D 辑）1998 年第 4 期。

⑩ 《汉书》卷 9《元帝纪第九》。

⑪ 同上。

⑫ 同上。

　　陈持弓事件发生于长安宫中，其肇端则在建始初年的长安三辅有所显现。成帝继位后，灾异屡现，适当西汉灾异感应大行其道之时，建始初年的频繁灾害使成帝反复自检忙于应付，也对长安城中的民心稳定必然造成一定负面影响。据《汉书·成帝纪》记载，建始元年至三年期间的灾异事件就有数起之多。"建始元年春正月乙丑，皇曾祖悼考庙灾"，"有星孛于营室"，成帝因此也惴惴不安，下诏自省，"乃者火灾降于祖庙，有星孛于东方，始正而亏，咎孰大焉！"紧随其后又是异常天象和反常现象接连出现，"夏四月，黄雾四塞"，"六月，有青蝇无万数集未央宫殿中朝者坐"，成帝再次有感于灾异以求自省，"博问公卿大夫，无有所讳。""八月，有两月相承，晨见东方。""九月戊子，流星光烛地，长四五丈，委曲蛇形，贯紫宫。""十二月，作长安南北郊，罢甘泉、汾阴祠。是日大风，拔甘泉畤中大木十韦（围）以上。"成帝不得不对灾异有所行动，除了往日的自责自省下诏应对以外，开始关注民生，"郡国被灾什四以上，毋收田租"。建始二年灾情依然如故，"二月，诏三辅内郡举贤良方正各一人。"① "三月，北宫井水溢出"，随后"罢六厩、技巧官"②。"夏，大旱。"建始三年，"春三月，赦天下徒。赐孝弟力田爵二级。诸逋租赋所振贷勿收。"③

　　成帝继位之初，朝中大臣的斗争就借机开始。国家政治的错误过失就会直接导致灾异发生，即如董仲舒《春秋繁露》指出的那样："凡灾异之本，尽生于国家之失"。以汉家气象而言，宫室内乱，朝堂倾轧，都属于咎徵系列。按照《尚书·洪范》的解释，咎徵的表现是阴晴寒热风雨

---

　　① 诏举贤良方正乃西汉灾异应对的国家政策之一，宣帝以后屡有施行。《汉书·宣帝纪》在本始四年"今岁不登"之后，诏令天下的救灾应对措施中就有此举措："令三辅、太常、内郡国举贤良方正各一人。律令有可蠲除以安百姓。"宣帝地节三年十月下诏："乃者九月壬申地震，朕甚惧焉。有能箴朕过失，及贤良方正直言极谏之士，以匡朕之不逮。"

　　② 《汉书》卷19上《百官公卿表七上》："水衡都尉，武帝元鼎二年初置，掌上林苑，有五丞。属官有上林、均输、御羞、禁圃、辑濯、钟官、技巧、六厩、辩铜九官令丞。"师古注："《汉旧仪》云天子六厩，未央、承华、驹駼、骑马、辂軨、大厩也，马皆万匹。据此表，大仆属官有以大厩、未央、辂軨、骑马、驹駼、承华，而水衡又云六厩技巧官，是则技巧之徒供六厩者，其官别属水衡也。"上林苑乃皇家园林，罢省属官也是灾后皇帝自省之举。

　　③ 赦免刑徒，类似于荒政十二"缓刑"之举。蠲免缓征租赋，也类似于荒政十二之"薄征"一项。

的失时与过度变化，其中之一即为水象："曰咎徵：曰狂，恒雨若；曰僭，恒旸若；曰豫，恒燠若；曰急，恒寒若；曰蒙，恒风若。"政治乱象的咎徵与水有关之后，有感于动荡不安的时世局面，人们难免焦虑担忧大水害人的潜在风险。"咎及于水，雾气冥冥，必有大水，水为民害。"①元帝时期因为重用石显、匡衡等一班佞臣，政治错乱，民心不稳，元帝多次问诸灾异也不了了之。待成帝即位就有朝臣和地方官员上疏备陈时弊，锋镝所向直指石显、匡衡等人。《汉书》卷九十三《佞幸传》："元帝崩，成帝初即位，迁显为长信中太仆，秩中二千石。显失倚，离权数月，丞相御史条奏显旧恶，及其党牢梁、陈顺皆免官。显与妻子徙归故郡，忧满不食，道病死。诸所交结，以显为官，皆废罢。少府五鹿充宗左迁玄菟太守，御史中丞伊嘉为雁门都尉。长安谣曰：'伊徙雁，鹿徙菟，去牢与陈实无贾。'"石显去后，匡衡亦未能幸免于黜免结局。建始元年，司隶校尉王尊弹劾匡衡，"于是衡惭惧，免冠谢罪，上丞相侯印绶。"②紧接着谏议大夫杨兴、博士驷胜等以阴阳五行解说夏四月发生的黄雾弥天灾害事件，"阴盛侵阳之气也。高祖之约也，非功臣不侯。今太后诸弟皆以无功为侯，非高祖之约。外戚未曾有也，故天为见异。言事者多以为然。"③外戚王凤任职大将军，也因此提出辞职请求，"凤于是惧，上书辞谢"④。这种宫廷政治环境下的大臣斗争虽然是一种封建王朝的常态现象，但在建始元年、二年间互相倾轧的朝政斗争背后，更多地反映了当时的政治错乱已然病入膏肓。御史中丞东海薛宣上疏陈述行政弊端，"吏多苛政，政教烦碎"，⑤是时政主要症结，因此"夫人道不通则阴阳否隔，和气不兴，未必不由此也"⑥。苛政之下，三辅长安有危如累卵之势，民心不稳几乎呼之欲出。

长安三辅的社会形势异常严峻，元成之际的人水关系极其紧张，当此之时，建始三年水灾发生后，关中民众已如惊弓之鸟，民惊恐上城也

---

① （汉）董仲舒：《春秋繁露》卷13《五行逆顺第六十》。
② 《汉书》卷76《赵尹韩张两王列传第四十六》。
③ 《汉书》卷98《元后传第六十八》。
④ 同上。
⑤ 《汉书》卷83《薛宣朱博传第五十三》。
⑥ 同上。

罢，陈持弓入宫也罢，成帝惊慌失措也罢，在看似偶然的社会动乱事件背后，潜伏着必然的社会运行规律。也因此，陈持弓事件之后，南山群盗起而作乱，为害一方，毂下不得安宁，虽然只有数百人的队伍，却使得皇帝大为头疼，派遣数以千计的官兵围剿也未能奏效。"南山群盗傰宗等数百人为吏民害，拜故弘农太守傅刚为校尉，将迹射士千人逐捕，岁余不能禽。"① 傰宗作乱，可与陈持弓事件互为参照，才能理解成帝时期的一场水灾何以造成京师长安的社会动荡。

本文原刊于《中国农史》2016 年第 6 期

---

① 《汉书》卷 76《赵尹韩张两王列传》。

瓠子河决的历史记忆

——西汉洪水事件及其两千年灾害叙述

西汉元光三年（前132年）黄河在东郡濮阳县瓠子决口，夺泗入淮，周秦旧道因此发生重大变化。[①] 河决瓠子，使东郡、山阳郡、定陶国、东平国等地泛滥成灾，[②] 东郡以东、以南的十六郡国荡荡激流，[③] 淮泗暴溢，[④] "漂害民居"[⑤]，富甲一方的山东经济区骤变为一绵延千里的重灾区，[⑥] 梁楚困乏，连年饥馑，民不聊生。[⑦]

瓠子及东郡的地理情况在《史记》《汉书》中均有记载描述。《汉书·地理志》："东郡，秦置。莽曰治亭。属兖州。户四十万一千二百九十七，口百六十五万九千二十八。县二十二：濮阳，卫成公自楚丘徙此。"东郡属兖州刺史部辖区，沂水北段以西，泗水以北，《史记·货殖

---

① 水利部黄河水利委员会：《黄河水利史述要》，水利出版社1982年版，第53、58页。又据（清）康基田《河渠纪闻》卷三"武帝元光三年河决瓠子"条目下的解释，河决瓠子，改变了河水长达千年的北流趋势，径直东流入海："按此大河南徙，黄水入淮之始，河之一大变也。河初徙，从顿邱改流复溢，而东南注巨野，通淮泗。是时河已南去，北渎流微，漯亦涸。顿邱决口，挂淤塞土填实，不以塞决计，故史第载瓠子塞决始末，而不及顿邱之塞。徙河入千乘，自北渐转而东，并徙周秦已来之道。"

② 据李民《试探汉代黄河的一次大决口及其治理》（《学术研究辑刊》1980年第2期）考证，河决之后的水灾区十六郡国为东郡、济阴郡、泰山郡、山阳郡、陈留郡、东海郡、临淮郡、沛郡、东平国、梁国、楚国、泗水国、成阳国等。

③ 《瓠子歌》曰："河汤汤兮激潺湲。"

④ 《瓠子歌》曰："啮桑浮兮淮泗满。"

⑤ 《水经注》卷二十四《瓠子河注》。

⑥ 《史记·平准书》："是时山东被河菑，及岁不登数年，人或相食，方一二千里。"

⑦ 《史记·平准书》："令饥民得流就食江淮间，欲留，留处。"

列传》载"沂、泗水以北，宜五谷、桑麻、六畜，地小人众，数被水旱之害，民好畜藏"。瓠子地名在《汉书·武帝纪》瓠子条下有比较明确的解释："服虔曰：'瓠子，堤名也，在东郡白马。'苏林曰：'在鄄城以南，濮阳以北，广百步，深五丈。'"也有研究认为瓠子口在西汉濮阳县以北约十余里处，即今濮阳县以西十余里处的黑龙潭一带，其遗址至今尚依稀可见。① 瓠子河决之后的二十多年间，汉武帝虽时有治河之举，但并未取得保民安流的治河成效，瓠子一带河水泛滥，"岁因以数不登，而梁楚之地尤甚"。② 元封二年（前 109 年）武帝登临瓠子，"令群臣从官自将军以下皆负薪填决河"，③ 大功乃成，"道河北行二渠，复禹旧迹"。④

瓠子河决因为泛滥日久，并进而左右时局，故被视为西汉时期社会政治和灾害民生方面的一次重大事件，在历史研究中多有关注。⑤⑥⑦⑧⑨也有人从制度变迁角度讨论瓠子河决事件对西汉时期创设水患防治制度的影响作用，是当前灾害史研究中将瓠子河决从孤立的个案事件转入灾害社会研究的有益探索。⑩ 但是，瓠子河决事件的社会影响力又不仅仅局限于西汉武帝时期，自瓠子河决之后举凡重大河患事件发生后，相关记载中多以瓠子河决为例论述评说河水泛滥。⑪ 瓠子河决事件的社会影响

① 李民：《试探汉代黄河的一次大决口及其治理》，《学术研究辑刊》1980 年第 2 期。

② 《史记》卷二十九《河渠书》。

③ 同上。

④ 同上。

⑤ 李民：《试探汉代黄河的一次大决口及其治理》，《学术研究辑刊》1980 年第 2 期。

⑥ 庄辉明：《西汉水利工程与"基本经济区"》，《华东师范大学学报》（哲学社会科学版）2002 年第 3 期。

⑦ 段伟：《汉武帝财政决策与瓠子河决治理》，《首都师范大学学报》（社会科学版）2004 年第 1 期。

⑧ 察应坤：《西汉瓠子河决治理始末》，《安徽文学》2006 年第 10 期。

⑨ 王红：《瓠子决河泛滥 23 年缘由新探》，《中国农村水利水电》2006 年第 11 期。

⑩ 段伟：《西汉黄河水患与防治制度的变迁》，《安徽大学学报》（哲学社会科学版）2006 年第 4 期。

⑪ （宋）孙洙：《澶州灵津庙碑》："熙宁十年秋大雨霖，河洛皆溢，浊流汹涌……何则孝武瓠子甚可患也，考今所决适值其地，而害又逾于此焉。然宣防之塞，远逾三十年，费累亿万计，乃至于天子亲临沉玉，从官咸使负薪，作为歌诗。"见清光绪《开州志》卷八《艺文志》。另有清雍正《山东通志》卷十八《河防》："谕旨：自古黄河迁徙无常，每有冲决堤岸淹没田庐之害……汉武帝塞瓠子口，嗣后代有冲决，朕留心河务，屡行亲阅，动数千万帑金，指示河臣修筑高家堰石堤及凡应修筑之处，奏安澜者几四十年，于运道民生均有裨益。"

力也不仅仅局限于灾害案例的就事论事，而是衍化升华为一种文化符号和景观标识，论及一时一地风物也以瓠子张目，畅抒胸臆也能因为瓠子事件而有所发挥。① 因为瓠子河决事件在灾害史上的特殊意义，本文拟从记忆史、接受史角度对瓠子河决的文献转载、故事演绎以及明清方志中的灾害艺文进行论述分析，② 以期探析汉代以后瓠子河决事件的灾害书写及其变化情况，并借此考察汉代以后特别是明清时期瓠子河决的艺文描述接受汉代瓠子河决的文学形式与主题意旨，以及方志艺文接受瓠子河决事件对这一重大历史灾害的集体记忆产生的可能影响。

---

① （明）赵廷瑞《龙湫赋》："龙湫于开为胜绝……其前则瓠子之故道，其上则宣防之遗墟也……自武帝之东封距今日几千年，沉璧祭马，悯众吁天，薪伐淇园之竹，群臣之肩固尝患弭梁楚，宫起巍峨，而今安在焉？徒使人觅瓦砾之故址，读二歌于残编。"嘉靖《开州志》卷九《艺文志》。（清）卢以洽《瓠子堤怀古》"长沙万里耀金光，瓠子古堤迥异常……当年溯流沉白马，此日沿堤树绿杨。武帝已崩河道改，世人犹说汉宣防。"民国《重修滑县志》卷十一《河务》。

② 记忆史的研究是基于哈布瓦赫（Maurice Halbwachs）对集体记忆的开创性研究，他从社会建构角度论述了过去与现在的关系，见［法］莫里斯·哈布瓦赫著：《论集体记忆》，毕然、郭金华译，上海人民出版社 2002 年版。后来这一理论思考运用于历史研究中并有了记忆史研究之风气，参加沈坚《记忆与历史的博弈：法国记忆史的建构》，《中国社会科学》2010 年第 3 期。也有人把记忆史研究纳入新文化史研究领域别列为新文化史研究的七大类型，见［英］彼得·伯克著《西方新社会文化史》，刘华译，《历史教学问题》2000 年第 4 期。中国学术界对此史学新动向也予以足够重视，1993 年台湾学者王汎森等就在《当代》第 91 期编辑出版了"历史记忆"专辑，1996 年大陆学者沈卫威《五四留给胡适的历史记忆》一文发表于《徽州社会科学》第 1 期，随后渐成风气，借此对科技史、经济史、社会史等方面的若干重要事件进行了相关研究。如赵世瑜、杜正贞《太阳生日：东南沿海地区对崇祯之死的历史记忆》，《北京师范大学学报》1999 年第 6 期；王明珂《历史事实、历史记忆与历史心性》，《历史研究》2001 年第 5 期；郭辉《中国记忆史研究的兴起与路径分析》，《史学理论研究》2012 年第 3 期等。也有人从记忆史的角度研究了典型灾害案例，如广西师范大学 2009 级中国近现代史专业硕士研究生王冰的学位论文《1942—1943 年河南大灾荒的历史记忆研究》（2012 年 5 月完成）。接受史是文学史研究中的一个话题，其理论基础为德国学者尧斯的《文学史作为向文学科学的挑战》一文，20 世纪 80 年代在中国文学史研究中开始有所应用，并对诸多重要文学作品和重要作家进行了一系列专门研究。基于此，史学研究领域也关注接受史的研究范式并对史学史、社会史等方面的一些问题做了讨论分析。见向燕南《从接受史的视阈解读 20 世纪二十四史研究的意义》，《南开学报》（哲学社会科学版）2009 年第 6 期。

一 西汉元光三年瓠子河决事件与历代瓠子段河口复决情况

瓠子河决是灾荒史上极其特殊而又意义重大的个案性灾害事件，记录周详、军队抗灾、改徙河道、国家力量与传统科技的有效配合是这一典型灾害事件的四个显著特征。

第一，作为一次灾害事件，瓠子河决的文献记录极为周详，在《史记》《汉书》《盐铁论》《汉纪》等汉代文献中关于瓠子河决的起因、过程、危害与治河等信息一应俱全，是历史重大灾害事件中记录较为完备的特殊案例。先秦两汉时期灾异记录相对简洁，《春秋》《诗经》等书中的灾害事件与《汉书·五行志》的灾害记录几乎遵循较为一致的记录原则，即灾害三要素的信息文本。[1][2] 相比于这些典型的灾荒文献，《史记·河渠书》与《汉书·沟洫志》、《史记·平准书》与《汉书·食货志》等对瓠子河决事件的文本记录几可称之为专门的灾害报告书。[3]《史记·河渠书》详细记载了瓠子河决事件的全过程，事件发生的时间、地点、灾情、救灾、过程等灾害信息一应具备：

"今天子元光之中，而河决于瓠子，东南注巨野，通于淮、泗。于是天子使汲黯、郑当时兴人徒塞之，辄复坏。是时武安侯田蚡，蚡为丞相，其奉邑食鄃。鄃居河北，河决而南则鄃无水灾，邑收多。蚡言于上曰：'江河之决皆天事，未易以人力为强塞，塞之未必应天。'而望气用数者亦以为然。于是天子久之不事复塞也。自河决瓠子后二十余岁，岁因以数不登，而梁楚之地尤甚。天子既封禅巡祭山川，其明年，旱，干封少雨。天子乃使汲仁、郭昌发卒数万人塞瓠子决。于是天子已用事万里沙，则还自临决河，沉白马玉璧于河，令群臣从官自将军已下皆负薪填决河。是时东郡烧草，以故薪柴少，而下淇园之竹以为楗。天子既临河决，悼

---

① 卜风贤：《〈诗经〉中粮食安全问题研究》，《气象与减灾研究》2006 年第 3 期。

② 卜风贤：《中国农业灾害史料灾度等级量化方法研究》，《中国农史》1996 年第 4 期。

③ 在灾荒史料的整理研究中，已有专家就历史文献中的灾害记录及其价值作出评价，谓先秦灾荒资料因为灾害三要素齐备，已可视为灾情报告。参见张波《中国农业自然灾害史料方面观》，《中国科技史料》1992 年第 3 期。

功之不成，乃作歌曰：'瓠子决兮将奈何？皓皓旴旴兮闾殚为河！殚为河
兮地不得宁，功无已时兮吾山平。吾山平兮巨野溢，鱼沸郁兮柏冬日。
延道弛兮离常流，蛟龙骋兮方远游。归旧川兮神哉沛，不封禅兮安知外！
为我谓河伯兮何不仁，泛滥不止兮愁吾人？啮桑浮兮淮泗满，久不反兮
水维缓。'一曰：'河汤汤兮激潏潺，北渡污兮浚流难。搴长茭兮沉美玉，
河伯许兮薪不属。薪不属兮卫人罪，烧萧条兮噫乎何以御水！颓林竹兮
楗石菑，宣房塞兮万福来。'于是卒塞瓠子，筑宫其上，名曰宣房宫。而
道河北行二渠，复禹旧迹，而梁、楚之地复宁，无水灾。自是之后，用
事者争言水利。"

第二，瓠子河决事件也是一次灾害响应的典型案例，[①] 河决之后灾
情信息从地方到中央的逐级传达，以及汉武帝亲力亲为决策治河，以至
武帝启动军队救灾程序，均是灾害史上产生重大影响力的抗灾救灾举
措。《汉纪》卷十四《孝武皇帝纪五》："夏四月祠泰山，至瓠子临决
河，令从臣等将军已下皆负薪塞河，作《瓠子之歌》，赦所过徒，赐孤
独高年米，行还。"《史记·河渠书》："天子乃使汲仁、郭昌发卒数万
人塞瓠子决。于是天子已用事万里沙，则还自临决河，沉白马玉璧于
河，令群臣从官自将军已下皆负薪填决河。"将军为汉代军事编制，有
大将军、车骑将军、卫将军、骠骑将军等职位，还有前将军、后将军、
左将军、右将军、中将军等多种名号，武帝一朝置将军官位者尤多。将
军一职位高权重，"前后左右将军皆周末官，秦因之，位上卿，金印紫
绶"。[②] 元封二年（前 109 年）武帝东巡祭祀泰山，随行队伍中既有百
官僚属，也有将军校尉，人数众多，声势浩大。"还至瓠子，自临塞决
河。"[③] 在这次黄河治理工程中，将军以下的军队官兵积极参与瓠子河
段的决口堵塞，为主要救灾力量。《盐铁论》卷一《力耕》中更是将本
次洪水治理与大禹治水相提并论："洪水滔天，而有禹之绩；河水泛
滥，而有宣房之功。"

---

① 关于灾害响应的理论解释，参见吴富宁、刘洪伟《气象灾害系统中的三级响应机制探
究》，《中国应急管理》2008 年第 11 期；王静爱、施之海、刘珍等《中国自然灾害灾后响应
能力评价与地域差异》，《自然灾害学报》2006 年第 6 期。

② （汉）王隆著，（汉）胡广注《汉官解诂》。

③ 《史记》卷二十八《封禅书》。

第三，这次瓠子决口导致河水脱离周秦故道，河水原本经瓠子口由东北入海，河决之后折向东南，夺泗入淮，注入巨野泽，使黄河河道发生了一次重大变化。武帝亲临塞河，功成之后，在瓠子堤上筑宣房宫，此后"梁、楚之地复宁，无水灾"。① 汉时梁、楚之地，大概包括今天豫东、鲁西南、皖北和苏北一带。② 这是当时的主要经济区，梁楚之地安宁，则可维持较大区域的富庶繁荣，有利于国家建设。因此，瓠子河决的成功治理不仅在灾害管理方面有积极意义，在社会发展层面也具有重要的影响作用。这次特大灾害也直接促成了司马迁"从负薪塞宣房，悲《瓠子》之诗而作《河渠书》"③。

第四，瓠子河决事件是灾害史上一次非常成功的灾害防御工作，即如黄河决口如此重大的灾害事件，在两汉时期科技水平条件下已然能够应付自如，并取得彻底救灾成效，从中可见两千年前已经具备应对重大突发性灾害事件的国家力量，这种有组织的国家力量与魏特夫在《东方专制主义》书中所描述的古代中国治水社会的若干特征相吻合。④ 在这里，大禹治水与武帝塞决瓠子两次灾害事件共同说明了一个问题：古代中国的极端灾害事件只要处置得当，都会在极其强大的国家力量应对中消除灾患。重大灾害事件的社会应对必须具备两方面条件：一是科技手段和方法达到应对灾害事件的必要水平，二是国家力量对社会资源的有效配置。秦汉时期传统科技虽处于发展状态之中，但当时的科学方法和技术手段已经足以解决重大灾害问题。科学技术属于累积性、渐进性的生产力要素，秦汉以后的科技水平必然在秦汉时期科技成果之上有所改进提升，武帝以后的灾害事件应对成败与否则不能从科技水平方面有更多苛责，还是应该从社会力量的救灾成效方面去求解破题。

---

① 《史记》卷二十九《河渠书》。

② 水利部黄河水利委员会：《黄河水利史述要》，水利出版社 1982 年版，第 56 页。

③ 《史记》卷二十九《河渠书》。

④ 魏特夫《东方专制主义》第三章第二节《治水国家的组织力量》中指出："在治水环境中，全面组织的必要性是全面建设所固有的，而农业秩序的特点要求进行全面建设。这些建设提出了许多技术问题，它们总是需要进行大规模的组织工作。"参见〔美〕卡尔·A. 魏特夫著《东方专制主义——对于极权力量的比较研究》，徐式谷等译，中国社会科学出版社 1989 年版，第 43 页。

瓠子河决之后的两千年间，黄河在濮阳县境及其隶属郡、州境多次复决，一再出现"黄泛区"，形成一个以西汉瓠子决口为中心的灾害圈。在此，以瓠子所在州郡为基本地理单元，将历代瓠子及周边河道决溢事件列表如下（见表1）。从中可见，西汉3次，唐1次，后晋1次，北宋19次，元1次，清7次，总计32次。

表1　　　　　　　　　西汉以来瓠子及周边河道决溢情况

朝代	年份	决溢地点	决溢情况	文献出处
西汉	本始二年（前72年）	宣房宫（瓠子堤）	夏五月……封泰山，塞宣房。	《汉书》卷八《宣帝纪》
			本始二年河决宣房。	光绪《开州志》卷一
	建始四年（前29年）	东郡白马县金堤	（成帝建始元年）后三岁，河果决于馆陶及东郡金堤，泛滥兖、豫，入平原、千乘、济南，凡灌四郡三十二县，水居地十五万余顷，深者三丈，坏败官亭室庐且四万所。	《汉书》卷二十九《沟洫志》
	成帝河平二年（前27年）之后	瓠子金堤	汉成帝甲午河平二年，王尊为东郡太守。河溢，尊亲祀水神，请以身填金堤，河水平。	民国《重修滑县志》卷二十
			王尊字子赣，涿郡高阳人也。……迁东郡太守。久之，河水盛溢，泛浸瓠子金堤。	《汉书》卷七十六《王尊传》
唐	元和八年（813年）	瓠子	元和八年秋，水大至滑，河南瓠子堤溢，将及城，居民震骇。	（唐）沈亚之《沈下贤集》卷三《杂著》
后晋	天福六年（941年）	滑、濮①、郓、澶州	冬十月，河决滑、濮、郓、澶州。	《新五代史》卷八《晋本纪》

---

① 据（宋）乐史《太平寰宇记》卷十四《河南道》："隋开皇十六年置濮州，大业二年废濮州分入东郡、东平、济北三郡。唐武德四年平王世充，复置濮州，领郓城……濮阳……九县。……天宝元年改为濮阳郡。乾元元年复为濮州"，后晋濮州当沿唐制。又据吴宏岐、王豫北、郭用和《濮阳地区若干历史地理问题考证》，《中国古都研究》（第15辑）第202页："天福四年（939）所移的濮阳县既治澶州南郭东门外，亦即德胜寨南城东门外，其位置大致应在今濮阳县城东南五里左右。"天福六年濮阳县位于西汉濮阳县东北方。

续表

朝代	年份	决溢地点	决溢情况	文献出处
北宋	乾德三年（965 年）	澶州①	秋，澶、郓亦言河决，诏发州兵治之。	《宋史》卷九一《河渠志》
	开宝四年（971 年）	澶州	十一月，河决澶渊，泛数州。官守不时上言，通判、司封郎中姚恕弃市，知州杜审肇坐免。	《宋史》卷九一《河渠志》
	开宝五年（972 年）	濮阳县	五月，河大决濮阳。	《宋史》卷九一《河渠志》
	开宝八年（975 年）	澶州顿丘县	六月，澶州河决顿丘县。	《宋史》卷六一《五行志》
	太平兴国二年（977 年）	澶州顿丘县	河决孟州之温县、郑州之荥泽、澶州之顿丘，皆发缘河诸州丁夫塞之。又遣左卫大将军李崇矩骑置自陕西至沧、棣，案行水势……	《宋史》卷九一《河渠志》
	淳化四年（993 年）	澶州	九月，澶州河涨，冲陷北城，坏居人庐舍、官署、仓库殆尽，民溺死者甚众……十月，澶州河决，水西北流入御河，浸大名府城。	《宋史》卷六一《五行志》
	景德元年（1004 年）	澶州横陇埽	九月，澶州言河决横陇埽。	《宋史》卷九一《河渠志》
	景德四年（1007 年）	澶州王八埽	四年，又坏王八埽，并诏发兵夫完治之。	《宋史》卷九一《河渠志》
	大中祥符七年（1014 年）	澶州大吴埽	八月，河决澶州大吴埽，役徒数千筑新堤，亘二百四十步，水乃顺道。	《宋史》卷九一《河渠志》
	天圣六年（1028 年）	澶州王楚埽	八月，河决于澶州之王楚埽，凡三十步。	《宋史》卷九一《河渠志》
	景祐元年（1034 年）	澶州横陇埽	七月，河决澶州横陇埽。	《宋史》卷九一《河渠志》
	庆历八年（1048 年）	澶州商胡埽	六月癸酉，河决商胡埽，决口广五百五十七步，乃命使行视河堤。	《宋史》卷九一《河渠志》
	至和二年（1055 年）	澶州小吴埽	至和中，河决小吴埽，破东堤顿丘口。	《宋史》卷三二六《康德舆传》

① （宋）乐史《太平寰宇记》卷五七《河北道》："澶州，（今理顿丘县。）……唐武德四年分魏州之顿丘、观城二县于今理置澶州。……元领县四。今六：顿丘……濮阳（濮州割到。）……"这里所讲为北宋初期澶州，其所领濮阳县当为后晋天福四年移至澶州南郭东门外的濮阳县。

续表

朝代	年份	决溢地点	决溢情况	文献出处
北宋	嘉祐元年（1056 年）	澶州商胡埽	四月壬子朔，塞商胡北流入六塔河，不能容，是夕复决，溺兵夫、漂刍藁不可胜计。	《宋史》卷九一《河渠志》
	熙宁四年（1071 年）	澶州曹村	八月，河溢澶州曹村。	《宋史》卷九二《河渠志》
	熙宁十年（1077 年）	澶州曹村	己丑，遂大决于澶州曹村，澶渊北流断绝，河道南徙……凡灌郡县四十五，而濮、齐、郓、徐尤甚，坏田逾三十万顷。	《宋史》卷九二《河渠志》
	元丰三年（1080 年）	澶州①	七月，澶州孙村陈埽及大吴、小吴埽决。	《宋史》卷九二《河渠志》
	元丰四年（1081 年）	澶州小吴埽	四月，小吴埽复大决。	《宋史》卷九二《河渠志》
	元符元年（1098 年）	澶州	是岁，澶州河溢。	《宋史》卷十八《哲宗本纪》
元	泰定元年（1324 年）	濮阳县	七月，……大名路开州濮阳县河溢。	《元史》卷二九《泰定帝本纪一》
清	同治十二年（1873 年）	开州②	夏秋，决开州焦丘。	《清史稿》卷一二六《河渠志》
	光绪十三年（1887 年）	开州、濮阳县等	六月，决开州大辛庄，水灌东境，濮、范、寿张、阳毂、东阿、平阴、禹城均以灾告。	《清史稿》卷一二六《河渠志》
	光绪二十七年（1901 年）	濮阳县	北岸濮阳县陈家屯漫决。	《直隶河防辑要》第六章第一节
	光绪二十九年（1903 年）	开州、濮阳县	黄河北岸濮阳牛寨村漫决。	《直隶河防辑要》第六章第一节
			北岸河决开州白岗。	宣统《濮州志》
	光绪三十二年（1906 年）	濮阳县	濮阳杜寨村漫决。	《直隶河防辑要》第六章第一节
	宣统元年（1909 年）	开州	决开州孟民庄。	《清史稿》卷一二六《河渠志》
	宣统二年（1910 年）	濮阳县	八月，黄河北岸濮阳县李忠凌漫口。	《直隶河防辑要》第六章第一节

---

① 据吴宏岐等《濮阳地区若干历史地理问题考证》，《中国古都研究》（第 15 辑）第 202—203 页。北宋熙宁十年澶州城及濮阳县被河水冲决，此后澶州城移至今河南濮阳县。

② 据《读史方舆纪要》卷十六《大名府·开州》："濮阳废县，今州治也。"

汉代河水在东郡境内复决三次。汉宣帝本始二年（前72年），"夏五月……封泰山，塞宣房。"① 宣房为武帝堵塞瓠子决口后所筑堤堰，这次河决应位于瓠子决口附近。光绪《开州志》、民国《重修滑县志》也只是作为一次普通的河水决溢事件予以记录。② 建始四年（前29年）河决东郡金堤，民国《大名县志》中指出，"金堤，即汉时旧堤，势如冈岭，自东南入县界。"按《汉书》："文帝十二年河决酸枣，东溃金堤。成帝建始四年河决东郡金堤，次岁改元河平元年，以王延世为堤河使者，塞河决堤，绕古黄河历开州、清丰、南乐由大名东北趋馆陶，计长二百余里。"③成帝建始四年（前29年）河决"东郡金堤"可能同文帝十二年（前168年）"河决酸枣，东溃金堤"④ 所指同为一处。酸枣县西汉时隶属陈留郡，黄河过酸枣县东北向东郡南燕县、白马县行进，《史记·河渠书》正义在解释文帝十二年"河决酸枣，东溃金堤"时引"《括地志》云：'金隄一名千里隄，在白马县东五里。'"颜师古注《汉书》"（建始）四年秋，大水，河决东郡金堤"曰："金堤者，河堤之名，今在滑州界。"⑤滑州本东郡，唐天宝元年更名，领白马县、酸枣县等。⑥ 由此可知，汉文帝十二年河决于陈留郡酸枣县（今延津县），向东又溃于东郡白马县金堤，至此，可明确建始四年河决东郡金堤与文帝十二年"河决酸枣，东溃金堤"同指西汉东郡白马县（今滑县）金堤，黄河经白马县向东流入濮阳县，金堤大概也沿河而建，至濮阳县或许即为瓠子堤。河堤使者王延世治河，"以竹落长四丈，大九围，盛以小石，两船夹载而下之。三十六日，河堤成"。⑦ 黄河金堤段决口堵塞后，"其以五年为河平元年"。⑧建始四年河决东郡金堤之后，汉成帝河平二年（前27年）再决金堤，

---

① 《汉书》卷八《宣帝纪》。

② 光绪《开州志》卷一《地理志·祥异》："本始二年，河决宣防。"民国《重修滑县志》卷二十《大事记·祥异》："本始二年，河决宣房宫。"

③ 民国《大名县志》卷七《河渠志》。

④ 《史记》卷二九《河渠书》。

⑤ 《汉书》卷十《成帝纪》。

⑥ 《新唐书》卷三八《地理志二》。

⑦ 《汉书》卷二九《沟洫志》。

⑧ 同上。

"河溢，尊亲祀水神，请以身填金堤，河水平"。①《汉书·王尊传》并未注明水灾时间："（王尊）迁东郡太守。久之，河水盛溢，泛浸瓠子金堤，老弱奔走，恐水大决为害。尊躬率吏民，投沉白马，祀水神河伯。尊亲执圭璧，使巫策祝，请以身填金堤，因止宿，庐居堤上。"② 明嘉靖《濮州志》卷七《宦官志》、清康熙《濮州志》卷三《名宦记》、同治《增续长垣县志》卷下《艺文志》、光绪《开州志》卷四《职官志》、民国《重修滑县志》卷十一《河务》、卷十四《职官》、卷十八《人物》《艺文录》《金石录》等均记载王尊"以身填金堤，因止宿，庐居堤上"的治河事迹。

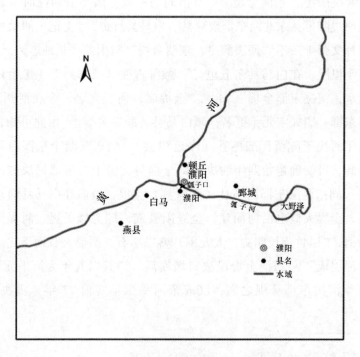

图1　汉代瓠子河决

汉代以后黄河在数百年间处于安流状态，"魏晋南北朝，河之利

---

① 民国《重修滑县志》卷二十《滑境历代大事表》。
② 《汉书》卷七十六《王尊传》。

害不可得闻"。① 唐元和八年（813 年），"以河溢浸滑州养马城之半"。② 唐滑州位于濮州濮阳县以西，唐濮阳县在西汉濮阳旧址以北约 10 里方位，③ 河水决溢后自西向东涌入瓠子堤，"水大至滑，河南瓠子堤溢，将及城，居民震骇"。④ 五代后晋天福六年（941 年），"冬十月，河决滑、濮、郓、澶州"。⑤ 濮州沿袭唐制，领濮阳、鄄城、临濮、雷泽四县，⑥ 但濮阳县已于天福四年（939 年）移至唐濮阳东北方，位于今濮阳县东南五里。

北宋时期黄河河道变迁剧烈，屡屡决溢，濮阳附近计有 19 次黄河决口事件。濮阳初隶属澶州，宋神宗熙宁十年河决澶州曹村之后，濮阳县治西北向移徙 5 里，至今濮阳城区所在地。⑦ 自乾德三年（965 年）至景祐元年（1034 年）69 年间黄河在澶州决口 10 次，平均六七年决口一次。开宝五年（972 年）河决濮阳县，曹翰企图以"上感天心，必不为灾"之说理阻挠治河，⑧ 宋太祖不为所动，即刻下诏征求治河良策。"时东鲁逸人田告者，纂《禹元经》十二篇，帝闻之，召至阙下，询以治水之道，善其言，将授以官，以亲老固辞归养，从之。"⑨ 曹翰亲往监督，最终堵塞决河。⑩ 景祐元年（1034 年）河决澶州横陇埽，形成"横陇故道"；庆历八年（1048 年）河决澶州商胡埽，黄河自决口北流，河道大变；熙宁十年（1077 年）河决澶州曹村，澶州城为河水冲圮而被移至今濮阳县。⑪ 南宋建炎二年（1128 年）杜充决河阻止金兵南下之后，河水南流由泗入

① （清）胡渭：《禹贡锥指》卷十三下。
② 《旧唐书》卷十五《宪宗本纪下》。
③ 吴宏岐、王豫北、郭用和：《濮阳地区若干历史地理问题考证》，《中国古都研究》第 15 辑，第 200—201 页。
④ （唐）沈亚之：《沈下贤集》卷三《杂著》。
⑤ 《新五代史》卷八《晋本纪》。
⑥ 《新唐书》卷三十八《地理二》。
⑦ 吴宏岐、王豫北、郭用和：《濮阳地区若干历史地理问题考证》，《中国古都研究》第 15 辑，第 200—201 页。
⑧ 《宋史》卷九一《河渠志》。
⑨ 同上。
⑩ 参见《宋史》卷九一《河渠志》"开宝五年五月、六月"条。
⑪ 吴宏岐、王豫北、郭用和：《濮阳地区若干历史地理问题考证》，《中国古都研究》第 15 辑，第 202—203 页。

淮，北流之局基本结束，河水南移。

元明时期黄河仍多南下夺淮，而濮阳县属开州，黄河主流已不经此地，因此金元明时期濮阳县河决情况较少，仅有"泰定元年七月濮阳县河溢"一例。直到清咸丰五年（1855年），黄河铜瓦厢决口才结束了东南流局面，改向东北入海。

瓠子河决是西汉武帝时期的灾害大事，灾情之后所形成的瓠子灾害文化圈更值得学术关注。两汉之后，瓠子几成一重大灾害符号，不但被广泛用以指代本次河决事件，也被作为瓠子所在地的历史印迹被叠加放大，甚或反复咏唱。所以，从记忆史角度研究瓠子河决事件，除了关注瓠子河决事件的集体记忆之外，讨论分析瓠子灾害圈的历史变迁就显得尤为必要。瓠子灾害圈意指瓠子事件发生后瓠子河周边地区所发生的大大小小的河水泛溢事件及其区域性影响，自西汉武帝到明清两代已有2000年时间，黄河在瓠子周边时有泛滥并多次决口成灾，但河水泛溢的灾害影响力均不及武帝时期的决口事件。瓠子河决成为本地区两千年来的重大历史事件，既可以作为濮阳及周边地方的标志性灾害事件与后来的河决灾害对比分析，也可以作为濮阳等地的文化因素传颂咏唱，因此，西汉瓠子河决事件对后代的影响表现为两个方面：一是历史灾害事件的延续性影响，即瓠子河决事件对西汉以后类似洪水灾害的前后关联和因果比较；二是地方性文化的情感宣扬，采用诗词歌赋等文学形式对瓠子河决事件进行艺术升华，以借古喻今、咏物怀古。前者我们可以从历史事件的记忆史的角度去讨论分析，后者则借助于文学史研究中的接受史方法去认识评价。

二 明清时期瓠子河决的灾害记忆

瓠子为西汉东郡濮阳县境内管辖地，明清时期大名府开州即濮阳县。自明至清咸丰五年黄河改道后不再流经瓠子，但明清地方志中仍有大量瓠子河决的历史记忆，人们通过不断抄录瓠子河决史实、考证并纪念治河古迹等方式记录了这段历史。通过对瓠子及周边地区瓠子河决的历史资料整理分析，可以初步把瓠子灾害圈划分为两部分：一是瓠子所在地开州地区，可以作为瓠子灾害圈的中心地带，在明清时期开州地区方志文献中也记录留存了大量与瓠子河决有关的文献资料，这种情况是其他周边地区无法类比的。其次是明清时期毗邻瓠子的河南、山东和河北三大行政辖区，也密集存留瓠子河决相关记载，可以把这些地方看作是瓠子灾害圈的基本组成部分。

明嘉靖、清光绪开州地方志中对于瓠子河决的史实记录主要体现在两个方面。一是记录瓠子河决的历史事实，但文献记载相对简略，仅有时间、地点、灾情概况以及武帝发卒治河的简要描述；二是对瓠子河决有关古迹的历史考证。方志文献中的瓠子河决事件相比汉代司马迁和班固的灾害记录大为简化，瓠子河决的灾害属性已经淡化，具体的灾情、武帝二十三年不治理的原因、堵塞时遇到的问题、处理技术等均未提及。而瓠子河、龙渊宫、宣房宫这些与瓠子河决相关的地理景观被详细描述，并结合《水经注》和《太平寰宇记》等历史文献对这些古迹进行了具体考证。

表2 明清时期开州方志中的瓠子记忆

记忆内容分类	名称	文献记载	文献出处
瓠子河决古迹	瓠子河	在州西新惠里，距城二十五里。汉武帝元光元年，河决濮阳。上自太山还，临祭，率众塞河，筑宫其上曰宣防。有武帝《瓠子歌》。	嘉靖《开州志》卷一《地理志》
		在州东。《史记·河渠书》：元光中河决瓠子，东南注巨野，通于淮泗。苏林曰：瓠子河在鄄城以南，濮阳以北，广百步，深五丈许。《水经》：瓠子河出东郡濮阳县北。《注》：县北十里即瓠子河口也。汉元封二年（前109年）塞瓠子口，筑宫于其上，名曰宣房宫，故亦谓瓠子堰为宣房堰。平帝以后未及修理，永平十二年（69年）显宗诏王景治渠筑堤，瓠子之水绝而不通，惟沟渎存焉。《寰宇记》：瓠子口在濮阳县西南十七里河津是也，今瓠子河水自澶州陂来，东南注会毛相河，入濮州界。	光绪《开州志》卷一《地理志》

续表

记忆内容分类	名称	文献记载	文献出处
瓠子河决古迹	龙渊宫	在州西别驾里，距城八里，汉武所筑，一名赤龙涡。今废。	嘉靖《开州志》卷一《地理志》
		在州西南，《汉书·武帝纪》：元光三年河决濮阳，泛十六郡，发卒十万救决河，起龙渊宫。《水经注》：河南有龙渊宫，盖起宫于决河之旁，龙渊之侧，故曰龙渊宫也。《寰宇记》：宫在濮阳县东十里。又县西南八里，有赤龙涡，有决口故道，盖古之龙渊也，非筑宫之所。《旧志》：在州南别驾里。	光绪《开州志》卷一《地理志》
	宣房宫	在州西南。《史记·河渠书》：塞瓠子，筑宫其上，名曰宣房。《汉书》作宣防。防与房古字通。《旧志》：在州西十七里瓠子堤上。	光绪《开州志》卷一《地理志》
		在州城南二十五里外。汉武帝时，以河决澶渊，率公卿以下皆负土，伐淇园竹楗，帝自沉璧与白马祀龙以堙洪流，筑宫于此，名依稀尚可指识。	光绪《开州志》卷八《艺文志》
瓠子河决史实记录	瓠子河决水灾	武帝元光三年夏五月，河决濮阳瓠子，东南注于巨野，通于淮泗，泛郡十六，帝遣汲黯、郑当时发卒十万塞之，辄复坏。	嘉靖《开州志》卷八《祥异志》
		汉武帝元光三年，河决濮阳瓠子，为州水患之始。	光绪《开州志》卷一《地理志》
		《汉书·武帝纪》：元光三年夏，河水决濮阳，泛郡十六，发卒十万救决河。	光绪《开州志》卷一《地理志》

在瓠子河决的中心地开州之外，记述瓠子河决事件并在地方文献中反复引证的空间区域遍及明清时期河南、山东和河北等地，省志、州志、县志中多有瓠子河决的历史记述，其材料来源均为《史记·河渠书》和《汉书·沟洫志》。在这些地方文献的灾害记述中，瓠子河决的历史事件一如瓠子灾害圈中心区开州的灾害记忆一样，局限于灾害事件的历史记

录以及与瓠子河决相关的地理景观两个方面，且重点在于地理景观的历史考察。河南、河北和山东三省瓠子河决的地理景观包括瓠子河、宣房宫、龙渊宫、瓠子堤、瓠子口、鱼山（吾山）、黄河故道等，明清时人在修撰山川、河道、河防堤堰、古迹等志时多将其录入，它们已成为瓠子河决的地理象征，也是瓠子河决历史记忆的主要内容。从现有资料看，地方性文献中对瓠子河决历史事件的记载也未超出《史记》《汉书》的灾害信息，且每一条材料均以极为简略的记事手法概述了瓠子河决事件的时间、地点、灾情和救灾活动。瓠子河决的历史事件非但没有随着时间的延续而有所演绎扩充或者叠加放大，其早期记录在案的灾害信息却被反复过滤。所以，瓠子河决的历史记忆是一个不断删繁就简的过程，这在瓠子文化的中心区和周边扩展区的表现基本一致。

虽然方志文献中所见瓠子河决的历史记忆都与瓠子河决事件相关，然其灾害书写方式却有显著差异。在一些地方志的《灾异志》《祥异志》《年纪》《大事记》等部分记录了瓠子河决的时间、地点、简要灾情及其治理情况，且在时间、两次治理顺序方面有误记，这些历史记忆的书写相对《史记》《汉书》要淡化很多，少有民不聊生的灾难场面，明清时期瓠子河决已成为历史记忆中一次普通的黄河决口事件。在瓠子河决相关地理景观的记述考证方面，侧重于对古迹、黄河故道、黄河河防的考证或梳理，瓠子河决事件已经演化为黄河古迹或黄河历史的一部分，而瓠子河决的灾害属性渐渐隐退。

表3　　　　　　明清时期河南、山东、河北方志中的
瓠子灾害记忆

文献记载	名称	文献记载	文献出处
灾害事件的历史记录		汉元光二年（改为"元光三年"）五月，河水决濮阳，泛郡十六。	嘉靖《濮州志》卷八《灾异志》
		武帝元光三年夏五月，河水决濮阳，泛郡十六，发卒十万缮治之，起龙渊宫。元封二年塞瓠子河，帝作《瓠子歌》。	康熙《濮州志》卷一《年纪》
		引《史记·河渠书》。	民国《重修滑县志》卷十一《河务》

续表

文献记载	名称	文献记载	文献出处
灾害事件的历史记录		武帝元光三年，河决瓠子，南注巨野。元封二年发卒数万人塞瓠子决口，筑宫其上，名曰宣房。	道光《东阿县志》卷二十三《祥异志》
		武帝元光三年夏，决瓠子，流溢于巨野。	万历《兖州府志》卷十五《灾祥》
		孝武元光三年春（改为"夏"），河决瓠子，注巨野。	道光《巨野县志》卷二《编年志》
		元封二年夏，塞瓠子河决，导河北行二渠。	光绪《宁津县志》卷十一《杂稽志上·事略》
		武帝夏五月，河决瓠子，东南注巨野，通淮泗及郓。	光绪《郓城县志》卷九《灾祥志》
		武帝元光三年夏，河决瓠子。	嘉靖《山东通志》卷三十九《灾祥》
		元封二年夏，塞瓠子河决，导河北行二渠，复禹旧迹。	光绪《东光县志》卷十一《杂稽志上》
与瓠子河决相关地理景观	瓠子河	在州治东南七十里。瓠子之源在魏郡白马（西汉濮阳县西南，今河南滑县旧县东），此其下流也。汉元光间，河决瓠子，东流泛滥，兖郓曹濮等州皆罹害。帝东巡还，临河兴叹，沉牲璧以祭，发工徒数十万塞之，久而就功，筑宫于上，曰宣防，以昭厥绩。厥后又决，又发东郡卒塞，有功。其经濮郡者，今流已渐微，而民称为瓠河。	嘉靖《濮州志》卷一《川类志》
		同上。	康熙《濮州志》卷一《古迹考》
		在县西十里。自茌平县邓里渠东北过祝阿县为济渠，注河水，从四渎口出，会济水二渎，合而东注于祝阿也。按：此河宋时名熙河，苏轼《熙河赋》称"在汉元光河决瓠子"是也，今湮没无踪。	民国《齐河县志》卷五《河道志》
		在州东北六十里。决自瀰河西，圮流散漫于大野，汉武帝河决瓠子，即此。汉武帝《瓠子河歌》……	万历《兖州府志》卷十八《山川》

文献记载	名称	文献记载	文献出处
与瓠子河决相关地理景观	瓠子河	汉时筑宫瓠子，地属开州，东流入境。瓠子河在县东北六十里。《府志》：自直隶开州流入县北境，汇水北流，至陈家庄入濮州界。	光绪《新修菏泽县志》卷三《山水》
		在州东北六十里。《水经注》：瓠子河出东郡濮阳县，东至济阳句阳是也。汉武帝时河决瓠子，武帝亲临塞之，作《瓠子之歌》，即此。今涸。	康熙《曹州志》卷一《图考》
		在菏泽县东北六十里，流入濮州东南。	乾隆《曹州府志》卷三《舆地志·山川》
		在濮州治东南七十里。瓠子之源在魏郡白马，此其下流也。汉元光间，河决瓠子，东流泛滥，兖郓曹濮等州皆罹害。帝东巡还，临river兴叹，沉牲璧以祭，发工徒数十万塞之，厥后又决，又发东郡卒塞之。其经濮郡者今流已渐微，民称为瓠河。	嘉靖《山东通志》卷六《山川》
		自菏泽县北境（本古句阳县地）汇水北流，至陈家庄入濮州界，折而西北径刘家楼，又东北径纸坊、韩家桥，又西北径连家楼，至陈家庄与小流河会。	雍正《山东通志》卷六《山川》
		汉孝武元光三年春（改为"夏"），河决瓠子，东南注巨野，通于淮泗。……（后同《史记·河渠书》部分记载）	道光《巨野县志》卷四《山川志》
	宣房宫	在濮州东南八十里瓠子河上，元光二年（改为"三年"）河决瓠子，帝发卒塞之，作宫其上，曰宣防。	嘉靖《濮州志》卷八《古迹志》
		《史记》：汉武帝元封二年，塞瓠子决河，悼其功之不成，为作歌二章，卒塞瓠子，筑宫其上，名曰宣防。《河南通志》：宣防宫在滑县北苗固堤上，汉武帝塞瓠子堤，筑宫。丁丑《旧志》：宣防宫，一名瓠子。在县北十里苗固堤上，汉武帝塞瓠子堤，筑宫其上。	民国《重修滑县志》卷四

续表

文献记载	名称	文献记载	文献出处
与瓠子河决相关地理景观	龙渊宫	在瓠子堤上，距城十七里。汉武时河决于此，东封还，塞之，作歌二章，因筑宫堤上。	正德《大名府志》卷九《台宇》
		龙渊宫，在州西南八里，汉武时筑，又名赤龙涡。	正德《大名府志》卷九《台宇》
		龙渊宫在瓠子河上，汉武帝所筑，与宣防皆已久废。	嘉靖《濮州志》卷八《古迹志》
	黄河及其支流	武帝元光中，河决瓠子（今直隶大名府开州），吾山平，巨野溢，阳谷最密迩，二十余岁不塞。至元封二年，上自临决河，沉白马玉璧，令群臣负薪卒塞之，筑宫瓠子口上，名曰宣防，义取倡导防壅也。	光绪《阳谷县志》卷一《山川·黄河》
		黄河故道，今谓之老黄河。（后引《汉书·沟洫志》中对瓠子河决的记载）	乾隆《平原县志》卷一《川泽·黄河》
		邑以弹丸之地，老黄河故道存焉。（后引《汉书·沟洫志》中对瓠子河决的记载）	乾隆《夏津县志》卷一《河道》
		河之为中国患久矣，兖界黄河之下流。……武帝元光三年春，黄河决于瓠子，东南注巨野，通于淮泗。	万历《兖州府志》卷二十一《黄河》
		《济河考》：城南有枯渠，土人名济河。……自汉元光三年，河决濮阳瓠子，注巨野，通淮泗，后二十年始塞。	光绪《郓城县志》卷一《方域志·山川》
		《黄河故道·历代河政》：武帝元光三年春（改为"夏"），河决瓠子，其后二十年使汲仁、郭昌发卒数万塞之，天子自临决口，沉白马玉璧，令群臣从官负薪填河，作《瓠子之歌》，于是卒塞决口。筑宫其上，名曰宣房。	康熙《曹州志》卷十四《河防志》
		汉元光三年，河从顿邱南流，复决濮阳瓠子，注巨野，通淮泗，自此河徙东郡，入渤海，始失禹故迹。	乾隆《曹州府志》卷五《河防志》
		《两汉治河》引《汉书·沟洫志》。	雍正《山东通志》卷十八《河防》

文献记载	名称	文献记载	文献出处
与瓠子河决相关地理景观	黄河及其支流	《历代河议》：元光中河决瓠子，东南注巨野通于淮泗。（同《史记·河渠书》部分记载）	万历《河间府志》卷四《河道志》
		《黄河故道》：瓠子一决，而泛郡十六，注巨野，通淮泗。东郡一决，而灌四郡三十二县，居地十五万顷。汉武帝元光三年春，河徙顿邱。夏，复决濮阳瓠子。濮阳今濮州，瓠子今滑县，（误，"濮阳"今"开州"，瓠子亦在开州。）决滑即浚也。时田蚡食鄅，鄅在河北，河决则无水患，遂阴沮之，因不塞，望气用数者亦以为言，蚡教之也。自文帝十二年决至武帝元光三年已三十六年，至元封二年几四十年，其年四月帝封泰山还，始自临决口，自将军以下皆负薪，沉白马玉璧于河而塞之，所谓宣房之宫，《瓠子之歌》也。	嘉庆《浚县志》卷十二《古迹考》
		《黄河故道》：武帝元光三年春，河徙顿丘东南，流入渤海。夏，复决濮阳瓠子，注巨野，通于淮泗。元封二年，帝亲临瓠子决口，塞之，筑宫于其上，名曰宣防，在滑县境。	民国《重修滑县志》卷三《舆地》
		元光中河决瓠子，水平吾山，东连小洞庭，州境沮河微乡，多瓠子决河遗迹，俗所谓老黄河也。	光绪《东平州志》卷三《山川》
		古黄河：在濮州治东南三十里，合瓠子河东北流，入于会通河。	嘉靖《山东通志》卷六《山川》
	瓠子堤	《汉书》：武帝时使汲仁、郭昌塞瓠子决口，功成筑宫于其上，名曰宣防。《水经注》：宣防宫亦谓瓠子堰，即瓠子堤。《旧志》云：在城南三里，金堤西南。石晋天福七年三月，安彦威塞决河于滑州，自豕韦之北筑堰数十里，出私钱募民治堤，即瓠子堤也。	民国《重修滑县志》卷十一《河务》
	鱼山	一名吾山，在县西八里。汉武帝《瓠子歌》曰：功无已时兮吾山平，吾山平兮巨野溢。	万历《兖州府志》卷十八《山川》
		在县西八里，即鱼山，汉武帝《瓠子歌》所谓吾山平者也。	雍正《山东通志》卷六《山川》

续表

文献记载	名称	文献记载	文献出处
与瓠子河决相关地理景观	瓠子口	在州西南二十五里，里名新惠。汉武帝元光元年，河决濮阳瓠子，经巨野，通淮泗，泛十六郡，乃发卒数万塞之，辄复坏。帝封禅还，临祭，沉白马玉璧，令群臣从官负薪置河决，又下淇园之竹以为楗，卒塞，筑宣防宫于上。初，帝悼功不成，乃作歌曰……（瓠子歌二首）	正德《大名府志》卷二《堤堰》

三　明清时期瓠子河决事件在方志中的艺文接受

　　西汉瓠子河决在明清方志中的艺文描写遍及当初受灾的河南、山东、河北等省。武帝作《瓠子歌》也是瓠子河决事件的重要内容，明清时人不断重唱《瓠子歌》，并作诗词歌赋以表达其历史追忆。明清开州地方志中抄录了武帝两首《瓠子歌》，且置于《艺文志》卷首或《艺文志》诗类卷首的重要位置。开州地方志《艺文志》部分还保留了大量与瓠子、瓠子河、宣防宫、武帝亲临堵塞河口等有关的文学作品，计有赋、五言七言诗、碑文共13首，其中以七言诗最多，为6首，另有五言诗4首，赋2篇，碑文1通。这些艺文的作者多以郡判、郡守、训导、学正等基层行政官员为主，《龙湫赋》的作者赵廷瑞还为嘉靖《开州志》开篇作序。

　　在更大范围的瓠子灾害圈中，河南瓠子艺文有瓠子歌一首、诗词15篇，碑文3篇，其他2篇，总计21篇。山东瓠子艺文15篇，河北6篇。明清河南、山东、河北地方志中对瓠子河决的艺文描写也与开州地区类似，既有借景抒情之作，也有怀古咏史、以古喻今的咏唱。仅就文献数量而言，河南省瓠子艺文数量最多，山东次之，河北最少。在河南省的艺文统计中将开州文献单列（西汉濮阳县，见表2），计有15条史料。若将开州的艺文资料统计在内，瓠子河决所在的河南地区明显存在数量优势。这种情况或许也可以说明，瓠子地区河决事件的艺文接受与其发生地之间具有密切关系和直接的影响作用，距离愈近影响愈大，则艺文接受的程度愈高。从艺文内容来看，瓠子河决事件成为地方艺文描写的主题，在艺文描写中评说瓠子河决的灾害文化，凝练瓠子河决的有关景观要素。见载于地方艺文中的瓠子河决主要有借景抒情、怀古咏史和以古喻今三种类型。

表4　　　　　明清时期河南、山东、河北三省方志中的瓠子
艺文分布情况

	河南（＋开州）	山东	河北	总计
武帝瓠子歌	1（＋2）	6	0	7
诗类	15（＋12）	4	2	21
碑文	3（＋1）	1	0	4
其他	2	4	4	10
合计	21（＋15）	15	6	42

1. 通过借景抒情传承瓠子河决抗灾文化。开州地方艺文中对瓠子河决的景观描写聚焦于龙湫烟雨和瓠子河。光绪《开州志》记载："黑龙潭，在州西南。《旧志》：瓠子河口，大旱不竭，俗称龙湫。龙湫烟雨为州八景之一。"[1] 龙湫，指低洼的水潭。郡判李仁在《龙湫烟雨》一诗中描写龙湫景色，"水余沉璧色，龙有抱珠眠""花香平遶岸，树影倒参天""每临烟雨夕，犹恐激潺湲"[2]。西汉瓠子河口河决，泛郡十六的历史场面早已不复存在，取而代之的是开州胜绝的龙湫烟雨。方志艺文借景抒发对西汉瓠子河决的怀古之情，表达了对武帝亲临决河现场、沉白马玉璧、筑宣防宫等具体治理过程的历史追忆和文学感慨。[3] 艺文诗词歌赋中，借龙湫烟雨的美景以抒发对瓠子河决的历史兴衰之情也不断出现，"归来莫讶冲烟雨，为听当年《瓠子歌》"[4]"鼎湖龙化宣防在，烟雨潭深凫雁过。

---

① 光绪《开州志》卷一《地理志一》。

② （明）李仁：《龙湫烟雨》，嘉靖《开州志》卷九《艺文志》。

③ （明）赵廷瑞：《龙湫赋》，嘉靖《开州志》卷九《艺文志》，光绪《开州志》卷八《艺文志》。

④ （明）孙巨鲸：《郡景八首其一》，嘉靖《开州志》卷九《艺文志》。

瓠子堤成千载利，遗黎争唱太平歌"①"武帝忧民塞大河，旌旗映日远相过。龙潭烟雨今遗址，稽事当寻《瓠子歌》"②。赵廷瑞撰写《龙湫赋》抒发瓠子情怀："自武帝之东封距今日几千年，沉璧祭马，悯众吁天，薪伐淇园之竹，群臣之肩固尝患弥梁楚，宫起巍峨，而今安在焉？徒使人觅瓦砾之故址，读二歌于残编。"艺文诗词歌赋中，也有借瓠河故道感慨瓠子河决抒情之作："挽尽狂澜障百川，瓠河掩映水中天。……停桡却访宣防绩，璧马消沉不计年。"③

（2）因为感慨瓠子河决的治理功绩而怀古咏史。艺文诗词歌赋中也以瓠子河决典故为重点吟咏对象，"秦陇西来河势决，汉皇东返佩声过。宣防无复风流梦，瓠子空传慷慨歌"④"沉璧余瓠子，横汾怀帝歌"⑤"汉武防河日，遗宫旧址存。当年瓠子决，今日黍苗繁。沉璧驯龙性，埋流斩竹园。安澜歌帝力，千载忆重阁"⑥。其中凸显武帝塞河、沉璧斩竹、宣防遗址、《瓠子歌》等典型的瓠子河决事件之要素。这些治河要素在地方艺文作品中不断被吟咏，流露出明清时人对瓠子河决治理的历史记忆与文学感受。这样的治河壮举与武帝亲临指挥塞河不无关系，甚至很有可能是武帝治河并作《瓠子歌》二首才强化了这一历史事件的社会意义。近两千年来黄河决口无数，大规模治河工程也时有兴起，而瓠子河决事件则从一般的河水泛溢与治河工程中提升放大并被后世不断吟诵。

瓠子河决事件中的重要元素如瓠子堤、瓠子河、负薪沉璧马、武帝《瓠子歌》、筑宣房宫等都成了诗人创作源泉，瓠子河决这一灾害事件在历经千年世事变幻之后，成为后人感叹水患利害、历史兴衰的首要典故。诗人多直接亲临古迹，如卢以洽在瓠子堤前作诗云："长沙万里耀金光，瓠子古堤迥异常。俯瞰龙潭秋月紫，遥瞻鲋岭暮云苍。当年溯流沉白马，此日沿堤树绿杨。武帝已崩河道改，世人犹说汉宣防。"⑦ 这里将瓠子堤

① （明）冯琥：《郡景八首其一》，嘉靖《开州志》卷九《艺文志》。
② （明）张锜：《郡景八首其一》，嘉靖《开州志》卷九《艺文志》。
③ 《瓠子河》，光绪《开州志》卷八《艺文志》。
④ （明）王崇庆：《原倡郡景八首其一》，嘉靖《开州志》卷九《艺文志》。
⑤ （明）李梦阳：《瓠子歌》，嘉靖《开州志》卷九《艺文志》。
⑥ 《宣房宫故址》，嘉靖《开州志》卷九《艺文志》。
⑦ （清）卢以洽：《瓠子堤怀古》，民国《重修滑县志》卷十一《河务》。

今昔对照，并感叹到汉宣防不因武帝已崩，河道已改而消逝，至今瓠子河决仍在人们心中长存。又如马卿在描述了黄河"浑泡怒激射东土，连山大浪如奔雷"① 的雄浑壮阔之后，同样发出了"束薪负壤万人急，千载伤心《瓠子歌》"② 的悲壮之音。

（3）针对河患问题追思瓠子治河的抗灾精神并以古喻今。瓠子河决无疑是一次极其成功的治河工程，在黄河治理史上意义重大。相对于后来的河患压力，人们追忆瓠子河决事件的丰功伟绩也是一种借古喻今、警示世人的抒情方式。宋人孙洙《澶州灵津庙碑》记载了熙宁十年（1077 年）河决澶州曹村这一灾害事件："秋，大雨霖，河洛皆溢。浊流汹涌，初坏孟津浮梁，又北注汲县，南泛胙城，水行地上，高出民屋。东郡左右，地最迫隘，土尤疏恶，七月乙丑，遂大决于曹村下埽。"在记述宋神宗派遣众多官员治理河决的情况后，将这次治理事件置于历代黄河决口治理历史中考察评价，"汉唐而下，河决常在曹、卫之域，而列圣以来泛澶渊为尤数，虽时异患殊，而成功则一然，必旷岁历年，穷力殚费，而后仅有克济"③，并以西汉武帝堵塞瓠子河决为例两相比较："孝武瓠子甚可患也，考今所决适值其地，而害又逾于此焉。然宣防之塞，远逾三十年，费累亿万计，乃至于天子亲临沉玉，从官咸使负薪，作为歌诗，深自郁悼，其为艰久亦已甚矣。"④ 虽然西汉瓠子河决灾情严重，其治理"远逾三十年，费累亿万计"，而此次治理"自役兴至于堤合为日一百有九"，且"材以数计之为一千二百八十九万，费钱米合三十万"，神宗在百余日内以较小的投入取得极大成功，可谓"圣功莫大阔远，古未有也"。

这一类艺文在诗歌、碑记、杂记、谕旨、考辩中都有体现，作者多是在记录当朝黄河决口时回想起瓠子河决事件，这里的瓠子河决成为黄河决口灾害事件的典型代表。如嘉靖三十八年（1559 年）河决曹县，数百里禾稼一空，明人张兆祯作诗云："桑田沧海变无常，瓠子金堤自古忙。世事纷纷恒若此，浇愁且尽手中觞。"⑤ 道光二十三年（1843 年）中

---

① （明）马卿:《观黄河》，嘉靖《长垣县志》卷九《文章》。
② 同上。
③ （宋）孙洙:《澶州灵津庙碑》，光绪《开州志》卷八《艺文志》。
④ 同上。
⑤ 光绪《曹县志》卷十八《杂稽志》。

牟决口，城乡为墟，邑令何鼎记录了这一事件："西来浊浪欲浮天，浩劫重经廿五年。忽讶奇灾传瓠子，又惊巨浸没桑田。"① 明弘治二年（1489年）河决开封，大学士刘健作《黄陵冈塞河功完碑记》一首，他将这次河决的治理与瓠子河决治理对比，"前代于河之决而塞之，若汉瓠子、宋澶濮曹济之间，皆积久而后成功，或至临塞，躬劳万乘"②，以此来赞颂当朝天子治河英勇之举，即"而筑塞之功顾未盈二时，此固诸臣协心，夫匠用命所致，然非我圣天子至德格天，水灵效职，及宸断之明、委任之专，岂能成功若是之速哉？"③ 康熙六十年（1721年）河决武陟县，大溜北泻直注滑县、长垣、东明及濮州、范县、寿张等处，堤岸多溃。④ 雍正《山东通志》中针对这次河决记录了一条康熙皇帝谕旨："自古黄河迁徙无常，每有冲决堤岸，淹没田庐之害。……汉武帝塞瓠子口，嗣后代有冲决，朕留心河务，屡行亲阅，动数千万帑金，指示河臣修筑高家堰石堤，及凡应修筑之处，奏安澜者几四十年，于运道民生均有裨益……冲决之处或在瓠子口之上，或在瓠子口之下，并河道情形着详细问明九卿暨河南省官员具奏此事，不可轻视。九月二十七日奉。"⑤ 从中可见武帝亲临堵塞瓠子河决成为后世皇帝治理水患的参照标准，以谕旨的形式再次将瓠子河决这一历史事件铭记史册。最后，在当朝对古黄河及其支流河道考证方面，瓠子河决的记录必不可少。以上这些都在今昔对比，以古喻今中大大强化了瓠子河决的历史记忆。

表5　　　　　　　　　明清时期开州方志中的瓠子灾害艺文

艺文类记录	武帝二首《瓠子歌》	《艺文志》卷首基本同《史记·河渠书》引《瓠子歌》。	嘉靖《开州志》卷九《艺文志》
		《艺文志·诗类》之首基本同《史记·河渠书》引《瓠子歌》。	光绪《开州志》卷八《艺文志》

① （清）何鼎：《城腰满目流亡诗以纪苦》，民国《中牟县志》卷三《人事志·艺文》。
② （明）刘健：《黄陵冈塞河功完碑记》，嘉靖《长垣县志》卷九《文章》。
③ 同上。
④ 雍正《山东通志》卷十八《河防》。
⑤ 同上。

艺文类记录	借龙湫烟雨抒情	《龙湫赋》一首　（明）赵廷瑞 龙湫于开为胜绝……今年夏复偕龙湫主人、郡大夫诸君子游其上，退而赋之……龙湫主人进余而言曰："子知湫之为湫乎？其前则瓠子之故道，其上则宣防之遗墟也。"自武帝之东封距今日几千年，沉璧祭马，悯众吁天，薪伐淇园之竹，群臣之肩固尝患弭梁楚，宫起巍峨，而今安在焉？徒使人觅瓦砾之故址，读二歌于残编。	嘉靖《开州志》卷九《艺文志》
			光绪《开州志》卷八《艺文志》
		龙湫烟雨　李仁 寂寞宣防事，凄凉瓠子篇。水余沉璧色，龙有抱珠眠。 胊衁如闻语，明祼不计年。花香平邃岸，树影倒参天。 鸥白浮寒玉，苔青聚古钱。每临烟雨夕，犹恐激潺湲。	嘉靖《开州志》卷九《艺文志》
		龙湫烟雨　孙巨鲸 奕奕宣防频眺望，翩翩冠盖每相过。 归来莫讶冲烟雨，为听当年《瓠子歌》。	
		龙湫烟雨　冯琥 鼎湖龙化宣防在，烟雨潭深凫雁过。 瓠子堤成千载利，遗黎争唱太平歌。	
		龙湫烟雨　任钟 宣防城瓠子，幸赖汉皇过。 烟雨时时降，升平岁岁歌。	
		龙湫烟雨　张锜 武帝忧民塞大河，旌旗映日远相过。 龙潭烟雨今遗址，稽事当寻《瓠子歌》。	
		澶渊杂咏　查彬 平沙漠漠古黄河，璧马空存《瓠子歌》。 寂寞鱼龙烟雨夕，白杨红寺晚鸦多。	光绪《开州志》卷八《艺文志》

艺文类记录	借瓠子河抒情	瓠子河 挽尽狂澜障百川，瓠河掩映水中天。 渠通月色添渔火，岸息风波住客船。 淮泗寻源迷夕照，澶渊问渡冷秋烟。 停桡却访宣防绩，璧马消沉不计年。	光绪《开州志》卷八《艺文志》
	怀古咏史	龙湫烟雨　王崇庆 秦陇西来河势决，汉皇东返佩声过。 宣防无复风流梦，瓠子空传慷慨歌。	嘉靖《开州志》卷九《艺文志》
		宣防宫赋一首　（宋）刘跂 余以事抵白马，客道汉瓠子事，感其语，故赋曰： 元封天子既干封，临决河，沉璧及马，慷慨悲歌。 河塞，筑宣防之宫，燕其群臣，乃称曰：隤林竹兮挺石菑，宣防塞兮万福来。	
		瓠子歌　李梦阳 沉璧余瓠子，横汾怀帝歌。波涛满眼送，城郭没年多。 虎战仍三晋，龙游失九河。宋人饶事迹，今望亦滂沱。	
		宣房故址 汉武防河日，遗宫旧址存。当年瓠子决，今日黍苗繁。 沉璧驯龙性，堙流斩竹园。安澜歌帝力，千载忆重阍。	
	以古喻今	澶州灵津庙碑　（宋）孙洙 熙宁十年秋大雨霖，河洛皆溢，浊流汹涌。…… 虽时异患殊，而成功则一，然必旷岁历年，穷力殚费，而后仅有克济。固未有洪流横溃，经费移徙，不逾二年，一举而能塞者也。何则孝武瓠子甚可患也，考今所决适值其地，而害又逾于此焉。然宣防之塞，远逾三十年，费累亿万计，乃至于天子亲临沉玉，从官咸使负薪，作为歌诗，深自郁悼，其为艰久亦已甚矣。视往揆今，则知圣功莫大闳远，古未有也。呜呼！河之为利害大矣，功定是立，夫岂易然哉？	光绪《开州志》卷八《艺文志》

表 6　　　　明清时期河南、山东、河北方志中的瓠子灾害艺文

文献记载	名称	文献记载	文献出处
史实记录		汉元光二年（改为"元光三年"）五月，河水决濮阳，泛郡十六。	嘉靖《濮州志》卷八《灾异志》
		武帝元光三年夏五月，河水决濮阳，泛郡十六，发卒十万缮治之，起龙渊宫。元封二年塞瓠子河，帝作《瓠子歌》。	康熙《濮州志》卷一《年纪》
		引《史记·河渠书》。	民国《重修滑县志》卷十一《河务》
		武帝元光三年，河决瓠子，南注巨野。元封二年，发卒数万人塞瓠子决口，筑宫其上，名曰宣房。	道光《东阿县志》卷二十三《祥异志》
		武帝元光三年夏，决瓠子，流溢于巨野。	万历《兖州府志》卷十五《灾祥》
		孝武元光三年春（改为"夏"），河决瓠子，注巨野。	道光《巨野县志》卷二《编年志》
		元封二年夏，塞瓠子河决，导河北行二渠。	光绪《宁津县志》卷十一《杂稽志上·事略》
		武帝夏五月，河决瓠子，东南注巨野，通淮泗及郓。	光绪《郓城县志》卷九《灾祥志》
		武帝元光三年夏，河决瓠子。	嘉靖《山东通志》卷三十九《灾祥》
		元封二年夏，塞瓠子河决，导河北行二渠，复禹旧迹。	光绪《东光县志》卷十一《杂稽志上》
与瓠子河决相关地理事物	瓠子河	在州治东南七十里。瓠子之源在魏郡白马（西汉濮阳县西南，今河南滑县旧县东），此其下流也。汉元光间，河决瓠子，东流泛滥，兖郓曹濮等州皆罹害。帝东巡还，临河兴叹，沉牲璧以祭，发工徒数十万塞之，久而就功，筑宫于上，曰宣防，以昭厥绩。厥后又决，又发东郡卒塞，有功。其经濮郡者，今流已渐微，而民称为瓠河。	嘉靖《濮州志》卷一《川类志》

文献记载	名称	文献记载	文献出处
与瓠子河决相关地理事物	瓠子河	同上。	康熙《濮州志》卷一《古迹考》
		在县西十里。自茌平县邓里渠东北过祝阿县为济渠，注河水，从四渎口出，会济水二渎，合而东注于祝阿也。按：此河宋时名熙河，苏轼《熙河赋》称"在汉元光河决瓠子"是也，今湮没无踪。	民国《齐河县志》卷五《河道志》
		在州东北六十里，决自瀍河西，圮流散漫于大野，汉武帝河决瓠子，即此。汉武帝《瓠子河歌》……	万历《兖州府志》卷十八《山川》
		汉时筑宫瓠子，地属开州，东流入境。瓠子河在县东北六十里。《府志》：自直隶开州流入县北境，汇水北流，至陈家庄入濮州界。	光绪《新修菏泽县志》卷三《山水》
		在州东北六十里。《水经注》：瓠子河出东郡濮阳县，东至济阳句阳是也。汉武帝时河决瓠子，武帝亲临塞之，作《瓠子之歌》，即此。今涸。	康熙《曹州志》卷一《图考》
		在菏泽县东北六十里，流入濮州东南。	乾隆《曹州府志》卷三《舆地志·山川》
		在濮州治东南七十里。瓠子之源在魏郡白马，此其下流也。汉元光间，河决瓠子，东流泛滥，兖郓曹濮等州皆罹害。帝东巡还，临河兴叹，沉牲璧以祭，发工徒数十万塞之。厥后又决，又发东郡卒塞之。其经濮郡者今流已渐微，民称为瓠河。	嘉靖《山东通志》卷六《山川》
		自荷泽县北境（本古句阳县地）汇水北流，至陈家庄入濮州界，折而西北径刘家楼，又东北径纸坊、韩家桥，又西北径连家楼，至陈家庄与小流河会。	雍正《山东通志》卷六《山川》
		汉孝武元光三年春（改为"夏"），河决瓠子，东南注巨野，通于淮泗。（后同《史记·河渠书》部分记载）	道光《巨野县志》卷四《山川志》

续表

文献记载	名称	文献记载	文献出处
与瓠子河决相关地理事物	宣房宫	在濮州东南八十里瓠子河上，元光二年（改为"三年"）河决瓠子，帝发卒塞之，作宫其上，曰宣防。	嘉靖《濮州志》卷八《古迹志》
		《史记》：汉武帝元封二年，塞瓠子决河，悼其功之不成，为作歌二章，卒塞瓠子，筑宫其上，名曰宣防。《河南通志》：宣防宫在滑县北苗固堤上，汉武帝塞瓠子堤，筑宫。丁丑《旧志》：宣防宫，一名瓠子。在县北十里苗固堤上，汉武帝塞瓠子堤，筑宫其上。	民国《重修滑县志》卷四
		在瓠子堤上，距城十七里。汉武时河决于此，东封还，塞之，作歌二章，因筑宫堤上。	正德《大名府志》卷九《台宇》
	龙渊宫	龙渊宫，在州西南八里，汉武时筑，又名赤龙涡。	正德《大名府志》卷九《台宇》
		龙渊宫在瓠子河上，汉武帝所筑，与宣防皆已久废。	嘉靖《濮州志》卷八《古迹志》
	黄河及其支流	武帝元光中、河决瓠子（今直隶大名府开州），吾山平，巨野溢，阳谷最密迩，二十余岁不塞。至元封二年，上自临决河，沉白马玉璧，令群臣负薪卒塞之，筑宫瓠口上，名曰宣防，义取倡导防壅也。	光绪《阳谷县志》卷一《山川·黄河》
		黄河故道今谓之老黄河。（后引《汉书·沟洫志》中对瓠子河决的记载）	乾隆《平原县志》卷一《川泽·黄河》
		邑以弹丸之地，老黄河故道存焉。（后引《汉书·沟洫志》中对瓠子河决的记载）	乾隆《夏津县志》卷一《河道》
		河之为中国患久矣。兖界，黄河之下流。……武帝元光三年春，黄河决于瓠子，东南注巨野，通于淮泗。	万历《兖州府志》卷二十一《黄河》
		《济河考》：城南有枯渠，土人名济河。……自汉元光三年，河决濮阳瓠子，注巨野，通淮泗，后二十年始塞。	光绪《郓城县志》卷一《方域志·山川》

续表

文献记载	名称	文献记载	文献出处
与瓠子河决相关地理事物	黄河及其支流	《黄河故道·历代河政》：武帝元光三年春（改为"夏"），河决瓠子。其后二十年，使汲仁、郭昌发卒数万塞之，天子自临决口，沉白马玉璧，令群臣从官负薪填河，作《瓠子之歌》，于是卒塞决口，筑宫其上，名曰宣房。	康熙《曹州志》卷十四《河防志》
		汉元光三年，河从顿邱南流，复决濮阳瓠子，注巨野，通淮泗。自此，河徙东郡，入渤海，始失禹故迹。	乾隆《曹州府志》卷五《河防志》
		《两汉治河》，引《汉书·沟洫志》。	雍正《山东通志》卷十八《河防》
		《历代河议》：元光中，河决瓠子，东南注巨野，通于淮泗。（同《史记·河渠书》部分记载）	万历《河间府志》卷四《河道志》
		《黄河故道》：瓠子一决，而泛郡十六，注巨野，通淮泗。东郡一决，而灌四郡三十二县，居地十五万顷。汉武帝元光三年春，河徙顿邱。夏，复决濮阳瓠子。濮阳今濮州，瓠子今滑县，（误，"濮阳"今"开州"，瓠子亦在开州。）决滑即决浚也。时田蚡食郿，郿在河北，河决则无水患，遂阴沮之，因不塞，望气用数者亦以为言，蚡教之也。自文帝十二年决，至武帝元光三年已三十六年，至元封二年几四十年，其年四月帝封泰山还，始自临决口，自将军以下皆负薪，沉白马玉璧于河而塞之，所谓宣房之宫，《瓠子之歌》也。	嘉庆《浚县志》卷十二《古迹考》
		《黄河故道》：武帝元光三年春，河徙顿丘东南，流入渤海。夏，复决濮阳瓠子，注巨野，通于淮泗。元封二年，帝亲临瓠子决口，塞之，筑宫于其上，名曰宣防。在滑县境。	民国《重修滑县志》卷三《舆地》
		元光中河决瓠子，水平吾山，东连小洞庭，州境沮河微乡，多瓠子决河遗迹，俗所谓老黄河也。	光绪《东平州志》卷三《山川》
		古黄河：在濮州治东南三十里，合瓠子河，东北流入于会通河。	嘉靖《山东通志》卷六《山川》

续表

文献记载	名称	文献记载	文献出处
与瓠子河决相关地理事物	瓠子堤	《汉书》：武帝时使汲仁、郭昌塞瓠子决口，功成筑宫于其上，名曰宣防。《水经注》：宣防宫亦谓瓠子堰，即瓠子堤。《旧志》云：在城南三里，金堤西南。石晋天福七年三月，安彦威塞决河于滑州，自豕韦之北筑堰数十里，出私钱募民治堤，即瓠子堤也。	民国《重修滑县志》卷十一《河务》
	鱼山	一名吾山，在县西八里。汉武帝《瓠子歌》曰：功无已时兮吾山平，吾山平兮巨野溢。	万历《兖州府志》卷十八《山川》
		在县西八里，即鱼山，汉武帝《瓠子歌》所谓吾山平者也。	雍正《山东通志》卷六《山川》
	瓠子口	在州西南二十五里，里名新惠。汉武帝元光元年，河决濮阳瓠子，经巨野，通淮泗，泛十六郡。乃发卒数万塞之，辄复坏。帝封禅还，临祭，沉白马玉璧，令群臣从官皆负薪置决河，又下淇园之竹以为楗，卒塞，筑宣防宫于上。初，帝悼功不成，乃作歌曰：（《瓠子歌》二首）	正德《大名府志》卷二《堤堰》
艺文类	汉武帝瓠子歌	同《史记·河渠书》。	道光《东阿县志》卷十五《艺文志》、康熙《濮州志》卷五《诗类》、道光《巨野县志》卷十五《艺文志》、康熙《曹州志》卷十八《艺文志》、乾隆《曹州府志》卷三《舆地志·山川》、嘉庆《东昌府志》卷四十八《艺文》、雍正《山东通志》卷三十五《艺文》、正德《大名府志》卷二《堤堰》
	诗类	《瓠子歌》　李梦阳 沉璧余瓠子，横汾怀帝歌。 波涛满眼送，城郭没年多。 虎战仍三晋，龙游失九河。 宋人饶事迹，今望亦滂沱。	康熙《濮州志》卷五《诗类》

续表

文献记载	名称	文献记载	文献出处
艺文类	诗类	题瓠子河 （明）谢榛 金堤重到感秋风，瓠子犹思汉武功。 雉堞遥连千树暝，龙珠不见二潭空。 芰荷老画青霜后，箫管寒催落日中。 白发沧洲幽事在，黄花绿酒故人同。 谢安自信游山剧，潘岳谁怜作赋工。 无数峰峦秋色里，高歌相对欲争雄。	康熙《濮州志》卷五《诗类》
		中牟道上 徐延寿 晓别廪延路，行行百里程。山来中岳近，水入小河清。官渡曹瞒垒，人烟管叔城。野香吹不断，知是麦初生。昔日兴亡事，停鞭问水滨。牛耕荒后地，马蹴战时尘。破寨曾经寇，空村不见人。文章葬黄土，特为吊安仁。郑国有原圃，苍茫一望间。低田多受水，积土便成山。跪乳羊群白，将雏雉子斑。传闻尼父氏，曾此驻车环。汴河流不定，梁苑望非遥。堤决防瓠子，车行载柳条。客心忧道路，民力苦征徭。鲁令传三异，遗风似汉朝。	民国《中牟县志》卷三《人事志·艺文》
		城腰满目流亡诗以纪苦 何鼎 西来浊浪欲浮天，浩劫重经廿五年。 忽讶奇灾传瓠子，又惊巨浸没桑田。	
		瓠子堤 （清）郜焕元 瓠子堤前柳，桃花水上波。 褰茭人去尽，犹忆汉皇歌。	民国《重修滑县志》附《滑县艺文录》卷八《诗类》
		瓠子堤怀古 （清）朱骈 高堤一上郁嵯峨，野客乘秋此暂过。 北去河渠瀛海尽，西来山色太行多。 云迷断岸空沉马，风卷寒沙感逝波。 寂寞前贤栖隐处，白云犹护旧岩阿。	
		瓠子堤怀古 （清）成朝彦 滑台城外色苍苍，回溯千年忆汉皇。 致祭波头沉璧马，负薪河畔命冠裳。 淇园竹下鱼龙伏，瓠子口填稼穑忙。 数大残堤留不朽，往来拟指旧宣防。	

文献记载	名称	文献记载	文献出处
艺文类	诗类	过宣防宫诗 （明）张崶 寻春来胜地，人道是宣防。 波水澄澄绿，余花冉冉香。 良朋频觅句，佳丽共传觞。 咫尺潭心在，龙腾振九荒。	民国《重修滑县志》卷十一《河务》
		瓠子堤怀古 （清）卢以治 长沙万里耀金光，瓠子古堤迥异常。 俯瞰龙潭秋月紫，遥瞻鲋岭暮云苍。 当年溯流沉白马，此日沿堤树绿杨。 武帝已崩河道改，世人犹说汉宣防。	
		秋夜瓠子堤二首同谢山人赋 张佳胤 晚共山人酌，微茫万木齐。黄河余古岸，白马对长堤。野水芙蓉乱，浮空海日低。临风思汉武，歌罢夜乌啼。 天色清于水，如何此夜情。宣防空绿草，瓠子自歌声。双径秋潭碧，千山月影明。关河戎马泪，华发几茎生。	民国《重修滑县志·金石录》
		暮秋同谢茂秦再游瓠子堤 张佳胤 昔年此地论骚雅，今日重来感旧时。 自有西园明月赋，肯忘东郡白云期。 双潭秋老荷花尽，万古堤荒蕙草悲。 别后江山空极目，风烟迢处几相思。	
		吹台春日怀古 （明）李梦阳 废苑迢迢入草莱，百年怀古一登台。 天留李杜诗篇在，地历金元战阵来。 流水浸城隋柳尽，行宫为寺汴花开。 白头吟望黄鹂暮，瓠子歌残无限哀。	顺治《祥符县志》卷六《诗》
		游汴梁旧藩邸 李森先 汴水迷迷蔡水秋，荒台衰草不胜愁。 梁王故客谁家苑，隋氏名姬何处楼。 落日犹然鸦共语，晓风无复燕来游。 王孙自古皆堪吊，瓠子歌残泪欲流。	

续表

文献记载	名称	文献记载	文献出处
艺文类	诗类	新河功成二首（其一） 徐中行 扬尘忽自阻神州，纡策谁分圣主忧。 疏凿九河唐伯禹，转输三辅汉酂侯。 天连河岳仍通贡，地压鱼龙自稳流。 却笑汉皇临瓠子，负薪投璧不曾休。	道光《滕县志》卷十三《艺文》
		呈朱司空新河功成 李攀龙 河堤使者大司空，兼领中丞节制同。 转饷千年军国壮，朝宗万里帝图雄。 春流无恙桃花水，秋色依然瓠子宫。 太史但裁《沟洫志》，丈人何减汉臣风。	乾隆《兖州府志》卷二十九《艺文志五》
		视河兼柬督工诸使 朱琦 昆仑来自远，茭色望中高。 瓠子明秋水，桃花静暮涛。 岂烦沉璧意，终矢负薪劳。 幸勿伤农业，烹羔抵浊醪。	光绪《曹县志》卷十六《艺文志》
		张兆祯诗 桑田沧海变无常，瓠子金堤自古忙。 世事纷纷恒若此，浇愁且尽手中觞。	光绪《曹县志》卷十八《杂稽志》
		淇卫浮青（一） 春来万派北朝宗，引动兰桡听水淙。 碧浪漫摇杨柳色，澄用斜映太行峰。 临渊却喜无藏鱋，望气古知有卧龙。 回首当年歌瓠子，空将璧马委清洵。 淇卫浮青（二） 入洛分漳绕岱宗，浮天不尽地淙淙。 奔流直注长鲸窟，倒影遥来少室峰。 已觉百川同野马，岂无七步擅雕龙。 河清只合长如此，尚想当年瓠子汹。	康熙《元城县志》卷六《艺文志》

续表

文献记载	名称	文献记载	文献出处
艺文类	诗类	《观黄河》 马卿 黄河九折西极来，飞下龙门势若摧。 浑泡怒激射东土，连山大浪如奔雷。 浐瀍黄流邀涯洞，横分赵魏浮曹宋。 渊泉直疑九天落，沧海恐触三山动。 昆仑雪消春水生，流溯照日塞川明。 雪练委蛇鸥鹭避，琅玕戛击鱼龙惊。 倏忽长风振天地，沄沄千里黄云平。 登高远望转清绝，林端一绵遥明灭。 安得拜刀剪取回，挂我山堂弄寒洁。 尽日奇观逸兴多，崩田洌屿奈愁何。 束薪负壤万人急，千载伤心《瓠子歌》。	嘉靖《长垣县志》卷九《文章》
		马卿《黄河》一首，同上。	康熙《重修长垣县志》卷六《旧志艺文》
	碑文	明大学士洛阳刘健《黄陵冈塞河功完碑记》一首 弘治二年（1489年）河徙汴城，东北过沁水，溢流为二：一自祥符于家店，经兰阳、归德，至徐邳入于淮；一自荆隆口黄陵冈，东经曹、濮入张秋运河。……前代于河之决而塞之，若汉瓠子、宋澶濮曹济之间，皆积久而后成功，或至临塞，躬劳万乘。今黄陵冈诸口溃决已历数年，且其势洪阔奔放，若不可为，而筑塞之功顾未盈二时，此固诸臣协心，夫匠用命所致，然非我圣天子至德格天，水灵效职，及宸断之明、委任之专，岂能成功若是之速哉？	嘉靖《长垣县志》卷九《文章》
		《黄陵冈塞河记》（明）刘健，同上。	康熙《重修长垣县志》卷六《旧志艺文》
		《黄陵冈河工告成碑》（明）刘健，同上。	嘉庆《长垣县志》卷十四《艺文录下》

续表

文献记载	名称	文献记载	文献出处
艺文类	碑文	《大学士刘健作记勒石河上》（明）刘健，同上。	万历《开封府志》卷三十二《河防》
		万历四十三年创建新桥碑记　（明）谢升 滑，古豕韦地。势处淤污，枕黄河之浒，自汉决瓠子，水之为滑患者，复相寻。今河南徙，故道依然，每值岁涝，水自西南而瀰湃者，环城郭而汇其流，其在城北地势更下，受患为尤剧。	民国《重修滑县志》附《滑县艺文录》卷八《杂记类》
		邑侯王公去思碑记　邑知府　侯正鹄 公名远宜，以霸下名籍，辛丑进士，奉命来令郓。郓，故黄河废都。土漱斥易，水不恒得，岁民既苦征输，而又介在曹濮济汶之间，行河使者岁修宣房瓠子故事，所縻民间钱岁数百万。	光绪《郓城县志》卷十三《艺文录上·记》
	其他	乐俊，建武中为浚邑令。时有议河决积久，宜改修堤防，俊因上言曰："元光间，人庶繁盛，而瓠子河决尚二十年不即壅塞，今新被兵革，宜湏平静更议。"其事遂止。	顺治《祥符县志》卷三
		役支记　（明）王惟俭 夫古今之河患孔棘矣，然未有穷四海之物力，争胜于冯夷，如吾世之烦费者也；亦未有总一省之征缮，责办于百里，如吾邑之困累者也。无论往岁比者朱旺口之役。公家之所征，求私室之所饷，输几当县官岁入之半，而悠悠之论尚有异同乎。何容易也？昔宣防之筑也，下淇园之竹以为楗，故孝武歌之，谓"搴长茭兮沉美玉，河伯许兮薪不属"。彼其薪茭，即今所赋之稍草也。当是时河决瓠子，瓠子今开州地也，去淇二百里之遥矣。天子亲沉嘉玉良马，公卿从官躬负土薪，可谓焦劳矣，而材仅取其故有，尚不能督之于一郡一邑也，无乃以事之难，卒致而役之难，独累乎奈之何？	顺治《祥符县志》卷六

文献记载	名称	文献记载	文献出处
艺文类	其他	谕旨：自古黄河迁徙无常，每有冲决堤岸，淹没田庐之害。昔黄河会九河，从天津入海，后渐迁徙以成今河，约计迁徙之处已千余里矣。汉武帝塞瓠子口，嗣后代有冲决，朕留心河务，屡行亲阅，动数千万帑金，指示河臣修筑高家堰石堤及凡应修筑之处，奏安澜者几四十年，于运道民生均有裨益。……冲决之处或在瓠子口之上，或在瓠子口之下，并河道情形着详细问明九卿暨河南省官员具奏此事，不可轻视。九月二十七日奉。	雍正《山东通志》卷十八《河防》
		河决歌　王崇献 八月九月河水溢，贾鲁堤防迷旧迹。涓涓起自涧溪间，顷刻岸崩数千尺。我行见此殊衔恤，观者如堵咸腹栗。怒气喷却九天风，声若万雷号镇日。晡时东注如海倒，平原千里连苍昊。人家远近百无存，禾黍高低付一扫。人民湛溺不知数，牛羊畜产何须顾。仓皇收拾水中粮，拟向他乡度朝暮。翻思山东富庶乡，百年生育荷吾皇。哀哉河伯何不仁，忍使一旦成苍茫。闻道当年瓠子河，兴卒十万功不磨。况复曹南水势雄，庙堂发策当如何？君不见东村子父兮，救子父先死；又不见西村女，母子相持死不已。安得治河最上策，洒泪匍匐献天子。	康熙《曹州志》卷十八《艺文志》
		鬲津考　张镠 武帝元光三年，河决瓠子（今濮阳），东南注巨野，通于淮泗。丞相田蚡邑食鄃（今平原），居河北，河决而南则鄃无水灾。言于上，久之不塞。二十余年岁数不登，梁、楚被害。元封二年，帝自临决河，沉白马玉璧，将军以下皆负薪，卒塞瓠子，筑宣房宫。而道河北行，复禹旧迹。	乾隆《乐陵县志》卷八《艺文志》
		同上。	咸丰《武定府志》卷三十六《艺文》

续表

文献记载	名称	文献记载	文献出处
艺文类	其他	河渠考 汉大河即今运河（屯氏别河北渎，今钩盘河、老黄河、沙河）。《汉书·沟洫志》：孝武元光中，河决于瓠子，东南注巨野，通于淮泗。上使汲黯、郑当时兴人徒塞之，辄复崩坏，后二十余岁，岁因以数不登，而梁、楚之地尤甚。上既封禅，巡祭山川，其明年，干封少雨。上乃使汲仁、郭昌发卒数万人塞瓠子决河。于是上以用事万里沙，则还自临决河，沉白马玉璧，令群臣从官自将军以下皆负薪填决河。是时东郡烧草，以故薪柴少，而下淇园之竹以为楗。上既临河决，悼功之不成，乃作歌。于是卒塞瓠子，筑宫其上，名曰宣防。而道河北行二渠，复禹旧迹，而梁、楚之地复宁，无水灾。自塞宣房后……	光绪《吴桥县志》卷十《杂记志》
		重修大陆泽堤祭后土文　胡宋洙 汉武帝伐淇园之竹以塞瓠子之口，以御河决，民赖以安。迨我太祖高皇帝开国之初，南修荆襄之要，东壅河汴之冲，民到于今无患。此万世之利，非齐桓、汉武所可比拟也。	民国《宁晋县志》卷十《艺文志》
		瓠子、澶渊驰声千古，是足为河朔之重郡矣。	正德《大名府志》卷一《形势》
		徐州凿奎治水记　（明）耿如杞 甚哉！水之为利害也。司马子长从负薪塞宣防，悲《瓠子》之诗而作《河渠书》。河决民受其害，渠成民享其利。盖有非常之人，然后有非常之功；非常之功，固非常人之所拟也。	民国《馆陶县志》卷十《艺文志》

结　语

西汉至明清历经千年，瓠子河决一事在后世不断被记录传诵，其大量的历史记忆以西汉濮阳县瓠子口附近为中心，遍及河南、山东、河北三省。这些历史记忆记录者的身份从当朝天子、州府官员、基层官员到邑人百姓，对这场灾害以多种多样的形式书写。在史实记录上，瓠子河决看似同普通灾难一样，然而在大量的《河防志》《艺文志》中，瓠子河决已然有着其独特的历史地位，成为千年来黄河决口的突出性代表事件。可谓"瓠子、澶渊驰声千古，是足为河朔之重郡矣"。①

本文与汪宁合作，原刊于《灾害史研究的理论与方法》
中国政法大学出版社 2015 年 12 月第 1 版

---

① 正德《大名府志》卷一《形势》。

雾霾的历史观照与现实关注

——基于科学史的霾态问题思考

雾霾是一种突出的环境问题，在当下社会生活中影响深远，但我们对雾霾的认识和探索还需要做更多深层次的研究工作。在以现代科学为主流的雾霾研究中，我们针对雾霾的成分、成因、危害、雾霾的毒性机理以及社会影响等问题均有关注，且有一定成果；对雾霾的历史及其演变特征也做了一些讨论，并有一些新的解释。①②③ 但是，我们还需要从雾霾的关注度方面思考一些问题，即过去和现在雾霾事件，我们的关注点在哪里？何以出现古今雾霾关注度方面的差别？基于雾霾的关注，我们今后的毒理科学史研究中应该注意哪些问题？

一 由霾而生的雾霾现象

古代文献中对霾的词语解释是比较清楚的。《释名》曰："霾，晦也，如物尘晦之色也。"《尔雅》曰："风而雨土为霾。"《佩文韵府》："霾，莫皆切。风而雨土也。"也就是空气中尘埃弥漫、光线昏暗的大气环境现象，这与我们今日遭遇的雾霾事件有一定相似性。空气本是清洁的环境

① 吴兑：《灰霾天气的形成与演化》，《环境科学与技术》2011 年第 3 期。
② 张军英、王兴峰：《雾霾的产生机理及防治对策措施研究》，《环境科学与管理》2013 年第 10 期。
③ 蒋璐君、刘熙明、贺志明：《江西省中北部地区一次典型灰霾天气过程分析》，《气象与减灾研究》2015 年第 2 期。

要素，《释名》曰："气犹饩也，饩然有声而无形也。"《易》曰："天地氤氲，万物化醇。"可是当这样的空气条件出现异常情况，大风吹拂，尘土飞扬之时，则以"霾"界定。① 只有清除空气中的霾态现象，才会天清气爽，事业顺利。《诗》曰："终风且霾，惠然肯来。"

与霾有关系的词语，今日常见雾霾用语。但在历史文献中除了雾霾之外，还有一些与天气状况有关的含霾词语，如旱霾、冰霾、风霾、云霾、阴霾、晴霾、昼霾、昏霾等。《明史》卷十五《孝宗本纪》："十年春，正月庚戌，大祀天地于南郊。三月辛亥，以旱霾修省求直言。"《御定历代赋汇》卷七十八《椿堂赋》："今也日临中街，霜飞冰霾，麏集于踵，貂挟于怀。"《周易孔义集说》卷十："重云蔽日，雾霾眯目。"《魏书·崔光传》："昨风霾暴兴，红尘四塞，白日昼昏，特可惊畏。"郝经《仪真馆中暑一百韵》："经晓瘴煤生柱，晴霾土抹墙。"杜甫《白帝城最高楼》："峡坼云霾龙虎卧，江清日抱鼋鼍游。"卢纶《送惟良上人归江南》："苦雾沉山影，阴霾发海光。"杜甫《七月三日亭午已后较热退晚加小凉稳睡》："洒落唯清秋，昏霾一空阔。"苏轼《泗州南山监仓萧渊东轩二首》："北望飞尘苦昼霾，洗心聊复寄东斋。"此外尚有烟霾、尘霾、盐霾、沙霾、妖霾、暗霾、幽霾、氛霾、沈霾、晓霾、翳霾、黄霾、黑霾、霾晦、霾雾、霾天、霾暗、霾晶、霾霓和成语雨霾风障等词语使用。

从风土为霾的认识过程来看，霾是空气混浊的一种状态。这种浑浊的、极差的空气质量，既与风雨阴晴等天气因素有关系，也与其他方面的影响有关系。其中，天气状况与霾的关系尤为密切。这是古代雾霾与现在雾霾之间能建立起联系的主要原因。因为当前对我国影响比较严重的雾霾，其主要成分为二氧化硫、氮氧化物和可吸入颗粒物。这些物质成分或是因为城市工程建设产生，或是汽车尾气排放、城市居民使用天然气等原因造成。它与古代雾霾事件在原因、机理、成分等方面有根本性差别。但是在表现方式上，古代雾霾和我们现在面对的雾霾事件又具

---

① 《晋书》卷十二《天文志中》：凡天地四方昏濛若下尘，十日五日已上，或一月，或一时，雨不沾衣而有土，名曰霾。故曰，天地霾，君臣乖。《隋书》卷二一《天文志下》：凡天地四方昏濛若下尘，十日五日以上，或一日，或一时，雨不沾衣而有土，名曰霾。故曰，天地霾，君臣乖，大旱。

有一定相似性。这也是我们在研究雾霾问题时首先应注意并加以区分的雾霾常识。

古今雾霾之间的这种差别，恰好符合自然灾害的时代变化属性。按照灾害学的解释，灾害事件的危害性、灾害结构等均会随着社会发展发生相应的变化①。在古代社会虽有雾霾事件，但其影响极其有限，雾霾之于社会更多的是一种异常现象。因为历史文献的记录中有"记异"的传统，所以这种异常的雾霾现象得以留存至今。现在雾霾事件的化学成分和危害性已经与古代的尘土雾霾之间发生了显著变化，但二者之间的联系也并未因为雾霾成分的变化而有所减弱，因为雾霾事件的社会关注度日益提升，近年来雾霾历史的研究也取得了较大进步。在研究雾霾问题时，回顾并讨论雾霾的历史演化，也是我们应该关注的问题之一。

二 霾类事件的历史记录中并未特别关注其社会危害性

虽然古代文献中不乏"霾"的记录，但这种霾态更多的是一种异常现象描述，或者仅仅作为各类灾害事件和社会危机事件的诱发因素。对于雾霾的直接危害性，人们并没有更多地关注和认识。历史文献中记录的雾霾事件较多，而且与其他灾异类事件一样，愈到晚近时期，愈加繁多。自两汉至于明清两千年间的历代史书中，霾类事件不胜枚举，自《新唐书·五行志》之后的《灾异志》中，霾类事件愈积愈多，《明史·五行志》和《清史稿·五行志》中的霾类事件记录几乎可用连篇累牍来形容。除去正史《五行志》或《灾异志》等文献中集中记录的霾类事件之外，在历代正史纪传篇章或其他文献中也有一些雾霾事件的现象描述或事态叙述。

崔豹《古今注》："汉昭帝元凤三年，天雨黄土，昼夜昏霾。"

《魏书》卷六七《崔光列传》："昨风霾暴兴，红尘四塞，白日昼昏，特可惊畏。""秋末久旱，尘壤委深，风霾一起，红埃四塞。"

---

① 卜风贤：《中国历史农业灾害信息化资源开发与利用》，《气象与减灾研究》2011 年第 4 期。

《旧唐书》卷九《玄宗本纪》下："（二十九年）三月，吐蕃、突厥各遣使来朝。丙午，风霾，日色无影。"

《旧唐书》卷一六《穆宗本纪》："（长庆二年春正月己酉）是日，大风霾。"

《新唐书》卷三二《天文志》二："（开元）二十九年三月丙午，风霾，日无光，近昼昏也，占为上刑急，人不乐生。"

《宋史》卷一三《英宗本纪》："（景祐八年）十一月丙午，祔于太庙。大风霾"。

《宋史》卷三八《宁宗本纪》："开禧元年春正癸酉，初置澉浦水军。壬午，雨霾。"

《宋史》卷四七五《张邦昌列传》："是日，风霾，日晕无光。"

《金史》卷十一《章宗本纪三》："（五年）冬十月庚寅，至自秋山。庚子，风霾。宋遣使来告哀。辛丑，集百官于尚书省，问：'间者亢旱，近则久阴，岂政有错谬而致然欤？'各以所见对。"

《元史》卷二《太宗本纪》："（五年）是冬，帝至阿鲁兀忽可吾行宫。大风霾七昼夜。"

《元史》卷二一《成宗四》："（大德十年二月）是月，大同路暴风、大雪，坏民庐舍，明日，雨沙阴霾，马牛多毙，人亦有死者。"

霾是一种特殊霾态。如果霾仅仅属于自然异常的话，雾霾则近乎灾害事件。《释名》曰："雾，冒也。气蒙冒覆地物也，昏暗之时则为妖灾，明王圣主则为祥瑞。"异常之霾如果呈现雾气般扩散状态，则可以界定为雾霾事件。《十六国春秋·前凉录》"是月，沉阴昏暝，雾霾四塞。"《江西通志》卷一："八九月间，多雾霾，晓起山峰，莫辨霜降。"南宋释居简《北涧集》卷三《庆宁僧堂记》："僧堂之作，非古人意。古无拓提，况堂耶？自枯木留香后，天下较奇策胜，翚飞炫耀，床榻囷几惟恐不壮丽，耄耋疾疢，无雾霾风雨暴露之惨。既适既宁，精励胜进，当倍蓰异时家间树下不三宿者，何反无闻焉？"清人沈季友《槜李诗系》卷二十二《将雨》："忽尔雾霾起，阴风鸣挂筝。"《钦定热河志》之《烟波致爽》三集："热河地既高敞，气亦清朗，无蒙雾霾氛，柳宗元记所谓旷如也。"

在历代文献中记录的雾霾事件中，直接造成人员伤亡和社会危害的极少，仅《元史》所记成宗大德十年发生在大同路的雾霾事件中有坏民庐舍、家畜死亡和人员伤亡的灾情发生。《元史》卷五〇《五行志》也有记录："大德十年二月，大同平地县雨沙黑霾，毙牛马二千。"而这样的结果，并不是因为雾霾事件的污染性原因所造成，很可能是沙尘暴灾害的机械力破坏作用所致。因此，历史文献中的雾霾，除了一部分记录描述空气污浊的环境状态之外，也记录了我们今日定义的沙尘暴灾害事件。

相对于洪水、干旱、地震等破坏性明显的灾害事件，雾霾事件的危害性相对较为轻微。但是雾霾事件却是异常现象之一种，是异常事件诱发社会反应的一个重要方面，历代史书《五行志》中也增加了对雾霾事件的文献记录。《后汉书》卷三〇下《郎顗列传》："王者则天之象，因时之序，宜开发德号，爵贤命士，流宽大之泽，垂仁厚之德，顺助元气，含养庶类。如此，则天文昭烂，星辰显列，五纬循轨，四时和睦。不则太阳不光，天地涸浊，时气错逆，霾雾蔽日。"

三 雾霾的毒性及其在毒理学史研究中的意义

过去我们关注雾霾，关注点在雾霾的现象、雾霾的成分、雾霾的社会危害性等方面。但是随着现代科学对雾霾研究的深入，特别是毒理科学方面的研究成果揭示了雾霾对呼吸道系统和人体健康的直接毒性作用之后，雾霾的毒理特性也成为当前雾霾研究中的重大课题。

科学史的研究有一个特点，就是紧密追踪科学研究的最新成果。毒理科学史从学科属性上看，具有显著的科学史学科属性[①]，因此，今后的毒理科学史研究中关注雾霾，研究雾霾的历史变化，应该把毒理学史的学科关注点集中于雾霾的毒理特性及其历史变化方面。当然，历史文献中很少有针对雾霾毒性的直接记录，这对我们是一个困难和挑战。但是我们可以从其他毒性事件中对比分析，研究类似毒性事件的毒害机理、

① 中国毒理学会毒理学史专业委员会、西北大学生态毒理研究所：《毒理学史学科发展报告》，《毒理学史研究论文集》（第九集），2010年，第3—16页。

毒性大小、毒害防治等相关问题，并把各种毒性事件予以统一概括，比较研究。近年来医学史研究中就很关注古代毒物的认识和利用问题，①②这对我们是一个很好的启发和促进。

从雾霾事件的毒性机理出发，我们可以很好地判别当前的雾霾事件与历史时期的雾霾事件之间的关联性。通过文献梳理，我们不但能够清楚地看到古今雾霾的区别，也能够认识到古今雾霾的联系。特别是这种相关性对我们的研究更有意义，如果没有看到雾霾现象的古今一致性关系，我们就很难理解古代的雾霾事件从本质上与当代雾霾有根本差别，又何以在科学定义中存在高度相似性。现代科学中界定雾霾，重在取雾霾事件的空气污浊现象之表面一致性，便于人们认识和理解这种新的毒性事件。相对于我们前些年对萨斯病毒的描述，雾霾事件的科学定义显得更加具有中国传统文化特色。

通过雾霾的历史研究，我们也能看到古代雾霾事件的特殊性所在，即雾霾事件的异常性不在于其空气污浊的严重程度，而是这种污浊的空气质量现象与社会政治之间的牵强附会关系。这也是反映人们科学认识的一个重要方面，传统科学中已经关注并描述了诸多自然现象，也尝试解释各种自然问题，促进了传统科学的发展。但从雾霾事件的解释和认识过程看，传统科学对这类异常事件始终处于现象描述和外在特征区别方面，对雾霾的机理、危害、成因等重要科学问题无法作出合理的解答。这种情况在古代毒物和毒性机理方面是否存在？是不是也有一些毒物的毒性认识存在偏差和误区？这些都是值得我们思考和探讨的问题。

总之，科学史专业关注雾霾是一种学科责任，也是我们在科学研究方面的一种尝试，是一个新的起点。期望今后更多的专家关注雾霾问题研究，促进我国雾霾问题的早日解决。

本文原刊于《气象与减灾研究》2016 年第 1 期

---

① 刘伟：《"毒"的含义辨析》，《中医药学刊》2004 年第 12 期。

② 郝保华：《论中国古代独特的中药毒理学思想》，《全国第二届毒理学史与突发中毒事件处置研讨会论文集》，2004 年。

政区调整与灾害应对：
历史灾害地理的初步尝试

政区，又称行政区，或行政区划，为人文地理学科一基本概念，在历史地理研究中多有使用。秦置郡县，奠立地方行政区划基础，自汉以降虽有郡县名目和数量的变动，但此种类型的地方政区架构基本得以长期维系。从历史政区发展过程看，政区调整方式多样，概括起来大致有如下类型：一为更改建制，诸如置、废、并、省或层级升降，二为治所迁移，三为辖区伸缩，四为州县更名，五为隶属关系变动等等。① 历史地理学科体系中辟有"历史政区地理"一支，专门研讨古代政区问题，历史灾害的发生演变对古代政区调整产生过直接影响，可是历史政区研究中并未给予足够的重视。② 适值当前灾害史研究的人文化倾向呼声再起③，特别是"5·12"汶川大地震后，北川县城选址和灾区调整一度喧嚣之时，讨论历史灾后政区调整问题显得尤为迫切和必要。通过对古代灾后政区调整的初步探索，可对因灾政区调整划分为迁治、撤并、更名、侨

---

① 周振鹤：《行政区划史研究的基本概念与学术用语刍议》，《复旦学报》（社会科学版）2001 年第 3 期。

② 历史地理学中有关古代政区调整的研究不多，涉及政区调整中灾害性因素的论著更为少见。华林甫《中国历代更改重复地名及其现实意义》基于历史上六次大规模的地名更改研究了地名重复的一般原则与现实作用。其他工作还有陈健梅《从政区建置看三国时期、川江沿线的攻防策略》（《中国历史地理论丛》2008 年 7 月），陈刚《西汉至六朝时期丹阳郡政区变迁与区域发展》（《中国历史地理论丛》2008 年 4 月），胡阿祥在《秦汉芦山郡县建置与文化发展的关系》（《四川文物》2005 年第 1 期），朱宏、司徒尚纪《行政建置变更对海南岛区域文化历史发展的影响研究》（《地理科学》2006 年 8 月），李西亚《浅析金代东北的行政建置》（《吉林师范大学学报》（人文社会科学版）2003 年 6 月）等。

③ 叶宗宝：《期待人文视野下的灾荒史研究》，《晋阳学刊》2008 年第 6 期。

置与层级升降等不同模式。① 在此基础上，本文拟对历史灾后政区调整的灾害因素做进一步分析探索。

灾后政区调整既指州县政区范围的变化，也包括州县治所的迁移变动。历史灾后政区调整较为复杂，并非每次灾害都会影响到政区变动，也不是各种灾害都会导致灾后政区调整，必须是在特定时空条件下产生特殊社会后果的灾害事件才会促使政府做出调整政区的决策，此时不调整行政区划就难以管治地方。因此，不论是从灾害史角度还是历史地理方面研究历史灾害之后的政区调整，都要厘清政区调整过程中灾害性因素的影响作用。本文通过对历史灾害相关资料的梳理，基本可以归纳出灾后政区调整的基本灾害类型：水灾、地震、旱灾与蝗灾等。这些灾害也是历史时期发生频繁、灾情严重的主要灾害类型。

一 洪水灾害发生后的政区调整

自然灾害因为兼具自然社会双重性质，在行政区划过程中也会产生诸多影响作用，特别是早期区划阶段作用更为显著。历史地理学研究中至关重要的"九州"区划与灾害事件存在直接的关系，《尚书·尧典》记载了一场破坏性极强的大洪水灾情："汤汤洪水方割，荡荡怀山襄陵，浩浩滔天。"这次大洪水直接导致了古代九州区划的颁行，"禹伤先人父鲧功之不成受诛，乃劳身焦思，居外十三年，过家门不敢入。薄衣食，致孝于鬼神。卑宫室，致费于沟淢。陆行乘车，水行乘船，泥行乘橇，山行乘輂。左准绳，右规矩，载四时，以开九州，通九道，陂九泽，度九山。"②《汉书·地理志》对此事的因果关系做了更为明晰的描述："尧遭洪水，怀山襄陵，天下分绝，为十二州，使禹治水，水土既平，更制九州，列五服，任土作贡。"③

洪涝灾害具有突发性和毁灭性的特点，大水灾后地方政府难免随波逐流，居无定所。水毁城池多位于特殊地域范围内，或濒临江河湖海，

① 王娟、卜风贤：《古代灾后政区调整基本模式探究》，《中国农学通报》2010 年第 6 期。
② 《史记》卷二《夏本纪》。
③ 《汉书》卷二十八《地理志》。

或困于低洼地势，或雨多水多之地，这些地区遭遇特大洪水灾害后就可能出现州府县城毁损情况。西汉建始三年（前30年）"夏，大水，三辅霖雨三十余日，郡国十九雨，山谷水出，凡杀四千余人，坏官寺民舍八万三千余所"①。次年（前29年）河决东郡金堤，洪水灾害的危害性更甚于上年，"坏败官亭四庐且四万所"②。汉鸿嘉四年（前17年）河水再决清河等地，"灌县邑三十一，败官亭民舍四万余所"③。东汉建武七年（31年）"六月戊辰，雒水盛，溢至津成门，帝自行水，弘农都尉治折为水所漂杀，民溺、伤稼、坏庐舍"④。此后洪水灾害愈益频发，成历史洪水灾害时间分布显著特征，⑤⑥ 不但水毁城郭时有发生，甚至京师太庙重地也被洪水淹没毁坏，东晋义熙十一年（415年）七月大水，"淹渍太庙"⑦。有清一代河流地带水毁州县城郭的情况愈益频发，殃及直隶、河南、江苏、陕西、四川、湖北、安徽、山东等多个省份，涉及的河流水道包括长江、黄河、淮水以及汉水等流域范围。直隶省大名县治于乾隆二十三年（1758年）因卫水漫堤入城而坏⑧，肥乡、广平两县则毁于漳水泛滥。⑨ 黄河泛滥毁坏城垣，波及河南、江苏、山东等省，颇为宽泛。咸丰元年（1851年），江苏省沛县境内"河决蟠龙集，栖山新城复陷于水"⑩。乾隆四十八年（1783年），河南省考城县"黄河漫溢，城没于水"⑪。淮河泛滥也危及一方安宁，康熙十九年（1680年），安徽省泗州直隶州"淮水决堤，州城及衙门、仓库沉投水中"⑫。另外，地处汉水谷

① 《汉书》卷二十七《五行志》。

② 《汉书》卷二十九《沟洫志》。

③ 同上。

④ 《后汉书》卷十五《五行志》。

⑤ 卜风贤：《中国农业灾害历史演变趋势的初步分析》，《农业考古》1997年第3期。

⑥ 卜风贤：《中国农业灾害历史演进规律研究》，《古今农业》1997年第2期。

⑦ 《晋书》卷二十七《五行志》。

⑧ （民国）洪家禄：《大名县志》卷一《舆地志》。民国二十三年铅印本。

⑨ 《四部丛刊续编·史部》记载，康熙四十二年，广平县因"漳水泛滥，城圮"。《嘉庆重修一统志》卷32《城池》也有类似记载，康熙四年肥乡县城"为漳水所圮"。

⑩ 民国《沛县志》卷五《建置志》，民国九年铅印本。

⑪ 《嘉庆重修一统志》卷一九九《卫辉府·城池·考城县城》。

⑫ 乾隆《泗州志》卷一。

地的陕西平利、安康等县"城圮于水"的事件时有发生①;乾隆三十五年(1770 年),四川省"绵州城为涪河冲卸"②;同治十一年(1872 年)酆都县"水大至,旧城全没,人民荡析"③;光绪十四年(1888 年)秋七月吉林省安东县大水,"街市悉成泽国,衙署冲失殆尽"④。

沿海地区州县建置易遭海潮侵害,多造成人员财产损伤,唐大历二年(767 年)七月十二日夜,"杭州大风,海水翻涌,漂落五千余家,船千余艘,全家溺死者百余户,死数百人。"⑤ 元泰定元年(1324 年)十二月,"杭州盐官州海水大溢,坏堤堰,侵城郭。"⑥ 洪武六年(1373 年)"二月,崇明县为潮所没"⑦。州县城郭既是地方权力中心所在,也是地方防御体系的主体要素,州县治所毁坏将直接影响地方政府行政管理工作。

洪水灾害的发生及危害虽然可影响甚至决定一定范围的政区调整,但在确定是否迁治、如何调整政区时尚要根据水毁情况及灾区建设的需要另行确定,很多时候即使城池毁坏,却并不需要另行选址建设新城,等待洪水退后再建官署衙门即可重整地方秩序。江苏省清河县就曾"屡圮於水"⑧,山东省齐东县也是"城枕黄河,频年被水。⑨"河北省大名县地处漳水、洹水威胁之下,县治因此一再迁移。后周建德七年(578 年)"以赵城卑湿,西南移三十里,就孔思集寺为贵乡县治"⑩。这次迁治虽然名为地势低下所致,但洪水为患的灾情依稀可见。唐天宝三载(744 年)"移魏治于洹水镇,以魏居漳洹下流,冲啮为患故也"⑪。明洪武三年

---

① 《嘉庆重修一统志》卷 241 记载:嘉庆七年平利县"城圮于水";嘉庆《安康县志》卷 1 《年纪》,卷 10《建置考下》均记载康熙四十五年安康县"汉水溢,城圮"。

② 嘉庆《直隶纬州志》卷一《城池》。

③ 光绪《酆都县志》之《营建志·城池》。

④ 民国《安东县志》卷一《地理》。

⑤ 《海宁县志》。

⑥ 民国《安东县志》。

⑦ 《崇明县志》卷一《地理·县治》。

⑧ (清)胡裕燕:《清河县志》卷 2,台北成文出版社影印本。

⑨ 《嘉庆重修一统志》卷 252。

⑩ (民国)洪家禄:《大名县志》卷一《舆地志》,台北成文出版社影印本。

⑪ 同上。

（1370 年）"魏县又为漳河所冲啮，徙治五姓店，即今魏县旧治是也"。①
清乾隆二十二年（1757 年）"漳冲漫溢，魏县城没于水，大名县城垣浸
损。二十三年（1758 年）裁魏并大，移治府城，与元城同附郭，而大名
为首邑"。② 城郭治所屡毁屡建的根本原因在于，原有城址拥有的特殊战
略地位难以被其他地方所取代，除非这种战略地位因为洪水灾害而彻底
消亡，才会做出另选新址迁治建城的管理决策。

　　虽然历史地理学中严格的行政区划肇始于秦制郡县，但在三代时期
因灾迁都即屡见不鲜，可视为政区调整的特殊表现。商代多次迁国都以
求弭灾避害，颇费周折。公元前 1557 年由亳迁于嚣以避黄河水患威胁，
前 1534 年又因黄河水患复由嚣迁都于相，前 1525 年因相复遭黄河水患迁
都于耿，前 1517 年耿仍遭水患再迁都于邢。

　　秦汉以后，州郡县迁治是灾后政区调整中最普遍的应对方式。州郡
县治所是贯彻执行国家政策的中枢机构，当州郡县的治所因灾而遭到严
重破坏，根本无法再在原区域开展日常工作时，就必须迁徙治所。它比
国家迁都要频繁得多，也相对容易一些。灾后迁治的情况较为复杂，既
有州县城郭遭受损毁而不得不迁移治所，也有州县境内洪水泛滥难以治
理而被迫整体移民，其中就包括州县机构移居外地，还包括州县的撤并
裁省。因为州府辖区地域广大，人口众多，遭遇灾害时能内部调整，故
灾后撤并州府建制的情况较少发生，一般多为撤县并县之举。

　　州县迁治事件多发生在江河洪水毁损城池之后，黄河、淮河水灾影
响较为显著，沿岸的州县非迁治无以行政。后晋天福五年（940 年）十一
月癸未，"移德州长河县，大水故也"。③ 元至正八年辛亥（1348 年）"黄
河决，迁济宁路于济州"。④ 明洪武元年（1368 年）"以河患徙州治于安
陵镇"。⑤ 明洪武二年（1369 年）"河决，再徙州治于盘石镇"。⑥ 明洪武

---

① （民国）洪家禄：《大名县志》卷一《舆地志》，台北成文出版社影印本。
② 同上。
③ 《旧五代史·高祖纪五》。
④ 《元史》卷四一《顺帝本纪》。
⑤ （清）杨兆焕：《曹州府菏泽县乡土志·历史》，台北成文出版社影印清光绪三十四年石印本。
⑥ 同上。

二十二年（1389 年）"河没仪封，徙治于白楼村"①。明嘉靖五年（1526年）"河水没丰县，徙治避之"②。明万历四年（1576 年）河决韦家楼，冲垮浦县缕水堤和丰曹二县长堤，丰、沛、徐州、睢宁、金乡、鱼台，单、曹等州县田庐漂溺无算，"遂迁城"。③ 清咸丰五年（1855 年）黄河在铜瓦厢决口改道，洪水波及四省、十府、四十余县，濮州、范县、齐东等地不得不迁城以避水患。清康熙十一年（1672 年）海门县治金沙场（今江苏南通县）为潮所坏，遂迁治于永安镇，省县为乡。"越数十年，永安复圮，迁兴仁镇"④。清乾隆八年（1743 年）"淮暴涨丈余，逼临淮城，改治于周梁桥"。长江流域的公安县治自汉至清屡有变迁，"千百年来，凡四易居。由屠陵街而二圣洲，而油河口，而祝家冈，皆以水之故"⑤，县治因此一再南移，"渐徙而南，今江流，乃昔市邑也"⑥。清朝同治年间，公安县"松滋堤决，奔流入境，沛然莫御，城遂溃"⑦。因为旧城修葺劳费无已，"乃建徙筑之议，相地于旧治之东南乡曰唐家冈"⑧。

在洪水灾害威胁下，行政建置的调整还有裁撤省并等多种办法。灾后辖区调整当以泗州迁治为典型，虽然泗州州治选址于江淮冲要之地，有水害之虞，但自宋以来并无大碍。泗州旧城交通便利，区位优势明显，发展成为商贾云集、钟灵毓秀、富甲一方的繁荣城市。乾隆四十二年（1777 年）的大洪水使泗州城池遭到毁灭性打击，只得放弃泗州旧城而迁治于虹县，并撤销虹县建置归并于泗州管辖。"泗州旧城始于宋，面临淮水，系江淮要冲，南北孔道，栋宇毗连，百货之所集，人才之所钟，均十倍于虹。四十二年，州治因沉于水，迁至虹县，并裁虹县归泗，为虹乡"⑨。而从虹县的角度去观察，则因为洪水灾害裁撤县治，并降低了原有的县级行政级别。明洪武四年（1371 年）山东省曹州"以河水淹没，

---

① 《明史·五行志》。
② 同上。
③ 《明史》卷八《河渠志》。
④ 《海门厅志》。
⑤ （清）王慰：《公安县志》卷二《营建志》，台北成文出版社影印本。
⑥ （宋）陆游：《入蜀记》卷五。
⑦ （清）王慰：《公安县志》卷二《营建志》，台北成文出版社影印本。
⑧ 同上。
⑨ 乾隆《泗州志》卷二《城池》。

户口减少，降为县"①。另有临淮县裁并情况也颇具代表性。临淮县治三面有水，北流淮河，东西濠水，自明代以来频遭水患，城垣冲塌，居民迁移过半，乾隆十九年（1754 年）清廷裁并临淮县归凤阳管辖。② 康熙年间清河县治甘罗城屡毁于水，乾隆二十六年（1761 年）江苏巡抚陈宏谋奏请移治山阳清江浦，并将近浦 10 余乡划归清河。③

县治因为洪水灾害更名的情况也时有发生。钱塘江口的盐官地区海潮汹涌，虽有海塘也难保一方安宁，频年遭受海溢泛滥之害，元泰定帝泰定四年（1327 年）一年之内潮水多次泛溢，冲毁海塘，侵害州郭。致和元年（1328 年）下令修复海塘。一时海晏民安，"于是改盐官州曰海宁"④。

二 地震灾害发生后的政区调整

地震是一种突发的破坏性强大的自然灾害，震后山川崩溃，城郭塌陷，人民死伤惨重。震后加强地方管理显得尤为重要，灾区调整也因此顺理成章提上议事日程。

震后行政区划调整工作主要是迁治重建和更改州县名称之举。三代时期就有因为地震而迁都的先例，周幽王二年（前 780 年）"三川竭，岐山崩。十一年，幽王乃灭，周乃东迁"⑤。东汉光和三年秋（180 年）酒泉地震，"城中官寺民舍皆倾，县易处，更筑城郭。"⑥ 唐玄宗开元二十二年（734 年）秦州地震，秦州天水郡中都督府本治上邽（今天水市），"以地震徙治成纪之敬亲川"⑦。到了唐天宝元年"复还治上邽"⑧。古代北方重镇统万城始建于东晋义熙九年（413 年），是十六国时夏国都城所

① （清）杨兆焕：《曹州府菏泽县乡土志·历史》，台北成文出版社影印清光绪三十四年石印本。
② 光绪《凤阳县志》卷一《舆地》。
③ 光绪《清河县志》卷二《疆域》。
④ （清）徐三礼：《海宁县志》卷一《县表》，台北成文出版社影印清康熙十四年刊本。
⑤ 《国语·周语》。
⑥ 《后汉书·灵帝纪》。
⑦ 《旧唐书·地理志》。
⑧ 同上。

在，唐代以后统万城屡遭风沙侵害，后于宋至道二年（996 年）十月遭受地震灾害的严重破坏，统万城遂被彻底放弃，湮没于荒漠之中。甘肃省巩昌府通渭县"康熙五十七年戊戌，地震城圮，移驻西关"①。

震后更改州县地名也时有所见，多寄托平安康顺之意。② 元顺帝至元四年八月丙子（1338 年 9 月 14 日）京师地震，"改宣德府为顺宁府，奉圣州为保安州"。③ 元至正十二年闰三月（1352 年 4 月）陇西地震，定西、会宁、静宁、庄浪等地是重灾区，城郭颓夷，陵谷变迁，"改定西为定州，会州为会宁州"。元大德七年（1303 年）八月辛卯夜，太原路、平阳路同时发生地震，"坏官民庐舍十万计。平阳赵城县范宣义郇堡徙十余里。太原徐沟、祁县及汾州平遥、介休、西河、孝义等县地裂成渠，泉涌黑沙。汾州北城陷，长一里，东城陷七十余步。"④ 太原、平阳两路余震不息，摧毁房舍，摧残生灵，政府无力施救，只好把太原路改名为冀宁路，把平阳路改名为晋宁路，希望借此寻求天地神灵庇佑，冀宁、晋宁二地名称自此沿用至明清时期。⑤

三　旱蝗等其他灾害发生后的政区调整

旱灾属于缓发性自然灾害，其灾情后果虽然没有洪水灾害那样骤然显现，但在持续干旱情况下旱灾灾情极为惨烈，往往出现赤地千里、饿殍载道的严重后果。旱灾与政区调整的关联性没有水灾那样显著，特别严重的旱灾发生后，迫使灾民流移道路，造成灾区空虚，这种情况下或有迁治、撤并等政区调整行为。遭受旱灾而调整政区的最典型案例当属汉代居延，屯田西域要道，一时辉煌，但因干旱风沙最终湮没荒废。

蝗灾属生物灾害，其侵害对象为农作物，因此蝗灾之后容易造成饥荒，但并不对州县城池和建筑物造成重大毁坏。《晋书·食货志》记载："及惠帝之后，至于永嘉，丧乱弥甚。幽、并、司、冀、秦、雍六州大

---

① （清）高蔚霞:《通渭新县志》卷 1《沿革》，台北成文出版社影印清光绪十九年刊本。
② 《元史·顺帝纪》。
③ 《元史》卷五十八《地理志》。
④ 《元史·五行志》。
⑤ 张慧芝:《宋代太原城址的迁移及其地理意义》，《中国历史地理论丛》2003 年第 3 辑。

蝗，草木及牛马皆尽。又大疾疫，兼以饥馑，人多饥乏，更相鬻卖，奔摭流移，不可胜数。"蝗灾之后为了赈济百姓，最常用的应对措施是移民就食于其他地区。元至元七年（1270年），"诸路旱蝗，告饥者令就食他所"[①]。也因蝗灾具有这样的特殊灾情性质，一旦出现灾区空虚情况，"民无所本，州郡焉附"，灾后政区便会有所调整。宋至道二年（996年）七月，"历城、长清等县有蝗，大伤禾稼，此即迁今县治之年"[②]。

台风灾害也会对东南沿海地区政区调整有所影响。江苏省松江府属金山县，乾隆五十九年（1794年）"旧署为飓风所毁。嘉庆元年，知县王之导详准，以县城偏僻，永驻朱泾"[③]。

四 结论

历史灾害发生后因为灾情不同，表现在政区调整层面的社会应对措施也有很大差异。尽管历史灾害种类多，灾情重，兼具时间和空间分布特征，但对地方政府行政管理工作构成直接和决定性影响的灾害种类唯有水旱蝗灾和地震灾害等。这些灾害种类也因为破坏性方面的差异，以洪水灾害对政区调整的影响最大。至于政区调整的呈报与决策过程，尚需做进一步研究。

本文原刊于《多学科视野下的华北灾荒与社会变迁研究》，
北岳文艺出版社2010年8月第1版

---

① 《元史·世祖本纪》。
② 《宋史·五行志》。
③ （清）黄厚本：《金山县志》卷七《建置志上》，台北成文出版社影印清光绪四年刊本。

古代灾后政区调整基本模式探究

引 言

中国最早的关于灾后政区调整的记载，可以追溯到大禹时代，《汉书·地理志》中记载："尧遭洪水，怀山襄陵，天下分绝，为十二州，使禹治水，水土既平，更制九州，列五服，任土作贡。"① 这样看来是因为洪水，统治者才开始最早的行政区划的。虽然很大程度上认为从传说中的夏代到商代一直到西周的大约一千年时间里，根本不存在任何行政区划，但是这也从某些方面反映了灾害与政区之间的密切关系。其实，中国有着丰富的历史文献记载，如地方志、灾害史料集、正史、实录、政书、档案、碑刻、笔记小说等，读者们都可以发现各种灾后政区调整形式的相关记载散落于其中，值得学者去研究。

还有一点要说明的是，笔者之所以以州、郡、县为代表的三级政区制度来说明，是因为在历史时期，按照政区层级的变化情况，可将从秦代至民国初年的政区发展分成三个阶段：第一个阶段是秦汉魏晋南北朝时期，历时约 800 年，地方组织从两级制变成三级制；第二阶段是隋唐五代宋辽金时期，历时约 700 年，重复了从两级制变成三级制的循环；第三阶段是元明清时期及民国初年，历时 600 多年，从多级制逐步简化到三级制，以至短时的二级制。这样看来，整个中国历史时期几乎都是以州、郡、县三级制为主的，具有普遍性和代表性。

---

① 班固：《汉书·地理志》，中华书局 1962 年版，第 1523 页。

一 灾后州郡县治所迁移

治所作为行政区域的核心，其设置或迁徙过程中所考虑的问题和由此反映的政治理念无疑也是当时行政区划建设思想的体现和重要组成部分。

1. 国家迁都

国家迁都，这是灾后政区调整最为剧烈的形式。国都乃一国心脏，是国家最高政府、最高权力所在地，不能轻易改变，所以它的迁移往往是因为其所在地遭到了毁灭性的灾害破坏，不得不迁。如前780年（周幽王二年），"是岁也，三川竭，岐山崩。十一年，幽王乃灭，周乃东迁"。还有商代因黄河决口，多次迁都，第一次是公元前1557年（商王仲丁六年），由原来国都亳迁于嚣（在河南省荥县），以避黄河决口后的水患威胁；至于王河亶甲元年（前1534年），又因黄河决口发生水患，复由嚣迁都于相（在河南省黄河南）；传至王祖乙元年（前1525年），因相复遭黄河决口水患，不得已迁都于耿（山西省河津县）；至祖乙九年（前1517年），耿仍遭水患，再迁都于邢（河北省邢台县）。[1]

2. 州郡县迁治

州郡县迁治是历史上灾后政区调整最基本、最常见、最普遍的一种方式。如"秦州天水郡，中都督府，本治上邽，开元二十二年缘地震，移治于成纪县之敬亲川"。[2] 如1368年（洪武元年）"河决，徙曹州治于安陵镇"。1369年（洪武二年），"河决安陵，复徙曹州治与盘石镇"。[3] 如1389年（洪武二十二年）"河没仪封，徙治于白楼村"。[4] 1526年（嘉靖五年）"河水没丰县，徙治避之"。[5] 海门县治金沙场（今江苏南通县治所在）于1672年（清康熙十一年）"为潮所坏，迁治于永安镇"。公元

---

① 赵宗堂：《中国历代自然灾害资料简编》，科学出版社1993年版，第189页。

② 刘昫等：《旧唐书·地理志》，中华书局1975年版，第1630页。

③ 凌寿柏、叶道源：《菏泽县志》，江苏古籍出版社1998年版，第753—754页。

④ 张廷玉等：《明史·五行志》，上海古籍出版社1979年版，第3525页。

⑤ 同上。

1743 年（乾隆八年）"淮暴涨丈余，逼临淮城，改治于周梁桥"① 等，它比国家迁都要频繁得多，也相对容易得多。按照政区的一般意义，要构成一个政区必须具备一个行政中心，即地方政府所在地，中国古代称治所，它是国家贯彻执行权力政策的基本组织。当州郡县的治所或因为洪涝灾害，或因为潮灾，或因为旱灾，或因为地震，或因为蝗灾而遭到严重破坏，根本无法再在原区域进行正常的日常工作时，就必须迁徙治所，确保国家的各项政策指令仍然畅通无阻。

二 灾后州郡县撤并

1. 撤销州郡县

撤销州郡县，就是当该政区因为某次或某种重大自然灾害造成政区实体区域灭失或人口大量死亡，迁徙根本无法建置时，国家下令撤销这个行政建制。这里的州，泛指高级政区，历史上关于州的撤销的记载很少，因它所辖的地域广大，人口众多，遭遇灾害时能进行内部调整。而统县政区和县级政区则撤销的较多。如公元 1373 年（洪武六年）二月，"崇明县为潮所没"②。海门县治金沙场（今江苏南通县治所在）于 1672 年（清康熙十一年）为潮所坏，迁治于永安镇，省县为乡。越数十年，永安复圮，迁兴仁镇（距南通州城十五里）。③ 光绪《通州志》说明至 1672 年，海门县已完全变为海域，但到了 1768 年（乾隆三十三年），又将南通州和崇明县新涨沙地成立为一个新的海门厅，说明在此以前，这里又涨了大片沙地，足以建置为一个县级厅，到 1912 年正式改为海门县。钱塘江口北岸的赫山巡检司 1408 年为潮所没。1413 年，汤村冲没于海。1589 年，原海盐县治已没于海。这些都是政区实体区域的灭失。人口是建置一个政区的必要条件，没有人，建置便无从谈起了。

---

① 赵尔巽：《清史稿·河渠志》，中华书局 1977 年版，第 2537—2538 页。
② 李联琇等：《中国地方志丛书·光绪崇明县志》，江苏古籍出版社、上海书店出版社、巴蜀书社 1998 年版。
③ 崔桐：《中国地方志丛书·嘉靖海门厅志》，江苏古籍出版社、上海书店出版社、巴蜀书社 1998 年版。

2. 归并州郡县

所谓归并，就是在遭到某次大的自然灾害后，把原先存在的政区依据政权建设、经济建设和行政管理的需要，遵循有关法律规定，充分考虑政治、经济、历史、地理、人口、民族、文化、风俗等客观因素重新进行行政建制的行为。重大灾害发生后，如地震，它往往是毁灭性的，在很大区域内，社会的各个方面都遭到严重的破坏，并伴随着人口的大量死亡迁逃，原有的政区不能或人口不足建制，国家只能进行政区归并。如公元 1348 年（元至正八年）辛亥，"黄河决，迁济宁路于济州"。如临淮县治东西环绕濠水，北临淮河，一城三面受冲，自明代以来，频遭水患，城垣冲塌，居民迁移过半。因此，1754（乾隆十九年）清廷裁并临淮县归凤阳。① "泗州旧城始于宋，面临淮水，系江淮要冲，南北孔道，栋宇毗连，百货之所集，人才之所钟，均十倍于虹。（乾隆）四十二年，州治因沉于水，迁至虹县，并裁虹县归泗为虹乡。"② 清河县因旧县治甘罗城在康熙年间屡圮于水，乾隆二十六年，江苏巡抚陈宏谋疏请移治山阳之清江浦，而割山阳近浦 10 余乡并入清河，是为新县治。③

三 灾后州郡县的改名、新置及重置

1. 改名

改名，就是灾害发生以后因某种原因对原政区作名称的变更，如人们灾后的美好愿望，灾前灾后的现象变化等。如钱塘江口的盐官地区是海患比较集中的地区，1279 年盐官海塘岸崩。1314 年海溢，陷地三十里。1372 年，冲捍海小塘，坏州部四里。1328 年，修复海塘，海沙也随之复涨，因改州名为"海宁"。④ 尽管之后的海侵一直并未停止，但把州

---

① 宋濂等：《元史》卷四一，上海古籍出版社 1979 年版，第 1761 页。

② 江殿飏、许湘甲：《中国地方志集成·乾隆泗州志》卷二《城池》，成文出版社 2005 年版。

③ 吴昆田等：《中国地方志集成·光绪》，《清河县志》卷二《疆域》，成文出版社 2005 年版。

④ 李圭修，许传沛、朱锡恩续纂：《中国地方志丛书·盐官志》卷四，江苏古籍出版社、上海书店出版社、巴蜀书社 1998 年版。

名改为"海宁",既有阐释灾前灾后的变化,也是人们一种美好愿望的寄托。又如"顺宁府(治宣德,今河北宣化),唐为武州。……元初为宣宁府。太宗七年,改山西东路总管府。中统四年,改宣德府,隶上都路。仍至元三年,以地震改顺宁府"①。还有"奉圣州(治永兴,今河北涿鹿),原保安州,唐新州。辽改奉圣州。金为德兴府。元初因之。……至元三年……仍改为奉圣州,隶宣德府。……仍至元三年,以地震改保安州"②。由此可见,古代史料中关于灾后州郡县改名的资料也是很普遍的。

2. 新置

在遭到灾害严重破坏后的原政区区域已经不适宜或无法进行重建的情况下,政府选择新的适合区域进行灾后重建,但不改变政区建制与名称。如"光和三年秋至光和四年春,酒泉表氏(今高台县西北)地八十余动,涌水出,地震,城中官寺民舍皆倾,县易处,新筑城郭。"③再如"公元1576年(万历四年)河决韦家楼,又决浦县缕水堤,丰、曹二县长堤,丰、沛、徐州、睢宁、金乡、鱼台,单、曹田庐漂溺无算,河流眙宿,遂迁城。"④可见,原政区的行政建制及名称都没有发生变化,只是重新选择了政区的建址。一般情况下,政府在新置时都选在离原址比较近的地方,区域变化不大。这种政区调整方式适合于那种破坏集中,毁灭性的灾害类型。

3. 重置

重置是指因灾害发生导致原政区区域灭失,一段时间该地区又出现政府重新进行政区建制。如光绪《通州志》中记载,钱塘江口的海门县在1672年已完全变为海域,但到了1768年,政府又将南通州和崇明县之间新涨的沙地成立一个新的政区——海门厅,这说明在此之前这里不仅原有的海门县区域重新恢复,而且还新涨了大片的沙地,足以建制为一个县级厅。至1912年,该地正式改名为"海门县"。这种情况多

---

① 宋濂等:《元史》卷五八《地理志》,上海古籍出版社1979年版,第2342页。

② 张廷玉等:《明史》卷八《河渠志》,上海古籍出版社1979年版,第432页。

③ 赵宗堂:《中国历代自然灾害资料简编》,科学出版社1993年版,第189页。

④ 崔桐:《中国地方志丛书·嘉靖海门厅志》,江苏古籍出版社、上海书店出版社、巴蜀书社1998年版。

出现在沿海一线、江河两岸以及湖泊周围。在这些地区常常由于海水入侵、潮水进退、江河水溢决口、湖泊水量变化等原因，一些政区一段时间出现，一段时间又灭失，反反复复。政府对这些地区政区的建制也是变化多端。

四 灾后州郡县的层级升降

1. 省县为乡

这里的省县为乡是指因为灾害的发生导致原有政区层级下降，是一个统称，包含省县为乡、省郡为县、省州为郡等多种形式。也就是由高层的政区降为低层的政区。史书记载海门县治金沙场（今江苏南通县治所在）于 1672 年（清康熙十一年）为潮所坏，迁治于永安镇，省县为乡。① 封建社会划分政区的一个最重要的原则就是人口原则，政区一定的级别必然有着相应级别的人口数量。大的灾害发生必然会造成人口的大量死亡和逃亡，在这种情况下国家为了社会生产发展的需要，一定区域内必须对原有的政区进行降级，在这种情况下，政区的其他要素都没有发生变化，唯有行政机构的地位发生了变化，比原来的地位下降。

2. 升县为郡

这是与上面"省县为乡"的调整方向相逆，也就是灾害发生后政府把原本一定区域内的低层的政区按照某些特定原则设成高层的政区。其实这种方法和撤并看似相似，不过还是有所不同，撤并是在原有的政区建制撤销的基础上可以是低层的政区归并，也可以是同层次的合并，而升县为郡则是把原有的多个低层政区以一个高层的政区建制统辖起来，形成一个新的政区建制。与此同时，这个新形成的政区，包括一定数量的人口，一定范围的地域空间、相应的管理机构、一个行政中心，隶属关系、行政建制、行政等级、名称的政区要素都发生了变化，可以说是一个全新的政区。

---

① 万廷兰：《中国地方志丛书·新昌县志》，江苏古籍出版社、上海书店出版社、巴蜀书社 1998 年版。

五 灾后侨置州郡县

1. 移民就粟

"移民就粟"是指政府组织或灾民自发组织迁徙于丰腴之地就食，是历代普遍实行的政策，最早见于《孟子·梁惠王上》："河内凶，则移其民于河东，移其粟于河内；河东凶亦然。"当一定的区域有了一定量的人口，就必须建置一定的政区进行管理，这是政府进行政区建置的初衷。如公元前120年（西汉元狩三年）"秋，山东遭大灾，民多饥。开仓赈济不足，又向富人募贷，仍不足救，徙贫民于关西及充朔方以南新秦中"。"嘉靖三十四年乙卯，大饥，吏民逃窜，遂筑新城，民赖以安。"

2. 流民侨置

大的自然灾害总是导致大量的流民迁徙。《晋书·食货志》："及惠帝之后，至于永嘉，丧乱弥甚。幽、并、司、冀、秦、雍六州大蝗，草木及牛马皆尽。又大疾疫，兼以饥馑，人多饥乏，更相鬻卖，奔揹流移，不可胜数。"魏晋南北朝时期，由于不断有大批流民南下，东晋朝廷设置侨置州、郡、县，以维护侨人士族的特权和安置流民。侨州郡县是中国传统沿革地理学中特定时代的特定名词。完全意义上的侨州郡县，即某州某郡某县的实有领地陷没，而政府仍保留其政区名称，寄寓他州他郡他县，并且设官施政，统辖民户。大凡侨州郡县设立之初和当地州郡县无涉，不过借土寄寓；然而侨置既久，部分侨州郡县因侨得实，拥有了实土，其名称却仍旧沿用侨名，遂致实土也类侨置，侨置又多实土。侨州郡县的普遍设置乃至成为一种制度，是东晋十六国南北朝时期尤其是东晋南朝地方行政设置的特殊现象。当时，北方原有的徐、兖、青、司、豫、雍、秦、幽、冀、并等在南方都有侨州。[①] 例如堂邑改为秦郡以安置秦国流人，侨立安固郡以安置入蜀流民，侨立怀宁郡以安置秦雍流民，侨置始康郡以安置关陇流民等。侨置州、郡、县对招徕北方的流民与社会安定起了一定的作用，但也造成地方行政系统的紊乱。因此，东晋从咸和中期实行了"土段"。侨置州、郡、县并不是中国古代政区调整的常

---

① 胡孔福：《南北朝侨置州郡考》，北京：书目文献出版社1996年《二十四史订补》本。

态，它多是出现在像魏晋南北朝这种灾害肆虐，大分裂、大动乱，大量流民迁徙的时期。

六 结束语

在生产力相对低下的古代社会，自然灾害带给人们的往往是毁灭性的灾难，治所的摧毁、人口的大量死亡，使得政府不得不考虑进行政区的调整。而这一切都为人们灾后重建，从历史中寻找出路提供了条件。此研究以期通过深入分析有关灾后政区调整的历史文献资料记载上，探究中国古代历朝政府在自然灾害发生后为了减灾抗灾在政区方面所做的调整，总结灾后政区调整存在的基本形式，这些方面对政府灾后进行减灾救灾尽快做出科学合理决策，对灾区重建、社会经济恢复，对及时地变革某些不适合社会经济发展要求的行政区划，大胆创新，建立新型的行政区划体制，使之有力地推动生产力发展，各方面都有很大裨益。

本文与王娟合作，原刊于《中国农学通报》2010 年第 6 期

两汉时期关中地区的灾害变化
与灾荒关系

关中地区即《禹贡》雍州之域，沃野千里，两汉时期属于三辅辖区，既有战略要塞，"阻山带河，四塞之地，肥饶，可都以伯"，① 也曾一度是天下财富集聚中心，谷稼殷积，"于天下三分之一，而人众不过什三；然量其富，什居其六"。② 遂被誉之为"金城千里，天府之国"③。即如后来誉满天下的"天府之国"成都平原也是在关中平原得名之后才有此殊荣。④ 但从历史灾害发生和记录情况看，历代京师重地和核心经济区的文本记录为数众多，且不论灾害事件严重程度如何均有载入志传之可能，而边远地区和一般经济区的灾害记录相对较少。本文通过梳理两《汉书》中三辅辖区内发生的各种灾害事件，以考察两汉时期关中地区的灾害频次、灾种构成、灾荒后果和灾害应对方面的前后异同，并把两汉时期关中地区列入灾害中心区范畴予以考察，由此探讨两汉时期关中灾害中心区的形成、变化及其特征状态。特别是灾害史研究中几乎成为定论的历史灾害记录不平衡问题，却鲜见有人讨论这种区域不平衡的灾害记录所表达的灾害与人文社会因素的作用关系，通过本文研究以期有所解答。

---

① （汉）班固：《汉书·项籍传》。
② （汉）司马迁：《史记·货殖列传》。
③ （汉）司马迁：《史记·留侯世家》。
④ 王双怀：《中国历史上的"天府之国"》，《陕西师范大学学报》（哲学社会科学版）2008年第4期。

一 历史灾害区释义及相关学术 问题讨论

灾害区即灾害发生频繁并造成严重危害性后果的地域空间，受灾地区应具有空间一致性的前提条件，即一定地域范围同时受灾。相对于较为宽泛的灾害空间分布研究，历史灾害区研究具有更加明显的区域特征和灾害要素，其形成过程与灾害群发期具有一定关系，即灾害群发期内主要灾害区范围更大、灾情程度更加严重，也与社会治理、区域互动等人文要素有显著关联。在灾害空间分布方面，简单依据区域历史灾害资料的收集汇编，使用基本的数理分析手段即可完成相应的研究工作，但在近年来灾害史研究中颇受关注的"人文化倾向"中①，依然没有针对历史灾害区进行有效探索。尽管学术界对历史灾害群发期和灾害时空分布规律研究已经做过很多重要工作②③④，但因灾害史学科发育较晚，灾害史研究的理论与方法都有待进一步完善，历史灾害区的研究中还有很多重大问题尚未得到解决，甚或未曾涉及。

因为历史灾害信息存在残缺现象，即文献记录的灾害事件并不能准确全面反映历史时期的灾害发生情况，据此以数理分析方法进行历史灾害事件的规律性研究就会受到一定影响。但是，历史灾害事件的信息叠加在一定程度上也能揭示时空分布的基本特征，即如两汉时期灾害事件的历史记录而言，基于现存文本信息即可看出其所具有的两大特征：在

---

① 夏明方：《中国灾害史研究的非人文化倾向》，《史学月刊》2004 年第 3 期。

② Yao, S. Y. (1942), The Chronological and Seasonal Distribution of Floods and Droughts in Chinese History: 206B. C. – A. D. 1911, Harvard Journal of Asiatic Studies, 6 (3), (4): 273 – 312.

③ 龚胜生：《中国疫灾的时空分布变迁规律》，《地理学报》2003 年第 6 期。

④ 龚志强、封国林：《中国近 1000 年旱涝的持续性特征研究》，《物理学报》2008 年第 6 期。

时间方面，西汉时期灾害记录较少而简略，东汉时期灾害记录较多而翔实；[①] 在空间方面，京畿地区灾害事件较多，边远地区灾害事件较少，灾害事件多发区与经济核心区之间存在高度耦合关系。这种特征有助于我们从"中心—边缘"关系层面理解一些历史灾害问题，[②] 即在历史灾害区研究基础上凝练出灾害中心区这一理论认识，并以此透视灾害史上的空间不平衡现象。

按照中心边缘理论，历史灾害演进过程中必然存在一定的中心区，灾害中心区与灾害边缘区共同构成历史灾害的空间格局。两汉时期的灾害中心区既要基于历史灾害事件的发生频次去考察，也要综合灾害区的社会影响力进行分析。从历史灾害事件的计量分析结果看，西汉时期关中地区和位于黄河中下游的山东经济区均有较多灾害事件记录，而且山东地区灾情更为严重。但从灾害发生后的社会反应看，西汉时期三辅京畿地区优先获得救助权，几乎有灾必救。反观山东地区，即使灾情严重，也会坐视不救，瓠子河决二十余年未能很好治理，就是山东灾害区社会地位的一种真实写照。所以，两汉时期的灾害中心区，一如历朝历代灾害中心区那样，首先必然依托京畿地区而存在，有灾必书是灾害中心区的根本特征，并由此形成了灾害中心区文本记录相对丰富的信息优势。其次，灾害中心区的赈济救灾政策影响并左右着其他地区的灾害救助，

---

① 目前研究两汉灾荒史的多种论著中，对灾荒频次均有统计，西汉时期灾荒发生的总次数明显少于东汉时期。参见袁祖社主编《中国灾害通史》（秦汉卷），郑州大学出版社 2009 年版；陈业新《灾害与两汉社会研究》，上海人民出版社 2004 年版；段伟《禳灾与减灾：秦汉社会自然灾害应对制度的形成》，复旦大学出版社 2008 年版；官德祥《两汉时期蝗灾述论》，《中国农史》2001 年第 3 期。此类研究结果还有很多，此处不一一列举。虽然统计次数方面存在一定差异，但西汉少而东汉多的特征则是各位专家的研究工作所一致认可的。

② "中心边缘"是一种非均衡发展的经济学理论，由约翰·弗里德曼（John Friedmann）提出，用于解释特定社会地域中心区与边缘区的扩散关系，又称为核心—外围理论，已成为发展中国家研究空间经济的主要分析工具。按照这一理论框架，中心区与边缘区之间是一种依附关系，二者共同构成社会空间系统。近年来经济社会史研究中多有采用，如陈晓鸣《中心与边缘：九江近代转型的双重变奏 1858—1938》，经济日报出版社 2008 年版；刘进《中心与边缘：国民党政权与甘宁青社会》，天津古籍出版社 2004 年版。同时，在一些重要社会问题研究中也有所拓展，如〔美〕贝尔·胡克斯《女权主义理论——从边缘到中心》，晓征、平林译，江苏人民出版社 2001 年版；〔英〕彼得·伯克《欧洲文艺复兴：中心与边缘》，刘耀春译，东方出版社 2007 年版；唐亚林《从边缘到中心：当代中国政治体系构建之路》，华东理工大学出版社 2006 年版；熊志勇《从边缘走向中心——晚清社会变迁中的军人集团》，天津人民出版社 1998 年版。

使得灾害中心区具备有灾必救的社会资源获取权优势。此外，灾害中心区的社会应对还会影响到国家农业发展的基本战略，两汉时期农业发展中显现的稳产趋向与灾害中心区之间就存在一定的内在联系。

二　两汉时期关中地区的灾情记录

两汉时期自公元前206年西汉建立，至公元220年东汉灭亡，约四百年时间。这样两个朝代分别定都长安和洛阳，为我们讨论关中灾害区与政治中心区之间的关系提供了很好的样本。在时间方面，西汉时期200年间拱卫京师的三辅地区在灾害种类、数量、灾情及救灾方面与东汉时期200年间偏离政治中心区的关中地区有没有差异？差别何在？原因何在？在空间方面，西汉时期关中灾害区有别于山东诸郡国灾情的特殊之处何在？在以往的历史灾害研究中，虽然对全国和某一地区自然灾害的空间分布做了全面梳理和细致研究，但并未深入讨论主要灾害区与基本经济区和政治中心区之间的相互关系，对这一问题的学术论述更多地表现为一种针对相关史料的表象描述或者是灾害史研究者的学术感知。本文提出灾害中心区的概念认识，根据两汉时期关中地区的灾害变化以期说明历史灾害中心区的一般规律和基本特征。

两汉时期的灾害记录主要来源于两《汉书》的"五行志"部分，兼采《史记》"本纪"和两《汉书》"帝纪"。两《汉书》从撰著之日起就有颂扬汉德以为镜鉴之意，而自《春秋》以来因灾异比附人事的思潮又进化为"灾异天谴"，灾异记录的政治意义日渐增强。受此影响，编修《五行志》时并非悉数录入当时的灾荒资料，而有明显的取舍意向。翻检两《汉书·五行志》，大致可见其记录灾异的基本标准。

首先，在灾害发生地域方面具有明显的政治化倾向，皇家宫观和京师重地发生的轻微灾害事件也见于记载，其他地区的灾害事件则比较严重。《汉书·五行志》中就有相当一部分皇家陵园和长安城诸宫殿的火灾事件。

其次，两《汉书》中虽然有相当一部分灾害事件并未明确灾区范围，或以"天下""四方"等模糊字词替代灾区，或完全省略灾区信息，但在标明灾害区域的资料中对灾害区的记录较为完整，灾区范围或以流域为依托，或跨越几个不同政区但又构成一个相对完整的地理空间。总体来看，这些灾害事件多集中于关中和关东经济区。

最后，灾害事件的种类及其发生的相互关系记载明确，便于分类计量统计分析。今日所见各种主要灾害，在两汉文献中都有记录，如水灾、雨灾、旱灾、风灾、雹灾、霜灾、雪灾、寒冻、蝗灾、虫灾、疫病、火灾、地震等。

鉴于上述特点，研究两汉时期灾害史时如果依据文献记录进行简单的频次叠加难免会出现偏差，特别是据此进行灾害时空分布规律研究时误差就会进一步放大，因为历史文献资料经过多次加工后已经不能准确真实反映自然灾害的发生和分布状况，特别是在灾害记录相对较少的汉唐宋元时期，仅凭历史灾害资料所做的统计分析可能出现样本数量和随机性严重不足的问题，其计量分析结果的可靠性也要大打折扣。但是，依据历史灾害事件的文献记录反倒可以推测历史时期各个灾害区的重要性及其相互关系。

两汉时期发生在关中地区的自然灾害主要有水灾、旱灾、雹灾、雪灾，冻害、风灾、虫灾、火灾、地震、饥荒等类型，其中水灾、火灾为频发性灾害。累计两汉时期关中地区水灾 7 次（西汉 5 次，东汉 2 次），旱灾 5 次（西汉 1 次，东汉 4 次），雹灾 4 次（西汉 3 次，东汉 1 次），雪灾 1 次（西汉 1 次），冻灾 1 次（西汉 1 次），风灾 6 次（西汉 5 次，东汉 1 次），虫灾 6 次（西汉 2 次，东汉 4 次），火灾 24（西汉 22 次，东汉 2 次），地震 10 次（西汉 5 次，东汉 5 次），饥荒 8 次（西汉 4 次，东汉 4 次）。总计两汉时期关中地区各种灾害记录 72 次，其中西汉 49 次，东汉 23 次。

明确记载发生在关中地区的旱灾（或可初步确定灾区为关中之全部或一部分的旱灾）西汉时仅有一次，《汉书》从几个不同侧面专门记述了本次灾害事件。《汉书·五行志》记载，本始三年（前 71 年）"夏，大旱，东西数千里"。从中可见灾区范围极大。《汉书·宣帝纪》的记载更为详细并具体到三辅地区，"（夏五月）大旱，郡国伤旱甚者，民毋出租赋。三辅民就贱者，且毋收事，尽四年"。虽然记载的是同一次灾害事件，侧重点却有不同，《宣帝纪》中的灾害记录坐实关中灾区不但存在，而且灾情也极为严重，灾后出现了大量流民。综合这两条材料不难看出，本次灾害基本涵盖黄河流域大部分地区，关中地区属于其中受灾严重的地区之一。东汉时期关中地区的旱灾有四次，建武五年（29年）"四月，旱"。① 章帝章和二年（88年），"三辅、并、凉少雨，麦根枯焦，牛死日甚"。② 顺帝阳嘉三年（134年）"是岁，河南、三辅大旱，五谷灾伤"。③ 献帝兴平元年（194年）"七月，三辅大旱，自四月至于是月"。④

关中地区的水灾记录较多，西汉时期尤为突出，计有五次水灾事件。文帝后元三年（前161年），"秋，大雨，昼夜不绝三十五日。蓝田山水出，流九百余家"。⑤ 昭帝始元元年（前86年），"七月，大水雨，自七月至十月"。⑥ 这里虽然没有标注灾害区域，但在《汉书·昭帝纪》中有相关记录："秋七月，大雨，渭桥绝。"渭桥始建于秦，西汉时期又增建东渭桥和西渭桥，合称渭河三桥，位于长安附近渭河主干道上。见于《汉书》中的这两条材料因为灾害发生时间相同、灾害种类相同，则为同一次灾害事件的可能性较大。成帝建始三年（前30年），"夏，大水，三辅霖雨三十余日"。⑦ 成帝河平四年（前25年），"三月壬申，长陵临泾岸崩，雍泾水"。⑧ 王莽天凤三年（16年），"（五月）戊辰，长平馆西岸崩，雍泾水不流，毁而北行"。⑨ 东汉时关中地区水灾记录减少，仅有两次。殇帝延平元年（106年），"五月，郡国三十七大水伤稼"。⑩ 其中就包括渭水流域的关中地区。顺帝永建四年（129年），"司隶、荆、豫、兖、冀部淫雨伤稼"⑪。

其他灾害如风灾、雹灾、雪灾、冻害、蝗螟虫灾、地震等类，虽然两汉时期在关中地区或此消彼长，或彼此相当，但是灾害频次的差别并

---

① 《后汉书·光武帝纪》。
② 《后汉书·鲁恭传》。
③ 《后汉书·周举传》。
④ 《后汉书·献帝纪》。
⑤ 《汉书·五行志》。
⑥ 同上。
⑦ 同上。
⑧ 《汉书·成帝纪》。
⑨ 《汉书·王莽传》。
⑩ 《后汉书·五行志》。
⑪ 同上。

非极其显著，因为两《汉书》中记载的这些灾害事件就发生总次数一般
而言不过五六次而已，地震灾害最多也不过十次，相对于两汉四百年时
间，寥寥数次的灾害事件并不能说明什么特别的问题。唯有火灾记录显
而易见，颇有特别之处。两汉时期的火灾不但多达 24 次，其发生频次高
居各种各类灾害之首，而且火灾以西汉时期 22 次，东汉时期仅有 2 次记
录而显示出两汉正史文献记录灾害的基本原则和主要特点。在西汉时期
见于记录的 22 次火灾事件中，都厩灾 1 次，长乐宫火灾 1 次，未央宫火
灾 6 次，长安城及其他皇家宫观 3 次，阳陵等位于长安城外的陵邑之地发
生火灾 11 次。东汉时期的两次火灾，一次发生在顺帝永建三年（128
年），"秋七月丁酉，茂陵园寝灾，帝缟素避正殿"。① 另一次发生在献帝
初平元年（190 年），"八月，灞桥灾"。② 所以在两汉灾害记录中，优先
关注皇家宫殿和皇族陵邑是一条基本原则，灾害记录的政治倾向性在空
间方面的进一步延伸就形成灾害区的主次差别。两汉时期的关中灾害区
在灾害记录和灾害应对中的特殊表现即是这种特定灾害条件和社会背景
下出现的必然结果。

三 西汉时期未注明区域的灾害事件与
关中灾害区的关系

如果说不明灾区的灾害事件与京师有关系的话，那么考证两汉时期
不明灾区的灾害事件则以西汉时期的灾害记录为主，东汉时期不明灾区
的灾害事件在此可以忽略不计。西汉时期灾害记录中灾区不明的案例较
多，其中有相当一部分可能指较大范围发生的灾害事件，有时候确无所
指，有时候也用"天下大旱""郡国大旱"等表示宽泛意义的字词替代。
据《汉书·五行志》记载："（永光元年）三月陨霜杀桑，九月二日陨霜
杀稼，天下大饥。"但有些灾害事件，经过不同文献来源的资料比对，却
是可以确定灾害区域的。同样是永光元年三月的霜害，《汉书·成帝纪》
则记为："陨霜伤麦稼，秋罢。"颜师古注曰："秋者，谓秋时所收谷稼

---

① 《后汉书·顺帝纪》。
② 《后汉书·五行志》。

也。今俗犹谓黍豆之属为杂稼。云秋罢者，言至秋时无所收也。"西汉时期的桑麦豆区域主要在黄河流域，据此亦可大致推定永光三年的灾害区基本以北方农区为主，三辅地区或是主要受灾区域之一。

无论《汉书》"五行志""帝纪"，还是《史记》"本纪"之类，都有相当数量的灾害事件以这种极其简略的文字格式予以记录。"五行志"与"帝纪"在灾害记录方面有一定重复，为订正核实历史灾害事件提供了有益帮助。诸多灾区不明的灾害事件也因此而得以确定其基本的灾区范围，甚至也可以借此判定灾区范围大小。

单纯从旱灾发生的频次看，两汉时期关中地区的旱灾并无特殊差别，但因为西汉时期关中地区即京畿要地，历史文献中很多没有明确标注灾区的灾害事件，有可能就发生在关中地区，或者灾区范围较大但其中包括关中地区。景帝后元二年（前142年），《汉书·景帝纪》仅简略描述："春，以岁不登，禁内郡食马粟，没入之。"《史记·孝景本纪》在该年下也有记载："令内史郡不得食马粟，没入县官。令徒隶衣七䌷布。止马春。为岁不登，禁天下食不造岁。省列侯遣之国。"虽然灾害种类和灾区范围没有明确标示，但从灾后应对措施看，这是一次发生在内史郡的较为严重的饥荒。内史郡，秦置，"秦并天下，改立郡县，而京畿所统，特号内史，言其在内，以别于诸郡守也"。① 汉初一度延续内史设置，武帝建元六年（前135年）分内史为左内史和右内史，太初元年（前104年）再度调整为京兆尹、左冯翊、右扶风三部，拱卫京师。但考察景帝后元二年（前142年）的灾害记录，当年春季只有一次地震灾害，《史记·孝景本纪》："正月，地一日三动。"这次地震事件与春季饥荒之间也很难建立起必然联系，因为岁不登必然有一个减产绝收的渐进过程，正月并非生产收获季节，地震数日之间也难以产生岁不登的必然结果。再看后元元年（前143年）情况，《史记·孝景本纪》："五月丙戌，地动，其旱食时复动。上庸地动二十二日，坏城垣。"《汉书·天文赵》："（五月丙戌）地大动，铃铃然，民大疫死，棺贵，至秋止。"上庸县位于今日湖北竹山县境，毗邻关中，据此推测，景帝后元元年五月以后，京畿及其周边地区发生了极为严重的地震灾害，震中当在上庸县，震后流行病爆发，灾

① 《汉书·地理志》颜师古注。

民死伤惨重，地震余波一直持续到次年正月，因为灾情严重并引发饥荒，因此不得不对内史郡实施一系列的救灾措施。

东汉时期的灾害记录也有这种情况存在，通过文献比照也能确定一些发生在关中地区的灾害事件。《后汉书·光武帝纪》："（建武五年）夏四月，旱，蝗。"这是两汉文献中常见的灾害记录格式，单纯依靠这一条材料很难确定灾区范围，但另有下文讲述："五月丙子，诏曰：'久旱伤麦，秋种未下，朕甚忧之。将残吏未胜，狱多冤结，元元愁恨，感动天气乎？其令中都官、三辅、郡国出系囚，罪非犯殊死一切勿案，见徒免为庶人。务进柔良，退贪酷，各正厥事焉。'"从中可见这是一次持续数月的大范围旱灾，灾区横跨关中地区和京师洛阳，并波及周边郡国。

表1　　　　　　　　　　　　西汉时期灾害频次

灾害种类	三辅（不含长安城）	京师（长安）	不明灾区
水灾	5	0	3
旱灾	1	0	28
蝗灾	2	0	11
风雹霜雪冻	10	0	18
地震	3	2	20
火灾	1	21	0
饥荒	4	0	1
总计	26	23	81

注：（1）旱灾发生时间前后相连，如一次记录春旱，另一次记录夏旱者，作为一次灾害处理。（2）京师长安的灾害，指明确表示发生在长安都城的灾害，或者发生在皇家宫观的灾害事件。不论是皇家宫观是否在长安城内，均作为京师长安的灾害处理。（3）发生在三辅地区的灾害，或者三辅地区为灾区之一的灾害事件，都计入三辅地区灾害频次。

西汉文献中有些灾害事件，因为没有标明灾害发生区域，或以"天下"等表示灾区者，今人或以为可作为关中地区灾害事件处理，但仔细考察却有很大问题。文帝后元六年（前158年）发生了大旱灾和蝗灾，《史记》《汉书》均有记载，《史记·孝文本纪》："冬，天下旱蝗。"《汉书·五行志》："春，天下大旱。"因为西汉初年继续沿用秦朝颛顼历，以冬十月为岁首，所以《史记》与《汉书》所记录的当为同一次旱灾，由上年冬旱延续到本年度春季大旱，属于冬春跨季连旱性质的灾害事件。从灾害事件的记录中看不到灾区信息，但在随后救灾记述中可以看出列侯之国为灾区。《汉书·文帝纪》："夏四月，大旱，蝗。令诸侯勿入贡，弛山泽，减诸服御，损郎吏员，发仓庾以振民，民得卖爵。"这次灾害时间为夏四月的旱灾，也很有可能就是当年冬春连旱的继续。汉兴以来封建列侯之国多在山东江淮等地，这次旱灾后"令诸侯勿入贡"，其灾区应不包括关中地区，而在山东江淮之间。另一次旱灾见诸《汉书·天文志》："至河平元年三月，旱，伤麦，民食榆皮。"也是一次灾区不明的旱灾事件。而在《汉书·天文志》该条旱灾资料下，又接续记载："河平元年三月，流民入函谷关。"流民入关揭示三方面信息：一是灾害发生在关东地区；二是灾情极其严重，出现大量流民，灾区自控基本失效；三是关中三辅地区具备救灾活命的主要条件。当年的旱灾灾情极其严重，民食榆皮，无以为生，只能流落他乡。所以《汉书·天文志》中所记河平元年大旱灾的灾区应当为山东之地。因此，汉代文献中出现灾区不明或者标注为"天下"受灾的灾害事件并不一定与京畿之地有关。如果按照天下大旱、三辅自然难免的惯性思维，将灾区不明的灾害事件纳入关中地区进行计量分析的话，其研究结果的可靠性就要大打折扣。

两《汉书》中这样可以互相参证确定灾区的资料并不是很多，更有相当部分属于灾区不明的灾害事件。这些灾害事件在《五行志》和《帝纪》之中均无更多信息记录，仅有灾害事件和灾害种类两方面内容。据初步统计，西汉时期发生在三辅地区的各种灾害事件28次（不包括长安城及陵邑的火灾21次），而各类不明灾区的灾害事件达到81次，如果贸然将所有不明灾区的灾害事件纳入关中地区计算分析，其计量分析结果很难准确说明历史灾害时空分布的特征问题。

四　两汉时期关中、关东两地的灾害变化与农业脆弱性

从两汉时期关中地区的灾害发生频次计量结果看，建都长安对关中地区灾害记录影响十分明显（见表2、表3）。两汉时期在京畿地区设置

司隶校尉部，为西汉十三刺史部和东汉十三州之一，其政区范围大体相当，即包括关中地区之三辅和洛阳周边之三河地区，计有七郡辖区。西汉时期司隶校尉部的灾害记录基本以三辅地区为主，而东汉时期关中地区的各种灾害事件则仅为司隶校尉部之很小一部分。各种灾害的记录情况进一步印证了汉代灾荒文献的区域性倾向和政治性特征，从灾害关注度方面也说明关中地区今非昔比的显著变化。此外，关中地区虽然地域狭小，但在西汉时期灾害权重方面几乎相当于整个关东经济区，即兖州、豫州、青州、徐州、并州、冀州等地区所见灾害的总量；但在东汉时期关中地区的灾害记录大幅度减少，关中地区与关东诸州郡的灾害关注度出现明显反差，特别突出地表现在水灾、蝗灾等主要灾害的文献记录上。在历史灾害研究中，尤其是灾害记录相对较少的宋代以前灾害史研究中，如果改变思路，更多地从区域灾害关注度方面去使用历史灾害文献记录，而不是从计量分析角度去探寻规律的话，或许更逼近灾害历史的真实情况。两汉时期灾荒资料相对较多，足以说明各地区间灾情状况及其变化态势。

表 2　　　西汉时期三辅地区和主要受灾州郡的灾害情况

	三辅	司隶校尉部	兖豫青徐并冀	荆扬	灾区不明
水灾	5	5	15	4	3
旱灾	1	1	4	1	28
蝗灾	2	2	1	1	11
风雹霜雪冻	10	4	6	4	18
地震	5	6	6	4	20
火灾	22	25	2	0	0
饥荒	4				1
总计	49	43	34	14	81

说明：（1）三辅地区灾害数据基于两《汉书》灾害记录并经核定灾区和频次后统计所得。（2）司隶校尉部及各州郡灾害数据来源于《中国灾害通史·秦汉卷》各有关章节。①

---

① 袁祖亮主编：《中国灾害通史·秦汉卷》，郑州大学出版社 2009 年版。

表3　　　　　　　　　东汉时期三辅地区和主要受灾州郡
的灾害情况

	三辅	司隶校尉部	兖豫青徐并冀	荆扬	灾区不明
水灾	2	23	35	13	3
旱灾	4	22	5	4	28
蝗灾	4	19	11	1	11
风雹霜雪冻	2	23	6	2	18
地震	5	46	9	4	20
火灾	2	38	1	1	0
饥荒	4				
总计	23	171	67	25	80

说明：（1）三辅地区灾害数据基于两《汉书》灾害记录并经核定灾区和频次后统计所得。
（2）司隶校尉部及各州郡灾害数据来源于《中国灾害通史·秦汉卷》各有关章节。①

首先，西汉时期关东地区多有大灾大荒，大灾之后常有饥荒蔓延之态势，数十州郡饥荒流行。《汉书·石奋传》："元封四年，关东流民二百万口，无名数者四十万。"《汉书·翼奉传》："是岁，关东大水，郡国十一饥，疫尤甚。"两汉时期关东地区因为灾害之后救援不力，甚至多次出现"人相食"的灾情后果。《汉书·武帝纪》："（建元）三年春，河水溢于平原，大饥，人相食。"对这次饥荒，颜师古注文讲解极为明确，所谓饥荒就是因为河水泛滥导致粮食减产而引起的灾难性后果："河溢之处损害田亩，故大饥。"武帝时期还有一次大饥荒也发生在关东地区。"（元鼎三年）关东郡国十余饥，人相食。"《汉书·元帝纪》："（黄龙元年）九月，关东郡国十一大水，饥，或人相食，转旁郡钱谷以相救。""（黄龙二年）六月，关东饥，齐地人相食。"《汉书·五行志》载宣帝永光元年，关东之外的边疆地区灾荒依然。《汉书·宣帝纪》："（宣帝五凤三年）三月，行幸河东，祠后土。诏曰：'人民饥饿，相燔烧以求食'。"

其次，西汉时期关东流民动辄以数十万、上百万计，其原因只能是

---

① 袁祖亮主编：《中国灾害通史·秦汉卷》，郑州大学出版社2009年版。

关东诸州郡的灾害应对能力极其脆弱所致。《史记》卷一〇三《万石列传》："元封四年中，关东流民二百万口，无名数者四十万。"《汉书》卷四十六《石奋列传》："元封四年，关东流民二百万口，无名数者四十万。"《汉书》卷八十九《王成列传》："今胶东相成，劳来不怠，流民自占八万余口。"《前汉纪·孝武皇帝纪》卷十三："四年春，有司言关东流民，凡七十二万五千口，县官无以衣食赈禀。"《汉书·宣帝纪》："（地节三年春三月）今胶东相成劳来不怠，流民自占八万余口，治有异等之效。"

第三，西汉时期关东流民多次入关，足以说明关中地区应对灾害的社会系统远比关东诸州郡强大。《汉书·武帝纪》："（建元三年春）河水溢于平原，大饥，人相食。赐徙茂陵者户钱二十万，田二顷。"《汉书·成帝纪》："（阳朔二年）秋，关东大水，流民欲入函谷、天井、壶口、五阮关者，勿苛留。遣谏大夫博士分行视。"《汉书·成帝纪》："（鸿嘉四年春正月）农民失业，怨恨者众，伤害和气，水旱为灾，关东流冗者众，青、幽、冀部尤剧，朕甚痛焉。未闻在位有恻然者，孰当助朕忧之？已遣使者循行郡国，被灾害什四以上，民赀不满三万，勿出租赋。通贷未入，皆勿收。流民欲入关，辄籍内，所之郡国，谨遇以理，务有以全活之，思称朕意。"《汉书·成帝纪》："（成帝鸿嘉四年）春正月，诏曰：……水旱为灾，关东流冗者众，青、幽、冀部尤剧。……流民欲入关，辄籍内。"《汉书·于定国传》："（元帝时）上始即位，关东连年被灾害，民流入关。"《汉书·天文志》：成帝河平元年（前28年），"春三月，旱，伤麦，民食榆皮。……流民入函谷关"。入函谷关的流民，最大可能是从山东诸州郡而来。《汉书·哀帝纪》：哀帝建平四年（前3年），"春，大旱，关东民传行西王母筹，经历郡国，西入关至京师。民又会聚祠西王母，或夜持火上屋，击鼓号呼相惊恐"。《汉书·王莽传》："流民入关者数十万人，乃置养赡官禀食之。使者监领，与小吏共盗其禀，饥死者十七八。先是，莽使中黄门王业领长安市买，贱取于民，民甚患之。业以省费为功，赐爵附城。莽闻城中饥馑，以问业。业曰：'皆流民也。'乃市所卖粱饭肉羹，持入视莽，曰：'居民食咸如此。'莽信之。"但东汉时期，流民入关趋势一去不返，更加显示出两汉时期关中灾害区从中心区向非中心区的显著变化。

　　第四，西汉时期"人相食"的特殊灾情多在山东诸国，东汉时期关中地区方有此极端情景。西汉时期关中地区出现过两次特殊灾情，一是汉初，一是汉末，关中饥荒并且人相食，京师长安依然。这两次灾荒不但不能反证关中灾害中心区的特殊地位，反倒可以作为关中灾害区的特殊例证予以补充。《汉书·高祖纪》："（高祖二年六月）关中大饥，米斛万钱，人相食。令民就食蜀汉。"当时高祖初定关中，关中地区既是定鼎天下所在，也就是战火混乱的中心。正如关中灾害区依托京师重地可以在很大程度上避免灾荒一样，成也长安京畿之地，关中灾害区也因为京师所在地而要承载各方政治势力的角力厮杀，败也长安京畿之地。除此之外，极端灾荒事件"人相食"在西汉三辅地区再无出现。东汉时期，三辅地区灾后人相食原因复杂，两汉交替之际关中地区遭受严重破坏，人相食再次出现。《后汉纪·光武皇帝纪》："九月，赤眉复入长安，邓禹连战辄为赤眉所败。三辅饥，民人相食。"① 兴平元年七月"三辅大旱，自四月至于是月。帝避正殿请雨，遣使者洗囚徒，原轻系。是时谷一斛五十万，豆麦一斛二十万，人相食啖，白骨委积"。②

　　而关东诸州郡则屡次遭受灾荒，屡有人相食出现，西汉时如此，东汉时依旧。（武帝建元）"三年春，河水溢于平原，大饥，人相食。赐徙茂陵者户钱二十万，田二顷。初作便门桥"。③"（武帝）元鼎三年三月水冰，四月雨雪，关东十余郡人相食。"④ 西汉元帝初元元年"九月，关东郡国十一大水，饥，或人相食，转旁郡钱谷以相救"。⑤"成帝时，天下亡兵革之事，号为安乐，然俗奢侈，不以畜聚为意。永始二年，梁国、平

<hr>

　　① 《后汉书·刘盆子传》对此的记载是："时三辅大饥，人相食，城郭皆空，白骨蔽野，遗人往往聚为营保，各坚守不下。赤眉虏掠无所得，十二月，乃引而东归，众尚二十余万，随道复散。"

　　② 《后汉书·孝献帝纪》。

　　③ 《汉书·武帝纪》。

　　④ 《汉书·五行志》。

　　⑤ 《汉书·元帝纪》。另有《汉书·食货志》记载类似事件："元帝即位，天下大水，关东郡十一尤甚。二年，齐地饥，谷石三百余，民多饿死，琅邪郡人相食。"《汉书·天文志》："（元帝初元元年）六月，关东大饥。民多饿死，琅邪郡人相食。"

原郡比年伤水灾，人相食，刺史守相坐免。"① "其夏，齐地人相食。"②
"赵孝，字长平，沛国蕲人。王莽时，天下乱，人相食，孝弟礼为饿贼所
得，孝闻，即自缚诣贼，曰：'礼久饿羸瘦，不如孝肥。'饿贼大惊，并
放之。"③ 王莽天凤元年（14年），"（七月后）缘边大饥，人相食。"④
"富者不得自保，贫者无以自存，起为盗贼，依阻山泽，吏不能禽而覆蔽
之，浸淫日广，于是青、徐、荆楚之地往往万数。战斗死亡，缘边四夷
有所系虏，陷罪，饥疫，人相食，及莽未诛，而天下户口减半矣。"⑤ "时
米石万钱，人相食，伦独收养孤兄子、外孙，分粮共食，死生相守，乡
里以此贤之。"⑥ "二月，司隶、冀州饥，人相食。"⑦

　　两汉时期全国性的农业脆弱态势是饥荒产生的内在原因，自然灾害
只是一种外在的诱发性因素。虽然当时文献中屡有百亩之田的记载，但
有百亩之田并非蓄积有余，家给丰裕。元帝时谏议大夫贡禹上书就说自
己有田百亩，尚且贫穷："臣禹年老贫穷，家訾不满万钱，妻子糠豆不
赡，裋褐不完。有田百三十亩，陛下过意征臣，臣卖田百亩以供车马。"⑧
《前汉纪·孝文皇帝纪》亦以百亩之家收支情况作了匡算，一年所收仅仅
能够养家糊口而已，一遇水旱蝗灾则会出现生计困难："今农夫五口之
家，其服作者不过二人，其能耕者不过百亩。百亩之收不过三百石，春
耕夏种，秋收冬藏，四时之间，无日休息。又给县官供徭役，忧病艰难，
其中勤苦如此。然复时被水旱蝗虫之灾，急政暴赋，朝令暮得，有者贵
卖，无者倍举，是卖田宅鬻子孙以偿债者众也。"宣帝时大司农耿寿昌奏
言："今五口之家，治田百亩，岁常不足以自供。若不幸即有疾病死丧之
费，则至于甚困。是以民不劝耕，而籴至于甚贵也。"⑨

　　其实，《汉书·食货志》中载录的晁错奏疏一文中，已经深刻论证了

① 《汉书·食货志》。
② 《汉书·翼奉传》。
③ 《东观汉记》卷十五。
④ 《汉书·王莽传》。
⑤ 《汉书·食货志》。
⑥ 《后汉书·第五伦传》。
⑦ 《后汉书·孝桓帝纪》。
⑧ 《汉书·贡禹传》。
⑨ 《前汉纪·孝宣皇帝纪》。

汉代农民生活艰难的根源即在于这种农业生产脆弱性："今农夫五口之家，其服役者不下二人，其能耕者不过百亩，百亩之收不过百石。春耕夏耘，秋获冬藏，伐薪樵，治官府，给繇役；春不得避风尘，夏不得避暑热，秋不得避阴雨，冬不得避寒冻，四时之间亡日休息；又私自送往迎来，吊死问疾，养孤长幼在其中。勤苦如此，尚复被水旱之灾，急政暴赋，赋敛不时，朝令而暮改。当具有者半贾而卖，亡者取倍称之息，于是有卖田宅，鬻子孙以偿责者矣。而商贾大者积贮倍息，小者坐列贩卖，操其奇赢，日游都市，乘上之急，所卖必倍。故其男不耕耘，女不蚕织，衣必文采，食必粱肉；亡农夫之苦，有仟佰之得。因其富厚，交通王侯，力过吏势，以利相倾；千里游敖，冠盖相望，乘坚策肥，履丝曳缟。此商人所以兼并农人，农人所以流亡者也。"

两汉时期的灾荒有其发生的根源，即使百亩之田的生产劳作也没有解决农业生产的内在脆弱性，大灾大荒、小灾小荒成为当时农业生产的一般性规律。因此，《汉书·文帝纪》中才有更为精辟简洁的结论性认识："岁一不登，民有饥色。"师古曰："登，成也。言五谷一岁不成，则众庶饥馁，是无蓄积故也。"当时社会承灾能力极其低下，一旦年成不好，就有可能荒歉。时人因此把灾害荒歉景象也归结为天道自然，"世之有饥穰，天之行也"①。两汉大行重农之道，有其迫不得已的社会生产力条件，"一夫不耕，或受之饥；一女不织，或受之寒"②。除了关中之地灾而不害，其他地区即使如关东诸郡这样的富庶之区，岁一不登就可能发生饥荒，更遑论其他既非主要经济区，也非远离政治中心区的江南和边郡地区。即如《史记·货殖列传》所言："楚越之地，地广人稀，饭稻羹鱼，或火耕水耨。是故江淮以南，无冻饿之人，亦无千金之家。"并非支持江南地区农业生产稳定性，而是阐释江南地区农业生产的特殊性质，即地广人稀，水平低下。由此推测江南地区农业生产之外，渔猎补充的成分占一定比重。单纯依靠农业生产，江南地区的人民将既不能丰衣，也不能足食，也不能抵御自然灾害及其后发生饥荒的侵袭和困扰。

---

① 《汉书·食货志》。
② 同上。

五 两汉时期关中地区"灾荒指数"及农业稳产的技术选择

关中地区灾害记录的前后变化，也可以从历史灾荒的社会影响方面有所证实。灾害记录所表现的仅仅是历史灾害的发生情况，更多地体现为灾害区主要致灾因素的影响作用及灾害过程，但灾害发生后能否造成严重的灾情，直至出现大范围的饥荒则是衡量灾害严重程度和社会控制力度的重要指标。为便于说明问题，在此提出"灾荒指数"的概念和计量方法，即一地区出现饥荒的次数与各类灾害事件频次的比例，以此反映该地区灾害易损性和饥荒可能性这两方面的问题。灾荒指数越高，说明该地区应对灾害的能力越低；灾荒指数越低，说明对灾荒的社会控制和应对越有效。

西汉时期关中地区灾害多而饥荒少见，甚至灾而不荒。关中地区虽然有几次饥荒事件记录，但仔细分析西汉时期关中地区的几次饥荒事件，两次大的饥荒都发生在汉初汉末动乱之时，而在其他时间出现的两次饥荒，不过岁不登或歉收而已，并未有实质性的饥荒状况出现。《汉书·高帝纪》记高祖二年（前205年）"六月，关中大饥，米斛万钱，人相食。令民就食蜀汉。"这次饥荒事件虽然严重，但并非灾害原因，而是秦末战乱的延续结果。"汉兴，接秦之敝，诸侯并起，民失作业，而大饥馑。凡米石五千，人相食，死者过半。"[1]《汉书·景帝纪》载景帝后元二年（前142年）"春，岁不登。"虽然当年粮食歉收，但并未出现严重的灾情后果，因为荒歉之年及时采取国家性质的救荒措施，《史记·孝景本纪》："令内史郡不得食马粟，没入县官。令徒隶衣七蹲布。止马舂。为岁不登，禁天下食不造岁。省列侯遣之国。"当年没有发生饥荒性流民，这也是因为关中地区的特殊性所致。《汉书·武帝纪》所载上谕诏书对此有精辟论述："（元鼎二年秋九月）今京师虽未为丰年，山林池泽之饶与民共之。今水潦移于江南，迫隆冬至，朕惧其饥寒不活。"西汉末年关中地区也有一次饥荒记录，《汉书·王莽传》："（更始二年二月）民饥饿相食，

---

[1] 《汉书·食货志》。

死者数十万，长安为虚，城中无人行。"这次饥荒同样是因为社会动乱所引起，此前并无与此相关的灾害事件。《汉书·食货志》："（王莽）末年，盗贼群起，发军击之，将吏放纵于外。北边及青徐地人相食，雒阳以东米石二千。莽遣三公将军开东方诸仓振贷穷乏，又分遣大夫谒者教民煮木为酪；酪不可食，重为烦扰。流民入关者数十万人，置养澹官以禀之，吏盗其禀，饥死者什七八。"所以，排除了汉初汉末的两次非灾害性饥荒和汉景帝、武帝时期的一般性歉收年份，则在西汉两百年间关中地区基本处于"灾而不荒"的境地。

按照灾荒指数计算，西汉时期关中地区发生各类灾害事件 45 次，出现饥荒 4 次，灾荒指数为 8%。如果排除因为社会动乱造成的汉初汉末大饥荒并将景帝、武帝时期关中地区的一般性荒歉年份剔除的话，西汉时期关中地区灾荒指数为零。这是一个地区应对灾害、抗灾能力与社会承灾力达到最高水平的完美体现。之所以如此，既有关中地区自然地理方面的优越条件，即土壤肥沃且适宜农耕之类的解释，但主要原因应该从人文社会层面去探寻。关中地区不但以狭小的地理单元承载大量农业和非农业人口，还能在西汉脆弱农业生产状态下保持常年灾而不荒的良好记录，更能够在仓促之间容纳数万和数十万之众的关东流民，这不能不说是西汉时期的一个奇迹。这一灾荒奇迹的创造，是西汉政府采取多方面有效措施取得的理想结果。

东汉时期关中地区的灾害形势发生重大变化，按照灾荒指数标准计算，东汉时期发生各种灾害事件 19 次，出现饥荒 4 次，其中东汉初年的关中大饥荒因为社会动乱而产生。《后汉书·刘玄刘盆子传》："［光武建武二年（公元 26 年）］三辅大饥，人相食，城郊皆空，白骨蔽野。"《后汉书·桓帝纪》："［桓帝永寿元年（公元 155 年）］二月，司隶、冀州饥，人相食。"《后汉书·桓帝纪》："［桓帝延熹九年（公元 166 年）］三月，司隶、豫州饥死者什四五，至有灭户者，遣三府掾赈禀之。"《后汉书·献帝纪》："［献帝兴平元年（公元 194 年）］七月，三辅大旱，自四月至于是月。是时谷一斛五十万，豆麦一斛二十万。人相食啖，白骨委积。"这四次饥荒事件中，除汉光武帝初年关中饥荒之外，其他三次饥荒均可作为灾害事件的极端后果处理。以此计算，灾荒指数为 16%。这一结果虽然与西汉时期关中灾情有显著差异，但东汉时期关中地区的灾害形势相对于山东诸州郡和江南等地而言，还是有所差别，特别是判断主要灾害区的政治性因素方面尤其突出，在政区设置上关中三辅地区与东都洛阳同属于司隶校尉部，东汉也承袭帝陵祖制西向关中祭拜，因此关中三辅地区的政治重要性几乎等同于洛阳周边京畿地区。受此荫庇礼遇，关中地区的灾荒形势虽有变化，但没有严重到关东诸州郡那般饥荒连连，流民载道的惨烈地步。

关中地区人多地少，粮食供需不平衡的问题相当突出。关东诸郡国岁漕京师几成汉家定律，"岁漕关东谷四百万斛以给京师"，① 在一定程度上充实了关中地区粮食资源，增强了关中粮食调节能力。关中地区一旦出现粮食歉收，即采取紧急应对措施调运粮食入关，随时补充关中地区粮食需求。宣帝本始三年（前71年）大旱灾发生后，既有"民毋出租赋"的减免措施，② 也有"三辅民就贱者，且毋收事"的恤民措施，③ 还有丞相以下至都官令丞等各级官僚的救民奏请："上书入谷，输长安仓，助贷贫民。民以车船载谷入关者，得毋用传。"④ 每当山东等地岁一不登就要出现"城郭仓廪空虚，民多流亡"的饥荒景象时，⑤ 关中地区尚能维持生计，或依赖京师仓储等救助设施以调补余缺，或借助皇家苑囿解决生活问题。两汉时期重要农业技术与关中地区农业生产中应对自然灾害的需求关系密切，通过改造农业生产技术也有效提升了关中地区的灾害应对能力，达到了农业稳产的战略目的。

第一，自从武帝以来，关中地区利用泾水、渭水等诸多水资源开发水利，灌溉农田，扩大良田面积，增强抗旱能力，由此建立起来不畏水旱灾害的关中农业区，从根本上消除了影响汉代农业生产脆弱性的外在原因。《汉书·沟洫志》："左、右内史地，名山川原甚众，细民未知其利，故为通沟渎，畜陂泽，所以备旱也。"关中地区农业生产能够领先于山东等地农区，率先实现稳产化，保持农业常年持续生产，并且实现了农业生产的稳定顺利进行，消除了灾害根源和饥荒隐患。

---

① 《汉书·食货志》。
② 《汉书·宣帝纪》。
③ 同上。
④ 同上。
⑤ 《汉书·石奋传》。

第二，在关中地区有针对性地采取农业稳产措施，推行区田技术措施，不为增产，但求年年有成。《氾胜之书》开篇讲区田，就已经开宗明义，清清楚楚阐述区田是一种针对性极强的农业技术措施："汤有旱灾，伊尹作区田。"区田专为抗旱而用，因此不为高产，旨在防旱之余能够保持稳产。所以区田才对土地条件无所要求，"区田以粪气为美，非必须良田也。"不仅如此，区田还广泛适用于林地、坡地、边角地、零碎地块甚至荒地等各种各样土地形式，"诸山林近邑，高危倾阪，及邺城上皆可为区田。区田不耕旁地，庶尽地力。凡区种不先治地，便荒地为之"，从现有《氾胜之书》中观摩区田之法，虽然区田整治土地的方式极为繁琐复杂，但在追求高产的技术环节即耕地、育种、播种、栽培等各环节均无显著改进，区田所做重点完全局限于足量的劳动投入和充分的水肥供应。区田中所采用的技术措施如灌溉措施："区种天旱常溉之，一亩常收百斛"；施肥措施："美粪一升，合土和之"；用种措施："亩用种二升，秋收区别三升。粟亩收百斛"；除草措施："区中草生芟之，区间草以划划之"等均为春秋战国以来农业生产中的常规技术措施。唯有溲种法属于氾胜之的创造性成果，"挫马骨、牛、羊、猪、麋、鹿骨一斗，以雪汁三斗，煮之三沸，取汁以渍附子，率汁一斗，附子五枚，渍之五日，去附子，捣麋、鹿、羊矢，等分置汁中，熟挠和之。候晏温，又溲曝，状如后稷，法皆溲汁干乃止。"而溲种法的技术特点与区田一样，不为增产，专为抗旱减灾求得稳产，"令稼耐旱，终岁不失于获"。区田法的这一技术特性在两汉时期的农业生产实践中得到验证。《后汉书·刘般传》："又郡国以牛疫、水旱，垦田多减，故诏敕区种，增进顷亩，以为民也。"区田法是作为灾荒时期耕牛缺乏而推行的补救措施，属于非常条件下不得已而为之的生产救灾方法。即使如此，推行区田法时也出现了"吏下检结，多失其实，百姓患之"的弊端，[1] 区田非但不能增产，保持稳产弥补家用的目的也很难实现。

第三，推广冬小麦，应对水旱灾害以便及时抢种补救农业生产。西汉时期宿麦就是一种特殊的救荒作物，水旱灾害之后多有劝种宿麦之举

---

[1] 《后汉书·刘般传》。

措。武帝元狩三年"遣谒者劝有水灾郡种宿麦"。[①] "往年郡国二十一伤于水灾，禾黍不入。今年蚕麦咸恶。百川沸腾，江河溢决，大水泛滥郡国五十有余。比年丧稼，时过无宿麦。"[②] 永平四年"京师冬无宿雪，春不燠沐，烦劳群司，积精祷求。而比再得时雨，宿麦润泽"。[③] 所以，董仲舒呼吁"使关中民益种宿麦，令毋后时"，[④] 既是一项农业生产措施，也是一项减灾救荒措施。其减灾救荒功能与保持关中灾害区稳定的粮食产量之间有着内在的必然联系。另外，推行代田法，适应关中地区灾害环境，以达到防风抗旱的目的。《汉书·食货志》论及代田之生产特点，有"能风与旱"一句，恰好反映关中农区代田法推行的环境条件和趋利避害的生产目的，即防风抗旱，"三辅、太常民皆便代田，用力少而得谷多。"这种产量水平，以往多用于作为增产丰收的比较，其实前后联系来看，也应该是稳产为妥。代田法适宜于水利灌溉难于企及之地，恰是关中灌区之外旱塬或地势高昂远离水源的田块，风灾旱灾为该地农业生产中威胁性最大的自然灾害，没有灌溉条件，没有代田措施的缦田作业自然产量极低，推行代田法后，可以有效减轻风灾旱灾威胁，取得一般产量水平，因此就有"一岁之收常过缦田亩一斛以上"的产量效果。[⑤]

本文原刊于《中国农史》2014 年第 6 期

---

① 《汉书·武帝纪》。
② 《汉书·谷永传》。
③ 《后汉书·明帝纪》。
④ 《汉书·食货志》。
⑤ 同上。

西汉时期西北地区农业开发的
自然灾害背景

西北地区是传统农业的重要起源地，也是中国历史时期主要经济区域之一。其中，地势平坦、水资源和光热资源较为优越的关中、河套、河湟、河西等地区农业开发较早，为汉民族生活的主要区域，但这些得到充分开发的农业生产区仅为西北广袤土地之一小部分，西北地区之大部则为山地、高原、荒漠和森林草场，这些地区基本属于游牧民族聚居地，他们逐水草牧羊牧马，圈地自立。西北地区的游牧民族在政治上与汉民族若即若离，时战时和，在经济上农牧区域分异明显，农牧交流和联系则日益紧密。但在历史时期，决定汉民族与少数民族之间的农牧关系的主动权基本掌握在从事农耕活动的汉民族手中，虽然游牧民族不乏南下侵掠之举，但农牧区域总体上呈现出牧业萎缩、农业扩展的强劲态势。

一　自然灾害与西北地区农牧关系变迁

自然灾害与西北地区农牧关系转变贯通于西北开发的历史进程中。以往研究西北地区历史开发时多从政治、经济、军事层面分析开发的成因和成效，立足于自然灾害的考察则鲜见。实际上，西北开发的历史动因中自然灾害的影响作用不容忽视，当传统的山东、山西核心农区得到完全开发，各种生产资源有效利用后依然不能解决灾害风险下的人地矛盾和粮食安全问题时，为了规避灾害风险，中央政府在西北地区启动了以农代牧的历史战略。这一战略的实施是以西北开发的国家政策为主导、以边疆屯垦的军事活动方式为先锋、以农业民族的拓荒垦殖为辅助而展开的。汉民族为了生存发展，农垦锋镝直指山林牧场，农牧民族间的关系随着农牧关系的变化而变化，农牧生产区域在很长一段历史时期反复呈现出此消彼长、彼消此长的"拉锯式开发"态势。但因农业生产效率远高于畜牧生产，西北地区传统农牧关系的争斗冲突终于以农进牧退的方式宣告结束。

西北地区向来是游牧民族活动的舞台，秦汉以前，新疆地区为西域戎狄牧地，青海地区为羌人控制，陇西、陇中和陕北等地也在控弦之士掌握之中，汉民族以农为生繁衍生息，仅在关中平原等自然条件较好的区域树艺五谷桑麻。秦汉时期，北方地区的匈奴民族屡遭灾害侵袭，于是南下牧马，迫使汉民族农业生产区收缩，直接威胁到关中等核心农区的政治经济利益。公元前 215 年，秦始皇派将军蒙恬北伐匈奴，修建长城，在此后的两千年时间中，传统农牧业区域分异基本维持在长城线上。在西北地区，这条农牧分界线东北起自陕北榆林、宁夏盐池地区，向西向南延伸到甘肃兰州和青海西宁。以长城线为标志的农牧界限与西北地区自然气候条件也具有很强的耦合性特征，长城线以北以西气候干燥，年降水量约在 400 毫米以下，长城线以南地区则在 400 毫米以上。所以，长城线是一条集政治、经济、自然地理因素于一体的区域分界线。

二　自然灾害对西汉时期西北开发的影响

汉初关中等核心农区经过文、景二帝精心治理，人口滋盛，关中农区粮食生产已经不能满足京师需要，国家不得不建设转运仓运送储存从山东等地大量调拨的粮食。灾荒年份，关中地区粮食紧缺状况更为严重，文帝、景帝、武帝时期曾多次发生大灾荒，如何缓解京师粮食供应、规避灾害风险成为稳定和巩固西汉政权的重大问题。

两汉时期灾荒风险可归咎于两方面的原因：一是农业生产脆弱，抗灾减灾能力差，社会粮食供应量严重不足；二是人口过度膨胀，社会粮食总需求量急剧增加。陈业新对两汉时期发生的灾荒重新评估后认为，两汉时期发生旱灾 112 次，水灾 108 次，蝗灾 65 次，风灾 37 次，霜灾 10

次，雹灾 37 次，雪灾 18 次，寒冻灾 17 次，① 各种农业灾害总计发生 404 次，在两汉 426 年中几乎每年发生一次自然灾害。而中国灾荒史料具有非常鲜明的区域性特点，京师地区和经济发达地区灾荒记录较多且比较全面，因此，见于记载的 404 次自然灾害应以发生在关中地区和山东地区者居多。②

两汉时期水旱灾害动辄波及数十郡国，自然灾害发生后轻者造成农业减产，重者颗粒无收，广大地域饥荒流行。高帝二年（前 205 年）关中饥荒，当时社会甫定，百废待兴，灾害对社会的冲击相当严重，"凡米石五千，人相食，死者过半"③。在自然灾害威胁下，传统农业生产处于经常性的波动之中，粮食产量时好时坏，丰歉难料。自然灾害成为影响两汉社会经济发展的一个重要因素，即使在文景盛世，"岁一不登，民有饥色"④。"失时不雨，民且狼顾，岁恶不入，请卖爵子。"⑤武帝元封四年（前 107 年）"夏，大旱，民多渴死"⑥。在自然灾害的威胁下，西汉皇帝甚至还采取了改元措施以祈求消弭灾害，武帝太初年间"频年苦旱，故改元为天汉，以祈甘雨"⑦。汉成帝建始年间河决东郡，当校尉王延世"堤塞辄平"时遂下诏"改元为河平"⑧。因此，如何化解灾荒风险、缓解关中地区粮食供需矛盾成为两汉王朝统治者不得不考虑的战略性问题。

三　西汉时期的粮食安全形势与西北开发

两汉人口压力对社会经济的影响也非常显著。西汉文、景时期社会稳定，自然灾害相对较少，这为人口的增殖创造了有利条件。据估计，

①　陈业新：《灾害与两汉社会研究》，上海人民出版社 2003 年版。

②　卜风贤：《中国农业灾害史料灾度等级量化方法研究》一文已经对此现象予以论述，见《中国农史》1996 年第 4 期；两汉时期灾害区域分部也以山东、山西地区居多，为主要受灾区域，见《周秦两汉时期农业灾害时空分布研究》，《地理科学》2002 年第 4 期。

③　《汉书·食货志上》。

④　《汉书·文帝纪》。

⑤　《汉书·食货志上》。

⑥　《汉书·武帝纪》。

⑦　同上。

⑧　《汉书·成帝纪》。

西汉初年全国人口约为秦时的60%，即1200万人，汉文帝时期全国人口3120万人，汉景帝时期3250万人，汉武帝前期（前140—前114年）有4000万人，后期（前139—前87年）约3000万人，汉平帝元始二年（2年）时全国人口约5800万人。① 在200年时间中，西汉人口由1200万人增加到5800万人，人口年增长率达到了惊人的1.92%。人口迅速增长的史实反映了西汉时期社会粮食供应能力有了大幅度提高。那么，西汉时期是如何解决因人口迅速增殖而产生的粮食供应问题的？

找寻对策刻不容缓，在当时的条件下解决社会粮食安全问题的最有效、最可行的办法便是拓荒垦殖，扩大耕地面积。汉文帝时期"生谷之土未尽垦，山泽之利未尽出"，② 迫于人口压力于是启动荒地垦殖战略，关中周边荒芜草莽之地当在农垦之列。汉文帝数下诏书，"岁劝民种树"③；汉景帝亦奉行垦荒政策，"民欲徙宽大地者，听之"。④ 只有当耕地总量达到一定水平时，人地数量关系才会维持在动态的稳定状态，人地矛盾以及由此引发的粮食安全问题也能得到暂时的缓解。

在人口压力和灾害风险的双重威胁下，两汉政府可以采取的措施有两种——扩大农区面积和提高农业产量水平。西汉时期对提高农作产量水平极为重视，改进耕作栽培技术、推广高产作物等措施皆有施行，其目的和功效就在于防灾减灾，获得丰产。西汉时期氾胜之教稼三辅，推行"溲种法"和"区田法"，其目的就是为了防灾减灾，获得高产丰产。区田法旨在防旱，"汤有旱灾，伊尹作为区田，教民粪种，负水浇稼"，"区种，天旱常溉之，一亩常收百斛"。⑤ 溲种法则为防旱除虫，"薄田不能粪者，以原蚕矢杂禾种种之，则禾不虫"，"其收至亩百石以上，十倍于后稷。"⑥ 赵过推行代田法，"能（耐）风与旱"，"一岁之收，常过缦

---

① 《汉书·地理志》记载："迄于孝平，凡郡国一百三，县邑千三百一十四，道三十二，侯国二百四十一……民户千二百二十三万三千六百六十二，口五千九百五十九万四千九百七十八，汉极盛矣。"以此为准，减去现今在国境外的交趾等郡县人口之后为5800万人。参见赵文林、谢淑君《中国人口史》，人民出版社1988年版。

② 《汉书·食货志上》。

③ 《汉书·文帝纪》。

④ 《汉书·景帝纪》。

⑤ 《氾胜之书·区田法》。

⑥ 《氾胜之书·溲种法》。

田亩一斛以上，善者倍之"。① 此外，西汉时期还在山东、山西农业区大面积种植冬小麦，通过调整作物结构以防备灾害。西汉末年氾胜之"督三辅种麦，而关中遂穰"，② 汉武帝元狩三年（前 120 年）"劝有水灾郡种宿麦"。1996 年发现于江苏东海县的尹湾汉墓简牍文书中详细记载了西汉末年东海郡的小麦种植情况，"□种宿麦十万七千三百〔八〕十□顷多前千九百二十顷八十二亩"，③ 按武帝时期亩制推算，每亩约合今 0.6916市亩，④ 东海郡种麦面积约为 740 万亩。而简牍"集簿"所载东海郡人口为 266290 户，1394196 人，则户均种麦面积可达到 28 亩之多。这些重大技术革新措施在促进农作物产量提升方面发挥了重大作用，但对尚处于初步发展阶段的传统农业技术体系而言，通过提高农业技术水平促进农作物产量稳产高产还不能从根本上解决灾害风险问题，区田法、溲种法、代田法等技术措施推广范围还很有限，宿麦种植对水肥条件和栽培技术要求较高，在西汉时期大面积推广也有不小阻力，汉武帝时期董仲舒就说过"关中俗不好种麦"。因此，扩大农区面积是解决粮食危机的一种更为可行的选择。

经过秦汉时期的农区拓展，山东、山西地区适宜农耕的广大平原地带基本得到开发，扩大耕地面积的战略目的只能通过开发山地和边疆地区来实现。但是，开发山东农区和关中农区周围的山地丘陵区域在当时的生产力水平下也有很大难度，粟谷类作物产量较低，开发山地经营农业必须有完备的农业技术体系和高产作物为依托，否则容易劳而无获。彻底解除匈奴南下的威胁既符合西汉王朝的国家利益，也有助于扩大西北地区农耕区域，化解关中地区灾害风险，在当时的情况下确为最佳选择，于是汉武帝采取了北上抗击匈奴，移民拓边的战略举措。

历史时期开发西北以西汉武帝最为用力，也最有成效。汉武帝采用军事手段先后统一西域、河套、河西、河湟地区，设官建制，大力发展农垦经济，扩大农耕区域范围。汉武帝反击匈奴的活动持续了数十年之

---

① 《汉书·食货志》。

② 房玄龄：《晋书·食货志》，中华书局 1959 年版。

③ 连云港市博物馆：《尹湾汉墓简牍释文选》，《文物》1996 年第 8 期。

④ 梁方仲：《中国历代户口、田地、田赋统计》，上海人民出版社 1980 年版。

久，最终逐匈奴于漠北之地。公元前121年，汉武帝在攻占河西走廊地区后，设置了酒泉、武威、张掖、敦煌四郡，揭开了河西地区农业开发的序幕。北方河套地区也在汉武帝的刻意经营下成为富甲一方的"新秦中"，实现了以农代牧的结构转型，农区灌溉面积达数万亩之广。西北地区匈奴势力消退后，汉王朝农业开发的力度和范围进一步扩大，河湟地区、河南地区、南疆地区等也实现了由牧而农的转变。经过西汉一朝的刻苦经营，西北边地人口大增，河套、河西、河湟地区的农业生产得到了快速发展，中国传统农业阶段第一个人口高峰由此出现并维持了一千多年之久。

表1　　　　　西汉时期（2年）西北地区人口分布情况

	人口（口）	面积（平方千米）	人口密度（人/平方千米）	占总人口比重（%）
陕西	3278016	195800	16.7	5.65
甘肃	1303646	367000	3.6	2.25
宁夏	95900	66400	1.4	0.16
青海	146048	721000	0.2	0.25
新疆	511662	1646800	0.31	0.88
全国	58005734	9600000	6.04	

资料来源：赵文林、谢淑君《中国人口史》，人民出版社1988年版。

本文原刊于《干旱区资源与环境》2008年第10期

历史时期西北地区的农业化及其
自然与人文原因

西北地区农业产业结构经历了漫长的发展过程，但核心内容集中于农牧关系的比例调整。农牧关系变动具有极为浓烈的自然和人文背景因素，自然因素中气候的变动最具影响力，气候冷暖变动后农牧关系不得不做出适当调整；人文因素中政治力量的角力异常激烈，农牧的进退往往是体现国家意志和实现战略意图的主要途径。自春秋战国以来西北地区农牧产业结构变化经过一波三折的发展，最终以确立农业化取代游牧业的格局而告一段落。而西北地区的农业化，既有产业比较优势的驱动力在其中发挥作用，也有灾害风险、粮食安全和人口压力迫使农业民族西进北上寻求生路的战略考量。

一　原始农业的游农性质

原始农业自萌发以来就呈星罗棋布式散播于西北各地。建立在采集渔猎经济基础上的原始农业并非单一的种植业生产模式，而是种植业、畜牧养殖业和采集渔猎多种成分并存。因为畜牧、渔猎和采集生产具有一定的流动性，与之相伴随的农业生产也只能移动流徙。当时种植业生产中采行撂荒耕作制度，土地耕种一年之后便失去利用价值，只能任其荒废，所以经常性的迁移垦荒是原始农业的基本模式。这一时期牧为游牧、农为游农，虽居而无定所，它从原始农业产生一直持续到定居农耕分化时代。基于这样的思考，这种多样化的农业生产方式可以称之为农牧混合体经济。

我国的农史研究对原始农业阶段农牧混合体经济形式关注不多，而是聚焦于农业起源问题探讨，或热衷于定居农业的早期历史研究，以至出现了农史学科不断壮大繁荣而对数千年的原始农业生产方式研究不足的失衡局面。

考古发掘所见满天星式原始农业遗址分布可能隐含早期游农部落四处迁徙游荡的路线图，过去在原始农业研究中仅仅依据原始农业遗址分布点去推测各地农业兴盛的思路有必要重新调整。即使到了温暖湿润的半坡遗址时代，考古挖掘中也发现原始遗址存在多种不同地层叠加现象，或为同一族群往返迁徙之痕迹，或为不同族群先后聚居于同一地带之孑遗。①

如果把半坡遗址作为游农时代的最后形态的话，游农阶段的时间范围大约有 5000 年，即距今 10000 年前原始农业发生直至距今 5000 年左右的炎黄时代，炎黄时代的部落才是真正定居农业的代表。从半坡族群人口数量与土地生产力方面分析，当时种植业所能提供的食物也仅占全年食物需求量的 20% 左右，② 采集渔猎依然是主要的食物来源。但种植业具有的独特地位是采集渔猎所无法比拟的，即种植耐储藏的谷物类食物以满足冬季寒冷时期的食物需求，比较有效地解决了早期农业发展阶段的季节性饥荒问题。③ 随着游农时期种植业比重的增加，农业生产的作用逐渐由提供冬季食物转变为更长时间的食物供给，当种植业能够提供人们半年时间的食物需求时，农业生产就能过渡发展成为一个比较独立的产业部门，农业民族脱颖而出，原始农牧分化势在必行。据此，我们也应对第一次社会大分工的认识有所突破，第一次社会大分工并不是畜牧生产从农业中分化出来，恰恰相反，是农业生产从游农游牧生产中独立分化出来，诞生了代表先进生产力的定居农业生产形式。能够定居生产的农业部落占据河谷平原地带优越的地理环境，耕稼树艺，兼行采猎，生活水平也在游牧部族之上。

---

① 黄克映：《从半坡遗址考古材料探讨原始农业的几个问题》，《农业考古》1986 年第 2 期。

② 同上。

③ 卜风贤：《季节性饥荒条件下农业起源问题研究》，《中国农史》2005 年第 4 期。

二 农牧产业分化的自然原因

早期农业的分化过程很大程度上应归因于环境适应，在适宜农耕的地域内逐渐扩大耕作范围，改游农为定居农业。西北地区农业分化过程有复杂的自然原因，距今 7000—5000 年时发生了气候由冷干向暖湿的变化，促使原始农业有了长足的发展，农牧混合的原始农业聚落中分化产生了种植作物的农耕部族。西北地区农耕区域以关中沃土及周边地区为主，并辐射到甘肃、青海等地，孕育产生了仰韶文化、马家窑文化和齐家文化等农耕文明形式。

在农牧分化的基础上，原始部落分别形成了游牧民族、农业民族和半渔半农民族三大集团。[1] 原始游牧民族被命之为戎、狄、胡族，发展形成了"所居无常，依随水草，地少五谷，以产牧为业"的畜牧经济。[2] 三代时期，西北地区草原上还有很多"逐水草而迁徙"的少数民族，他们过着"以射猎禽兽为生"的游牧生活。原始半渔半农民族集团主要分布于长江流域以南的东南广大地区，中原农业民族视为百越蛮族，按其生产特点也可称之为游猎民族。蛮族生活于"九疑之南，陆事寡而水事众，于是民人被发文身以像鳞虫，短绻不绔以便涉游，短袂攘卷以便刺舟，因之也"。[3] 越族"水行而山处，以船为车，以楫为马，往若飘风"。[4] 南方蛮越是以从事渔猎和农耕为主的民族。农业民族即传说中活动于中原地区的炎、黄等民族，以及其后在这一地区建立起来的夏、商、周农业国家。虽然后来有研究指出殷商时代屡屡迁徙具备"游耕农业"特性，但此游耕非彼游农之意。殷商时期的农业生产早已脱离撂荒耕作制度，休闲耕作大行其道，所以三代农业的本质特征是定居，移居迁徙只是定居农业形势下的特殊表现而已。在殷商农业迁徙原因上我们可以讨论是否迫于洪水灾害流离失所，但在殷人往来过程中切不可脱离休闲耕作制

① 陈江：《秦汉长城的建筑与汉民族的形成》，《东南文化》1995 年第 1 期。
② （南朝宋）范晔撰：《后汉书》，中华书局 1973 年版。
③ （汉）高诱注：《淮南子》，中华书局 1986 年版。
④ （东汉）袁康、吴平辑录，俞纪东译注：《越绝书全译》，贵州人民出版社 1996 年版。

度而下游耕断语。尽管三代农业生产中还残存一定的采集渔猎成分，但农区规模初具，农耕生产也跃居主体地位，其他作业仅是一种生活的补充而已。

三大民族之中唯有农业民族完全脱离了原始农业"游"而不定的特性，具有更多的革故鼎新特点。农业民族形成之初势单力薄，基本处于夹缝中求生存的状态，北有游牧民族侵扰，南有游猎民族遏制。西北地区农业民族的发展更加艰难，除了关中地区一隅之地可供耕垦农作以外，大部分地域被游牧民族部落占据，励行农业化也就成为关中农业民族生存发展的出路所在。但是，早期的定居农业民族自从产生之日起就在生产环境、技术水平、生活方式、组织管理等方面具有游牧渔猎部落难以企及的优越性。

关中平原地区的丰饶沃土为农业民族提供了立足之地，历尽艰辛，不断壮大。神话传说中关于夸父逐日的故事就发生在关中东部地区，夸父"渴欲饮，饮于河渭，河渭不足，北饮大泽。未至，道渴而死"。河渭不足以解渴，自然隐含干旱景象。① 吕庆峰在《中国上古帝王的农神色彩》一文中全面展示了这一时期农业经济的发展和壮大，到神农时人类已经正式进入了农业社会。"神农作，树五谷淇山之阳，九州之民乃知谷食，而天下化之。"② 神农即为农神之意，当时天下九州农区已然形成。《国语·鲁语》记载："昔烈山氏之有天下也，其子曰柱，能殖百谷百蔬。"《左传·昭公二十九年》："有烈山氏之子曰柱，为稷，自夏以上祀之。周弃亦为稷，自商以来祀之。"稷是西北地区的主要农作物，上古农神也以稷名之，足见西北地区农业产业之盛大和重要，据此判断三代以前西北地区已经完成农业分化，关中农区具备了独立发展农业生产的基础条件。

西北历史上的周秦民族在尧舜禹时代顺利完成定居农耕转型，实现完全意义上的农业化。周族始祖弃因善于农耕而被奉为农神，这对我们理解周族弃牧归农颇有启发意义。弃在周族历史上能居始祖地位，只能说明弃为周族的发展奠立了丰功伟业，在周族早期历史上还能有什么功

---

① 樊志民、冯风：《关中历史上的旱灾与农业问题研究》，《中国农史》1988 年第 1 期。

② 《管子·轻重》。

绩能与定居农耕相比拟？这从弃诞降之时的神秘传说中也可窥见一斑，其中"姜嫄履巨人迹"中游牧色彩极为浓烈。从周人以熊为图腾推测姜嫄所履巨人足迹为熊迹，姜字训诂也可考知牧猎迹象，姜即羌，与牧羊有关，周族牧猎不言自明，而当姜嫄生弃后弃之隘巷，参与保护弃的有马牛、山林中人和飞鸟，儿时的弃完全是在游牧环境中成长起来的。因为弃曾为帝尧农师，弃成年后可能从中原农业民族那里学习到定居农耕技艺，引入传播于周族居地，使得周族改变游农生活为定居农耕生产，自此建不世奇功。秦人先祖伯益善于狩猎畜牧，《史记·秦本纪》载："昔伯翳（即伯益）为舜主畜，畜多息，故有土，赐姓嬴。"西北地区势力强大的周秦民族在其早期历史阶段均为游农游牧部落，只是他们后来与西羌、鬼方、土方等西北土著游牧部族走上了两条截然不同的发展道路。

原始农业聚落的发展转型揭开了西北地区历史发展的新篇章，但最终完成以农立国使命的只有周秦二族。各地早已兴起的农业部落为何裹足不前，周秦民族反而改牧归农后来居上并完成农业化大业，其中缘由很值得进一步思索考察，占据关中农区在周秦立国过程中应具有重要作用和意义。三代时期农业民族日益强盛，建国立邦，农业生产作为关中地区主导产业的地位得到进一步加强。周民族经过 500 多年"务耕种，行地宜"的开辟活动，[1] 在关中东部建立了一个地域广阔、稳定富庶的农耕区。《诗经》中有周原开发的描述："作之屏之，其菑其翳，修之平之，其灌其栵。启之辟之，其柽其椐，攘之剔之，其檿其柘。"这是典型的农业生产和农业社会的场景。

新石器时代晚期西北地区干旱化程度不断加深，太平洋及印度洋季风气候不能到达西北内陆，仰韶文化、马家窑文化和龙山文化时期的一些原始聚落已经丧失了种植谷物的生产环境。随着这种干旱化程度日趋严重，无法在河谷地带生存的游农游牧部落只能向山林草原地区扩散，继续游荡生活，畜牧牛羊，逐水草而居。

---

① （汉）司马迁著：《史记·周本纪》，中华书局 1959 年版。

三 西北地区农业化的人文原因

传统农业时代西北地区农牧交融日趋频繁，农业民族和游牧民族的关系或和或战，和则茶马贸易，战则兵戎相向，自春秋至于明清西北地区两大产业的关系大体如此。在西北地区农牧交融过程中，农业生产结构经历了数次变化，由最初的农牧混合体形式转化为以农为主、农牧结合的生产结构模式。这种转变，既是西北地区气候和土壤条件下农业生产自然选择的结果，也是生活在西北地区的各民族社会经济发展到一定阶段的产物。

农牧交融、以农代牧的农业化过程成为西北地区农业发展的主要趋势。而促使西北地区农业化发展的根本原因则是据有核心农区的农业社会相对优越的政治、经济等人文因素。

1. 农牧冲突

传统的农牧交融可从周祖不窋"窜于戎狄之间"作为时间起点，其地理范围大致在今甘肃庆阳和陕西长武、彬县、旬邑一带。[①] 这时周族农业产业中牧业比重增强，不窋"弃稷不务"，或可视为周族战略扩张的一种应对措施。过去史家多以为不窋此举为由农返牧的产业退化，似有商榷必要。不窋置身戎狄之地，环境约束作用应当不小，大力发展畜牧甚至游牧产业，既可以拓展生存空间，又能以最小的代价取得最快的发展。先周碾子坡遗址的发掘及其中出土的大量陶器和青铜器物也表明，周人在窜入戎狄之间时既畜牧牛羊，也事农耕。不窋之孙公刘"虽在戎狄之间，复修后稷之业，务耕种，行地宜，自漆、沮度渭，取材用，行者有资，居者有畜积，民赖其庆"[②]。公刘复兴农业，应当是周族在适应环境后的产业转型获得成功。古公亶父最终"乃贬戎狄之俗"[③]，于岐下振兴农业。

秦有陇西、北地、上郡的胜利，汉置武威、酒泉、张掖、敦煌四郡

---

① 江林昌：《夏商周文明新探》，浙江人民出版社 2001 年版。
② （汉）司马迁：《史记》，中华书局 1959 年版。
③ 同上。

镇守边地，历史时期西北农牧争斗冲突的疆域范围基本确定。为了确保胜利果实，秦汉以下采取移民屯垦的办法开发边疆，发展农业生产。西北农区范围因此陡然扩张，但西北干旱丘陵地貌严重制约牧区农业化的历史进程，即使在汉唐盛世时期农耕扩展也无法遍及农牧过渡带的大部分地区，农业开发只能采取"点带状"的发展模式。在关中农区与河西四郡之间的广阔区域内，很长时间内农牧生产依然处于犬牙交错状态，在大漠草原之上零星分布着河套、河西和河湟农业区，亦农亦牧也许是宜农宜牧地区的最佳选择。在少数民族入主中原时期尽管走上了驱农归牧的历史道路，但最终的结果不但没有使西北地区的农业消亡，反而促进了游牧生产向定居的畜牧和农耕生产转化。所以西北地区农牧交融贯彻于传统农业发展的漫长历史阶段，并未因王朝的更迭、气候的变迁而停滞或逆转。宋代史学家司马光说："中国强盛，自安远门西尽唐境万二千里，间阎相望，桑麻翳野，天下称富庶者无如陇右"，[1] 可以在一定程度上说明西北传统牧区开始有了一定规模的种植业生产，农牧融合趋势鲜明。

2. 茶马互市

茶马互市也是西北地区农牧融合的另一种表现形式。茶马互市的产生是中原农业与西北边疆牧业生产的结构性差异所决定的，单纯的农耕经济与畜牧业经济生产结构都会出现产品缺陷，需要调剂有余以补不足。

茶马互市是游牧民族与农耕民族之间以物易物的一种特殊的贸易形式，因为游牧民族"嗜汉财物"，农牧产区之间就有了互市贸易和商贾往来。汉代农牧互市以缯絮、金、钱、粮食、酒、茶等农区产品换取牧区的马、牛、名贵毛皮及畜产品，隋唐以后茶马贸易大盛，逐渐取代了贡赐贸易和绢马贸易。

茶马互市对繁荣农牧业经济，改善农牧区的生产和生活结构，促进农牧融合起了非常重要的作用，[2] 对牧区的日常生活和习俗也产生了重大影响。唐人陈陶《陇西行》中写道："自从贵主和亲后，一半胡风似汉

---

[1] （北宋）司马光：《资治通鉴》，中华书局1956年版。

[2] 魏明孔：《西北民族贸易述论——以茶马互市为中心》，《中国经济史研究》2001年第4期。

家。"游牧民族的特色饮品奶茶就是农牧融合的产物之一，特别是乳汁加工品和加工技术传入内地后，对于丰富内地的食品内容、改善食物结构起到了不可忽视的推动作用。

3. 以农为主、农牧结合

西北地区农牧关系长期处于重农轻牧状态，畜牧生产功能也局限于为农耕生产提供动力、肥料。所以，传统农区虽有畜牧生产之名，却无畜牧生产规模效益之实效，畜牧产业完全陷于依附境地。

历史时期西北地区农业发展的基本特征是亦农亦牧，"相土作乘马""亥作服牛"，自农业分化以后农耕地区的发展就与畜牧生产建立了稳固的依存关系。但在农牧分区发展的前提下，农区的畜牧业生产和牧区的农业生产均被扭曲变形，所谓"仰谷寄田"式的牧区农事活动也就只有农耕之名，而无精耕细作之实。尽管经济史学者一再为畜牧生产的地位和传统农牧生产关系进行辩正[①]，农牧经济区彼此独立发展却是不争的历史事实，农区畜牧效益低下与牧区农耕低产劣质一样尽失农牧两业各自的特质本色。

秦霸西戎拉开了农业国家经营农牧交错地带的序幕[②]，立足关中的农业民族越过 400 毫米等降水量线向西北拓展，农耕区域一直扩展到了阴山脚下、秦长城以南的广大地区。魏晋时期的农牧分界线向东南方向迁移，东以云中山、吕梁山，南以陕北高原南缘山脉与泾水为界，此线以东以南基本上是农区，此线以西以北基本上是牧区。[③]

明清时期西北地区农业化进程显著加快，不但汉唐农区得到全面恢复，甚至草莽贫瘠的土地也种植了农作物，玉米、马铃薯等耐旱作物的传入为农业比重的进一步增加提供了基础，农业生产一跃成为西北地区占绝对优势的产业。以农为主的产业格局形成后，不但农业内部畜牧业的依附地位得以延续，西北牧区也呈现出明显的农业化迹象，牧区对农区的依附关系逐渐确立。所以，传统农业生产中的"跛足农业"现象到明清时期全面显现出来。

---

① 李根蟠：《我国古代的农牧关系》，《平准学刊》1986 年第 1 期。
② 樊志民：《秦农业历史研究》，三秦出版社 1997 年版。
③ 谭其骧：《长水集》（下），人民出版社 1987 年版。

明清时期西北地区农业化进程中屯田垦殖，"屯田遍天下，而边境为多。九边皆设屯田，而西北为最"。① 当时宁夏"所至皆高山峭壁，横亘数百里，土人耕牧，锄山为田，虽悬崖偏坡，天地不废"。② 明朝西北军屯颇具规模，边屯军人在边地"且耕且战"，营屯各卫军人"且耕且守"。明清时期农牧分界线自陇山一线向北扩展，游牧民族也且耕且牧，向农牧兼营的经济类型转型。

明清时陕北长城沿线的河套地区和陕南秦巴山地垦田面积增长很快，河套地区许多原来的农牧混合区变成以农为主的农业经济类型。《皇明九边考》记述河套地区"套中膏腴之地令民屯种，以省边粮"。康熙为了对噶尔丹用兵，在新疆和青海地区实施农业开发，就地解决军饷供应。乾隆二十五年（1760年）正式确立了"屯垦开发，以边养边"的政策。统一新疆后，清政府制定了"武定功成，农政宜举"的开发计划，数年后新疆地区传统的"南农北牧"格局发生了显著的变化，农业生产进一步推广到新疆全境。

明清时期陕甘宁传统农区水利工程的修建有力促进了农业生产的发展，畜牧业也因此取得显著增长，在传统农区形成了以农业为主、农牧紧密结合的生产结构。清代西北牧区范围有所缩小，畜牧业内部农业生产比重也有所提升。

明初时在陕北、陇东以至河西一带均有辟牧马草场，畜牧业得到了一定恢复。明中期西北的畜牧生产因为封建地主军官的土地兼并而呈现由盛到萧条的过程，《明史·兵志》记载："庄田日增，草场日削，军民皆困于孳养。"

明清以前西北边地蕃族十九皆从事畜牧生产。自16世纪初陕西、山西北部许多汉民迁居漠南蒙古西部从事农垦种植以来，以农代牧的步伐愈益迅捷。天山以南哈密、吐鲁番、于阗等国是以维吾尔族为主的农业区，在历代各族长期经营的基础上，这里的桑麻禾黍宛如中土，大有与

---

① （清）顾炎武著，昆山市顾炎武研究会校点：《天下郡国利病书》，上海科学技术文献出版社2003年版。

② （明）陈子龙等选辑：《明经世文编》，中华书局1962年版。

内地相提并论之势。[①] 新疆当地的手工业以及各种家庭副业也有所发展，纺织业以棉花和家蚕野蚕丝为原料，制成具有民族风格的"胡锦""花兹布"等制品。园艺作物有葡萄、甜瓜、葫芦、花红、胡桃、桃、杏、枣等。这时新疆等地的农业生产已经不是单一的种植业生产，手工业和农产品贸易也发展起来了，传统的牧业生产区已经开始向多种经营的农业生产转变。

本文原刊于《云南师范大学学报》2011 年第 4 期

---

① 吕卓民：《明清时期西北农牧业生产的发展与演变》，《中国历史地理论丛》2007 年第 2 辑。

西北地区传统农业减灾技术史考察

西北地区传统农业生产中面临经常性的灾害威胁并导致粮食产量的波动起伏，此即历史时期普遍存在的丰歉余缺状况。因此国家从管理体制上创设仓储制度调剂粮食在丰歉年份的供需平衡，农业生产领域也从整地耕作、播种收获等技术环节改造传统农业技术，应对自然灾害，并力图将灾害风险降到最低限度。西北地区旱作农业的发展也因此呈现出显著的技术减灾化倾向：传统旱作农业技术改造一方面追求产量最大化，以提高单产和总产水平；另一方面在改进提升农作技术的同时附加了减灾抗逆的目标要求，以求保持粮食产量在多年内处于稳定状态。旱作农业技术体系因此将增产和减灾性能有机地合二为一，发展产生适宜西北地区自然生态环境的灌溉农业、山地农业、高原农业和绿洲农业等技术类型。

一　传统农业生产中的灾害与减灾问题

西北地区农业生产受气候、地形因素的限制，农业发展程度也不尽相同。关中地区农业发展条件得天独厚，河套、河西、河湟谷地也可引黄灌溉，南疆盆地又可利用天然雪水进行绿洲农业。西北地区的农业发展到汉唐达到高潮，明清跌到低谷。农业发展缓慢的"颓势"愈加明显。究其原因，除战乱不断、经济颓废之外，各种自然灾害频繁发生应是重要的原因，尤其是历史时期多发性的季节性灾害成为农业生产的瓶颈。如平原地区的春秋旱灾，夏秋季节的水涝灾害，严重影响了农业的正常生产。尤其是春夏之交容易出现冰雹灾害以及反季节和违季节出现的霜灾是对农业生产最大的危害，容易造成庄稼减产以至绝收。

1. 西北地区历史灾害类型

历史时期西北地区发生的灾害主要有干旱灾害、水涝灾害、冰雹灾害、霜雪冻灾害、风沙灾害、地震灾害、滑坡泥石流灾害、虫类灾害、瘟疫、畜疫灾害及禾病灾害等。农业气象灾害（干旱灾害，水涝灾害，冰雹灾害，霜雪冻灾害）、农业生物灾害（虫类灾害，瘟疫、畜疫灾害，以及禾病灾害）和农业环境灾害（风沙灾害）三大类型一应俱全。其中旱灾是西北地区最严重的自然灾害，水涝灾害居次。

历史时期西北地区旱灾频繁不断，在从西汉至民国的 2200 多年中，共发生旱灾达 1400 多次。其中旱灾的种类不尽相同，有一般的旱灾，严重的旱灾，还有特别严重的旱灾。尤其注意的是西北地区的旱灾趋势越来越严重，到明清—民国时期，竟达三年两旱，几乎年年有旱。

西北地区的涝灾多为雨水性涝灾，暴雨性灾害。与旱灾相比，西北水涝绝大部分是局部、地区性的。水涝灾害与年降水量相对应，从南至北，由东向西，水涝灾害逐步减少。水灾发生最多的是陕南地区，其次是关中、陇东、陇南，再次是陇中、宁夏、青海。历史时期西北水涝灾害的发生与旱灾一样，也呈增长趋势。

西北地区冰雹灾害一般发生于 4—10 月。历史时期西北地区冰雹灾害发生频繁，元代以来基本上两三年之内就有一个雹灾年份，到了清朝民国时期达到了三年两灾，造成了庄稼损伤，粮食减产以至绝收，个别地区或局部也因此出现饥荒。

西北地区霜冻雪灾害的最早记载是秦躁公八年（前 435 年）"六月，雨雪"，未指明灾区，据推断应为秦当时都城雍（今陕西凤翔）及其附近地区。从此时至元（1270 年）建立前夕，文献所见西北地区共发生霜雪冻灾害 104 次，其中霜灾 57 次，占总数的 54.8%。而元至民国时期共发生霜冻雪灾害 325 次，其中绝大为霜灾。在清朝时期西北共发生霜冻雪灾害 223 次，其中霜灾 180 次，占总数的 80.7%，雪灾 32 次，占总数的 14.3%，冻灾 1 次，占总数的 4.9%。由此可见，西北地区霜冻雪灾害主要是霜灾，雪灾、冻灾的比例较小。

西北地区的风沙灾害包括气象学中称为大风、干热风、沙暴天气造成的灾害，其中干热风灾害最为严重，它能导致农作物减产甚至绝收。

西北地区风沙灾害最早的记载是汉武帝元光五年（前130年）"秋七月，大风拔木"，估计发生在京城（今陕西西安）。西北风沙灾害绝大多数是个别或局部的，但是具有比较明显的季节性，其发生次数也呈增长趋势，尤其沙尘暴灾害在风沙灾害中的比例逐渐提高。

西北农作物虫类繁多，粗略统计有100多种，《西北虫类灾害志》中所见的虫害类别主要有蝗虫（俗称蚂蚱、蚱蜢，文献中也有称螽），粘虫，螟虫，蚜虫，吸浆虫，稻苞虫，油葫芦（俗称土蚱子、蟋蟀）。蝗虫对农作物危害最大，食咬植物株叶茎成害，大发作时可将作物吃成光秆，颗粒无收，我国历史上通常把飞蝗灾害与水、旱并列为三大自然灾害。文献所见西北地区最早的虫类灾害是战国末期，秦王政四年（前243年）"十月庚寅，蝗虫从东方来，如严雪。是岁，天下失瓜瓠"，该记载虽没有指明具体地点，但至少包括咸阳、西安一带。此后西北地区虫类灾害多有发生，关中地区尤为严重，其次是陕南、陕北、陇东，再次是陇中、陇南、宁夏，最少的是河西、海东。

2. 季节性灾害对农业生产的威胁

西北地区的自然灾害有着较强的季节性特点。旱灾常发生在春、夏、秋三季；水涝灾害易在夏、秋两季发生；风沙灾害常在农历三至五月份发生。雹灾一般发生在4—10月份，六七月份发生最多，霜雪初终也有节令可循。其他如虫灾、地震、畜疫等季节性灾害发生时令不太明显，严重危害农业生产的正常开展。春季正是播种谷物的季节，因严重缺水而使作物难以下种。夏秋时分，正处于作物的生长发育阶段，而旱灾、水涝灾害、雹灾的出现容易造成作物的歉收乃至绝产，以至带来饥荒，进而影响社会稳定。

在西北地区的季节性灾害中，旱灾影响最重。旱灾常发生在春、夏、秋三季，《后汉书》记载，公元80年，"久旱，伤麦"；公元134年，"三辅大旱，五谷伤之"；公元184年，"秋七月，三辅大旱，自四月至于是月，是时谷一斛五十万，豆麦一斛二十万，人相食啖，白骨"。旱灾不但可以伤"麦"和"五谷"，还会引起粮价暴涨，谷贵达数十万，进而导致人食人的惨烈后果。《固原州志》记载公元1629年，平、庆、泾、巩（今陇东、陇南、定西、固原）等地区"饥，人死甚众"。旱灾常与蝗灾一起发生，对农业生产和人民生活的影响更为巨大。《旧五代史》记载，公元943年"时州郡（今关中、陕北）蝗旱，百姓流云，谷价翔踊，人多饿殍，饿死者千万计。"《新五代史》记载："四月，关西诸州（今陇南、陇东、宁夏）旱蝗，关西饿殍尤甚，死者十七八。"

水涝灾害也是一种常发性的季节性灾害，多在夏秋时节发生。水灾常导致淹毁房屋、冲毁田地、折损树木、沟渠涨溢、河流暴泛，严重时造成人畜伤亡，对农业生产非常不利。长期的"大雨""霖雨"以及"淫雨"不但严重"伤稼"和"害稼"，而且会导致农作物减产甚至绝收，造成饥荒。《庄浪汇记》记载，公元前208年"七月，大霖雨，连雨七月至九月"。《汉书》记载，公元30年"夏，大水，三辅（今陕西关中）霖雨三十余日，山谷水出，凡杀死千余人。秋，大雨，三十余日，关内大水"。《宋书》记载，公元284年"九月，南安（陇西）霖雨，折树木，害庄稼。秋，西平郡（今西宁）霖雨，暴水，霜伤庄稼。"《明实录》记载，1501年"闰七月，固原、韦州（今固原、同心）天雨连绵，河水泛溢"。《武功县后志》记载，1709年"武功三月至五月，连雨四十日，麦收十之一，比恶不食"。

历史时期西北地区霜冻灾害常有发生，给庄稼稳产带来危害。《汉书》记载，汉元帝永光元年（前43）"三月，陨霜杀桑。九月二日，陨霜杀稼，天下大饥"。可见早霜、晚霜除了有杀稼之外，还能引起饥荒。《魏书》记载："北魏孝文帝太和三年（479）七月，雍州及枹罕、薄骨律、敦煌、仇池镇（今西安、铜川、咸阳南部，甘肃临夏、宁夏北部、酒泉、陇南）并大霜，黍豆尽死。"《明实录》记载，1543年"四月乙亥，陕西固原等地陨霜杀麦"。光绪三十三年的《米脂县志》记载，1533年"米脂六月陨霜杀菽"。嘉靖三十九年的《平凉府志》说平凉有秋七月杀禾的记载。道光八年的《清涧县志》有记载1697年"清涧八月十五日夜，陨霜，五谷皆未熟"。麦、菽、禾、谷遇上霜灾，轻者导致"未熟"，重则遭到"霜杀"。

雹灾难于预防，从四月到十月都有发生，并且来势凶猛，后果严重。《新唐书》记载，唐僖宗广明元年（880年）"五月丁酉，大风拔木"。康熙五年《鄜州志》记载，明世宗时（1553年），"富县，夏四月，忽冰雹，如石榴"。乾隆五十六年的《永寿县志》记载，明穆宗三年（1569年）"五月，延绥（今榆林）雨雹，杀稼七十里"。《元史》记载，公元

1295 年"五月，巩昌、金州、会州、西和州雨雹，大无麦禾"。雍正十三年的《陕西通志》记载，明神宗万历十九年（1591 年）"八月，延绥、榆林二卫所，霜雹相继，禾稼尽死"。光绪三十三年的《米脂县志》记载，清圣祖康熙四年（1665 年），"米脂，雹，秋无收"。如果雹灾只是"伤稼"，还有挽救的余地；如果"杀稼""尽死""无收"，只能说明农作物处于绝收的困境。历史时期西北地区还有冰雹大如升斗、拳头、鸡子、鹅卵；小者如弹丸、莲子的记载，有的冰雹堆到地里足有三尺之厚，几日内甚至上旬天都难以融化。

3. 自然灾害对粟麦种植的影响

先秦时期关中地区的作物仍以耐旱的黍、稷为主。"物竞天择，适者生存。"经过大自然若干年的筛选，野生黍在西北地区表现了极强的适应性，不但耐干旱、耐贫瘠、耐盐碱，而且生长周期短，分蘖力强，生长旺盛[①]。

麦是小麦、大麦、燕麦、黑麦等麦类作物的总称，为一年生禾本科草本农作物。麦在先秦时期是仅次于黍、稷的大田作物，夏商周三代时，黍、稷、粟为西北地区主要粮食作物，麦的地位并不十分重要，这主要是因为黍、稷、粟的抗旱性更强。到了西汉时，黍、稷为主的大田作物品种由于产量过低，已不能满足日益增长的人口需求，小麦虽不具备直接抗旱的生理机能，但其生长所需水分的瓶颈约束此时已经解除，小麦的高产性能得到充分发挥，汉武帝大兴水利的直接结果就是促使小麦成为西北地区最重要的大田作物之一。西周初年那种"专务种其黍稷"[②] 的局面已大为改变，黍、稷开始向西北地区高纬度和高寒地区发展。冬麦虽不比谷黍耐旱，但其秋种夏收，正可利用八九月降雨，又使农田在冬春两季也有作物覆盖，减少了风蚀及风蚀所造成的土壤水分散失。冬麦收获在夏季，这就避免了以往纯种谷黍常出现的青黄不接，从根本上改变了关中农业生产和人民生活的被动局面。[③]

---

① 吴存浩：《中国农业史》。

② 孙星衍：《尚书古今文注疏》卷16。

③ 李风岐、张波、樊志民：《黄土高原古代农业抗旱经验初探》，《农业考古》1984 年第 1、2 期。

小麦种植在秦汉时呈现扩大趋势，这主要归因于小麦冬季种植技术得到提高，对自然灾害的抵御能力大大加强。魏晋南北朝时期西北地区粮食作物的总体格局仍以种粟为主，冬小麦自汉代开始在西北地区推广后，不断在新开发的农区被种植。西北地区冬小麦在秋分前后播种，芒种前后收获，对于粮食的供产不无小补。但是冬小麦的种植较之谷子和黍稷的种植有更高的耕作技术要求，尤其对于水分的需求量更大，当时人们已经注意到"高田种小麦，稴穄不成穗。男儿在他乡，那得不憔悴"①。魏晋南北朝时期旱作农业技术的提高，为冬小麦在西北地区较大规模种植奠定了基础。

隋唐时期农作物栽培趋向集约化，大田作物搭配更为合理，麦类和粟类成为最主要的粮食作物。"三月无雨旱风起，麦苗不秀多黄死；九月降霜秋早寒，禾穗未熟皆青干"，② 麦与粟成为旱作农业区的主粮，西北地区亦如此。唐初各朝非常重视修复关中地区水利，唐高祖武德七年（624 年）云德臣自龙门引黄河灌溉韩城县六十余万顷，这是有史以来首次在渭北地区兴修的引黄灌溉工程，反映了当时水利技术较前代确有进步。经过唐前期不断修复，关中泾、渭、洛、汧四水旧渠基本恢复，具有改进或创新，渠系也较汉代更为密集，灌溉面积有相当程度的扩展。唐时曲辕犁被应用于西北地区的小麦生产，既省力又适于西北干旱半干旱农业的生产。耙、耱、耕抗旱保墒耕作体系适应了西北地区降雨稀少、春季尤其多风苦旱的农业环境，黄土高原无灌溉的雨养农业因此而有所发展，增强了抗旱能力，小麦在西北地区得到推广。自唐中叶之后，西北地区的农业生产总体上出现了一个倒退的趋势，小麦的种植面积也有缩小，但技术水平仍略有提高。

宋元时期麦类作物处于一个勃兴时期，栽种面积迅速扩大，小麦总产量在宋元之际可能已经超过或接近粟的总产量，这与小麦在西北及北方地区和粟、菽等作用轮作有关，也和西北地区中小型水利工程的兴修有关，关中三白渠重新造福于关中百姓，增强了抗旱能力，为小麦的生产提供了保障。明清时西北地区生态环境恶化的趋势已十分明显，过度

---

① 《齐民要术·大小麦》篇。
② 白居易：《杜陵叟》。

地开垦农田、放牧使旱、风、冻、鼠、虫等灾害严重，加之人口增长迅速，粮食供给捉襟见肘，所以小麦的种植面积在西北地区不断扩大，比重不断上升。

明清时期西北地区的抗旱措施五花八门，达到了极高的水平，这是在环境恶化、灾害增多的条件下小麦种植不减反增的重要原因。其中抗旱耕作技术进步、水利灌溉事业发展与施肥技术提高是保障小麦种植扩大的重要技术条件。抗旱耕作技术在明清时得到新发展，西北地区自宋元以来向多熟制发展，在陕甘地区普遍地推行了"二年三熟制"为主的耕作制度。以小麦为主的轮作不仅增加了土地的肥力，也调整了种植结构，最大限度地抵御自然灾害，如在小麦中加入苜蓿的长周期轮作，一般是种五六年苜蓿后，再连续种三四年小麦，以利用苜蓿茬的高肥力。明清时期西北土壤耕作愈加精细，以充分满足抗旱的要求，形成了"浅—深—浅"的基本程式，这是西北人民在数千年抗旱耕作中逐渐总结出的行之有效的保墒增产经验，正如关中农谚所谓的"麦收隔年墒"和"伏里深耕田，赛过水浇田"。西北水利灌溉在明清时以小型多样为特点，小型水利不辞细流，无拒山泉①，能充分利用有限水源，适应西北水源短缺的自然条件。其修渠作堰可长可短，可大可小，灵活机动，溉田多至数千亩，少至数百亩，甚至数十亩。井灌在明清时首先流行于关中地区，崔纪任陕西巡抚时，陕西省井灌遍地开花，在大旱之年保障了小麦和其他作物的生长。在河套地区、甘肃黄河及其支流地区的农民利用大型水车抽提河水灌溉麦田。宋清时农家肥料在西北地区广泛使用，已成为北抗旱的一个重要措施。正因为这一时期肥料种类和用量增加，不仅农作物抗旱性能加强，小麦的品质和产量普遍提高，同时由于粪肥增加土壤肥力，改善土壤结构，从而使贫瘠的典土保持"常新壮"之态，故关中的小麦种植经数千年而不衰竭，旱地栽培技术宋清时期也有所发展，播获的整个生产过程变得更为精细，杨秀元《农言菁实》记载的"千子寄种"最能体现西北抗旱种的技术水平。

在关中以外的西北其他地区，小麦的种植成点状分布，其面积都不是很大，这与小麦的品质有关，小麦的抗旱性不如谷子、糜子、豌豆、

---

① 张波：《西北农牧史》。

黑豆、荜豆、青麻子等，只是在一些能灌溉的地区得到种植，如祁连山雪水和黄河及其支流沿岸。据周春《西夏书》所记，当时这里共有六十八条大小渠道，灌溉农田九万顷，修复汉源渠长达二百五十里，唐徕渠三百二十里。位于黄河东岸的灵州"地饶五谷，尤宜稻麦"。

4. 自然灾害对水稻种植的影响

水稻属高温作物，其产量受温度影响尤为显著，我国西北地区的年辐射总量完全达到了水稻生长的要求。但水稻的生长对水的需求量比小麦要大得多，西北地区的年降雨量不能达到水稻生长的需求，只有依靠雪山融水和地表径流，水稻才能在西北的部分地区得到生长，"黄河百害，唯富一套"，宁夏平原和内蒙古河套平原引黄灌溉造就一方稻田。西北地区旱灾频发，只有在抗旱措施充足的条件下，水稻生产才会繁荣发展。汉唐兴修大量水利工程，水稻生产面积出现了扩大的趋势。而当水利工程凋敝、河流来水量减少时，水稻生产就很难维持。

关于稻的起源很多学者认为在长江流域，我国南方属于热带、亚热带地区，气候温暖，雨量充沛，年平均气温在17℃以上，适宜于水稻栽培。新石器时代西北一些地区也有水稻种植，当时西北的环境类似于现在的长江流域，自然灾害较少，分布着广泛的水稻种植区，陕西华县泉护村和柳树镇的两处仰韶文化遗址中，都发现了稻谷遗存。西周初期气候温暖，竹类在黄河流域广泛生长①，周初时的气候条件也适合于稻的生长。《诗经·豳风·七月》也有"十月获稻，为此春酒"的记载，可见陕西种稻已不限于关中和汉中水上游地区，在地处黄土高原丘陵沟壑区的豳地，种稻酿酒亦成风习。当时的自然条件总体上很优越，自然灾害较少，稻米丰收的场景几乎年年出现。《诗经·甫田》记周畿谷场粮仓堆垒的黍稻粱"如茨如梁""如坻如京"。但受降雨量和灌溉条件的限制，水稻在西北地区并非主要作物。春秋战国时代气候温暖依然，降雨量也比现在充沛，伴随大规模农田水利工程的兴建，即使遭遇旱情，也可灌溉农田，抵御自然灾害，战国时陕西境内水稻种植面积扩大自不待言。

汉武帝时相继开发泾、洛、渭三河水利，修建郑白渠、六辅渠、龙首渠、成国渠、漕渠等大型农田水利工程，同时开修南北山入渭河上的

---

① 竺可桢：《中国近五千年来气候变迁的初步研究》。

小型灌渠，构成纵横交错的水利网络，使许多低产旱地和盐碱地变成高产良田。渭河南岸的长安附近还开发出大片稻作区，西汉总结关中地区农耕经验的《氾胜之书》曾详尽记述长安附近"三月种秔（粳）稻，四月种秫稻"的生产场景。《汉书·东方朔传》所谓"关中天下陆海之地""又有粳稻、梨栗、桑麻、竹箭之饶"，将稻米生产列为经济收益第一宗。《汉书·昭帝纪》中有"稻田使者"官职，说明当时黄河流域的稻作经济受到中央政府的直接关注。甚至河西地区也曾经营水稻生产，《居延汉简》可见"稻"字和"白米""善米""粺米"等词①，敦煌汉简所谓"白米"也可能是指稻米。关中稻田灌溉技术已达到相当高的水平，稻农通过改变流水进出口控制水的温度，适应水稻不同生长期对水温的要求。《氾胜之书》记载"种稻区不欲大，大则水深浅不适"，"始种稻欲温，温者缺期类，令水道相直，至后大热，令水道错"。近年来在陕西榆林、米脂和绥德等县发掘的东汉墓中出土了大量的浮雕石刻图像，画面中野生动物就有虎、鹿、野猪、野骆驼和鹤、鹭鸶等，这些动物都是森林、草原与湖泊环境中的种属，这样的环境条件下十分适宜种植水稻。所以在东汉以前，西北地区种植水稻的范围比现在要广。

唐代关中、中原稻作区有了明显的扩大。在关中郑白渠灌区以外，邓县、蓝田、栎阳、朝邑等县也成为稻作区，长安城北的御苑也种植水稻。②唐前期西北农田水利复兴，疏通和新建了大量灌溉渠道，水稻产区向西北边地扩展。《册府元龟·河渠》记载，唐玄宗开元二十六年（738年）京兆府栎阳因开渠灌溉，原来的盐碱荒地种上了水稻。唐代宗时期多次修浚郑白渠，又拆毁了皇室贵族设置在这两条渠道上的十多处碾硙，稻田面积迅速扩大，"岁收粳稻二百万斛，京城赖之"③。唐诗吟咏关中稻作的诗句也屡见不鲜，唐代诗人韦庄《题沔阳马跑泉李学士别业》诗中说："西园夜雨红樱熟，南亩清风白稻肥"，说明沔河两岸也有大片稻田。在河西、西域、河套等地，唐政府大力兴修水利，武则天时甘州刺史李

---

① 粺米即精米。《诗·大雅·召旻》："彼疏斯粺"，毛亨《传》："彼宜食疏，今反食精粺。"

② 《新唐书》卷145《严郑传》。

③ 《唐语林·政事上》。

汉通开辟屯田，"尽水陆之利，稻收丰衍"①。在唐代敦煌文书和吐鲁番文书中也有不少稻作记载。

魏晋南北朝时期是我国旱作技术的完善时期，稻作在西北地区显著发展，河套—河西一线开始引种水稻，虽然栽培面积有限，却使我国水稻栽培的界限大幅度北移。这些地区光照充足，有修渠灌溉的条件，战乱之中内地农民大量西逃，将稻作栽培技术引入西北干旱区，所以在魏晋简牍和墓葬中时常可见当地种稻的史迹，《魏书》对高昌、焉耆、龟兹、疏勒、于阗等国种稻食之事也有记载。

宋元时关中稻产区主要分布于渭水南岸，周至、户县一带水源丰富，水稻种植比较兴盛；渭北三原的白渠灌区有泾水灌溉之利，也开辟了不少稻田。宁夏平原、河西走廊一带因为元政府迁去了大量南宋降民而使水稻生产有了较快发展。汉中的稻作生产已占主要地位，在洋州等热量条件充足地区实现了一年稻麦两熟制。宋元时在少数民族政权统治区水稻种植也有所发展，西夏陆续整修了汉唐旧渠，又新开了昊王渠，从而使宁夏平原的水利灌溉面积扩大，河套一带"其地饶五谷，尤宜稻麦，甘凉之间皆以诸河为溉"②。辽人逃至西域后仍很重视农业，利用冰川融水进行浇灌，在今额敏至博乐一带"所种皆麦稻"③。

明清时过量垦殖使西北边疆许多地方出现了水土流失、土壤沙化、水资源缺乏等一系列生态问题，干旱、霪雨、冰雹相继成灾，水稻生产在西北地区出现萎缩。关中地区水稻生产主要分布在秦岭北麓沿山一带"御宿川、樊川及华州、兰田、宝鸡、陇州诸川"，④ 利用出山河水以溉植。户县之太平谷水，"下分众流，以溉稻田"，⑤ 瓜牛台下"四水回环，柳阴稻塍，映带南山"。⑥ 西安府城西南之丈八沟，"乃漕河岸最深处。长杨高柳，莲塘花圃，竹径稻塍，为胜游地"。⑦ 城南樊川"产稻极美"⑧。

---

① 《新唐书·郭元振传》。

② （元）脱脱：《宋史·夏国传》。

③ （元）刘郁：《西使记》。

④ 嘉靖《陕西通志》卷35《民物三·物产》。

⑤ 同上。

⑥ 万历《户县志》卷3《胜地遗迹》。

⑦ 康熙《陕西通志》卷27《古迹上·丈八沟》。

⑧ 万历《韩城县志》卷2《土产》。

渭南县所产稻以"产花园及大岭川者佳，酒河川次之"①。万历《眉志》
记该县稻旱地共 3325 顷 22 亩。② 明代汉中盆地"其北至褒，西至沔，东
至城固，方三百余里，崖谷开朗，有肥田活水，修竹鱼稻，桐桔柚
美哉！"③

二 减灾方式之一：抗旱减灾夺丰收

1. 山地农业抗旱防风技术

秦汉时期山地农业减灾技术最具代表性的有区田和代田作业两项，
是汉代农业在关中等地灌溉农区得到充分发展后技术传播的典型方式。
西汉时期已经掀起山地农业发展的历史潮流，代田防风，区田抗旱，二
者以关中农区精耕细作农业为技术基础，试图改造多风干旱的丘陵山地
农业。因为汉代北方旱作技术体系具有一定局限性，代田区田均未取得
理想效果。

《吕氏春秋·任地》强调"五耕五耨，必审以尽"，奠定了传统旱作
农业的基础，体现精耕细作的特色。代田法既不精耕也不细作，沟垄相
间也降低了土地利用效率，与传统旱作农业技术重视耕耨结合的精耕细
作传统颇为不符。代田的具体方法是在面积为一亩的长条形土地上开三
条一尺宽一尺深的沟（畎），沟垄逐年轮换，可获得较高粮食产量，"一
岁之收，常过缦田亩一斛，善者倍之"。从代田法技术指标推测，开沟起
垄仅属于农田治理的特殊形式，沟垄整理并非耕地作业，而是耕地以后、
播种以前的整地，在农事作业性质上与耕后平整土地有相似之处。因为
西北地区风灾多发于甘肃及陕北地区，所以关中灌溉农区也不是代田推
行的主要区域，关中地区的灌溉农业也不能容纳土地利用率较低、农作
技术相对粗糙的代田法。代田法最有可能的推行地区当是河东、弘农和
三辅境内山地丘陵农业区以及西北边郡农垦区。

区田法的高产特性尽人皆知，农史学界大为推崇。但氾胜之所言亩

---

① 天启《渭南县志》卷5《物产》。
② 雍正《陕西通志》卷43《物产一》。
③ 嘉靖《汉中府志》卷1《舆地志》。

产四十石的产量水平却是无以为信，有专家作实验验证区田产量也得出了否定性的结论。现在一般认为区田法仅仅是一种精耕细作的理论设想，不可能在农业生产中推行并取得理想效果。石声汉精研《氾胜之书》，指出区种是一种用肥和保墒的耕作方法，可以用劳力、肥料和适当水分造成小面积的高产。[①] 非常可惜的是，这些认识并未完全揭示区田法的本质。

区田法设计中有三项技术要点。一是区田为应对旱灾而设计，"汤有旱灾，伊尹作区田"。抗旱是区田法的主要目的，旱灾是区田法产生的直接原因。清代《马首农言》一书中也有区田"可备旱荒"之说。《氾胜之书》开篇就讲"凡耕之本，在于趋时和土务粪泽"，抗旱保墒目标鲜明。二是区田虽着力于施肥和灌溉，但疏于耕地整地，"便荒地为之"，完全不见"耕时""土宜"之类的技术要求，直接在荒地上播种劳作即可了事。三是区田作业时是在"以亩为率"的小块土地上作区生产，适宜于田面狭小的农耕区域。过去农史界认定区田法是西汉时期关中地区推行的一项精耕细作技术，其中要点值得反思。区田法不具备精耕农业的技术要素，区田作业中偏重于农作物生长环节的田间管理工作，细作有余精耕不足。所以，区田只能是一种畸形的或是特殊的旱地农业形式，区田之中虽有耕深"一尺"或"六寸"的技术要求，但区田的耕深并非传统旱作农业的"精耕"，而是为了便于行间作物"积壤"壅土而进行的开沟起垄作业，与垄作颇为相似。西汉时期同时符合上述三个条件的农区也不在关中地区，因为关中水利网络建起后已经基本解决了旱灾威胁；关中及周边塬地也不是区田场所，因为区田规划在小块田地上，"诸山陵、近邑高危、倾阪及丘城上，皆可为区田"。关中地区土地兼并后田面只能越来越大，农史前贤所言区田是针对自耕农的零散耕地应运而生的新技术，[②] 此说看似有理，似无必要。区种法很难进行大面积推广，否则得不偿失。[③] 区田法"不先治地"，缺少旱地农业生产中极为关键的整地环节，带有一定的粗放简化性质，与关中农区精耕细作的农业方式格格

① 石声汉：《〈氾胜之书〉今释》，1959 年。

② 梁家勉：《中国农业科学技术史稿》，农业出版社 1989 年版，第 211 页。

③ 许倬云：《汉代的精耕农业与市场经济》，《求古编》，第 43—56 页。

不入。最适于区田推广的地区恰恰就是关中、河套、河西和河湟灌溉农区之外的山地丘陵农区。这些地方推行区田的最大可能是山地农业的粗放性质与区田法不予耕地的作业方式相符合，或者可以看作是为了适应山地农业的具体条件，区田法才不得不放弃精耕的技术要求。区田法推行的目的也许是为了适应关中等灌溉农区土地集中后失地农民开垦丘陵山区的形势需要，是为汉代山地农业开发所做的一项技术创造。其目的是将关中地区灌溉农业技术体系推广到山地丘陵农区发展中，并希望取得如关中农区一般高产稳产的效果。可是，秦汉时期山地农业开发并不具备基本的技术支持条件，区田法在试验推广阶段即因水土不服而宣告失败。清代丁周出于救灾目的在湖北来凤县推行区田法，也因为区田要旱种，但来凤多水田这样的技术失误半途而废。

2. 创制减灾农具抗旱保墒

发祥于西北地区的周代先民在进行农业生产过程中除了使用早期的木制、石制工具之外，开始使用大量的整地工具——耜。《诗经·良耜》中有"畟畟良耜，俶载南亩"；《大田》有："有略其耜"；《良耜》有"三之日于耜"。更重要的是周代先民使用了有利于抗旱保墒的中耕农具——"钱镈"。《诗经·臣工》："命我众人，庤乃钱镈"；《诗经·良耜》："其镈斯赵，以薅荼蓼"。《释名》认为"镈"就是迫也，迫地去草也。陈文华认为"钱镈"就是类似现在青海农民仍在使用的小铲子一样的小铜铲。[①] 使用时装一短柄，贴地平铲。使用方便，有铲除杂草，松土保墒的功效。因此《诗经》中有"或耔获耘"（锄草壅土）的诗句。由此可见，在旱灾威胁严重的商周时期，中耕农具的出现，为西北地区人们开展抗旱保墒、增产稳产奠定了基础。

春秋战国时期，西北地区的传统农业已经进入精耕细作时代，当时出现的许多铁制农具与抗旱保墒有关。根据已有的考古资料可知，春秋战国时期的农具主要有耒、锸、铧、镢、铲、锄、五齿锄、镰、铚等，这些都是翻土工具，并且翻土的工作部件前段都装有铁套刃或者铁制部分。其中的铁镢和五齿锄还是深翻土地的工具。值得一提的是其中的铁锄铸造的形状是六角形，而不铸成四角形则是为了适应垄作法的农艺要

---

① 陈文华：《试论我国传统农业工具的历史地位》，《农业考古》1984 年第 1 期。

求，用来整治垄沟、中耕除草。特别是在"上田弃亩"时把庄稼种在沟里的情况下，用六角形锄锄草的功效就比四角锄高得多。①《吕氏春秋·任地》篇中则是对农具提出了更加严格的要求："是以六尺之耜，所以成亩也；其博八寸，所以成畎也；耨柄尺，此其度也；其耨六寸，所以间稼也"，以此来适应日益精细的耕垦、整地以及抗旱保墒技术的需要。

秦汉时期耕作栽培技术更新进步，新的农业生产工具也随之出现。在陕北米脂出土的东汉牛耕画像中已经出现了适应于代田和区田作业的犁耕。② 播种器械"耧车"不但节省功力，还能减少土壤水分损失，抗旱保墒减灾功效尤为突出。魏晋时期西北地区的农业技术已经基本成熟，以"耕、耙、劳（耱）"为中心的抗旱保墒减灾技术体系已经成形，因而也就出现了一整套适合精耕细作的农具。耕地农具主要有长辕犁、蔚犁、整地农具有耙、铁齿耧凑、劳（耱）、锋，覆土工具有批契、挞等农具。上述系列农具基本上解决了西北地区干旱情况下土地翻耕和平整土地、破碎土块、抗旱保墒的问题，为西北地区"耕、耙、劳（耱）"这一典型的抗旱保墒减灾技术向体系化发展做出了贡献。

唐宋元时曲辕犁是高效减灾农具的典型代表，20 世纪 70 年代初陕西三原李寿墓牛耕图中也发现了二牛抬杠的曲辕犁③，甘肃敦煌 445 号窟壁画的牛耕图中也是这种二牛抬杠式的长辕犁④。在干旱少雨的西北地区使用这种农具，大大提高了抗旱保墒的功效。宋元对峙时期，西夏党项族在西北进行农业生产时所用到的农具有犁、耧、镰、锄、镢、锹、碌碡、碓、碾等，其中的大部分农具抗旱保墒的减灾作用显著。此外，元代的《种莳直说》与王祯《农书》中都记载了耧锄这一中耕除草农具，这种农具在锄头上装附上一个叫做"擗土木雁翅"的零件，还可以对农作物进行培土。王祯称颂此农具"拥土欲深添'雁翅'，为苗除秽（荒草）当锄头，朝来暮去供千垄，力少功多限一牛"⑤。如果当时的西北地区使用此类农具，对抗旱保墒农业的发展会大有裨益。

---

① 樊志民：《秦农业历史研究》，三秦出版社 1997 年版，第 152 页。

② 陈文华：《试论我国传统农业工具的历史地位》，《农业考古》1984 年第 1 期。

③ 《唐李寿墓发掘简报》，《文物》1974 年第 9 期。

④ 陈文华：《试论我国传统农业工具的历史地位》，《农业考古》1984 年第 1 期。

⑤ （元）王祯：《农书》，农业出版社 1981 年版。

明清时期中小型农具的出现对抗旱减灾技术体系趋于完善起到了关键作用。第一就是深耕犁，明清时期总结西北地区抗旱保墒耕作的理论——"浅、深、浅"中就要求"再耕要深翻"，因此杨双山的《知本提纲》中就出现了深耕犁。此犁拽拉有二牛、三牛，甚至四牛。翻地"有深耕尺余者，有甚深二尺者"，通常以"下达地阴"为标准，远远超过传统犁通行的"老三寸"。此农具的使用达到了翻沟蓄水保墒的目的。再者是小巧灵便的农具——漏锄，又作"露锄"，该农具最容易达到"浅、深、浅"耕作理论中"两浅"的蓄水保墒要求，在关中农书《农言著实》亦有记载，当地人们至今仍在使用。此类农具中间开有方形空隙，锄刃宽三寸，略小于一半"笨锄"，其功效除了省力、事半功倍之外，主要还是在于锄后虚土从空隙处漏在锄后，既不会壅土起堆，还能使土地平整，最重要的是能及时锄草保墒，中耕的效果优于普通锄。①

3. 大兴水利抗旱减灾

西北地区解决农业生产问题主要集中于解决干旱问题，其中最有效的方法莫过于兴修水利。西北地区"旱则赤地千里，潦则洪流万顷"②，水利工程的兴修开辟了西北内陆地区引水灌溉、抗旱减灾的先河。《史记·河渠书》云："朔方、西河、河西、酒泉皆引水及川谷以溉田。"

（1）减灾水利工程建设

关中地区早在西周时期就有了小型的水利工程，《诗经·小雅·白华》："滮池北流，浸彼稻田。"秦人入主关中后耕地面积扩大，粮食产量提高③，水利工程有了较大发展。秦王政在公元前246年任用韩国水工郑国修建引泾灌溉水利工程，惠及整个渭北地区。西汉时期关中水利工程进入全面繁荣时期，建成的六辅渠、龙首渠、成国渠、白渠、灵轵渠，以及后来修建的蒙茏渠、漕渠、沣渠，使得泾河、渭河、洛河及一些小的川谷河流水资源都得到开发利用，形成了以引泾灌溉、引渭灌溉

① 李凤岐、樊志民：《陕西古代农业科技》，陕西人民出版社1992年版，第36页。
② 《明经世文编》卷398《徐尚空文集·西北水利议》。
③ 樊志民：《秦农业历史研究》，三秦出版社1997年版，第74—75页。

和引洛灌溉为中心的水利灌溉工程网络。① 促进了关中农业生产的迅速发展，进一步巩固了关中农区作为主要农业区的重要地位，适应了关中地区社会经济发展的形势需求。② 白渠 "穿渠引泾水，首起谷口，尾入栎阳，注渭，中袤二百里，溉田四千五百余顷"，在渭北平原发挥了广泛而持久的灌溉效益。成国渠灌溉今眉县、扶风、武功、兴平一带农田，后经曹魏和唐代扩建，灌溉面积达到 2 万余顷，成为关中又一大型灌区。

西北边疆 "无城郭常居耕田之业"，③ 汉武帝决心用兵西北，大量徙民进行屯田垦殖，在河套、河西、河湟和西域四大灌溉农区全面建设水利工程，奠定了此后两千年水利事业发展的基础。宁夏平原的汉渠据说是武帝元狩四年（前 119 年）创建，后经历代修缮，现可灌溉农田二十万亩。今宁夏青铜峡、吴忠、永宁、贺兰境内的汉延渠，可能是东汉郭璜所开④。今贺兰山东的光禄渠，据说是汉光禄勋徐自为开凿，自青铜峡口引水经银川至上宝闸口入西河，灌溉面积一百万亩以上。宁夏中卫的美丽渠、七星渠也是汉代修建，御史渠、尚书渠现虽已湮没，但自汉代建成后千余年来一直发挥着灌溉效益。

河湟水利开发肇始于汉武帝时期，"自朔方以西至令居，往往通渠置田，官、吏、卒五六万人"⑤。东汉陇西太守马援加强河湟边防，发展经济，招抚流民，"开导水田，劝以耕牧，郡中乐业"⑥。东汉和帝时，河湟水利建设进一步发展，金城郡都尉曹凤在龙耆（今青海海晏县）屯田，发展水利。后来金城长史上官鸿在归义、建威（今青海贵德县北）屯田二十七部，侯霸在东西邯（今青海化隆县南）屯田，多有水利开发。

河西地区降雨量少，属干旱地区，农业生产比较落后。武帝置武

---

① 卜风贤：《周秦汉晋时期农业灾害和农业减灾方略研究》，中国社会科学出版社 2006 年版，第 112—113 页。

② 卜风贤：《西汉武帝经营关中水利的历史意义》，《中国农史》1998 年第 4 期。

③ 《汉书·匈奴传》。

④ 郑肇经：《中国水利史》。

⑤ 《汉书·匈奴传》。

⑥ 《后汉书·马援传》。

威、酒泉、张掖、敦煌四郡后向河西边地屯兵移民，发展水利，河西开发由此兴起，建成了许多大型水利灌溉工程。据《汉书·地理志》载，在今张掖县和酒泉县境有千金渠（亦名觻得渠），引羌谷水（今黑河）溉田，觻得（今张掖西北）大片农田获灌溉之利，所筑干渠渠道长达二百余里。河西走廊西端玉门市和安西县间的疏勒河古名藉端水，汉时也大力开发，引水溉安西农田，《汉书·地理志》称"敦煌郡冥安县（今安西县东南）引藉端水灌溉民田"。今敦煌县西南的党河也得到开发利用，灌溉农田。

太初四年（前101年）贰师将军李广利打通西域后，"自敦煌至盐水，往往起亭，而轮台、渠犁皆有田卒数百人"。当时曾在这里设置校尉，进行屯田，建成能溉田五千顷的大农垦区。此后西域屯垦水利事业向三个方向扩展，一路向西经龟兹到疏勒、莎车、于阗，一路向东南发展到罗布泊地区的楼兰，一路向东北推进到吐鲁番地区的车师。这些水利工程是由屯田兵和西域少数民族在西域开发过程中共同兴建的，农田水利灌溉技术逐步取代了西域的原始灌溉模式。①《水经·河水注》记载，西汉时贰师将军索迈曾领酒泉、敦煌、鄯善、焉耆、龟兹兵四千人屯田楼兰，兴建水利工程，当地农业取得了大丰收，数年之间积粟百万。近年新疆地区的考古工作也发现在今轮台地区克孜尔河流域柯尤克沁存在有汉代的沟渠遗迹，在若羌县米兰古堡附近有一个汉代灌溉渠道系统，渠道与古米兰河通联，干渠长17公里，支渠7条，总长56里多，还有错纵交联的毛渠，干支渠上都设有闸门。在今莎车、新和县境内有一条宽约六米，长一百多公里、渠深三米的渠道，维吾尔语称之为"阿古斯当"，意即汉人渠。

（2）灌溉农业的减灾功效

灌溉农业在西北地区得到迅速发展的直接原因就是能有效地防治旱灾。汉武帝在六辅渠修成后，曾感慨道："农，天下之本也。泉流灌浸，所以育五谷也。左右内史地，名山川原甚众，细民未知其利，故为通沟渎，蓄陂泽，所以备旱也。"②

---

① 张波：《西北农业牧史》，陕西科学技术出版社1989年版，第132页。
② 《汉书·沟洫志》。

郑国渠建成后极大提高了渭北旱原的水源供给能力，灌溉农田多达40000余顷。白渠灌溉面积达 4500 顷，漕渠可溉田 10000 余顷，灵轵渠、成国渠、沣渠溉田面积合计约 10000 余顷。汉代关中大型水利工程的灌溉总面积达到 65000 顷，约合 2400 平方公里，占关中耕地面积 22169 平方公里的 10.8%。① 这些水利灌溉工程的建成极大缓解了旱灾带来的危害，对提高单位面积粮食产量也产生了极大的促进作用。"郑国在前，白渠起后。举臿为云，决渠为雨。泾水一石，其泥数斗。且溉且粪，长我禾黍。衣食京师，亿万人口。"当时关中的灌区农地亩产量可达一钟左右，合今亩产粟谷三四百斤，是当时最高产量指标。②

西北地区农业灌溉工程建设还推动了水利工程技术的发展。首先是水利勘测工程技术水平因此提高，秦汉时期水利勘测技术水平很高，已采用了"准""表""度"等方法。西汉元光六年（前 129 年）开凿漕渠时"令齐人水工徐伯表"。《汉书·沟洫志》称："观地形，令水工准高下。"《汉书·息夫躬传》称："京师土地肥饶，可度地势水泉，广灌溉之利。"当时的工程技术也有长足进步，出现了井渠、飞渠、涵洞、闸门以及多种坝堰等。汉武帝时临晋民众引洛水穿商颜山就采用了井渠建设方法，司马迁《史记·河渠书》称道"井渠之生自之始"。飞渠类如现在的渡槽，在长安西南角"上承沇水于章门西，飞渠引水入城东为仓池"。③东汉顺帝时郭璜在黄河上游"激河浚渠为屯田"④，"激河"就是设法抬高河道水位，可见当时已经出现了雍水堰坝的工程形式。灵帝时樊陵在阳陵（今陕西泾阳县东南）主持修建的樊惠渠，渠首流堰采用桩基础，蔡京《京兆樊惠渠颂》说："此堰树桩累石，委薪积土。基趾功坚，体势强壮。"关中地区水利灌溉效率进一步增强，对西北地区的抗旱减灾做出了突出贡献。

---

① 马正林：《秦皇汉武和关中农田水利》，《地理知识》1975 年第 2 期。
② 钟立飞：《战国农业发展评估》，《农业考古》1990 年第 2 期。
③ （北魏）郦道元著，陈桥驿校证：《水经注校证·渭水》，中华书局 2007 年版。
④ （宋）范晔：《后汉书·西羌传》，中华书局 1965 年版。

三　减灾方式之二：多环节综合性
减灾求稳产促丰收

1. 抗旱保墒减灾技术体系大观

历史时期西北地区劳动人民积极改良农业生产技术进行防灾减灾，以期达到稳产目的，其中耕作和栽培技术措施的减灾功效尤为显著。

（1）抗旱保墒的耕作技术

战国时期《吕氏春秋·任地》载："凡耕之大方；力者欲柔，柔者欲力；息者欲劳，劳者欲息；棘者欲肥，肥者欲棘；急者欲缓，缓者欲急；湿者欲燥，燥者欲湿。"其中"湿者欲燥，燥者欲湿"就是通过耕作措施来调节土壤水分 达到适宜状态。① 深耕也具有一定减灾作用，"其深殖之度，阴土必得，大草不生，又无螟蜮，今兹美禾，来兹美麦。"西北地区也实行了垄作耕作技术，垄作有抗旱抗涝、增温透气等作用。

《氾胜之书》中凝练概括了耕作原理，"凡耕之本，在于趣时，和土，务粪泽"，要求人们通过土壤耕作的手段改善土壤结构，达到疏松柔和状态，为农作物生长发育创造一个良好的土壤环境。② 氾胜之在土壤耕作上提出了"强土弱之"和"弱土强之"的要求，旨在提高农业抗旱防风保墒能力。代田与区田是汉代耕作技术上的两大重要成就，代田是一项适应西北地区干旱地区的农业耕作技术，通过去土培苗和沟垄互换作业，取得用力少而得谷多的效果，"一岁之收，常过缦田亩一斛以上"，③ "事后边城、河东、弘农、三辅、太常民皆遍代田"④。区田法起因于旱灾后的生产自救，应是陕北黄土高原劳动人民的创造，⑤ "诸山岭，近邑高危，倾阪及丘城上，皆可为区田"。

---

① 张海芝、杨首乐：《中国古代土壤耕作理论和技术的历史演进》，《土壤通报》2006 年第5 期。

② 贾思勰原著，缪启愉校释：《齐民要术》，农业出版社 1982 年版。

③ 《汉书·食货志》。

④ 同上。

⑤ 李凤岐、张波、樊志民：《黄土高原古代农业抗旱经验初探》，《农业考古》1984 年第 1期。

南北朝时的《齐民要术》一书中提出的"若水旱不调，宁燥不湿"和"犁欲廉，劳欲再"等旱地作业方法，在春季多风干旱少雨、夏季伏旱秋雨难期的西北地区农业生产中有着重要的减灾作用。

明清时期关中农书《知本提纲》《农言著实》等著作进一步发展了传统的抗旱保墒耕作技术，"麦后之地，总宜先坨过，然后用大犁坨两次"。① 关中农谚有"头遍打破皮，二遍挖出泥"。菜籽地、豌扁豆地，总要用大犁翻过两遍。《知本提纲·农则》强调："初耕宜浅，破皮淹草；次耕渐深，见泥除根；转耕勿动生土，频耖勿留纤草。"后来有人总结这种方式为"浅—深—浅"，是立足于关中地区墒情而创制的抗旱保墒减灾技术体系。

（2）抗旱减灾的栽培技术

西北地区由于干旱的影响，下种后往往难于全苗。但古代劳动人民在长期抗旱中，积累了丰富的抗旱播种经验，创造了许多抗旱栽培方法，对抗御春旱、力保全苗、夺取农业增产起到了重要的作用。

抢墒播种可以达到"以时及泽"的作用，历来受到农家重视。南北朝时期就有抢墒早播的记载，《齐民要术·种谷》："大率欲早，早田倍多于晚。"早播时要做到"良田宜晚种，薄田宜种早。良田非独宜晚，早亦无还。薄田亦早，晚必不成实也。"抢墒早播之所以能做到抗旱、早熟、丰产的效果，是因为土壤墒情好，早播的作物能够行根极深，能够利用土壤深层的水分，从而能够早熟和丰产。② 雨后抢播就是抢墒播种的重要技术之一，《齐民要术·种谷》中率先总结了这方面的经验："凡种谷。雨后为佳，遇小雨，宜接湿种"，如果"小雨不接湿"，就"无亦生禾苗"。清代关中农书《农言著实》总结了陕西关中地区麦后趁雨播谷的经验："谷有穄、笨两种，时之迟早不同，麦后雨水合宜，笨谷要种，穄谷也要种。倘过旱无雨，则笨谷非所宜也。"

耕后镇压有助于"弱土而强之"，《氾胜之书》种麦时要求"覆土厚二寸，以足践之，令种土相亲"；种大豆"覆上土，勿厚，以掌抑之，令种土相亲"。魏晋南北朝时期大多采用人工足踏或者牛羊践踏的方法镇

---

① 王毓瑚：《秦晋农言》，中华书局 1957 年版，第 92 页。

② 中国农业遗产研究室：《北方旱地农业》，中国农业科技出版社 1986 年版，第 102 页。

压，《齐民要术》："凡种，欲牛迟缓行，种人令促步以足蹑垄底"；"牛迟则子匀，足蹑则苗茂"；"种未生前遇旱者，欲得牛羊继人履践之"；"践者茂尔多实"等，在播种同时或播种后进行土壤镇压以利提墒抗旱，确保证苗茂或多实。元明以后西北地区旱灾、风灾频繁发生，干热风对农作物幼苗危害严重。镇压提墒不但起到抗旱作用，而且防风的功效也非常突出。《知本提纲》对关中地区的镇压提墒作了总结："旱种，定数而后播，重劳而后碾，根土相着，自无风旱相忧。"郑实铎解释说："既种之后，尤必纵横重劳，土块已碎，再用石碾碾压，务使细密坚实，根土相着，尚何有风燥之忧？"

深种就墒是西北地区抗旱减灾常用的技术经验。《齐民要术·种谷》篇"凡春种欲深，宜拽重挞"就是深种以接墒、重压以提墒的方法。《大豆》篇"必须耧下，种欲深故，豆性强，苗深则及泽"，更加明确了深种之目的就是"及泽"。元代的王祯《农书》认为："耕过垄畔，随耕随泻，务使均匀，又犁虽掩过，虽成沟垄。覆土既深，虽暴风不能迫挞，暑夏最为能旱。"可见深种在夏天最具抗旱功效。清代《农桑经》总结夏播大豆的经验时也说："种宜深，深则耐旱。"《农言著实》在谈到春秋两季播种时指出："下种时看墒大小，墒弱不足，耧铧子总要新底为妥，以其入地深，种子不致放在干土上。"

干土寄子的播种方法非常适合干旱严重、墒情很差、又无雨水的西北旱地。清代农书《农言著实》记载："收麦后，先拓地，得雨就要种谷。实在无雨，将先拓过之地，或用耧，或手撒干种在地内，候雨。咱先种之谷，比他后种之谷总强。然后又细心，地内些微有黄墒，万可不种，总要干地为妥。"① 这是说在严重干旱无雨情况下采取的应急措施，其益处就是在一定范围之内，尽量少耽误播种期。民国《洛川县志》记载有"宁种八月土，不种九月泥"的农谚，也是说宁肯在八月的干土里寄子，也不要在九月的湿泥中下种。

春播作物出苗后或越冬作物在早春常会受到春旱的威胁，通过耙劳能起到防旱保墒的作用。苗期的耙劳保墒技术在《齐民要术》中就有描

---

① 王毓瑚：《秦晋农言》，中华书局 1957 年版，第 93 页。

述，① 谷子"苗既出垄，每一经雨，白背时，辄以铁齿镂凑纵横耙而劳之"；黍稷"苗生垄平，既宜耙劳"；越冬的大小麦"正月二月，劳而耙之"。王祯《农书》记载："耙劳之功，非但施于纳种之前，也有用于种苗之后。"《农言著实》中有农谚"十月糖麦巧上肥"至今还在传颂，其中的"巧"既有耙劳作业次序安排得当之意，也有准确把握糖地时间的要求。"十月天气糖地前已言明，总要留心记之，且宜一早，因潮气露气而糖，日头一晒，地皮硬矣，既有土坷垃，定糖不开。人或说有潮气将麦压住，不知此十月天气非二三月可比，春天麦正生发，一压则不能出土，此时之糖正为巧上粪。况地过此以后才上冻，冻坚然后一开，何压之有？"② 否则耙劳作业的保墒效果就无从谈起。

苗期镇压不但有添墒的作用，还有增产的功效。《齐民要术》就指出谷子出苗以后要"寻垄蹑之"，旱稻长出后就要"犹欲令人践垄背"，以达到"践者茂而多实业"的效果。《农言著实》记载："豌、扁豆先用碌子一年，然后再锄，此无一定时刻，或二月或三月，看节气迟早可也"，③ 镇压时更要注意"用碌子碌麦要细心，雨水过多不可碌，天气寒冷不可碌，入遇合时而碌，早饭时套牲口，晚饭时卸牲口。盖天气若好，午后日色一晒，麦不至于吃亏。倘若不信，碌之申刻，晚上着遇天气过冷，第二日麦必受病，是所谓先践其生机也，岂能多打麦乎？"④

中耕除草的作用在《诗经》中已有明确记载。《周颂·良耜》"其镈斯赵，以薅荼蓼，荼蓼朽之，黍稷茂之"；《小雅·甫田》"或耘或耔，黍稷薿薿"。除去杂草，可以节省水分，养分的无谓消耗。而且杂草腐烂可以变成肥料，所以黍稷生长茂盛。因此，中耕除草是《诗经》时代栽培技术有较大发展的重要标志。中耕除草技术的出现，改善了农田环境条件，促进了农作物的正常发育，从而提高了作物产量，出现了"千斯仓""万斯箱"。战国时期的《吕氏春秋》提出"五耕五耨，必审以尽"，要求人们多耕多锄。西汉的《氾胜之书》把早锄作为耕之本

① 宋湛庆：《我国古代田间管理中的抗旱和水土保持经验》，《农业考古》1991 年第 3 期。
② 王毓瑚：《秦晋农言》，中华书局 1957 年版，第 98 页。
③ 同上书，第 85 页。
④ 同上书，第 85—86 页。

的重要内容之一。此外中耕除草还具有防旱的功效，北魏的《齐民要术》说只要"盖糖数多"和"锄耨以时"，即使"尧汤旱涝之碾则不敢保"，但是"小小旱，不至全损"。又说"古人云耕锄不以水旱息功，必获丰收之年"。加上"锄头三寸泽"的谚语，说明中耕还有蓄墒保泽的重要作用。

培土壅根栽培技术抗旱保墒功效突出，还具有抗风防倒和增产的作用。汉代《氾胜之书》就指出麦田："秋锄，以棘柴耧之，以壅麦根，故谚曰'子欲富，黄金覆'。黄金覆者，为秋锄麦曳柴壅麦根也。"王祯《农书》也指出大豆"尤当即时锄治，上土，使之叶蔽其根，遮不畏寒"。清代的《农圃便览》："三遍壅土护根，则不畏涝"；《农蚕经》："令浮土护根，则根深而耐旱"；《三农记》亦说高粱"七、八寸再锄以壅根"，能"耐旱，不畏风雨"；《多稼集》还说："耕耘不厌数，壅覆不嫌繁。少则六次，多则八次，土厚根深，结实自有余力。"清代关中农书《知本提纲》对此项技术专门作了总结："每岁之中，风旱无常，故经雨之后，必用锄启土，籽壅禾根，遮护地阴，使湿不耗散，根深本固，常得滋养，自然禾身坚劲，风旱皆有所耐，是籽壅之功兼有益于风旱也。若不壅起皮土，一经风雨，附根而下，一气到底，阴亏而不能济阳也。"

冬季田间积雪有助于防治西北地区春旱灾情。《氾胜之书》记载："冬雨雪止，辄以蔺之，掩地雪，勿使从风飞去，刚立春保泽，冻虫死，来年易稼"，在越冬的麦田里"冬雨雪止，以物辄蔺麦上，掩其雪，勿使从风飞去，后雪复如此，则麦耐旱，多实"。这样做的好处就在于"立春保泽，冻虫死，来年易稼"或者"则麦耐旱，多实"。《齐民要术》对此也有相同看法："有雪，勿令从风飞去，每雪辄一劳之"，这样做是为了"有雪则不荒"；"劳雪令保泽，叶又不虫"。可见"瑞雪兆丰年"说的就是这个道理。

（3）抗旱防虫的种子处理技术

历史时期西北地区选种育种技术重在培育农作物优良的减灾性状，以使其在西北干旱多灾环境下能取得高产稳产的收获。农作物减灾性状的选育方法主要有溲种、渍种和浸种法。

溲种法实际上就是在种子外面包上一层以残矢、羊矢为主要原料的粪壳，类似现在的"种子肥料包衣"技术。溲种法所用附子为毒性较大的药材，经过煮沸后药性降低，但是对防治地下害虫仍起作用。南京农业大学的朱培仁教授撰写的《中国包衣种子的发生与发展》一文中明确指出我国古代溲种法具有早苗、全苗、壮苗、保墒的直接效应和增产的间接效应。① 我国古代的包衣溲种法首见于西汉时期《氾胜之书》，把马、牛、羊、猪、麋、鹿等动物骨头捣碎放入水中，煮沸三次，漉出骨渣，然后于每斗骨汁中浸渍附子五枚。三五天后取出附子，用分量相等的动物粪料加进骨汁内搅拌，使之均匀成为稠粥状。播种前20天把种子放在里面搅拌，使稠汁附在种子上，此即溲种。溲种要在天气干燥时进行，溲种六、七次后晒干，妥善储藏，播种之际再溲种一次，然后播种。这样处理的种子不仅使"禾不蝗虫"，而且可"使稼耐旱"，从而获得"收常倍"的效果。如果没有上述骨头，可以用煮蚕茧澡丝的水来调粪溲种，这样处理的种子抗旱防虫的功效，"终岁不失于获"。唐代《四时纂要》也有类似的记载："（八月）若天旱无雨泽，以醋浆水病蚕矢薄泽麦种，露却向晨速投之，令麦耐旱。"②

酢浆泽种法也见于《氾胜之书》："当种麦，若天旱无雨泽，则薄泽麦种以酢浆并蚕矢，夜半泽，向晨速投之，令与白露俱下。酢浆令麦耐旱，蚕矢令麦忍寒。"③ 该法用酢浆和蚕粪泡制搅和的汁浸泽麦种，从而增强作物的抗旱功能。

雪水浸种法早在汉代就有施行，《氾胜之书》中就有"雪汁者，五谷之精液，使稼耐旱"的做法，唐宋以后用雪水浸种已经相当普遍，唐《四时纂要》、宋代《格物粗谈》和元代《农桑撮要》中均有雪水浸种耐旱的记载。④ 明清时期的农书中所记载的雪水浸种方法就更为普遍，清代陕西杨双山所著关中农书《知本提纲》中对雪水浸种有详细的描述："必须预收十二月（五九）内之雪，化水以沃之。雪内含土膏精英之气，沃淘诸种，皆肥而耐旱，不生诸虫。"⑤ 雪水不但富含氮化物和硫、磷、铁、

---

① 朱培仁：《中国包衣种子的发生与发展》，《中国农史》1981年第1期。

② 阎万英、梅汝鸿：《古今包衣种子处理种子的比较》，《农业考古》1989年第1期。

③ 石声汉：《氾胜之书今释》，农业出版社1956年版，第16页。

④ 阎万英、梅汝鸿：《古今包衣技术处理种子的比较》，《农业考古》1989年第1期。

⑤ 王毓瑚：《秦晋农言》，中华书局1957年版，第20页。

钾等多种矿质养料，且重水含量仅为普通水的四分之一，对农作物生长有促进作用。①

2. 选育嘉种抗灾减灾

《诗经》中除了记载大量的农作物名称之外，还出现了如何选用优良品种进行抗旱增产的记载。《诗经》提到的"嘉种"，黍有秬（黑黍）、秠（一稃二米）两种；粱（粟）有穈（赤苗）、芑（白苗）、黄（黄苗）之分。有些品种还有稙（早播）、稚（晚播）、重（早熟）、穋（晚熟）等不同品种，在选种标准上也有抗旱、耐虫的要求。尽管对良种作物的减灾性能我们在历史文献检录时并未见到更多的专门论述，但嘉种概念之中包含抗旱耐虫要求，依据逻辑推理可知减灾应当是作物高产的先决条件。嘉种性状之中罗列减灾指标即标志着西北旱作农业生产中已经能够协调处理增产与减损的矛盾关系。

（1）西北地区的本土减灾作物

西北广大地区在距今六、七千年前已经种植粟、黍等耐旱谷物作物。陕西半坡、华阴柳子镇、宝鸡北首岭等新石器遗址中均发现谷粒，甘肃马家湾新石器遗址发现了谷物朽灰，青海乐都柳湾遗址中发现了许多用粟陪葬的例子。② 新疆古代也大量种植穈子，在哈密五堡古墓地发现了距今三千年左右的粟类标本，楼兰古城发现了深达 70 厘米的穈子堆积层。粟、黍两种作物具有发达的根系和极高的蒸腾效率，能在干旱环境下萌芽发育，耐旱耐瘠。粟、黍还具有耐储藏品性，在旱涝不定、丰歉不均的古代西北地区，是青黄不接时的救命粮。因此，不管古代西北地区作物种类如何变化，谷黍一直占有很大的比重，这种局面大约一直沿至元明时期。《诗经》中记载了二十多种农作物，其中黍和粟出现的次数就多达 27 次。从《诗经》中反映西周时期劳动诗歌来分析，当时关中地区种植抗旱的粟、黍已非常普遍。北魏《齐民要术》记载的 86 个谷子品种中就有"早熟、抗旱、抗虫"的朱谷、高居黄等 14 个品种。明清时期西北

---

① 中国农业遗产研究室：《北方旱地农业》，中国农业科技出版社 1986 年版，第 96—97 页。

② 黄其煦：《黄河流域新石器时代农耕文化中的作物》，《农业考古》1982 年第 2 期。

地区许多地方志也有选育耐旱性能强的粟谷类作物的记载①。

小麦是陕西、甘肃、宁夏、河套等地区主要粮食作物。古代西北地区种植小麦的历史悠久，在陕西武功赵家崖遗址、甘肃民乐东灰山遗址都曾发现小麦的遗迹，新疆地区史前遗址也发现了小麦，距今4000年的孔雀河墓地中发现多颗麦粒，甚至还有麦穗。麦的耐旱性不及谷黍，但由于它是秋种夏收，可以利用夏秋季节的集中降水，又能使农田在冬春两季有作物覆盖，减少了土壤风蚀及风蚀造成的土壤水分流失。② 冬麦收获在夏季，有助于改善西北地区粟谷秋收之前青黄不接的被动局面。《诗经·周颂·清庙》有"贻我来牟"的记载，《说文解字》认为"来，周所受瑞麦"，所以石声汉先生在《农业遗产要略》中说它"似乎是周民族特有的作物"。但是，西汉之前麦的种植并不普遍，汉武帝时诏令郡国广种冬小麦，麦子从此在西北地区开始有了大面积的种植。甘肃《泾州志》记载："西晋太康元年（280年），安定（今泾州县）北大旱，伤麦"，③可见西晋时期小麦在甘肃地区已有了大面积种植。历史上还记载冬麦经过处理，于春季播种的，称为"该种"。嘉靖《陕西通志》卷35《民物三·物产》记载："春小麦，当年春种夏收，品质不及于冬小麦，故种植受限，一般为先年末及种，或冬麦受损，遂种植春麦以作补救。"

大豆在古代称之为菽，生性耐旱，适宜在黄土高原种植，营养价值极高。传说周始祖后稷幼年时就善种大豆，春秋战国时大豆在粮食作物中占有很大比例，历史文献中多以"菽粟"并称指代谷物。西汉《氾胜之书》对大豆耐旱备荒的作用评价很高，认为"大豆保岁易为，宜古之所以备凶年"，于是建议农家广种大豆，"谨记家口树种大豆，率种五亩，此田之本"。明朝时大豆遍及整个黄土高原地区，嘉靖《陕西通志》记载延绥镇屯垦区"菽粟被野"，陇中秦安等县志也记载"有牟多菽"。④ 关

---

① 明代甘肃《平凉县志》载有一种"疾谷"，"五月种，八月收，旱可种"。清《甘肃新通志》中说："六十日谷，遇旱歉种之，足以救急。"清代《牍见随笔》也说："谷者，最易蕃息而最易播种，有苗即可望收。旱之愈久得雨愈茂，虽至苗枯焦也能复生。"清代吴其浚的《植物名实考》中也说："粟，耐旱而迟收。"

② 樊志民、冯风：《关于历史上的旱灾与农业问题研究》，《农业考古》1997年第3期。

③ 张波：《中国农业自然灾害史料集》，陕西科技出版社1986年版。

④ 吕卓民：《明代西北地区主要粮食作物的种植与地域分布》，《中国农史》2000年第1期。

中地区栽培有黑、白、青、黄、绿、槐、更豆、小豆等十余种豆类作物，黑豆多种于陕北延安府与陇东平凉、庆阳二府地。陇中之临洮、巩昌二府多见蚕豆、回回豆等。

荞麦，又名马麦、花麦、三角麦，生长期短，有救灾、补荒、填闲的功效。在久旱不雨，播谷失期时，可再种荞麦追种，五、六十天即可收获。尽管荞麦产量很低，食用价值也不高，但是自秦汉以来西北地区多有种植。

稗的品质很差，适应性很强，兼具抗涝耐旱功能，在水旱之年皆有好的收成，也是一种重要的救荒作物。黄土高原地区一直种有稗子，《氾胜之书》记载："稗，既堪水旱，种无不熟之时。又特滋茂盛，易生。芜秽良田，亩得二、三十斛。宜种之以备凶年"。

西北地区的救荒作物还有大麦和莜麦，大麦生育期较短，比小麦早熟15—20天，具有抗寒、耐旱、耐瘠、耐盐碱的性能，遇灾可济"接青"之贫。莜麦在西北地区种植已有2000多年的历史。

（2）西北地区引入的减灾作物

西北地区还从域外引入了一些具有抗灾减灾功效的农作物品种，丰富了当地农作物品种数量，也提高了粮食产量。引入作物品质较差，但产量较高，适宜于解决温饱而不是追求生活品质的农业生产目标要求。

高粱是一种既耐旱、又耐涝的农作物，据传也属域外引入物种。民国《绥远志略》云："高粱，即耐旱耐热，虽处瘠土，生长最佳。"《甘肃省志·农业志》中谈道："甘肃习惯称高粱为秫秫；陇东又叫稻黍、荍子、芦粟；陇南的高粱俗称"蜀黍"，新疆焉耆县萨尔墩旧城遗址窖穴就有高粱。"

马铃薯是一种耐旱、耐涝、不惧冰雹的高产作物，大概明末从海外传入我国，清中叶传入西北地区，《甘肃省志·农业志》中认为传入天水的时间大概在乾隆二十九年至同治二年（1764—1863年）。在屡遭灾荒的情况下，马铃薯可做救灾作物。《山西农家俚言浅解》中载有："五谷不收也无患，还有咱的两亩山药蛋。"甘肃称之为"宝贝蛋"。

玉米为高产抗旱作物，原产北美洲，明代传入我国。嘉靖《陕西通志》记载关中已有御麦种植。嘉靖《商洛商南县集》亦记二县物产中有御麦，且言此麦色大而粒肥，"可为饭、为饼、为蒸食，秋后嘉"。"秋后嘉"一句似乎从收获季节上与夏作麦类进行了区别，又反映了其作为秋季作物的特点。① 嘉靖《平凉府志》记载最为周详，"番麦，一名西天麦，苗叶如蜀秫而肥短，末有穗如稻而非实，实如塔，如桐子大；生节开花，垂红绒在塔末，长五六寸。三月种，八月收"。万历《新修安定县志》、万历《重修汉阴县志》等也记载了其县境内有玉麦。清代西北地区玉米种植迅速扩大，清嘉庆《华亭县志》有"番麦则多矣"的记载，甘肃《敦煌县志》《镇番县志》也有种植玉米的记载。

3. 种谷必杂五种以备灾害

传统农业时代西北地区种植的作物有大田作物、油料作物、桑麻作物等类别，总计十数种之多。各种各类作物的播种面积并无定数，种植业内部各种作物的比例关系历经不断调整和变化。自然灾害在西北地区种植作物结构的演变历史中产生了重要作用，通过调整农业内部作物比例关系可以抵御自然灾害侵袭，夺取农业生产丰收和稳产。

古有"种杂五谷，以备灾害"之训。夏商时人们已认识到，黍稷麦豆，生性迥异。在气候干燥的西北地区，只有合理搭配播种多种不同生产性能的农作物品种才能使有效资源充分利用，克服不良环境的制约，以达到抗旱减灾、增产保收的目的，否则"一谷不收谓之馑；二谷不收谓之旱；三谷不收谓之凶；四谷不收谓之馈，五谷不收谓之饥"。②

五谷一词最早见于《论语·微子》："丈人曰：四体不勤，五谷不分，孰为夫子?"但解释却有不同，一说是黍、稷、麦、菽、稻；一说是黍、稷、麦、菽、麻。这二种说法的主要区别在于稻、麻的有无，之所以出现分歧，是因为当时的作物并不止于五种，"百谷""六谷"和"九谷"说的存在就是一个明证，而各地的作物种类又存在差异。当时西北地区的大田作物种类也相当丰富，随着生产技术的提高和外来作物的引进，西北地区的大田作物品种不断增多，搭配愈来愈合理，抗旱保收能力越来越强。

传统农业发展之初，受旱灾的影响尤甚，西北地区只能种植耐旱的

---

① 吕卓民：《明代西北地区主要粮食作物的种植与地域分布》，《中国农史》2000 年第1 期。

② 《墨子·七患》。

大田作物。北首岭、半坡诸石器时代遗址所见谷物以粟类为主。从秦汉到明清的漫长的岁月中，各封建王朝都在西北地区实行军屯、民屯和商屯。大面积的草原被垦殖，大片森林被砍伐，西北地区原本就比较脆弱的生态系统遭到严重破坏。干旱、洪涝、风暴、冰雹和霜冻等自然灾害愈来愈频繁地侵袭西北地区，这对很大程度上靠天吃饭的西北农业产生了巨大影响。

大豆原产我国，古代称之为菽。其蛋白质含量高达37%—40%，为猪肉、牛肉、鸡蛋等食品的两倍多，被誉为"田中之肉"。同时，大豆也是比较耐旱的作物，对土壤条件要求也不苛刻，适宜在黄土高原种植。菽也是先秦时重要的大田作物，它包括黄豆、青豆、黑豆等，后来专指大豆。春秋战国时，大豆在粮食中占有很大比重，《氾胜之书》对大豆耐旱救荒作用估价很高，认为"大豆保岁易为，宜古之所以备凶年"。在这一时期的相关典籍中多以菽粟并提代表民食，黍在五谷中的地位反而相对下降了。《墨子·尚贤中》："耕稼树艺聚菽粟，是以菽粟多而民足乎食。"《孟子·尽心上》："圣人治天下，使有菽粟如水火。菽粟如水火，而民焉有不仁者乎？"到战国时人们已经完全认识到大豆备灾的功用。汉代时西北地区广种大豆，后来大豆种植比重逐渐有所减少，但黄土高原仍保留着一些大豆产区。

西北地区人民喜爱黍谷，是因为这两种作物耐旱性能良好。谷子和黍子都是小粒谷物，籽粒发芽时需水分少，稍有墒情即可萌发。它们叶片窄小，蒸腾系数小；根系发达，抗旱能力强。谷子和黍子有春播和夏播品种，霜期较长的西北黄土高原可以春播，必要时也可以夏播。它们又是有名的耐贮藏的品种，在旱涝不定、丰歉不均的古代北方需要有较长时期的粮食贮备，所以有"三年耕必有一年之食"的记载[1]，"九年耕必有三年之食"[2] 的要求，谷黍正是抗旱耐藏的救命粮。历史时期我国作物种类虽然有发展变化，而谷子和黍子在古代黄土高原地区却一直占有很大比重，这种局面大约一直沿至元朝。

明清西北地区种植的夏粮作物主要有小麦、大麦、青稞、豌豆和扁

---

① 《礼记·王制》。
② 《汉书·食货志》。

豆，一些地方还种植燕麦。嘉靖《陕西通志》列述的夏粮作物有小麦、大麦、青稞、豌豆、扁豆等，并云在关中"处处有之"。① 秋粮作物本来有黍、粟、粱等粟米类与黑豆、黄豆等豆类及水稻与荞。"韩城县境是黍、稠、粱、菽咸宜。"② "渭南县所产黍，气香而粘稠，明洁可交神，还有谷之如芝麻者，俗名芝麻粱，最益脾胃。"③ 再加上由美洲引入的玉米、甘薯、马铃薯等大田作物，极大丰富和调整了西北地区大田作物的品种。自清时引入的甘薯由于产量高、耐寒，在西北地区很快就得到了推广。"亩可得数千斤，胜五谷几倍。"④ 甘薯既可熟吃，又可生食，能佐餐代粮，引入后在历代救荒中发挥了重要作用。马铃薯对土壤条件要求不高，加之又十分耐寒，西北地区引入后在许多贫瘠的土地上开始种植，马铃薯非常适于在西北生长，现已成为陕北、陇东地区最重要的大田作物。

4. 按时收获防灾保质

农业产后阶段常会受到暴雨、冰雹、风灾等类型的季节性灾害的危害，粮食收获后的储粮保质也是较难解决的问题，故此龙口夺食才能确保劳有所获。西北地区除害防损的减灾措施表现在如何鉴别庄稼成熟、怎样做到适时收获、收获粮食时采用何种工具、收获后怎样储藏粮食等方面。

（1）鉴别庄稼成熟的方法

西北地区由于农史资料的限制，先民采用何种方法来鉴别庄稼成熟很少介绍。最早反映西北地区先民农耕劳作的《诗经》一书中，最先对农作物成熟情况作了记载。首先从农作物的形态上来看农作物的成熟程度，⑤《诗经》中《大田》《生民》等篇章用"皂""坚""好""颖""粟"来形容不同作物的成熟特征。其次，不同的农作物有不同的获期。《诗经·豳风》即载"八月期获""十月获稻""十月纳禾稼"，可见西北地区的先民已初步掌握作物成熟的识别技术。

---

① 宋应星：《天工开物》卷上《乃粒·麦》。
② 万历：《韩城县志》卷2《土产》。
③ 天启：《渭南县志》卷5《食货志·物产》。
④ 陆耀：《甘薯录》。
⑤ 梁家勉：《诗经之农业及农植物研究》，《梁家勉农史论文集》，中国农业出版社2002年版，第299页。

辨别作物成熟有不同的标准。西汉《氾胜之书》中判别谷子成熟的标准是"芒张叶黄"，这时就要求"捷获之不疑"。豆子的成熟标准是"荚黑而茎苍，辄收无疑""青荚在上，黑荚在下"[①]，荚子开始变黑、茎开始褪色时就可以收割，或者上一段豆荚还青着，下一段豆荚已发黑就意味着可以收割。穄、黍成熟的标准为"穄青喉，黍折头"[②]，穄穗与秆相接的地方发青的时候就要收割，而黍穗弯下头时才能收割。荞麦成熟的标准是"上两种子黑，上头一种子白。皆是白汁，满似如浓"。[③] 高粱的成熟标准为"不宜过老，须粒带微嫩。四青五青收之"。[④] 《吕氏春秋·任地》篇提到收获大麦时"孟夏之时，杀三叶而获大麦"，把收获时间与作物收获标准说得更加具体。

（2）粮食作物收获技术

《诗经》中要求人们"获之挃挃，积之粟粟"。督促收获庄稼要迅速，避免因为灾害天气造成不必要的损失。《吕氏春秋·审时》篇中提到"斩木不时……稼就而不获，必遇天灾"，强调贻误收获时机就会影响作物产量，遭到自然灾害的侵袭。

秦汉以后及时收获的技术要领就是抢收，《汉书·食货志》云："收获如寇盗之至。"《氾胜之书》要求"获不可不速，常以急疾为务"[⑤]。魏晋时期杨泉在其《物理论》中提到"稼欲熟，收欲速，此良农之务也"[⑥]，及时收获谷子、小麦等禾谷类作物尤为重要，这些作物黄熟很快，遇到晴天日暖在很短时间内就枯熟，一经风雨便成灾损。古语也有"收麦如救火，若稍迟慢，一值阴雨，即为灾伤"的说法。

根据不同作物特性和成熟特点进行收获，就有可能增加产量。《氾胜之书》中收禾要"熟过半，断之"，收大豆要"荚黑而茎苍"，否则"其实将落，反失之"。《齐民要术》根据谷子、黍、穄、大豆、小豆、粱、

---

① 石声汉：《氾胜之书今释》，科学出版社1956年版，第33页。

② 葛能全：《齐民要术谚语民谣成语典故浅释》，知识出版社1988年版，第9—10页。

③ 胡锡文：《中国农学遗产选集·甲类第三种·粮食作物》（上），农业出版社1959年版，第568页。

④ 同上书，第534页。

⑤ 石声汉：《氾胜之书今释》，科学出版社1956年版，第32页。

⑥ 郭文涛：《中国农业科技发展史略》，中国科学技术出版社1988年版，第214—215页。

秫、水稻、胡麻的不同特性和成熟特点提出适时收获的具体标准，其中大多数农作物在当时西北地区也有种植。谷子要"熟速刈，干速积""刈早则镰伤，刈晚则穗折，遇风则收减"；获小豆"趁豆荚多数未黄熟（三青两黄）时，拔而倒竖，使之后熟"，可达到"生者均熟，不畏严霜，从本至末，全无秕减"。关中农书《农言著实》记载收割菜子要"菜子收黄色，莫待干了才收"。而黍、粱、稷要晚收，这些作物"性不零落"，早获会"损实"，或"米不成"，要全熟才获。水稻宜于"霜降获之""早刈米青而不坚""晚刈零落而损收"。麻必须"勃灰便收"，因为"未勃者收，皮不成，放勃不收，而即骊（黄黑色）"。

及时收获和适时收获都能减少粮食耗损，但两者的侧重点各有不同。及时收获侧重于避免灾害，适时收获则追求使庄稼尽可能增产稳产。[1] 蒲松龄《农桑经》对此有精准描述："谷在旱中秀，也能圆饱成粒。倘有三五分熟，忽降大雨，雨止便宜速割，一二日割完。若稍迟则倒发或变黄黑，一粒全无矣。万勿迟疑，戒之戒之。"两者都是西北地区在农业生产后期阶段重要的减灾技术措施。

　　　　　本文原刊于陕西省科技史学会编《中国历史上的自然灾害与
　　　　　应对措施》，陕西旅游出版社 2011 年版

---

① 胡锡文：《中国农学遗产选集·粮食作物》（上），农业出版社 1959 年版，第 250 页。

重评西汉时期代田区田的用地技术

　　西汉时期传统农业生产中代表性的土地利用技术有区田和代田作业两项，并屡屡受到后代推崇而加以推行，而肯定代田区田的高产性能也成为复古推广这两项土地利用技术的根本原因。"古人代田之法，一亩三畎，深耕易耨，岁可获数十钟。"[①] 三国时期邓艾"又为区种之法，手执耒耜，率先将士，所统万数，而身不离仆虏之劳，亲执士卒之役。故落门、段谷之战，能以少击多，摧破强贼，斩首万计"。[②] 基于此，我国农业历史研究中诸多重要论著设置专门篇章讨论代田区田问题，[③] 甚至认为代田、区田方法是代表这一时期耕作栽培技术的"先进方法"，[④] 因此才有了汉代粮食产量的大幅提升。[⑤] 但根据中国农业历史发展的一般规律，最先进的农业生产技术产生于最发达的农耕区域，代田防风，区田抗旱，均与秦汉时期迅速发展起来的关中和山东灌区农业环境不相符合。此外，先进技术的产生与发展还有一项重要技术规范，即能够提高劳动效率和生产效益，但从代田区田技术措施观察亦非如此。因此，西汉时期的代田区田技术并不能代表汉代农业生产技术发展的最高水平，也不能作为

---

①　（清）吴伟业：《吴梅村集》卷37。

②　《晋书》卷48《段灼传》。

③　详见梁家勉主编《中国农业科学技术史稿》，第206—212页：第四章第六节"代田法与区田法"；张波主编《中国农业通史·战国秦汉卷》，第221—224页：第七章第二节之"代田法与区田法"；吴存浩《中国农业史》，第388—390页：第二章第四节之"代田法与区田法"等。

④　吴存浩：《中国农业史》，警官教育出版社1996年版，第388页。

⑤　马非百在解释《管子·轻重八》文中"高田十石，间田五石"时指出："由于从赵过发明代田法及氾胜之发明区田法，耕作方法不断有所改善。凡此皆粮食产量增加之有利条件。"见马非百《管子轻重篇新诠》，中华书局1979年版，第318页。

汉代农业精耕细作技术体系的主要部分。

一 代田区田法中的土地利用技术

《吕氏春秋·任地》强调"五耕五耨，必审以尽"，奠定传统旱作农业基础，体现精耕细作的特色。秦汉时期，以精耕细作为核心的传统旱作农业用地技术在土壤改良和增强地力等方面又有进一步发展，土壤耕作中因为人力作用的不同，"地可使肥，亦可使棘"①。其中土壤改良多在农地拓展中应用，培肥地力则是传统核心农区的技术要求。西汉以来农区拓展过程中所涉及的垦辟土地、荒地利用和提高土地生产力等问题均被解决，特别是西汉武帝大兴水利以后，旱作农业生产中最具影响力的水分约束作用因为农田灌溉而被消除，关中、山东农区粮食产量水平大增，灌区"亩钟之田"主要分布在关中、山东两大农区，②与之相适应的农业生产技术也有耕摩蔺相配套的作业体系。所以，汉代农业技术的成就主要体现在精耕细作的技术规范以及与此相适应的土壤分类、肥料施用、农具改造、种子改良、除草除虫、水利建设等方面，在一定面积的土地上获得多量的粮食产出，追求土地利用率是汉代农业生产的主要目标之一，在如此先进的农耕技术支持下汉代重农贵粟的政策要求才可能取得理想效果。但是，代田区田方法并不具备这样的技术要素，在汉代农业技术体系中只能是一种比较特殊的耕作栽培技术类型。

代田作业的具体方法是在面积为一亩的长条形土地上开三条一尺宽一尺深的沟（畎），沟垄逐年轮换，可获得较高粮食产量。《汉书·食货志》中对赵过推行代田法及其技术要点作了较为详细的记载："过能为代田，一亩三甽。岁代处，故曰代田，古法也。"代田法的技术关键在于开沟起垄、沟垄相间、交替耕播。代田法中开沟起垄仅属于农田治理的特殊形式，沟垄整理并非耕地作业，而是耕地以后、播种以前的整地，在

---

① 《吕氏春秋·任地》。

② 关于"亩钟之田"的记述可追溯到战国时期，《管子·轻重乙》记载："河淤诸侯，亩钟之国也。"汉代类似记载更多更普遍，司马迁《史记》中言及灌区农业生产时多用"亩钟之田"以概括，农史学界一般把这样的材料作为当时粮食高产的特殊指标来看待。

农事作业性质上与耕后平整土地有相似之处。从代田法所能达到的技术效果衡量，一亩三畎的耕作栽培方法只能达到 50% 的土地利用率，远远低于当时主要农区连作后 100% 利用土地的技术指标，代田法的推行效果大体相当于休闲作业的农耕技术范畴。而在代田法的作业流程中，并无摩蔺土地、灌溉施肥、中耕间苗、连作复种、种子处理等多项技术措施配套使用的痕迹，所谓代田作业其核心技术也仅限于整地作业范畴。因此，代田法既不精耕也不细作，沟垄相间也降低了土地利用效率，与传统旱作农业技术重视耕耨结合的精耕细作传统颇为不符。

区田法的高产特性尽人皆知，农史学界大为推崇。但氾胜之所言亩产四十石的产量水平却是无以为信，有专家作实验验证区田产量也得出了否定性的结论。现在一般认为区田法仅仅是一种精耕细作的理论设想，不可能在农业生产中推行并取得理想效果。石声汉精研《氾胜之书》，指出区种是一种用肥和保墒的耕作方法，可以用劳力、肥料和适当水分造成小面积的高产。[①] 可惜的是，这些认识并未完全揭示区田法的本质。

《氾胜之书·区种法》篇记载区田是在荒地上进行的："凡区种不先治地，便荒地为之。"《氾胜之书·大、小麦》篇、《大豆》篇、《种瓜》篇、《种瓠》篇对各种作物的区田方法也作了简要阐述。从中可见，区田法设计中有三项技术要点。一是区田为应对旱灾而设计，"汤有旱灾，伊尹作区田"。抗旱是区田法的主要目的，旱灾是区田法产生的直接原因。清代《马首农言》一书中也有区田"可备旱荒"之说。《氾胜之书》开篇就讲"凡耕之本，在于趋时和土务粪泽"，抗旱保墒目标鲜明。二是区田虽着力于施肥和灌溉，但疏于耕地整地，"便荒地为之"，完全不见"耕时""土宜"之类的技术要求，直接在荒地上播种劳作即可了事。三是区田作业时是在"以亩为率"的小块土地上作区生产，适宜于田面狭小的农耕区域。

二　推行代田区田法的农地环境

代田区田方法在土地利用率和农业劳动生产率指标方面均不具优势，

---

① 石声汉：《〈氾胜之书〉今释》，科学出版社 1959 年版。

但在汉代农业生产和以后的农业历史中都有一定的影响力，甚至一再有人倡导推行代田区田古法。东汉时期"又郡国以牛疫、水旱，垦田多减，故诏敕区种，增进顷亩，以为民也。"[①] 金代承安元年三月"戊午，初行区种法，民十五以上、六十以下有土田者，丁种一亩。"[②] 也有人认为代田法较区种法简便易行，更适宜农业推广。清人法式善《陶庐杂录》卷六详细评述了二者优劣所在："赵过代田之法，其简易远过区田。盖区田之法，必用锹镢垦掘，有牛犁不能用，其劳一。必担水浇灌，有车戽不能用，其劳二。且隔行种行，田去其半。于所种行内隔区种区，则半之中又去其半，田且存四之一矣。而得粟欲数十倍于缦田，虽有良法，恐不及此。"[③] 但后代推行代田区田颇多曲折，即使优势显著的代田法也很难被民众接受。"汉时赵过有代田法，较区种简易，人尚畏难，况区种法乎？"[④] 金代章宗明昌四年议行代田法，参知政事夹谷衡提出异议："若有其利，古已行矣。且用功多而所种少，复恐废堍亩之田功也。"[⑤]

出现在汉代历史上的代田区田屡屡被后代的生产实践所否定，但从汉代农业历史来看，代田区田必然有其发生发展的技术环境。在高产的关中和山东农区之外，还有许多有待发展的新农区。这些地方自然环境条件远不如关中地区优良，农业生产中常常遭遇水旱风雨灾害侵扰，其中风灾容易对作物幼苗期的生产发育造成致命损伤，所以防风抗旱是传统旱作农业生产中迫切需要解决的两大难题。西汉时期大兴水利后有效缓解了核心农区的水分威胁，但周边农耕区域的防风抗旱问题并未得到根本性消除。这些地区农业生产的主要任务并非实现大幅度增产，只要能够通过防风抗旱手段减轻风灾旱灾损失，农业稳产就能有所保证。关中灌溉农区不是代田推行的主要区域，关中地区的灌溉农业也不能容纳土地利用率较低、农作技术相对粗糙的代田法。但考察关中农区环境，除了适宜灌溉耕作的平原低地外，渭北塬地也是兴建六辅渠后才得到有效开发，在狭小的灌区之外尚有大片亟待耕垦的荒郊野地，以代田治懦

① 《后汉书》卷39《刘般传》。

② 《金史》卷10《章宗本纪二》。

③ （清）法式善：《陶庐杂录》卷六。

④ （清）奚诚：《农政发明》。

⑤ 《金史》卷50《食货志五》。

地，"盖懦地乃久不耕之地。地力有余，其收必多，所以作代田之法也。"①

代田法行于居延，韦昭注《汉书·食货志》时已然点明："居延，张掖县也。时有田卒也。"居延汉简中也有很多资料记载汉武帝征和四年（前89年）至汉昭帝始元五年（前82年）间代田农事，并有专门的代田仓。②居延地处弱水下游，《汉书·地理志》张掖郡条下有居延县，《汉书·武帝纪》颜师古注："居延，匈奴中地名也。"在武帝设置河西四郡之前，居延为匈奴属地，地处张掖东北直至今内蒙古额济纳河流域。公元前111年前后设置张掖郡，后来在张掖郡下增置居延县，《汉书·李广利传》记载武帝太初元年（前104年）汉军西征大宛，"张掖北置居延、休屠以卫酒泉"，汉朝设立居延县首在安置居民稳固地方，③然后筑城设防、太初三年（前102年）"使强弩都尉路博德筑居延泽上"，④随即屯田居延，垦荒治地，调派戍田卒，开始农业开发。自太初三年居延屯垦开始，汉朝先后从25个郡征调戍田卒、守谷卒开发居延，实行个体包租的军屯制度，⑤"益发戍甲卒十八万"⑥。但居延本是牧区，建立于荒地、草地和林地之上的农业生产必然要因地制宜，进行适当的技术选择，简便易行的代田法在居延地区农业初创阶段发挥了先锋技术的作用。赵过教边郡及居延城代田并不能解读为居延农耕技术先进到堪比关中农区的程度，而是在垦荒过程中改变了必须休闲一年或两年的耕作办法，通过代田作业实现同一田地的连年生产，相对休闲耕作制而言代田法具有显著优势，"用力少而得谷多"。居延以代田法垦荒耕种，粮食产量并非"一岁之收常过缦田亩一斛以上，善者倍之"，而是亩产0.7石，"垦田一顷，四亩百廿步，率人田卅四亩，奇卅亩百廿四步。得谷二千九百一十三石一斗一升，率人得廿四石，奇九石。"⑦这样的产量水平仅能维持自

① （清）顾炎武：《日知录》卷28。
② 陈直：《居延汉简研究》，天津古籍出版社1986年版，第24—26页。
③ 《汉书·武帝纪》颜师古注："居延，匈奴中地名也，韦昭以为张掖县，失之。张掖所置居延者，以安置所获居延人而置此县。"
④ 《汉书·匈奴传》。
⑤ 陈直：《居延汉简研究》，天津古籍出版社1986年版，第1页。
⑥ 《汉书》卷61《李广利传》。
⑦ 薛英群、何双金、李永良：《居延新简释粹》，兰州大学出版社1988年版，第87页。

给，但相对于长途运输粮草到达居延而言，其优势还是十分明显的。① 正是有了这样的理性比较，居延代田虽然低产但能大行其道，垦田农耕面积达到60万亩之多。② 但是，居延屯垦区的耕地并非皆用代田，也不是自居延开发后始终采用代田，代田之法多用于垦荒过程中，经过垦荒治理之后的土地也可改造为水田，兼得灌溉之利，③ 故居延汉简中有渠井候长和五渠佐史之职。

代田法行之于河东，河东农区是在晋国原有农业生产基础上发展起来的，司马迁在《史记·货殖列传》中划分的龙门—碣石一线把河东地区一分为二，即从河津龙门山经乡宁、汾阳、文水、阳曲、盂县到达河北昌黎。农牧界线南部地区大体相当于河东郡地，河东郡汾水以北地区则被划入了畜牧业区。《汉书·地理志》记载"河东土地平易"，水资源也较丰富，境内流布黄河、汾河、涑水、浍水、沁水等大小水系，宜农宜牧，汉兴以来河东建设也屡受关注。河东地区境内四面环山，林木茂盛，河谷地带适宜农耕，汾、涑河谷平原以外的山地尚待开发。汉武帝大兴水利，河东郡守番系也发卒数万人"引汾、引河入渠"，④ 进行河东渠田。但河东渠田成效甚微，而河东农垦事业则因此而有了迅速发展，河东农区范围拓展到了今兴县、岢岚、神池、山阴、大同一带。在河东农区拓展的过程中，代田法也发挥了垦荒的先锋技术作用。

后来也有人进一步论证了代田与休闲耕作法的异同之处，其相同之处在于二者均需要休闲过程，不同之处在于休闲田需要一年两年休耕时间才能再行耕垦，而代田是一种不同于田块之间交替使用的田间休闲方法。"易田不言一亩三甽，代田则一亩三甽，此代田之法，通于易田而又参以后稷之甽法，而一亩三甽也。"⑤ 推行代田法后所取得的"常过缦田亩一斛"的产量增幅并非基于体系化的耕作栽培技术而获得，通过防风抗旱的减灾手段确保作物生产能够顺利进行并获取正常的产量水平才是

---

① 张俊民：《汉代居延屯田小考——汉甲渠候官出土文书为中心》，《西北史地》1996年第3期。

② 梁东元：《额济纳笔记》，国际文化出版公司1999年版，第69页。

③ 陈直：《居延汉简研究》，天津古籍出版社1986年版，第9页。

④ 《汉书·沟洫志》。

⑤ （清）贺长龄、魏源：《皇朝经世文编》卷21。

代田的主要目的。如此推算，学界屡有争议的"缦田"产量可能既非一般耕地的产量水平，也非采用较为落后的撒播方法后获得的产量，[①] 而是休闲地的产量水平。即使从文字学角度探究，缦字通慢，兼具"懈怠"之意，缦田休闲也未尝不可。

代田法既可用于休闲地的耕作栽培，也适宜于荒地垦辟，"过用之，田多垦辟，此成效也"。[②] 所以在清代农地拓展过程中代田法又受到重视，"则今之垦荒正宜仿此法也"。[③] 代田方法简单，但具有较高的实用价值，贫寒人家还可以采用人力耕作以解决役用畜力动力不足的现实困难。晚清左宗棠平定陕甘回乱时也在陇东、宁南地区教民代田垦荒，"督丁壮耕作，教以区田、代田法。择崳荒地，发帑金巨万，悉取所收饥民及降众十七万居焉"。[④]

区田法是西汉末年氾胜之创造的一种旱地耕作法，其主要精神在于精耕细作，施用足量的水肥以夺取丰产高产。区田法产生的根本条件在于防旱抗灾，因此《氾胜之书》就把区田与商汤旱灾紧密联系在一起："汤有旱灾，伊尹作为区田，教民粪种，负水浇稼。"《区种五种·序》中称区田法为"避旱济时之良法而有利无弊者"，《氾胜之遗书·序》中也认为采用区种法"遇岁旱亦无不登之虞"。《氾胜之书》的佚文主要就是靠《齐民要术》保存下来的。自王祯《农书》中对氾胜之所记述的区田法有所改动后[⑤]，明清两代的试验者又多依王祯之法。王祯关于区田"实救贫之捷法，备荒之要务"的说法也为徐光启之后的人所沿袭。

区种法的具体做法就是把不常耕种的山地、丘陵、高崖、陡坡等小面积的土地挖成许多间隔的"区"。区田不计劳动投入，旨在追求小面积

---

① 唐代颜师古注解《汉书·食货志》时认为"缦田谓不为甽者也"，意指不做垄甽栽培的土地。日本学者西嶋定生认为缦田是不按行列播种的散播法，见其所著《中国经济史研究》，第45页。我国农业考古学家陈文华教授也持此看法，见《中国古代农业科技史讲话二》，《农业考古》1981年第2期。

② （清）贺长龄、魏源：《皇朝经世文编》卷21。

③ 同上。

④ 《清史稿》卷412《左宗棠传》。

⑤ 王祯《农书》中作区方法为一尺五寸作一区，隔行种行，隔区种区，每亩共六百六十二区，与《氾胜之书》原记载不同，从操作上讲要简单一些。

的高产稳产。其特点是把庄稼种在带状或方形的小区中，在区内综合运用深耕细作、合理密植、等距点播、施肥灌水、加强管理等措施，夺取高额丰产。《区种五种·序》提到，区种法"分地少而用功多，其获利不啻倍蓰"，"当荒歉之余，苟能躬耕数亩，即可为一家数口之养"。《区种五种·附录》中也称区种法为备荒奇策："古云备荒无奇策，夫无奇策即策也。言不必奇第能力田自不愁荒，即无策之策而不奇之奇也。况区田之法用力甚少而成功甚多，再加亲田之法与区田并行，即尧水汤旱不为吾民灾矣，非奇而何？"

　　过去农史界认定区田法是西汉时期关中地区推行的一项精耕细作技术，其中要点值得反思。区田法不具备精耕农业的技术要素，区田作业中偏重于农作物生长环节的田间管理工作，细作有余精耕不足。所以，区田只能是一种特殊的旱地农业形式，区田之中虽有耕深"一尺"或"六寸"的技术要求，但区田的耕深并非传统旱作农业的"精耕"，而是为了便于行间作物"积壤"壅土而进行的开沟起垄作业，与垄作颇为相似。区种法很难进行大面积推广，否则得不偿失。① 西汉时期同时符合上述三个条件的农区也不在关中地区，因为关中水利网络建起后已经基本解决了旱灾威胁；关中及周边塬地也不是区田场所，因为区田规划在小块田地上，"诸山陵、近邑高危、倾阪及丘城上，皆可为区田"。区田法"不先治地"，缺少旱地农业生产中极为关键的整地环节，带有一定的粗放简化性质，与关中农区精耕细作的农业方式格格不入。

　　关中地区土地兼并后田面只能越来越大，农史前贤所言区田是针对自耕农的零散耕地应运而生的新技术，② 对理解区田法颇有启发意义。尽管关中核心农区技术精细化程度较高，但在土壤肥沃、产量较高的灌溉农地之外，还存留有一定面积的边角地带，即地势高昂不易灌溉、坡度较大难以耕垦的近邑高危、倾阪及丘城地带。这些地方一般作为荒废草莽之地处理，但当自耕农失地少地之后这样的地外之地也成为他们耕垦的对象，借此区田聊以补充生活。而西汉中期以后，关中等地土地兼并

① 许倬云：《汉代的精耕农业与市场经济》，《许倬云自选集》，上海教育出版社2002年版，第160页。

② 梁家勉：《中国农业科学技术史稿》，农业出版社1989年版，第211页。

激烈，大量自耕农贫困破产，农民缺乏耕地成为严重的社会问题。西汉政权对土地兼并先后采取了一些补救措施，如在遭灾时下诏减免部分租赋①，对流民或无田的贫民假之以公田，贷之以种、食等②。但并不能从根本上改变自耕农大量破产的趋势，当时迫切需要一种能使自耕农继续保持小块土地的经济措施。失去水地沃土的自耕农民为了生计，尽可能地利用边角地带耕垦种植，以为求生的必然途径。这些田地面积狭小，缺乏抗旱灌溉设施条件，通过区田法耕种则能取得一定产量的收获。《氾胜之书》说："区田不耕旁地，庶尽地力。"在这种情况下，区田法与失地少地的自耕农民在技术经济层面有效结合在一起，足量的劳动投入有了保障，编外土地资源得到利用，社会生产和社会稳定才能得到一定程度的维持。

适宜区田的另一类型土地资源恰恰就是关中、河套、河西和河湟灌溉农区之外的山地丘陵农区。这些地方推行区田的最大可能是山地农业的粗放性质与区田法不予耕地的作业方式相符合，或者可以看作是为了适应山地农业的具体条件，区田法才不得不放弃精耕的技术要求。区田法推行的目的也许是为了适应关中等灌溉农区土地集中后失地农民开垦丘陵山区的形势需要，是为汉代山地农业开发所做的一项技术创造。其目的是将关中地区灌溉农业技术体系推广到山地丘陵农区发展中，并希望取得如关中农区一般高产稳产的效果。

区田法最突出的优点是少种多收、抗旱高产，氾胜之以后历代对区田法进行过多次实践，如东汉明帝时期、三国时期、前秦苻坚时期、金元两代，但主要是为追求高产目标而试图仿效，始终未能大规模推广，其原因也许在于没有充分考虑区田法中的主导性因素，即失地少地农民的作用。后来的历史时期自耕农沦为佃农之后，也因为各种土地资源得到充分开发，尽山而耕、尽地而垦之后，所谓的边角地带已经荡然无存，区田法也就失去了存在的前提条件。

---

① 《汉书》卷7《昭帝纪》始元二年、四年，元凤二年、四年，元平元年；《汉书》卷8《宣帝纪》本始三年；《汉书》卷10《成帝纪》建始二年。

② 《汉书》卷8《宣帝纪》地节元年、三年；《汉书》卷9《元帝纪》初元元年、二年，永光元年。

三 代田区田法的农地技术溯源

代田区田的技术基础在于汉代传统旱作农业耕作栽培体系的全面发展，代田防风、区田抗旱的技术要素都可以从汉代农耕技术体系中找到根源。二者以关中农区精耕细作农业为技术基础，是汉代农业在关中等地灌溉农区得到充分发展后技术传播的特殊方式。

区田法中继承了汉代关中等核心农区通过农田灌溉获取高产的技术要素，仅仅在灌溉方式上将渠道引水灌溉修正为更为原始和简便的汲水灌溉，即区田法中的"负水浇稼"。灌溉是区田耕作的技术要点之一，"区种，天旱常溉之"。区种瓜时用瓦瓮盛水行渗漏灌溉法，《齐民要术·种瓜》中记载："氾胜之区种瓜……以三斗瓦瓮埋著科中央，令瓮口上与地平。盛水瓮中，令满。种瓜，瓮四面各一子。以瓦盖瓮口。水或减，辄增，常令水满。"水通过没有上釉的瓮壁慢慢渗漏出来，瓮四面的瓜蔓可以得到适量水分的供给，而且不致忽多忽少，又可避免地面灌溉法的流失和蒸发，节约水量，还能在一定程度上保持水温，无井水灌溉过冷之弊，在北方干旱寒冷地区非常实用。区种瓠时采用浸润灌溉法。《齐民要术·种瓠》记载："旱时须浇之：坑畔周匝小渠子，深四五寸，以水停之，令其遥润，不得坑中下水。"采用这种灌溉方法，水从四周的小沟里慢慢浸润进去，可避免在坑中直接灌水的湿则涨糊塌陷，干则板结开裂之弊。这些灌溉技术在北方干旱地区都有良好的实践效果。

区种法中也贯彻了汉代农业生产中抗旱保墒的技术要求，注重借泽保墒。区田耕作强调深耕，带状区田要挖出深一尺、宽一尺的沟，作物播种于沟中，小方形区田也是人工深翻作区。区田耕深因作物而异，如禾、黍、麦等须根系作物要深翻6寸到1尺，瓠1尺，芋3尺。《氾胜之书》种瓠法要求："作区，方、深一尺。以杵筑之，令可居泽。""种芋，区方、深皆三尺。"深耕后所做小区既便于接纳浇灌的水分，又可减少土壤水分向上蒸发，尤其是侧渗的漏出与蒸发，更有利于借泽保墒。

代田区田法中包含有轮作倒茬的技术措施。秦汉时期农作制度的进步突出表现在黄河流域推行的复种连作种植技术，这是一种比农地休闲更加高效的作业方式。《氾胜之书》谈到区种麦时有"禾收，区种"之语，应当是禾谷收获后改种小麦连作倒茬。连作倒茬兴起于战国时代，代田法中的"岁代处"，既有沟垄土地轮换种植之意，旨在强调连续作业的代田法也能够在土地轮换种植的基础上实现不同作物的互换栽培。"熟土须识代田之法，如上年此一行下种，今年须空此一行，而以旧时空地种之。上年此地种谷，今年则种稷，此熟而生之也。"①

代田法强调深耕，就是通过耕作措施来调节土壤水分达到适宜状态。② 深耕具有一定减灾作用，"其深殖之度，阴土必得，大草不生，又无螟蜮，今兹美禾，来兹美麦。"③ 西北地区实行了垄作耕作技术，垄作有抗旱抗涝、增温透气等作用。代田是一项适应西北干旱地区的农业耕作技术，通过去土培苗和沟垄互换作业，取得用力少而得谷多的效果。秦汉时期耕作栽培技术更新进步，新的农业生产工具也随之出现。在陕北米脂出土的东汉牛耕画像中已经出现了适应于代田和区田作业的犁耕。④ 播种器械"耧车"不但节省功力，还能减少土壤水分损失，抗旱保墒减灾功效尤为突出。

秦汉时期农耕生产方式向牧区和农牧错杂地区大力推进，垦荒辟土方兴未艾。秦汉屯田注重农田水利建设以及先进农具和先进农艺的推广，在河西走廊等西北边郡就推行耦犁和代田法等技术，在农区和牧区之间形成广大的半农半牧区。两汉河套地区以民屯为主，有"新秦中"之美称；河湟地区屯田时兴时废，西域屯田因受自然条件的限制，规模不大；河西屯田规模最大，组织最完善，成效最显著。河西走廊屯田区既把漠北的匈奴和甘青的羌族分隔开来，又把中原农区和西域天山南路的分散农区联结起来。在农区拓展的过程中，技术含量虽然不高但具有很强实用性的代田方法发挥了十分重要的促进作用。

本文原刊于《中国农史》2010 年第 4 期

---

① （明）袁黄：《劝农书·地利第二》。
② 张海芝、杨首乐：《中国古代土壤耕作理论和技术的历史演进》，《土壤通报》2006 年第 5 期。
③ 《吕氏春秋·任地》。
④ 陈文华：《试论我国传统农业工具的历史地位》，《农业考古》1984 年第 1 期。

后 记

　　《历史灾荒研究的义界与例证》是我的第二本论文集，此前一本题名为《农业灾荒论》，已于 2006 年由中国农业出版社出版。这两本论文集共同见证了我在灾荒史研究方面的求索历程。

　　灾荒史研究并非我的专业，我的研究生本业是农业史，导师张波教授。能够师从张波教授是我学业之大幸，回顾早年考研之时我曾一度有畏难情绪，接获张波老师书信开导，信中"不入虎穴，焉得虎子"八字至今依然历历在目，张老师借用一句普通的汉语成语与我解惑，对我而言则是一盏指路明灯，为此奋勇前行，终于跨出了攻读研究生的一大步。硕士论文选题初定为农业灾害史研究，后来因故改题转向农业灾害学理论研究，成就《农业灾害学》一书总论部分五章内容，也成为自己开展灾害史研究的知识基础。此后虽然以《周秦汉金时期农业灾害和农业减灾方略研究》获得博士学位，但对农业灾害史研究却有很多忧虑之处，以致时至今日，《中国农业灾害史研究》的研究计划还没有最终落实。后来进入陕西师范大学西北历史环境与经济社会发展研究院做博士后项目，在萧正洪教授指导下开展西北地区的灾害史研究，也开始了自己学术生涯的研究转向。

　　在灾害史研究中稍加留意就会发现，灾害和灾荒是两个非常有意思的关键词。早先做农业灾害史研究时，看到很多人使用灾荒一词，我颇不以为然，认定灾害概念更加准确科学，做灾害史研究的很多文章都以灾害命题。后来入职陕西师范大学西北历史环境与经济社会发展研究院，研究院老师基本都是史学科班出身且长于历史地理学研究，我自农学而进入科技史专业学习再到一个纯历史学的研究机构工作，耳濡目染于其中的学术传统和治史风气，对我个人而言是极其宝贵的改进知识结构的学习机会。表现在灾害史研究方面，促使我对灾害史的学术历程有所反思，对灾害与灾荒的概念界定有所考量，遂一改此前较为专业的灾害认识，而采用语义更加宽泛的灾荒一词作为灾害史研究的逻辑起点。虽然只是一字之别，而且与现在灾害史研究中很多人弃"灾荒"不用而重视"灾害"显得格格不入，但个人情怀颇为执着，由灾荒概念而升华为灾荒理念，又进入灾害史学科范畴和基本方法理论层面探颐索隐，是为灾害史研究的义理之辨和义界之争。风起于青萍之末而止于草莽之间，经由灾荒概念的嬗变，在灾害史研究方法上也搁置了此前颇为执着的灾害史料计量分析，转而以更加简便的灾害频次作为灾害史研究中的必要手段去阐释相关问题；对历史灾害研究内容也由此前颇感兴趣的历史灾害规律研究转向灾荒关系、灾区变化和灾荒文化方面；对历史灾害研究的关注点也由此前概括性的总体研究转向个案性的灾荒事件研究，从典型灾荒案例中探究历史灾荒的特殊性状。因为始终纠结于灾荒史研究的一些内史性学理问题，这本集子直到临近出版之际才确定了书名——《历史灾荒研究的义界与例证》，也许这样才是名实相副吧。回顾书中讨论的灾害史研究的理论与方法、历史灾害风险与粮食安全研究、中西方灾荒史比较研究以及历史灾害与社会发展研究等四个方面的问题，都是在当前灾荒史兴盛大形势下做出的适应和调整，对个人而言是一种改进学业的机会，对学界而言则是基本的规则和要求。也因此，我深感自己在灾荒史研究中所做工作虽有求变之心而未通达史论合一的目标，虽有个人的感悟体验却没有做更多的论证说明辨析，于灾荒史学术研究而言始终心有惕然。唯有潜心学术做进一步的灾害史研究，既不负业师张波教授和萧正洪教授的指导教诲，也对陕西师范大学西北历史环境与经济社会发展研究院领导和同事的支持帮助以示回馈。

卜风贤

2018 年 9 月 27 日于无忌斋